DO YOU WANT TO SPEAK CZECH?

1

5. vydání, Liberec 2005

Odborný lektor: Doc. PhDr. Milan Malinovský, CSc.

Sazba: Pantype, s. r. o., Liberec
Obálka: Graphis DTP studio, s. r. o.
Tisk: Finidr, s. r. o., Český Těšín

ISBN 80-86727-04-1

CHCETE MLUVIT ČESKY?

DO YOU WANT TO SPEAK CZECH?

TEXT BOOK 1

A communicative course of contemporary Czech for English speakers beginning to intermediate level

Helena Remediosová
Elga Čechová

PREFACE

"Do You Want To Speak Czech?" (Volume 1) is a modern textbook of contemporary Czech for English-speaking foreign learners from beginning to intermediate levels.
Its aim is to present the principles of the Czech langauge in the most accessible form.
Our textbook is **communicative** – you will learn the principles of Czech by means of the conversational method.

Through rich conversation you will be able **to use the language in all spheres of social life:** in the city, at the hotel, in restaurants, shops, post offices, and other places of business; at the station, airport, customs office, on the highway and so on. You will be able to make appointments and give invitations, as well as to conduct both social conversations and simple negotiations in Czech.

At the same time, you will be learning the necessary grammar: **the 15 lessons contain the basic grammatical system of the Czech language.** The grammatical tables at the end of the textbook (easy-to-survey charts of declension, conjugation and prepositions) will help you to gain a complete view of the Czech grammatical system.

The textbook contains

- Introduction to Czech phonetics
- Introductory picture-lesson (Lesson 0) "Just listen and repeat"
- 15 lessons; each lesson is conceived as a lexical unit
- Basic social phrases "What do we say?"
- Public notices
- Grammatical tables
- Key to the exercises including the translations of the dialogues in Lessons 1–6 for a better understanding of Czech sentences at the start of your studies
- Czech-English dictionary
- Grammatical index

The introductory picture-lesson will enable you to begin to understand Czech by hearing Czech pronunciation and learning the most common expressions. Knowledge of these expressions will help you to learn grammar in the lessons that follow. You will achieve the correct pronunciation by repeating the words and sentences as spoken by your teacher or on the audio cassette.

Each lesson has the following scheme:

- Basic vocabulary of the lesson
- Grammar (Gr)
- Dialogues and exercises (Cv) aimed at mastering the grammar
- Text 1 and Text 2 relating to the topic of the lesson
- Exercises aimed at mastering the vocabulary and sentence structure
- Model conversational exercises relating to the given topic ("Oral exercises")

An audio recording accompanies the lesson material of the textbook.
The textbook is also suitable for **self-study**.
A complementary **Workbook for Volume 1** is available as well.

The second Volume, "Do You Want To Speak Even Better Czech?" is a continuation of this Volume One. The two volumes together form a self-contained language course.

We also offer **a two-week summer course in Czech** in Prague.

We would like to thank Dr. Miloš Kopal, Mr. Henry Morgan and Mr. Michael Crump for the translations into English, and Prof. Milan Malinovský for the general revision of this textbook.

We hope you will enjoy your study of Czech and that this book will make it easier for you. Every beginning is difficult, but "bez práce nejsou koláče" ("without work there is no cake") or, as we say in English, "no pain, no gain".

We would be pleased to answer your questions at the following address:

Harry Putz, P.O.Box 89, 460 31 Liberec, Czech Republic
harrputz@vol.cz

http://hp.fs.cz
http://www.mluvitcesky.cz

We wish you a lot of success in your study of Czech!

The authors

SYMBOLS (SYMBOLY)

➠	Pattern	Vzor
○ ●	Dialogues	Dialogy
🎧	Audio recording	Zvuková nahrávka

CONTENTS (OBSAH)

LESSON TOPIC		PAGE
LANGUAGE SKILLS	GRAMMAR	
INTRODUCTION TO CZECH PHONETICS Czech sounds. Czech alphabet. Pronunciation (9). Stress (10). Assimilation (10)		9
CZECH LANGUAGE		13
LESSON 0 INTRODUCTORY PICTURE-LESSON First contact with Czech		14
LESSON 1 GREETINGS. BASIC SOCIAL PHRASES. DESCRIBING A ROOM.		23
Greeting people and saying goodbye to them. Saying who you are. Asking "What is that? Who is that?" Asking "What is it like?" and "What is that person like?" Describing your room. **Texts** pp. 34, 36.	Personal pronouns (25). Verb "to be". Verb negation (26). Forming questions in Czech (27). Basic questions (28). Adverbs of place (29). Demonstrative pronouns "ten, ta, to" (30). Grammatical genders of Czech nouns. Nominative case (31). Adjectives: hard ("-ý") and soft ("-í") (32). Numeral "one" (33).	
LESSON 2 MY FAMILY. DO YOU HAVE TIME? WHAT DO I LIKE?		39
Saying where you work. Saying whether you have any free time. Saying what you have and who you are listening to. Saying what things you like and what people you like. Asking who owns something. **Texts** pp. 52, 54.	Locative case of nouns in singular – "Where?"(41). Present tense of verbs: conjugation "-ám", "-uju" (45). Verb "to have" (45). Accusative case in singular (47). I like ... (50). Possessive pronouns (51).	
LESSON 3 WHAT'S THE TIME? MY DAILY ROUTINE.		59
Saying say what time it is, and when you are doing something. Saying when and for how long you are doing something. Saying what languages you can speak. Talking about your daily routine. Counting to a hundred. **Texts** pp. 71, 72.	Numerals 1–100 (61). "When? At what time? How long?" (61). Present tense of verbs: conjugation "-ím", "-u" (62). Verb "to go" – "jet" or "jít" in Czech (64). Infinitive of Czech verbs – "-t" form (65). Reflexive pronouns "se, si" (66). Personal pronouns in the accusative singular (69). Prepositions which take the accusative (69).	
LESSON 4 DAYS OF THE WEEK. WHERE DO WE GO? WHERE ARE YOU FROM?		79
Saying where you are from. Planning a journey. Saying what means of transport you will use. Saying that you want to or can do something. Telling people about things you have to do. **Texts** pp. 94, 95.	Days of the week (81). Verb aspect – imperfective and perfective (81). Future tense of the verb "to go" (82). Genitive case of nouns in singular (84). Modal verbs. Verb "to want" (86, 89). Instrumental case – "čím?" (93). Neither – nor (93).	

CONTENTS (OBSAH)

LESSON 5 PRAGUE. TOWNS AND CITIES. ASKING THE WAY. 101

Asking for directions. Finding your way around a town.
Saying what you will be doing in town.
Saying that you don't know something.
Counting to a thousand.
Texts pp. 120, 122.

Numerals 21–1000 (105). Preposition "na" + the accusative (106).
Prepositions which take the genitive (108).
Adverbs of place (109). Verb "to know" in Czech (111).
Indefinite and negative pronouns and adverbs (113).
Expressing the future with perfective verbs (115).

LESSON 6 ON A VISIT. SPARE TIME. WHAT SHALL WE DO? 129

Saying the right things when you meet someone.
Inviting friends to visit you.
Planning what you are going to do when you have time.
Expressing likes and dislikes.
Counting in thousands and millions.
Texts pp. 143, 145.

Numerals 1000 and more (131). Possessive pronoun "svůj" (132).
Plural of the nominative and accusative of Mi, F, N (133).
Plural of the nominative and accusative of Ma (135).
Future tense of the verb "to be", of imperfective verbs (138).
Conjunction "when" in Czech (142).
Preposition "za" + the accusative (147).

LESSON 7 WHAT WAS I DOING YESTERDAY? HOW OLD AM I? 153

Saying how old someone is.
Saying whose house you are going to and whom you are phoning.
Saying for whom you are buying something.
Talking about what you have been doing.
Texts pp. 169, 170.

Personal pronouns in the dative (155).
Verbs with the dative (156).
Dative case of nouns in singular (158).
Dative case of adjectives and pronouns in singular (159).
Prepositions which take the dative (160). Past tense (162).
Sentences with the subject "it" and without a subject (166).

LESSON 8 SHOPPING. GROCERIES. HOW MUCH DOES IT COST? 177

Asking the price of something when shopping.
Saying how much you want of something.
Making comparisons: saying that something is bigger, ...
Expressing a wish: I would like ...
Saying whose house you have visited.
Texts pp. 189, 192.

Money (179). Phrases with the verb in the conditional (180).
Genitive case of nouns in singular (181).
Genitive case of adjectives and pronouns in singular (182).
Prepositions which take the genitive (185).
Functions of the genitive (186). Verbs with the genitive (186).
Comparison of adjectives and adverbs (196).

LESSON 9 FOOD. RESTAURANTS. WHAT DO I LIKE? WHAT WOULD I DO? 203

Ordering in a restaurant and reserving a table.
Saying what you like to eat and drink.
Saying that there is plenty of something.
Using the conditional: what I would do ...
Texts pp. 216, 220.

Genitive case in plural (207). We count in Czech (208).
Genitive case of personal pronouns (211).
Conditional (213).

LESSON 10 TIME AND DATE. SEASONS OF THE YEAR. WHAT'S THE WEATHER LIKE? 227

Saying today's date.
Telling the time down to the minute.
Expressing different relationships of time.
Asking and answering questions about the weather.
Using Czech verbs of motion accurately.
Texts pp. 247, 250.

Instrumental case in singular (229).
Prepositions which take the instrumental (229).
Functions of the instrumental (233).
Verbs of motion "chodit – jít, jezdit – jet" (235). Other verbs (237).
Ordinal numerals (238). What's the time? (238).
Time questions "When? How long? How often?" (240).
Months. What is the date today? (244).

CONTENTS (OBSAH)

LESSON 11 **POST OFFICES. LETTERS AND POSTCARDS. TELEPHONES. COMPUTERS.** **257**

Making requests and giving orders.
Using the correct forms of address.
Sending items by post.
Using basic Czech computing terminology.
Having phone conversations with the authorities and passing on messages.
Texts pp. 266, 274.

Imperative (259). Negative imperative (261).
Imperative form for the 3rd person sg and pl – "Ať ...!" (261).
Vocative case – Calling, addressing (263).
Personal pronouns in the instrumental (264).

LESSON 12 **HOLIDAYS / VACATIONS. TRAVEL. IN THE HOTEL.** **279**

Planning your holiday.
Reserving a room for yourself in a hotel.
Expressing various spatial relationships.
Giving direction to verbs of motion, using prefixes.
Texts pp. 291, 293.

Locative case in singular (281). Functions of the locative (282).
Prepositions which take the locative (282).
Personal pronouns in the locative (285).
Prefixes of direction for verbs of motion (286).

LESSON 13 **THE HUMAN BODY. AT THE DOCTOR'S. WHAT DO WE LOOK LIKE?** **299**

Saying what is hurting you and how you are.
Expressing happiness and sadness.
Expressing purpose, making requests and seeking advice.
Saying what people look like and what sort of people they are.
Texts pp. 313, 314.

Locative case in plural (301).
Verbs of motion x verbs of state (303).
Revision of expressions of place and direction (305).
Conjunction "aby" – "so that, in order to" (307).
Time adverbs "denně, týdně ..." (314).

LESSON 14 **CURRICULUM VITAE. ON THE MOTORWAY / HIGHWAY.** **319**

Writing or describing your CV.
Relating the course of an event.
Saying that you are a driver, that you have broken down.
Saying between what hours something is open.
Texts pp. 329, 331.

Dative case in plural (321).
Declension of numerals "1,2,3,4, několik" (324).
Declension of "všichni, všechno" (324).
Comparison: How much more? (327).
Revision of expressions of time: prepositions + nouns (328).
Time conjunctions (332).

LESSON 15 **WORK. BUSINESS NEGOTIATIONS. AT THE AIRPORT.** **337**

Talking about your work, or looking for a summer job.
Conducting a business meeting.
Recognising when colloquial Czech is being used.
Constructing sentences with "kdyby": if I had time, I would go ...
Texts pp. 346, 349.

Instrumental case in plural (339).
Declension "kolega", "centrum, muzeum" (342).
Conditional sentences (344). Colloquial Czech (347).

WHAT DO WE SAY? **353**
PUBLIC NOTICES **360**
GRAMMATICAL TABLES **363**
KEY **373**
CZECH-ENGLISH DICTIONARY **393**
GRAMMATICAL INDEX **410**

INTRODUCTION TO PHONETICS

CZECH SOUNDS (ČESKÉ HLÁSKY)

VOWELS (vokály, samohlásky)

short (krátké)	**a e i/y o u**
long (dlouhé)	**á é í/ý ó ú (ů)**

DIPHTHONGS (dvojhlásky)

ou au eu

PRONUNCIATION (výslovnost)

- **a** – as in up
- **e** – as in ten
- **i** – as in termination
- **i/y** – have the same pronunciation
- **o** – as in opposite
- **u** – as in look

CONSONANTS (konsonanty, souhlásky)

b c č d ď f g h ch j k l m n ň p r ř s š t ť v z ž (w x q)

hard (tvrdé)	**h ch k g r d t n**
soft (měkké)	**ž š č ř c j ď ť ň**
ambiguous (obojetné)	**b f l m p s v z**

CZECH ALPHABET (česká abeceda)

a,á b c č d ď e,é(ě) f g h ch i,í j k l m n ň o,ó p q r ř s š t ť u,ú,ů v w x y,ý z ž

[á bé cé čé dé ďé é ef gé há chá í jé ká el em en eň ó pé kvé er eř es eš té ťé ú vé dvojité vé iks ypsilon zet žet]

See spelling in the Workbook (p. 7)

PRONUNCIATION (Výslovnost)

- p, t, k – are unvoiced
- c – similar to its
- č – as in cheer
- g – as in good
- h – as in home
- ch – as in the Scottish word loch
- j – as in young
- k – as in climate
- ř – pronounced as r, trying to say "ž" at the same time
- š – as in she
- w – there is no difference in the pronunciation of "v" and "w" in Czech
- x – as in bricks
- ž – as in pleasure
- ď, ť, ň – pronunciation see below

CONSONANTS "Ď, Ť, Ň"

They are pronounced like D, T, N, but are palatal.

They occur:

a) ď, ť, ň + a, o
b) ď, ť, ň + e = **dě, tě, ně**
c) ď, ť, ň + i / í = **di, ti, ni / dí, tí, ní**

Plze**ň**, Ma**ď**arsko *(Hungary)*
děkuju *(thank you)*, na s**tě**n**ě** *(on the wall)*
divadlo *(theatre)*, napro**ti** *(opposite)*,
nic *(nothing)*
dívám se *(I look)*, sví**tí** *(it shines)*, ne**ní** *(it is not)*

Compare:

dě	tě	ně	X	de	te	ne	
di	ti	ni		dy	ty	ny	
dí	tí	ní		dý	tý	ný	

dělám	X	deset
lidi	X	tady
dítě	X	mladý

VOWEL "Ě"

Only the consonants "d – t – n – b – p – v – f – m" can precede "-ě":

dě	**tě**	**ně**	**bě**	**pě**	**vě**	**fě**	**mě**
[ďe]	[ťe]	[ňe]	[bje]	[pje]	[vje]	[fje]	[mňe]

STRESS (PŘÍZVUK)

The stress falls on the **first syllable**.
One-syllable prepositions always carry the stress:

bez – do – ke – ku – na – o – od – po – pod – pro – před – přes – při – se – u – ve – ze – za

do školy [**do**školy], na lavici [**na**lavici], ve třídě [**ve**třídě]

ASSIMILATION (ASIMILACE, SPODOBA)

voiced consonants (znělé k.) — **b d ď g h v z ž**
unvoiced consonants (neznělé k.) — **p t ť k ch f s š**

– A voiced consonant from the list below changes to its **unvoiced** equivalent at the end of a word:

Václa**v**	→	[Václa**f**]	
zu**b**	→	[zu**p**]	*(tooth)*
ha**d**	→	[ha**t**]	*(snake)*
smo**g**	→	[smo**k**]	*(smog)*

v → f
b → p
d → t
g → k

sní**h**	→	[sní**ch**]	*(snow)*
obra**z**	→	[obra**s**]	*(picture)*
je**ď**	→	[je**ť**]	*(go!)*
mu**ž**	→	[mu**š**]	*(man)*

h → ch
z → s
ď → ť
ž → š

– In a group all consonants are pronounced either voiced or unvoiced according to the last consonant in the group.

unvoiced: tu**ž**ka [tu**š**ka], o**bch**od [o**pch**ot], o**dp**oledne [o**tp**oledne]
voiced: kdo [**gd**o], **kd**yž [**gd**yš], **sh**ora [**zh**ora]

– In two-word combinations where the two words are pronounced as one:
po**d st**olem [po**tst**olem], be**z p**eněz [be**sp**eněs], ví**š d**obře [ví**žd**obře], **v p**ondělí [**fp**ondělí], **v j**ídelně [**vj**ídelně]

Cv

EXERCISES (CVIČENÍ)

Alphabet *(according to the Workbook – pp. 7, 8)*

auto, nov**á**, **b**anka, **c**itron, **č**eština, **d**en, **dě**kuju, m**e**tr, probl**é**m, **t**ěší m**ě**, kaf**e**, **g**ará**ž**, **h**istorie, **ch**leba, m**i**lion, modern**í**, **j**ídelna, **k**oruna, po**l**itika, ekono**m**ie, pá**n**, skří**ň**, k**ni**ha, sl**o**vo, g**ó**l, **P**raha, **Q**uido, **r**obot, **Ř**ím, **s**yn, **š**kola, **t**ramvaj, dí**tě**, kul**tu**ra, **ú**terý, st**ů**l, tele**v**ize, **w**att, ta**x**i, kni**hy**, nov**ý**, **v**zadu, **ž**idle

a – á

Praha, Kanada, lampa, mapa, má, dá, mává, máma, žádá, svatá, malá, zábava, Sázava, laskavá, kavárna

e – é

den, vede, deset, pere, neteče, nechceme, nemele, nebere, dnes je ten den, mé, tvé, lépe, déle, nejlépe, nejdéle, cédéčko

i, y – í, ý

mi, my, vyl, pil, lil, ryby, chyby, vily, vidličky, vymyslili, ví, jí, prý, líný, bílý, míří, slíbily, žijící, milými, vířící

o – ó

potom, pokoj, dopis, poledne, vagon, program, Evropa, rok, hovor, horko, gól, flóra, haló

u – ú, ů

budu, ruku, kus, hůl, kůl, kůň, půjdu, dupu, u sudu, domů, pánům, profesorů, profesoru, trojúhelník, útok, lhůtu, kusů

ě

běží, tobě, obědvá, pěšky, pět, pěkně, světlý, svět, Věra, země, město, náměstí, umění, věděl, děkuju, seděl, štěstí, těší se, ve městě, Němec, něco

di, dí – ti, tí; dy, dý – ty, tý

dím – dým, ti – ty, mladí – mladý, škodí – škody, rádi – rády, díky – dýky, radí – rady, chodí – schody, vodí – vody, tiká – tyká, čistí – čistý, hostí – hosty, cítí – city, svítí – svity, vrátí – vraty

ni, ní – ny, ný

hodní – hodný, psaní – psaný, páni – pány, daní – daný, krásní – krásný, zvoní – zvony, dni – dny, sní – sny

e, é – ě

děj – dej, vědě – vede, němá – nemá, daně – dané, těma – téma, stěna – stěná, utěrka – úterka, rovně – rovné

ou

houpou, hloupou, poslouchá, moucha, houká, houska, smlouvou, louka, knihou, hloubá, moukou, troubí, moudrý
!!! používá – poukazuje – poučuje – doučuje (o + u pronounced separately)

ř

třída, vepředu, dveře, nahoře, moře, skříň, dobře, talíř, příbor, přicházejí, přináší, přítel, středa, přestávka, řády, převzala, přišel, příklady, přístroj, přestane, říká, otevře, tři, křeslo, prostředek

č

černý, červený, ručník, večer, čistý, čaj, čeština, Čech, Češka, český, omáčka, čtvrtek, učím se, včera, proč, čtu, čteme, končí, člověk, začíná

ž

židle, žlutý, leží, nože, rýže, protože, lžíce, manžel, žena, prohlížíme, že, život, žije

z

vzadu, na obraze, zítra, zvoní, cizinec, zelený, televize, za chvíli, zajímavý, rozumějí, v Praze, cizí

h

nahoře, hnědý, hodiny, ahoj, vhodný, tehdy, duha, ohromí, pohybuje, huť, hloubá, hodný, hezký, hodina, prohlížejí, koho, ho

h – ch

pohyby – pochyby, sluhu – sluchu, míhat – míchat, hlad – chlad, huť – chuť, hýbá – chyba, hloupá – chlouba, nahází – nachází, hodí – chodí

r – ř

dobré – dobře, večery – večeří, zahraje – zahřeje, rým – Řím, rasa – řasa, hory – hoří, var – vař, bratry – bratři

Assimilation

obchod, teď, odpoledne, kamarádka, hezký, kde, kdo, obraz, na shledanou, nerad, přestávka, procházka, odpovídá, hlad, zpěv, lávka, muž, nůž, dívka, Roland, polévka, tužka, uprostřed

Preposition + noun

na fakultě, na chodbě, na televizi, na stole, na poště, na rádiu, na židli, na náměstí

ve škole, ve městě, ve filmu, ve slovníku, v divadle, v Německu, v Londýně, v rodině, v rádiu, v domě, v restauraci, v hotelu

v autě, v práci, v Čechách, v kině, v pokoji, v knize, v Praze, v Anglii, v Evropě, v Americe, v Kanadě, v televizi, v koleji, v kavárně, v programu, v češtině, v přízemí, v obchodě

CZECH (ČEŠTINA)

- Czech belongs to a different language type than English. In Czech, a word's ending changes according to its meaning and role in the sentence, – ie it is an inflectional language whereas in English these changes are expressed by adding more words.

  ➡ ***to a** friend* – příteli

- Nouns, adjectives, pronouns and numerals are inflectional in Czech. They inflect (have various endings) according to the gender and the number.

  ➡ škola *(school)* – škol**y**, škol**e**, škol**u**, škol**ou**, škol, škol**ám**, škol**ách**, škol**ami**

- Czech nouns, adjectives and some pronouns and numerals are divided into three grammatical genders: masculine (animate and inanimate), feminine and **neuter**.

  ➡ hotel **M**, pizza **F**, Skotsko **N** *(Scotland)*

- The Czech noun has no article.

  ➡ To je **hotel**. V **hotelu** je **bazén**. – *It is **a hotel**. In **the hotel** there is **a swimming pool.***

- The inflectional words have a large number of forms which you must learn. On the other hand the Czech language has a simpler verb system – it has only three verb tenses. The Czech verb, however, has a verb category which the English language does not have: the aspect.

  ➡ *to see* – **vidět** *(the imperfective aspect)* / **uvidět** *(the perfective aspect)*
  Viděl jsem, že ... *(I saw that ...)* – Uviděl jsem ji. *(I caught sight of her.)*

- Verbs are conjugated according to the person and the number.

  ➡ píš**u** *(I write)*, píš**eš** *(you write)*, píš**e** *(he writes)*, píš**eme** *(we write)*, píš**ete** *(you write)*, píš**ou** *(they write)*

- The word type can be recognized by the ending of the word.

  ➡ work *(noun)* – prá**ce**, work *(verb)* – prac**ovat**, work *(adjective)* – prac**ovní**

- In comparison with English, Czech word order is freer.

  ➡ To je moje. / Je to moje. / Moje je to. – *It's mine*.
  Petr má dceru. / Dceru má Petr. – *Peter has a daughter.*

  In Czech there is no fixed structure of the sentence (subject – verb – object) as there is in English.

0

JUST LISTEN AND REPEAT

DOBRÝ DEN. GOOD DAY. *(can be used instead of – good morning – good afternoon – good evening)*

How are you?

I'm fine, thank you. And you?

I am fine too, thank you. Good-bye.

Good-bye.

MOJE RODINA

MY FAMILY

KDO TO JE? = KDO JE TO?

WHO IS IT?

To jsem já.
To je manželka.
To je dcera.
To je syn.

This is me.
This is my wife.
This is my daughter.
This is my son.

JAK SE JMENUJETE?

WHAT'S YOUR NAME?

Jmenuju se Petr.
Manželka se jmenuje Alena.
Dcera se jmenuje Jana.
Syn se jmenuje Tomáš.

My name is Petr.
My wife is called Alena.
My daughter is called Jana.
My son is called Tomáš.

0

CO TO JE? = **CO JE TO?** *WHAT IS IT?* **KDO TO JE?**

TO JE . . . *THIS IS . . .* *WHO IS IT?*

To je hote**l**. *This is a hotel.*

obcho**d** *shop*

To je pá**n**. *This is a gentleman.*

M (nouns ending in "-l, -d, -n" and in other consonants are masculine)

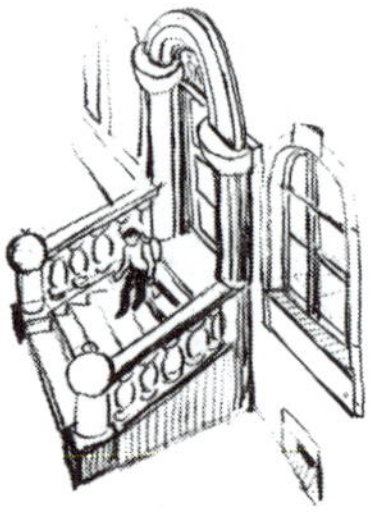

To je škol**a**. *This is a school.*

restaurac**e** *restaurant*

tramva**j** *tram*

F (most nouns ending in "-a, -e" and some nouns ending in consonant are feminine)

aut**o** *car*

metr**o** *metro*

To je měst**o**. *This is a town.*

N (nouns ending in "-o" are neuter)

1

JEDEN hotel
JEDNA škola
JEDNO auto

M
F
N

one *hotel*
school
car

M 1  jed**en** rohlík

1  jed**en** čaj

F 1  jed**na** houska

1  jed**na** židle

N 1  jed**no** auto

1 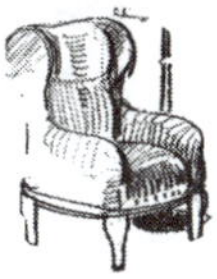 jed**no** křeslo

CO TO JE? *WHAT IS IT?*

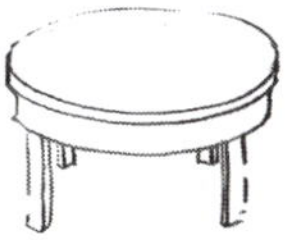

Stůl.
Jeden stůl.

A table.
One table.

(Note how in Czech there is no article before nouns.)

CO TO JE?

↓

To je stůl. *(It's a table.)*

To je auto. *(It's a car.)*

To je housk**a**. *(It's a roll.)*

A ⟶

To je židl**e**. *(It's a chair.)*

E ⟶

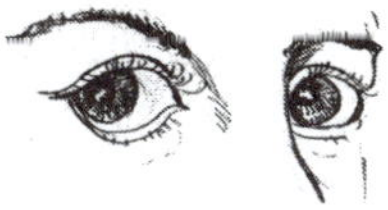

CO VIDÍM? *(WHAT DO I SEE?)*

↓

Vidím stůl. *(I see a table.)*

Vidím auto. *(I see a car.)*

Vidím housk**u**. *(I see a roll.)*

⟶ U

Vidím židl**i**. *(I see a chair.)*

⟶ I

0

KDE JE PETR?

WHERE IS PETR?

Je **ve** škol**e.**

He is at school.

v aut**ě**

in the car

ve měst**ě**

in the city

v Praz**e**

in Prague

v obchod**ě**

in the shop

After the preposition "v" (in – where?) these nouns have the ending **-e**

Je **v** restaurac**i.**

He is in the restaurant.

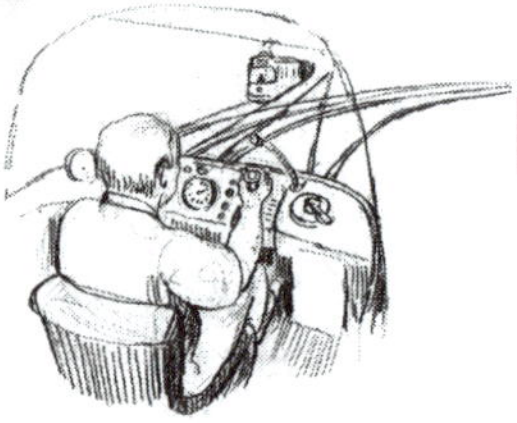

v tramvaj**i**

on the tram

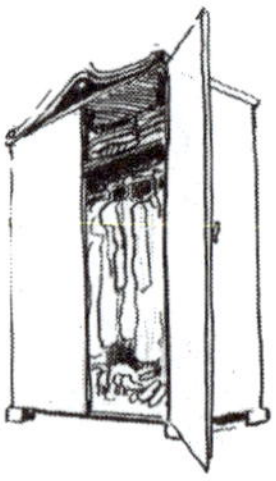

To je skříň.

This is a wardrobe.

ve skřín**i**

in the wardrobe

Nouns ending in
-e, -ž, -š, -č, -ř, -c, -j, -ď, -ť, -ň
have the ending **-i**

International words:

v metr**u**

on the metro

v hotel**u**

in (at) the hotel

These nouns have the ending **-u**

JÍDELNA

CANTEEN

Co to je? – To je jídelna.
Kdo to je? – To je Alena.

What is it? – It is a canteen.
Who is it? – It is Alena.

čaj
tea

káva
coffee

houska
roll

rohlík
roll

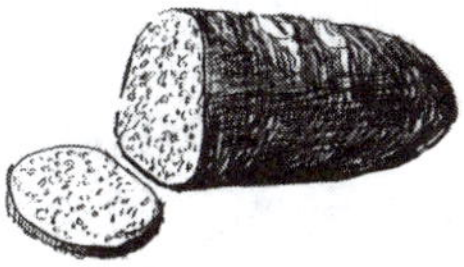

chleba (chléb)
(a loaf of) bread

svetr
sweater

židle
chair

talíř
plate

stůl
table

KDE TO JE?

WHERE IS IT?

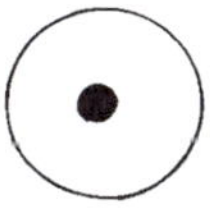

v, ve *(in/at)*
v čaji
in the tea

na *(on)*
na židli
on the chair

KDE JE . . .?
Where is . . .?

JE V . . . *He (she, it) is in . . .*
JE NA . . . *He (she, it) is on . . .*
(Note how in Czech no pronoun is necessary.)

Kde je Alena?

Je **v jídelně**.
She is in the canteen.

Kde je káva?

Je **na stole**.
It is on the table.

Kde je svetr?

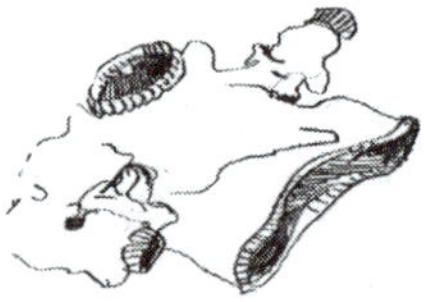

Je **na židli**.
It is on the chair.

Kde je houska?

Je **na talíři**.
It is on the plate.

stojí
he is standing

sedí
he is sitting

leží
he is lying

KDE LEŽÍ . . .?
STOJÍ . . .?

Where is . . . (lying)?
. . . (standing)?

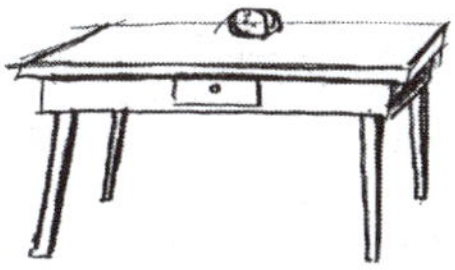

Kde leží houska?

Houska **leží na stole.**
The roll is (lying) on the table.

Kde leží chleba?

Chleba **leží na stole.**
The bread is (lying) on the table.

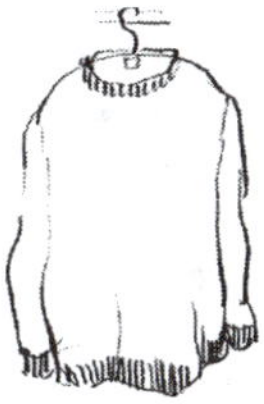

Svetr **leží na židli.**
The sweater is (lying) on the chair.

Kde leží svetr?

Kde stojí?

Petr **stojí v jídelně.**
Petr is standing in the canteen.

Židle **stojí v jídelně.**
The chair is (standing) in the canteen.

Stůl **stojí v jídelně.**
The table is (standing) in the canteen.

VELK**Ý** – MAL**Ý** *(BIG – SMALL)*

jaký?

M

Jak**ý** je ten hotel?
What is the hotel like?

Ten hotel je velk**ý**.
The hotel is big.

Ten hotel je mal**ý**.
The hotel is small.

VELK**Á** – MAL**Á**

jaká?

F

Jak**á** je ta židle?
What is the chair like?

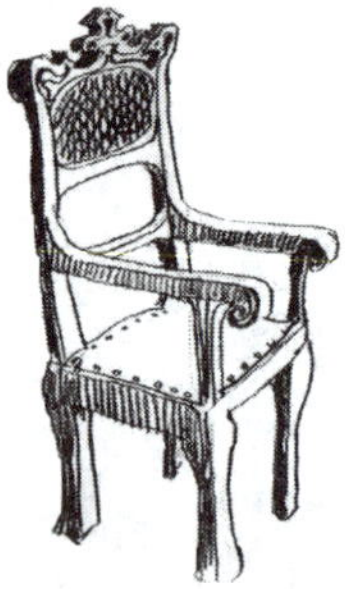

Ta židle je velk**á**.
The chair is big.

Ta židle je mal**á**.
The chair is small.

VELK**É** – MAL**É**

jaké?

N

Jak**é** je to auto?
What is the car like?

To auto je velk**é**.
The car is big.

To auto je mal**é**.
The car is small.

Topic:

GREETINGS. BASIC SOCIAL PHRASES. DESCRIBING A ROOM.

You will learn how to

- greet people and say goodbye to them
- say who you are
- ask "What is that? Who is that?"
- ask "What is it like?" and "What is that person like?"
- describe your room

Personal pronouns (p. 25) • Verb "to be" (p. 26) • Verb negation (p. 26) • Creation of questions in Czech (p. 27) • Basic questions "What is it? What is there? Where is...?" (p. 28) • Adverbs of place (p. 29) • Demonstrative pronouns "ten, ta, to" (p. 30) • Grammatical genders of Czech nouns (p. 31) • Nominative case of nouns in singular (p. 31) • Adjectives: hard ("-ý") and soft ("-í") (p. 32) • Numeral "one" (p. 33)

a	*and*
ale	*but*
Angličan M	*Englishman*
ano	*yes*
barevný, -á, -é	*coloured*
bílý, -á, -é	*white*
být, jsem	*to be, I am*
cizinec M	*foreigner (M)*
cizinka F	*foreigner (F)*
co	*what*
Čech M	*Czech (noun)*
Češka F	*Czech (noun)*
černý, -á, -é	*black*
červený, -á, -é	*red*
den M	*day*
dítě N	*child*
dobrý, -á, -é	*good*
dole	*down*
film M	*film*
hezký, -á, -é	*nice, pretty*
hnědý, -á, -é	*brown*
hrad M	*castle*
já	*I*
jako	*as, like*
jaký, -á, -é	*what, what sort of*
kde	*where*
kdo	*who*
kniha F	*book*
koberec M	*carpet*
křeslo N	*armchair*
květina F	*flower*
lampa F	*lamp*
leží	*is lying*
malý, -á, -é	*small*
mladý, -á, -é	*young*
moderní	*modern*
modrý, -á, -é	*blue*
muž M	*man*
my	*we*
nahoře	*up*
ne	*no*
nový, -á, -é	*new*
obraz M, **na obraze**	*picture, in the p.*
okno N	*window*
on, ona, ono	*he, she, it*
ošklivý, -á, -é	*ugly*
pán M	*Mr, gentleman*
paní F	*Mrs, lady*
pero N	*pen*
pokoj M	*room*
postel F	*bed*
profesor M	*professor*
profesorka F	*(woman) professor*
prosím	*please, you are welcome*
rádio N	*radio*
rohlík M	*roll*
sedí	*is sitting*
sešit M	*exercise-book*
slovo N	*word*
slovník M	*dictionary*
skříň F, **na skříni, ve skříni**	*cabinet, on the cabinet, in the cabinet*
starý, -á, -é	*old*
stojí	*is standing*
student M	*student (M)*
studentka F	*student (F)*
stůl M, **na stole**	*table, on the table*
tady	*here*
taky = také	*also, too*
tam	*there*
tamten, tamta, tamto	*that*
televize F =	*television*
televizor M	*television set*
ten, ta, to	*the/that*
tenhle, tahle, tohle	*this*
tento, tato, toto	*this*
ty	*you*
učitel M, **učitelka** F	*teacher (M, F)*
uprostřed	*in the middle*
vedle	*next to*
velký, -á, -é	*big, great, large*
v(e)předu	*in front*
visí	*hangs*
vlevo = nalevo	*on the left*
vpravo = napravo	*on the right*
vy	*you*
vzadu	*at the back*
zelený, -á, -é	*green*
žena F	*woman*
židle F, **na židli**	*chair, on the chair*
žlutý, -á, -é	*yellow*

- Dobrý den.
- Dobrý den.
- Jste, prosím, profesor?
- Ano, jsem. A vy jste student?
- Ano, jsem student.

- *Good morning.*
- *Good morning.*
- *Excuse me, are you a professor?*
- *Yes, I am. And you are a student?*
- *Yes, I am a student.*

- Jste profesor?
- Ne, nejsem. Jsem také student.

- *Are you a professor?*
- *No, I am not. I am a student, too.*

- Jste cizinec?
- Ne, nejsem. Jsem Čech.

- *Are you a foreigner?*
- *No, I'm not. I'm Czech.*

Gr

PERSONAL PRONOUNS (OSOBNÍ ZÁJMENA)

I	**JÁ**	**MY**	*we*
you	**TY**	**VY**	*you*
he	**ON**	**ONI**	*they M*
she	**ONA**	**ONY**	*they F*
(it)	**ONO** (to)	**ONA**	*they N*

! **ONO** (and also ONY, ONA) is little used in the spoken language. In most cases the pronoun "it" corresponds to the Czech demonstrative pronoun "to".

! **TY**: you (2nd person sg) – used among relatives, friends, children ...
(informal form of address)

! **VY**: you (2nd person pl)
- used when more people are being addressed
- formal address in the singular – it is used for addressing unknown, little known and important people.

See p. 26 (vy jste – *you are*)

TO BE (BÝT)

I am *you are* *he, she is* *it is*	**jsem** **jsi (*coll* seš)** **je** **to je**	**jsme** **jste** **jsou**	*we are* *you are* *they are*

Verbs in Czech don't have to be accompanied by personal pronouns.

I am at home. — **Jsem** doma. *(this form is used more often)*
Já jsem doma, **ty** ne. *(when we want to stress it)*

VY JSTE – *you are*

- **Evo a Tomáši, kde jste?** (plural)
  Eve and Tom, where are you?
- **Pane profesore, jste už v Praze?** (singular)
  Professor, are you already in Prague?

VY JSTE: in official communication we use the polite form when speaking with a person who is not close to us, eg we say "VY JSTE".

X

TY JSI: we use this form when speaking with a person with whom we have a close relationship, eg we say "TY JSI".

● **Kdo jste?** ○ **Jsem cizinec.**
● **Kdo jsi?** ○ **Jsem student.**

● *Who are you?* ○ *I am a foreigner.*
● *Who are you?* ○ *I am a student.*

NEGATION (NEGACE)

nejsem	**nejsme**	*I am not*	*we are not*
nejsi (nejseš)	**nejste**	*you are not*	*you are not*
není	**nejsou**	*he, she, it is not*	*they are not*

(**není** – the only irregular form of verb negation in Czech)

In Czech **NE-** is simply prefixed to the verb: jsem – **ne**jsem *(I am – I am not)*
být, či **ne**být? *(to be or not to be?)*

● To je cizinec? — ○ Ano, to je cizinec.
○ **Ne,** to **není** cizinec.

QUESTIONS (OTÁZKY)

In questions no auxiliary verb is added.

To je Alena. ↘ ● **To je Alena?** ↗ (only the intonation at the end
Alena je tady. ● **Alena je tady?** of the sentence is changed)

CZECH WORD ORDER (ČESKÝ SLOVOSLED)

In comparison with English it is freer.

● **To je** cizinec? = **Je to** cizinec? ○ Ano, **to je** cizinec. = Ano, **je to** cizinec.

● Je tady **učitel**?
Učitel je tady?
(Is the teacher here?)

○ Ano, učitel **je tady**. = Ano, učitel **tady je**.
(Yes, the teacher is here.)
○ Ne, **učitel tady není**. = Ne, **není tady učitel.**
(No, the teacher isn't here.)

In answers we give new information at the end of the sentence.

● **Kde je** lampa? ○ Lampa je **tady**.
● **Co** je tady? ○ Tady je **lampa**.

● *Where is the lamp?* ○ *The lamp is here.*
● *What is here?* ○ *It is a lamp which is here.*

Cv

CVIČENÍ *(Exercises)*

1. Rozumíte? *(Do you understand?)*

○ To je hotel Diplomat.
○ To je televizor Sony.
○ To je Angličan.
○ To je pizza.
○ To je kafe.
○ To je katastrofa.
○ To je student.
○ To je klub Neptun.
○ To je aspirin.

2. Doplňte sloveso být ve správném tvaru. *(Fill in the correct form of the verb "to be".)*

1. Já ______ tady.
2. Oni ______ tady.
3. On ______ cizinec.
4. Vy ______ profesor?
5. My ______ tam.
6. To ______ čaj.
7. Ty ______ student?
8. Ona ______ profesorka.
9. To ______ ty?

3. Odpovězte podle vzoru. *(Answer according to the model.)*

➡ To je káva? ○ **Ne, to není** káva.

● To je čaj? ○ Ne, to ______.
● To je rum? ○ Ne, to ______.
● To je jogurt? ○ Ne, to ______.
● To je džus? ○ Ne, to ______.
● To je koktejl? ○ Ne, to ______.
● To je pizza? ○ Ne, to ______.

❒ 4. Odpovězte. *(Answer.)*

○ Jste cizinec?	● Ne, nejsem. Jsem	Čech.
○ Jste učitel?		student.
○ Jste Čech?		cizinec.
○ Jste Angličan?		Čech.

❒ 5. Doplňte podle vzoru. *(Fill in the blanks according to the model.)*

➡ Já **jsem** Čech, já **nejsem** cizinec.

1. My _____ tady, my _____ tam.
2. Ona _____ Češka, ona _____ cizinka.
3. Ty _____ student, ty _____ profesor.
4. Vy _____ profesor, vy _____ student.
5. Já _____ cizinec, já _____ Čech.
6. On _____ Petr, on _____ Tomáš.

❒ 6. Odpovězte. *(Answer.)*

○ Kdo jste?
○ Jste cizinec?
○ Je Eva cizinka?
○ Jste ve škole?
○ Jste Čech?
○ Jsi student?
○ Je tady profesorka?
○ Je (jsou) Eva a Tomáš tady?
○ Je Češka?
○ Je Tomáš cizinec?
○ Vy nejste Čech?
○ To je Zuzana?

Gr

BASIC QUESTIONS (ZÁKLADNÍ OTÁZKY)

● Co je to? = Co to je?
○ To je pokoj.

● *What is it?*
○ *It is a room.*

● Kdo je to? = Kdo to je?
○ To je Petr.

● *Who is it?*
○ *It is Peter.*

● Kde je pokoj?
○ Pokoj je tady.

● *Where is the room?*
○ *The room is here.*

● Co je tam? = Co tam je?
○ Tam je pokoj.

● *What is there?*
○ *The room is there.*

KDO ?	**–**	**Who ?**
CO ?	**–**	**What ?**
KDE ?	**–**	**Where ?**

Answer.

● Kdo to je?
● Je to Karel?
● Co je to?
● Je to škola?
● Co je tam?
● Kde je škola?

- Co to je? ○ To je pokoj.
- Co je to? ○ To je ______

ADVERBS OF PLACE (ADVERBIA MÍSTA)

- **Kde je stůl?** ○ **Stůl je vepředu.**

skříň
okno
obraz
rádio
lampa
postel
židle
televize
křeslo

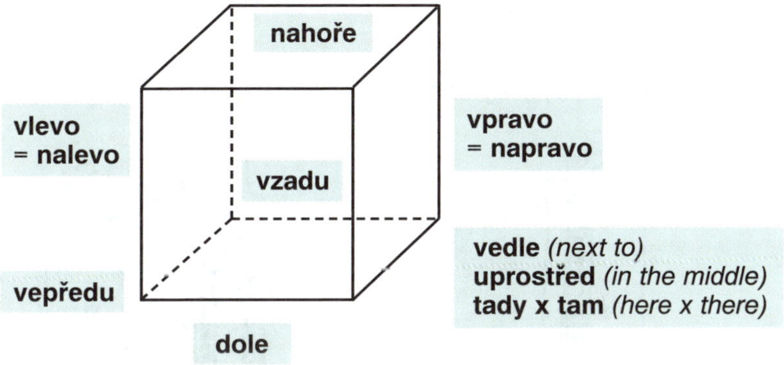

Cv

❐ 7. Odpovězte podle vzoru. *(Answer according to the model.)*

➡ ● Je stůl **vzadu**? ○ Ne, stůl **není vzadu**, **je vepředu**.

- Je lampa nahoře? ○ Ne, ______________________.
- Je okno vepředu? ○ Ne, ______________________.
- Je rádio dole? ○ Ne, ______________________.
- Je televize vlevo? ○ Ne, ______________________.
- Je postel vzadu? ○ Ne, ______________________.
- Je skříň napravo? ○ Ne, ______________________.

Gr

DEMONSTRATIVE PRONOUNS "TEN, TA, TO"
(UKAZOVACÍ ZÁJMENO „TEN, TA, TO")

!! The nouns in Czech have no article.

Tam je hotel.	*There is a hotel there.*
Hotel je velký.	*The hotel is big.*
Ten hotel je velký.	*The / that hotel is big.*

(ten, o kterém jsme už mluvili – *that one which we have already spoken about*)

"**Ten, ta, to**" are used as the demonstrative pronoun "that" and can also be used in a similar way to the definite article with a noun which has already been spoken of.

M	**TEN**	muž
F	**TA**	žena
N	**TO**	okno

Also: **TENTO, TENHLE** *(this)*
TATO, TAHLE
TOTO, TOHLE

❒ 8. Řekněte se zájmeny „ten, ta, to". *(Say it with the pronouns "ten, ta, to".)*

Gr

NOUNS (SUBSTANTIVA)

The nouns in Czech have three genders:

masculine (M)
feminine (F)
neuter (N) = names of the young (dítě – *child*, kuře – *chicken*, kotě – *kitten*)
+ names of things ending in "-o" and "-e/-ě" (the latter can be also feminine)

Nouns ending in:

consonant	**M** **F**	studen**t**, pá**n**, stů**l**, obra**z**, ča**j**, kobere**c**, . . . skří**ň**, poste**l**, tramva**j**, . . .	TEN TA
-a	**F** **M**	lamp**a**, profesork**a**, housk**a**, knih**a**, . . . koleg**a**, turist**a**, Honz**a** *(Jack)*, . . .	TA TEN
-e (-ě)	**F** **N** **M**	lavic**e** *(bench)*, židl**e**, tabul**e** *(blackboard)*, . . . moř**e** *(sea)*, vejc**e** *(egg)*, dít**ě** *(child)*, . . . průvodc**e** *(guide)*, soudc**e** *(judge)*, . . .	TA TO TEN
-o	**N**	okn**o**, aut**o**, měst**o**, kin**o** *(cinema)*, . . .	TO
-í	**N** **M + F**	nádraž**í** *(station)*, náměst**í** *(square)*, . . . průvodč**í** *(conductor)*, pan**í** *(Mrs, lady)*, . . .	TO TEN + TA

The gender is very important in Czech. It determines which type of declension the noun has.

The most common endings are:

M	**- consonant**
F	**-a, -e**
N	**-o**

= forms of the nominative case singular

- **Ten starý pán je profesor?**
- **Ne, to není profesor.**

- *Is the old man a professor?*
- *No, he's not a professor.*

- **Ta hezká paní je také studentka?**
- **Ne, to není studentka, to je profesorka.**

- *Is the pretty lady a student too?*
- *No, she isn't a student, she is a professor.*

Gr

ADJECTIVES (ADJEKTIVA)

In Czech, adjectives do not have the same form as nouns. In the nominative singular they have the endings "**-ý, -á, -é**" (hard adjectives) or "**-í**" (soft adjectives), ie they end in **long vowels**.

Hard adjectives (tvrdá adjektiva): "**-ý**" or "**-á**" or "**-é**"
(It depends on the gender of the noun.)

masculine	**starý** muž	**-ý**	*an old man, woman, window*
feminine	**stará** žena	**-á**	
neuter	**staré** okno	**-é**	

● **To je dobré.** ● *It's good.*

Soft adjectives (měkká adjektiva): "**-í**"

M	**moderní** muž	**-í**	*a modern man, woman, window*
F	**moderní** žena	**-í**	
N	**moderní** okno	**-í**	

● **To je perfektní!** ● *It's perfect!*

JAKÝ, JAKÁ, JAKÉ? (WHAT ... LIKE? WHAT KIND OF ...?)

M	● **Jaký** je ten pokoj? *What is the room like?*	○ Ten pokoj je **malý a moderní.** *The room is small and modern.*
F	● **Jaká** je ta lampa? *What is the lamp like?*	○ Ta lampa je **žlutá a moderní.** *The lamp is yellow and modern.*
N	● **Jaké** je to okno? *What is the window like?*	○ To okno je **velké a moderní.** *The window is big and modern.*
Also:	● **Jaký** je to profesor? *What kind of professor is he?*	○ **To** je **dobrý** profesor. *He is a good professor.*
	● **Jaká** je to učitelka? *What kind of teacher is she?*	○ **To** je **výborná** učitelka. *She is an excellent teacher.*
	● **Jaké** je to dítě? *What kind of child is that?*	○ **To** je **hezké** dítě. *It is a pretty child.*

● **Jaké to je?** ○ **Dobré.** ● *What is it like?* ○ *(It's) good.*

Cv

❐ 9. Vyberte vhodnou odpověď. *(Select a suitable answer.)*

● Jaký je ten	pokoj? obraz? profesor? stůl?	○ Ten pokoj je	hezký ošklivý malý velký starý mladý nový moderní
● Jaké je to	rádio? okno?	○ To rádio je	staré moderní velké malé
● Jaká je ta	lampa? kniha? židle? televize? skříň?	○ Ta lampa je	bílá žlutá černá červená modrá zelená stará nová malá velká

❐ 10. Doplňte vhodné adjektivum. Pozor na "-ý, -á, -é".
(Complete with a suitable adjective. Be careful with the endings.)

________ hotel	________ žena	________ pán	________ film
________ park	________ Angličan	________ učitelka	________ pokoj
________ kniha	________ město	________ Češka	________ okno

❐ 11. Byl jste v kině. Přítel se vás ptá, jaký je ten film.
(You have been in the cinema. A friend asks you what the film is like.)

○ Jaké to je?
○ Jaký je ten film?

● Je to dobré.
● Je dobrý.

Odpovězte mu. *(Answer him.)*

dobrý fantastický perfektní optimistický pesimistický

Gr

ONE (JEDEN, JEDNA, JEDNO)

jeden (M)
jedna (F)
jedno (N)

M	F	N
ten muž **JEDEN** muž	**ta** žena **JEDNA** žena	**to** okno **JEDNO** okno
one/a man	*one/a woman*	*one/a window*

ten jeden starý muž **tento** **tenhle** **tamten**	M	*the/that one old man* *this (written form)* *this (spoken form)* *that (the ... there)*
ta jedna stará žena **tato** **tahle** **tamta**	F	*the/that one old woman* *this (written form)* *this (spoken form)* *that (the ... there)*
to jedno staré okno **toto** **tohle** **tamto**	N	*the/that one old window* *this (written form)* *this (spoken form)* *that (the ... there)*

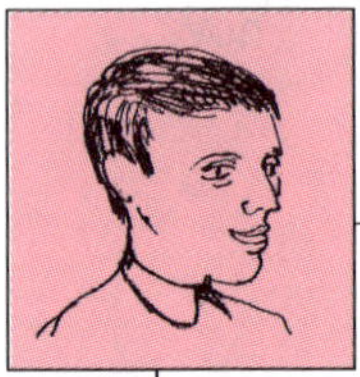

POKOJ

Tady je velký pokoj. Vepředu stojí hnědý stůl a hnědá židle. Na židli sedí mladý muž. Nalevo je postel. Ta postel je bílá. Nahoře visí obraz. Na obraze je žena. Napravo stojí malý stůl. Na stole je barevná televize a květina. Vzadu stojí velká skříň a bílá lampa. Ve skříni leží kniha a slovník. Na skříni stojí černé rádio. Vedle je moderní okno. Nahoře visí lampa, dole leží koberec. Uprostřed stojí červené křeslo.

Cv

12. Odpovězte podle textu. *(Answer according to the text.)*

- Co je nahoře?
- Kde je postel?
- Kde je skříň?
- Kdo je ten pán?
- Co leží ve skříni?
- Co stojí napravo?
- Kdo je tam?
- Kde je student?
- Kde stojí rádio?
- Je tam taky dítě?
- Co je na stole?
- Co je vzadu?
- Kdo sedí vepředu?
- Kde visí lampa?
- Jaký je ten pokoj?

13. Říkejte podle vzoru. *(Say according to the model.)*

profesor – **ten jeden** profesor

cizinec, lampa, skříň, okno, studentka, postel, židle, rádio, Čech, slovník, kniha, televize, stůl, křeslo, Češka, pán, paní, obraz, muž, dítě, žena

14. Doplňujte adjektiva. *(Fill in the adjectives.)*

Ta lampa je _________. – Ta lampa je **bílá** (**hezká**).

1. Ten cizinec je _________.
2. Tam stojí _________ profesor.
3. Vlevo stojí _________ postel.
4. To je _________ skříň.
5. Uprostřed stojí _________ stůl.
6. To je _________ židle.
7. Kdo je ten _________ muž?
8. To okno je _________.
9. To je _________ křeslo.
10. Nahoře visí _________ obraz.
11. Ten slovník je _________.
12. Jedno _________ rádio je na skříni.
13. Kde je ta _________ kniha?
14. To je _________ film!

15. Odpovězte. *(Answer.)*

○ Jaké je to křeslo?
○ Jaká postel stojí nalevo?
○ Jaký stůl stojí vepředu?
○ Jaká kniha leží na stole?
○ Jaké rádio stojí na skříni?
○ Jaký obraz tam visí?
○ Jaký je ten cizinec?
○ Jaký je to učitel?
○ Jaké je to dítě?
○ Jaký je to pokoj?

16. Odpovězte podle vzoru. *(Answer according to the model.)*

○ Je ta lampa bílá? (žlutý) ● **Ne**, ta lampa **není bílá, je žlutá**.

1. Je ten stůl hnědý? (bílý)
2. Je ta televize nová? (starý)
3. Je ta postel modrá? (zelený)
4. Je to dítě malé? (velký).
5. Je ten profesor mladý? (starý)
6. Je to okno velké? (malý)
7. Je ta skříň stará? (moderní)
8. Je ten film ošklivý? (hezký)

17. Ptejte se. *(Ask.)* **Kdo? Co? Kde? Jaký, -á, -é?**

Tam stojí **profesor**. – **Kdo** tam stojí?

1. **Vepředu** je velký stůl.
2. Na stole leží **kniha**.
3. Ve skříni je **nový slovník**.
4. Je to **moderní** žena.
5. Tam stojí **mladá** cizinka.
6. **Na skříni** je černé rádio.
7. Na židli sedí **dítě**.
8. **Starý** profesor sedí vzadu.

18. Říkejte opozitum. *(Say the opposite.)*

○ Je stůl **vlevo**? ● **Ne**, stůl **není vlevo**, **je vpravo**.

1. Je lampa **nahoře**?
2. Je profesor **tady**?
3. Je to **muž**?
4. Je ta žena **mladá**?
5. Je okno **vepředu**?
6. Je rádio **dole**?
7. Je to **cizinec**?
8. Je to dítě **velké**?
9. Je televize **napravo**?
10. Je postel **vzadu**?
11. Je ten pokoj **moderní**?
12. Je ten profesor **starý**?

19. Popište obrázek. *(Describe the picture.)*

- **Já nejsem Čech. Jsem Angličan (Američan, Kanaďan, Australan). Jsem mladý a velký. Tady jsem student. On je taky student, ale je Čech.**

Angličanka *(English woman)*
Američanka *(American woman)*
Kanaďanka *(Canadian woman)*
Australanka *(Australian woman)*

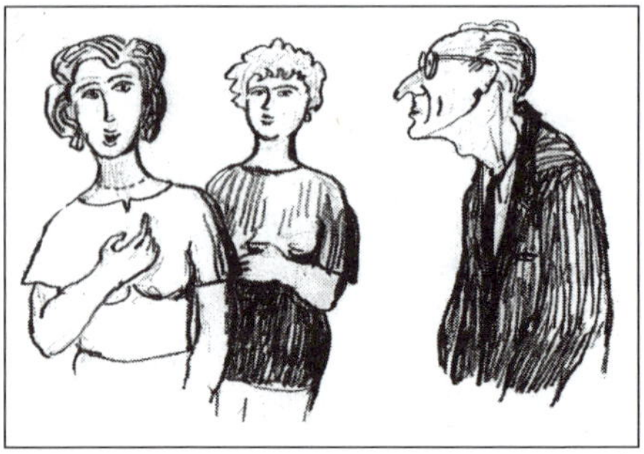

- **Já jsem cizinka. Jsem mladá. Tamten starý pán je profesor a tamta žena je studentka jako já.**

BASIC CONVERSATION

- **Jak se máte?**
- ○ **Děkuju, dobře. A vy?**
- **Já taky dobře, děkuju.**

- *How are you?*
- ○ *Fine, thank you. And you?*
- *I am fine too, thank you.*

- ● **Dobrý den.**
- ○ **Dobrý den. Jak se máte?**
- ● **Děkuju, dobře. A jak se máte vy?**
- ○ **Mám se taky dobře, děkuju. Na shledanou.**
- ● **Na shledanou.**

- ● *Good morning.*
- ○ *Good morning. How are you?*
- ● *Fine, thank you. And how are you?*
- ○ *I am fine too, thank you. Good-bye.*
- ● *Good-bye.*

- ● **Jak se jmenujete?**
- ○ **Jmenuju se Tomáš. A jak se jmenujete vy?**
- ● **Já se jmenuju Jana. Těší mě.**
- ○ **Taky mě těší.**

- ● *What's your name?*
- ○ *My name is Tom. And what's your name?*
- ● *My name is Jane. (It's) nice to meet you. (I am pleased.)*
- ○ *(It's) nice to meet you too.*

ORAL EXERCISES (MLUVNÍ CVIČENÍ)

1. a) *Opakujte: (Repeat)*

● **Ta paní je profesorka.**
● **Ten pán je profesor.**
● **Ten cizinec je student.**

b) *Odpovězte: (Answer)*

○ Kdo je ta paní?	● **Ta paní je profesorka.**
○ Kdo je ten pán?	● **Ten pán je profesor.**
○ Kdo je ten cizinec?	● **Ten cizinec je student.**

2. a) *Poslouchejte: (Listen)*

○ Kdo je ten starý pán? Profesor?	● Ano, je profesor.

b) *Odpovězte:*

○ Kdo je ten starý pán? Profesor?	● **Ano, je profesor.**
○ Kdo je ta moderní paní? Profesorka?	● **Ano, je profesorka.**
○ Kdo je ten mladý cizinec? Student?	● **Ano, je student.**

3. a) *Poslouchejte:*

○ Vy jste cizinec?	● Ne, já nejsem cizinec.

b) *Odpovězte:*

○ Vy jste profesor?	● **Ne, já nejsem profesor.**
○ Vy jste Čech?	● **Ne, já nejsem Čech.**
○ Ona je profesorka?	● **Ne, ona není profesorka.**
○ On je cizinec?	● **Ne, on není cizinec.**

4. a) *Poslouchejte:*

○ Je pokoj velký? Ne, malý.	● Pokoj je malý.

b) *Reagujte: (React)*

○ Je pokoj velký? Ne, malý.	● **Pokoj je malý.**
○ Je rádio nové? Ne, staré.	● **Rádio je staré.**
○ Je postel velká? Ne, malá.	● **Postel je malá.**

○ Je obraz hezký? Ne, ošklivý. ● **Obraz je ošklivý.**
○ Je skříň hnědá? Ne, černá. ● **Skříň je černá.**
○ Je lampa červená? Ne, bílá. ● **Lampa je bílá.**

5. a) *Poslouchejte:* ○ Co je tam vzadu? Rádio? ● Ano, vzadu je rádio.

b) *Odpovězte:*
○ Co je tam vzadu? Rádio? ● **Ano, vzadu je rádio.**
○ Co je tam vlevo? Stůl? ● **Ano, vlevo je stůl.**
○ Co je tam vpravo? Židle? ● **Ano, vpravo je židle.**
○ Co je tam nahoře? Kniha? ● **Ano, nahoře je kniha.**
○ Kdo je tam dole? Učitel? ● **Ano, dole je učitel.**
○ Kdo je tam vzadu? Učitelka? ● **Ano, vzadu je učitelka.**
○ Kdo je tam vpravo? Pan Novák? ● **Ano, vpravo je pan Novák.**

6. a) *Poslouchejte:* ○ Jak se jmenujete? Petr? ● Ano, jmenuju se Petr.

b) *Odpovězte:*
○ Jak se jmenujete? Petr? ● **Ano, jmenuju se Petr.**
○ Jak se jmenujete? Jana? ● **Ano, jmenuju se Jana.**
○ Jak se jmenujete? Zuzana? ● **Ano, jmenuju se Zuzana.**
○ Jak se jmenujete? Michal? ● **Ano, jmenuju se Michal.**
○ Jak se jmenujete? Tomáš? ● **Ano, jmenuju se Tomáš.**
○ Jak se jmenujete? Honza? ● **Ano, jmenuju se Honza.**

CZECH NAMES (ČESKÁ JMÉNA)

Antonín, Tonda	=	*Anthony, Tony*	Alžběta, Běta	=	*Elizabeth, Betty*
Eduard, Eda	=	*Edward, Ted*	Anna, Andulka, Anička	=	*Ann, Nancy*
František, Franta	=	*Francis, Frank*			
Jakub, Kuba	=	*James, Jim*	Eva	=	*Eve*
Jan, Honza	=	*John, Jack*	Hana	=	*Hannah*
Jindřich, Jindra	=	*Henry*	Jana	=	*Jane, Joan*
Jiří, Jirka	=	*George*	Jitka	=	*Judith*
Josef, Pepa	=	*Joseph, Joe*	Karolína	=	*Caroline*
Karel	=	*Charles*	Kateřina, Katka, Kačenka	=	*Katherine, Kate*
Ludvík	=	*Lewis, Louis*			
Lukáš	=	*Luke*	Lucie	=	*Lucy*
Matěj, Matyáš	=	*Matthew*	Magdaléna	=	*Madeleine*
Michal, Míša	=	*Michael*	Marie, Maruška, Mařenka	=	*Mary, May*
Pavel	=	*Paul*			
Petr	=	*Peter*	Markéta	=	*Margaret*
Štěpán	=	*Stephen*	Monika	=	*Monica*
Tomáš	=	*Thomas*	Pavla	=	*Paula*
			Zuzana	=	*Susan*

Topic:

MY FAMILY. DO YOU HAVE TIME? WHAT DO I LIKE?

You will learn how to

- say who you are and where you work
- say whether or not you have any free time
- ask a colleague where he/she is and what he/she is doing
- say what you have and who you are listening to (using the direct object)
- say what things you like and what people you like
- ask who owns something and say that you own something
- talk about your family

"Where?" – Locative case of nouns in singular (p. 41) • Present tense of Czech verbs: conjugation "-ám", "-uju" (p. 45) • Verb "to have" (p. 45) • Accusative case in singular (p. 47) • I like … (Rád) (p. 50) • Possessive pronouns in the nominative and in the accusative singular (p. 51)

angličtina F	*English*	**nemocnice** F	*hospital*
Anglie F	*England*	**nemocný, -á, -é**	*ill, sick*
banka F	*bank*	**obchod** M	*shop*
bohužel	*unfortunately*	**odpočívám**	*I rest*
byt M	*flat*	**(odpočívat)**	*(to rest)*
čas M	*time*	**odpoledne**	*afternoon, in the a.*
český, -á, -é	*Czech*	**poslouchám** +Acc	*I listen to*
čeština F	*Czech language*	**(poslouchat)**	*(to listen to)*
člověk M	*man (= human being)*	**potom = pak**	*then*
dcera F	*daughter*	**práce** F	*work, job*
dělám	*I do, I make*	**pracuju (pracovat)**	*I work (to work)*
(dělat)	*(to do, make)*	**prodavač** M	*shop-assistant (M)*
divadlo N	*theatre*	**prodavačka** F	*shop-assistant (F)*
dívám se na +Acc	*I look at*	**prodávám** +Acc	*I sell*
(dívat se)	*(to look at)*	**(prodávat)**	*(to sell)*
dívka F	*girl*	**přítel** M, **přítelkyně** F	*friend (M), friend (F)*
dneska = dnes	*today*	**rád, ráda, rádo**	*gladly*
dobrý, -á, -é	*good*	**rodina** F	*family*
dobře	*well*	**sám, sama, samo**	*alone*
doma	*at home*	**studuju** +Acc	*I study*
dopoledne	*morning, midmorning, in the morning*	**(studovat)**	*(to study)*
		svetr M	*sweater*
fakulta F	*faculty, college*	**syn** M	*son*
gramatika F	*grammar*	**škola** F	*school*
hodný, -á, -é	*good, nice, kind*	**špatně**	*badly*
chytrý, -á, -é	*bright*	**špatný, -á, -é**	*bad*
jeho, její, jejich	*his, her, their*	**šťastný, -á, -é**	*happy*
jenom = jen	*only*	**taška** F	*bag*
ještě, ještě ne	*still, not yet*	**tatínek, otec** M	*dad, father*
kamarád M	*friend (M)*	**teď**	*now*
kamarádka F	*friend (F)*	**třída** F	*classroom, class*
kancelář F	*office*	**úkol** M	*task, homework*
káva F	*coffee*	**už**	*already, now, as early as*
kino N	*cinema*		
kupuju +Acc	*I buy*	**v, ve**	*in/at*
(kupovat)	*(to buy)*	**večer**	*evening, in the e.*
lekce F	*lesson*	**velmi**	*very*
mám (mít)	*I have (to have)*	**volno**	*free time*
mám rád +Acc	*I like*	**volný, -á, -é**	*free*
maminka, matka F	*mum, mother*	**vysvětluju** +Acc	*I explain*
manžel M	*husband*	**(vysvětlovat)**	*(to explain)*
manželka F	*wife*	**vzpomínám na** +Acc	*I remember, I think*
milý, -á, -é	*dear*	**(vzpomínat na)**	*(to remember, think)*
moře N	*sea*	**zajímavý, -á, -é**	*interesting*
na	*at, on, to*	**zdravý, -á, -é**	*healthy*
nakupuju	*I do the shopping*	**zítra**	*tomorrow*
(nakupovat)	*(to shop around)*		
nebo	*or*	**Je mi líto.**	*I am sorry.*

Gr

QUESTION "WHERE?" – LOCATIVE CASE OF NOUNS IN SINGULAR (OTÁZKA „KDE?" – LOKÁL SINGULÁRU SUBSTANTIV)

We answer the question "kde?" by an adverb of place (see p. 29)

doma *(at home)*, **tady, tam, vepředu, vzadu, nalevo, napravo, nahoře, dole, uprostřed**

We answer by a preposition and a noun (see pp. 18–21)

ve škol**e** *(at school)*, **ve** měst**ě** *(in the city)*, **v** Pra**ze** *(in Prague)*, **v** restaura**ci** *(in the restaurant)*, **v** hotel**u** *(in the hotel)*, **na** obraze, **v** pokoj**i**, **ve** skříni, **na** skříni, **na** stole, **na** židli

PREPOSITIONS	"V (VE)" "NA"	● ●	+ LOCATIVE FORM OF NOUNS

THE LOCATIVE CASE (the noun suffixes)

Kde je pan Kubát? Kde je kniha?

M h ch k g r d t n b f l m p s v z (ending in hard or ambiguous / neutral consonant) **F** -a **N** -o			**M + F** ž š č ř c j ď ť ň (ending in soft consonant) + some nouns ending in "-l" **F + N** -e		
M obchod stůl	v obchodě na stole	-E	pokoj	v pokoji	
F třída škola fakulta	ve třídě ve škole na fakultě	-Ě (-U)	skříň nemocnice práce	ve skříni v nemocnici v práci	-I
N kino divadlo město	v kině v divadle ve městě	(see p. 43)	moře	v moři	

Remember!

! d t n b p v f m + **-ě** = **dě** [ďe] **tě** [ťe] **ně** [ňe] **mě** [mňe] **bě** [bje] **pě** [pje] **vě** [vje] **fě** [fje]
(see p. 10)

! Pra**h**a – v Pra**z**e
! Čechy (pl F) – v Čechách (pl Loc)
! Ameri**k**a – v Ameri**c**e

! Angli**e** – v Angli**i**
! Skots**ko** – ve Skots**ku**
! Slovens**ko** – na Slovens**ku**

NOTE:
"v" or "ve"? → ve: in case of difficult pronunciation – before the same or a similar consonant, or before two or three consonants (**ve v**laku – *in the train*, **ve šk**ole, **ve stř**edu – *on Wednesday*)

● Profesor už je ve třídě?
○ Ne, ještě není.

● Už je Jana doma?
○ Ne, ještě je ve škole.

● Manžel je ještě v nemocnici?
○ Už není. Leží doma.

● Kde je Tomáš a Zuzana?
○ Jsou v restauraci.

● Tatínek už je doma?
○ Ne, ještě je v práci.

● Kde je ta kniha?
○ Tady na stole.

● Proč není Petr doma?
○ Je v kině.

● Kde je ten černý svetr?
○ Tady na židli.

● Kde mám svetr?
○ Je ve skříni.

Notice:

● Už? – ○ Ještě ne. (● *Already?* – ○ *Not yet.*)
● Ještě? – ○ Už ne. (● *Still?* – ○ *No longer.*)

Gr

HOW TO SAY IN CZECH WHERE WE LIVE, WHERE WE ARE?
(JAK ŘÍCT ČESKY KDE BYDLÍME, KDE JSME?)

Kde jste? *Where are you?*

Nouns ending in "d – t – n – b – f – l – m – p – s – v – z": + -e/-ě

auto – **v** aut**ě**	*(in the car)*
divadlo – **v** divadl**e**	*(in the theatre)*
kino – **v** kin**ě**	*(in the cinema)*
Brno – **v** Brn**ě**	*(in Brno)*
obchod – **v** obchod**ě**	*(in the shop)*
Londýn – **v** Londýn**ě**	*(in London)*
autobus – **v** autobus**e**	*(on the bus)*

Kanada – **v** Kanad**ě**	*(in Canada)*
kavárna – **v** kavárn**ě**	*(in the café)*
firma – **ve** firm**ě**	*(in the firm, company)*

Nouns ending in "h – ch – k – g – r" + borrowed words: + -u

(! M + N)

hotel – **v** hotel**u**	*(in/at the hotel)*
park – **v** park**u**	*(in the park)*
film – **ve** film**u**	*(in the film)*
supermarket – **v** supermarket**u**	*(in the supermarket)*
Liverpool – **v** Liperpool**u**	*(in Liverpool)*
Wales – **ve** Wales**u**	*(in Wales)*
New York – **v** New York**u**	*(in New York)*
Skotsko – **ve** Skotsk**u**	*(in Scotland)*
Chicago – **v** Chicag**u**	*(in Chicago)*
Německo – **v** Německ**u**	*(in Germany)*
Rakousko – **v** Rakousk**u**	*(in Austria)*
metro – **v** metr**u**	*(on the tube)*
rádio – **v** rádi**u**	*(on the radio)*
centrum – **v** centr**u**	*(downtown)*

F – softening of the hard consonant before "-e"

ha > **ze**	Praha – **v** Pra**ze**	*(in Prague)*
	kniha – **v** kni**ze**	*(in the book)*
ka > **ce**	banka – **v** ban**ce**	*(in the bank)*
	lavička – **na** lavič**ce**	*(on the bench)*
	taška – **v** taš**ce**	*(in the bag)*
	Amerika – **v** Ameri**ce**	*(in America)*
	Česká republika – **v** Česk**é** republi**ce**	*(in the Czech Republic)*
ra > **ře**	opera – **v** ope**ře**	*(in the opera)*
ga > **ze**	synagoga – **v** synago**ze**	*(in the synagogue)*
cha > **še**	socha – **na** so**še**	*(on the statue)*

Nouns ending in "ž – š – č – ř – c – j – ď – ť – ň": + -i

televize – **v** televiz**i**	*(on TV)*
práce – **v** prác**i**	*(at work)*
Austrálie – **v** Austráli**i**	*(in Australia)*
Francie – **ve** Franci**i**	*(in France)*
tramvaj – **v** tramvaj**i**	*(on the tram)*
kancelář – **v** kancelář**i**	*(in the office)*
Plzeň – **v** Plzn**i**	*(in Plzeň)*

Preposition **"na"** instead of "**v**"

univerzita – **na** univerzit**ě**	*(at the university)*
fakulta – **na** fakult**ě**	*(at the faculty)*
pošta – **na** pošt**ě**	*(at the post office)*
nádraží – **na** nádraží	*(at the station)*
koncert – **na** koncert**ě**	*(at the concert)*
Morava – **na** Morav**ě**	*(in Moravia)*
Slovensko – **na** Slovensk**u**	*(in Slovakia)*

Cv

❐ 1. Zeptejte se a odpovězte. *(Ask and answer.)*

● Kde je	profesor? tatínek? maminka? Petr?	○ Je	ve škole. na fakultě. v práci. v nemocnici.
● Kde je	rádio? kniha? magnetofon? svetr?	○ Je	na stole. na židli. v pokoji. ve skříni. na skříni.
● Už je Petr doma?		○ Ne, ještě je	v kině. ve škole. v divadle. ve městě.

❐ 2. Doplňte vhodnými výrazy. *(Complete with suitable expressions.)*

○ Pracuju
○ Odpočívá
○ Syn studuje
○ Dcera je
○ Svetr není
○ Sedí
○ Nakupuju

v parku, v Berlíně, ve škole, v nemocnici, v kavárně, ve skříni, v supermarketu, na židli, v Cambridgi, v práci, v Austrálii, v bance, v kině, v kanceláři, v obchodě, v centru, v Montrealu

● Co je v pokoji?
● Kdo je v pokoji?
● Co je ve skříni?

Gr

PRESENT TENSE OF VERBS: VERB CONJUGATION "-ÁM", "-UJU" (SLOVESNÁ KONJUGACE „-ÁM", „-UJU" V PRÉZENTU)

For each person the Czech verb has a special suffix.

I. M**ÁM** *(I have)*

m**ám** volno	m**áme** volno	*I have free time*	*we have free time*
m**áš** volno	m**áte** volno	*you have free time*	*you have free time*
m**á** volno	m**ají** volno	*he, she, it has free time*	*they have free time*

nem**ám** čas	nem**áme** čas	*I, you, we, they do not have free time*
nem**áš** čas	nem**áte** čas	
nem**á** čas	nem**ají** čas	*he, she, it does not have free time*

2nd position

Mám	**se**	dobře.
Jak	**se**	máš?
Tomáš	**se**	má dobře.

The reflexive pronoun "se" does not change. It is always the 2nd word in the sentence.

- **Máte teď čas?**
- **Nemám. Čas mám odpoledne.**

- **Máte velký byt?**
- **Ne, máme malý byt.**

- *Do you have time now?*
- *No. I have time in the afternoon.*

- *Do you have a big flat?*
- *No, we have a small one.*

I	odpočív-**ám**	poslouch-**ám**	dív-**ám se**
you	odpočív-**áš**	poslouch-**áš**	dív-**áš se**
he, she	odpočív-**á**	poslouch-**á**	dív-**á se**
we	odpočív-**áme**	poslouch-**áme**	dív-**áme se**
you	odpočív-**áte**	poslouch-**áte**	dív-**áte se**
they	odpočív-**ají**	poslouch-**ají**	dív-**ají se**

II. STUD**UJU** *(I study)*

stud**uju** (**-uji**)* dobře	stud**ujeme** dobře	*I study well*	*we study well*
stud**uješ** dobře	stud**ujete** dobře	*you study well*	*you study well*
stud**uje** dobře	stud**ujou** (**-ují**)* dobře	*he, she, it studies well*	*they study well*

nestud**uju** (**-uji**)* dobře	nestud**ujeme** dobře	*I don't study well*	*we ...*
nestud**uješ** dobře	nestud**ujete** dobře	*you don't study well*	*you ...*
nestud**uje** dobře	nestud**ujou** (**-í**)* dobře	*he, she doesn't study well*	*they ...*

	2nd			2nd	
Jmenuju	**se**	Tomáš.	Jmenujeme	**se**	Novákovi.
Jak	**se**	jmenuješ?	Jak	**se**	jmenujete?
Já	**se**	jmenuju Petr.	Jmenujou	**se**	Petr a Pavel.

I	nakup**-uju**	prac**-uju**	vysvětl**-uju**
you	nakup**-uješ**	prac**-uješ**	vysvětl**-uješ**
he, she	nakup**-uje**	prac**-uje**	vysvětl**-uje**
we	nakup**-ujeme**	prac**-ujeme**	vysvětl**-ujeme**
you	nakup**-ujete**	prac**-ujete**	vysvětl**-ujete**
they	nakup**-ujou**	prac**-ujou**	vysvětl**-ujou**

-ám	**-áme**	**-uju (-uji)**	**-ujeme**
-áš	**-áte**	**-uješ**	**-ujete**
-á	**-ají**	**-uje**	**-ujou (-ují)**

* *The endings "-uji", "-ují" are more bookish, the endings "-uju", "-ujou" more colloquial.*

- **Jak se jmenuje ta dívka?**
- **Jmenuje se Jana.**

- *What's the name of the girl?*
- *Her name is Jana.*

- **Máš volno?**
- **Bohužel nemám.**

- *Do you have free time?*
- *I'm afraid not.*

Cv

3. Časujte ve všech osobách. *(Conjugate in all persons.)*

Poslouchám rádio.	Posloucháme rádio.
Posloucháš rádio?	Posloucháte rádio?
Poslouchá rádio.	Poslouchají rádio.

nakupuju v obchodě ....
pracuju dobře ....
nedělám úkol ....
jsem ve škole ....
prodávám v obchodě ....
nestuduju na fakultě ....
vysvětluju gramatiku ....
nejsem doma ....

Gr

ACCUSATIVE CASE IN SINGULAR (AKUZATIV SINGULÁRU)

KOHO posloucháš? **CO** posloucháš? *Who/What are you listening to?*

While English has a fixed sentence structure: subject – verb – direct object, Czech, with its relatively free word order, when neither the subject nor the object have a fixed position in the sentence, needs to distinguish between them. The subject is in the nominative and **the direct object in the accusative.**

Petr má **dceru**. *(Peter has a daughter.)*

subject — direct object in the accusative

Dceru má Petr. *(It is Peter who has a daughter.)*

(The answer to the question: Who has a daughter?)

The accusative is also used for the object of verbs with the preposition "**na**".

Petr se dívá **na Alenu**.	NA KOHO se dívá?	*(Petr looks at Alena).*
Petr vzpomíná **na Alenu**.	NA KOHO vzpomíná?	*(Petr is thinking of Alena.)*

To choose the correct declension it is necessary to distinguish between **masculine animate** (Ma) and **masculine inanimate** (Mi).

Ma		Mi
profesor, manžel, pan, syn, student, Angličan, Čech, Petr, John, Paul	**Ma** – ending in **hard** or **neutral** consonants (h, ch, k, g, r, d, t, n, b, f, l, m, p, s, v, z) – **Mi**	film, stůl, obraz, slovník, byt, obchod, svetr, hotel, úkol, rohlík
otec, cizinec, muž, učitel, přítel, Tomáš, Thomas, Chris	**Ma** – ending in **soft** consonants (ž, š, č, ř, c, j, ď, ť, ň + "-s" in the names, + "-tel" ending) – **Mi**	koberec, pokoj, čaj, talíř, nůž *(knife)*

In Czech Ma = Mž (maskulinum životné)
Mi = Mn (maskulinum neživotné)

KOHO? CO? = ACCUSATIVE CASE

	Mi	N	F	noun: hard	soft
To je (Nom)	nový slovník	nové rádio	moderní skříň	ta nová lampa	televize
	=	=	-í = -í cons. = cons.	~~-Á~~ → -OU ~~-A~~ → -U	~~-E~~ → -I
Mám (Acc)	nový slovník	nové rádio	moderní skříň	tu novou lampu	televizi

jedna zajímavá kniha: Mám jednu zajímavou knihu.
ta lekce: Studuju tu lekci.

	Ma		noun: hard	soft
To je (Nom)	ten jeden	nový moderní	profesor	cizinec
	~~-EN~~ → -OHO	~~-Ý~~ → -ÉHO + -HO	+ -A	+ -E
Máme (Acc)	toho jednoho	nového moderního	profesora	cizince

jeden mladý muž: Vidím jednoho mladého muže.
ten milý student: Vzpomínám na toho milého studenta.

NOTE: When masculine words end "**-ec, -ek, -en**", the "**-e-**" disappears in the accusative (of Ma):
→ To je jed**en** cizin**ec**, tatín**ek**. – Poslouchám je**dn**oho cizi**nc**e, tatí**nk**a.

The "**-e-**" also disappears in one-syllable words:
→ To je p**es**. – Dívám se na **ps**a. *(I'm looking at a dog.)*

Ending "**-tel**" of the masculines animate = **soft** ending:
→ pří**tel**, uči**tel** – Poslouchám pří**tele**, uči**tele**.

- **Mám jednu sestru.**
- **A já mám jednoho bratra.**

- *I have one sister.*
- *And I have one brother.*

- **Máte rodinu?**
- **Mám dceru a malého syna.**

- *Do you have a family?*
- *I have a daughter and a small son.*

- **Na koho se díváš?**
- **Na tamtu mladou ženu.**

- *Who are you looking at?*
- *At that young woman.*

- **Co studuješ?**
- **Ekonomii.**

- *What do you study?*
- *Economics.*

Cv

4. Odpovězte. *(Answer.)*

● Díváš se na učitelku? ○ Ano, dívám se na učitelku.
○ Ne, nedívám se na učitelku.

● Kupuješ Kupujete	obraz? jogurt? čaj? slovník? svetr? kávu? pizzu? květinu? knihu? tašku? bagetu? židli? televizi?	● Díváš se Díváte se	na Petra? na Johna? na Paula? na Davida? na kamaráda? na prodavače? na přítele? na otce? na Thomase? na učitelku? na Janu? na Zuzanu? na přítelkyni?

5. Řekněte ve správném tvaru. *(Say in the correct form.)*

Mám | nov**á** | knih**a** |. – Mám **novou knihu.**

○ Mám ○ Petr má ○ Mají ○ Máme	mal**á** nov**á** velk**á** hezk**á** moderní star**á** bíl**á** česk**á** mil**á**	dcer**a** televiz**e** rodin**a** kamarádk**a** tříd**a** postel skříň profesork**a** mamink**a**

○ Mám ○ Máme ○ Máme ve třídě	mal**á** dcer**a** nov**á** profesork**a** chytr**á** studentk**a** mlad**á** cizink**a** star**á** mamink**a**	a a a a a	hodn**ý** syn nov**ý** profesor chytr**ý** student mlad**ý** cizine**c** star**ý** tatíne**k**

○ Mám	nov**ý** star**ý** zelen**ý** červen**é**	svetr slovník koberec křeslo

Gr

MÁM RÁD, MÁM RÁDA *(I like someone or something)*

Mám rád Alen**u**. — *I like Alena.*
Mám ráda čern**ou** káv**u**. — *I like black coffee.*

MÁM RÁD(A) + ACCUSATIVE

mám rád/ráda	máme rádi/rády
máš rád/ráda	máte rádi/rády, rád/ráda
má rád/ráda	mají rádi/rády

	Sg	Pl
M	rád	rád**i**
F	rád**a**	rád**y**
N	rád**o**	rád**a**

in the same way:

sám	sami
sama	samy
samo	sama

In Czech, the adjective ”rád“ is often used to mean ”I love, I like“:

– mám rád

Mám rád divadlo. Mám ráda pizzu. Máme rádi Prahu.

– být rád Jsem rád, že jsi tady. *I am glad that you are here.*

– rád + verb Ráda odpočívám. *I like to rest.*

Cv

❒ 6. Odpovězte. *(Answer.)*

○ Máš teď čas? ○ Máš dneska večer volno? ○ Máš ráda divadlo? ○ Máš rád tenis? ○ Posloucháte rádi Mozarta? ○ Díváte se rádi na televizi? ○ Jste v Praze sama? ○ Máte rád zelený čaj? ○ Máte ráda češtinu? ○ Máš ráda Filipa? ○ Máš rád Kristýnu? ○ Jsi rád, že jsem tady? ○ Jsi ráda, že mám volno? ○ Jsi tady sám?

Look at the summary of family relationships on page 57 and say according to the model.

➠ **Mám rád(a)** dědeč**ka**, babič**ku**, ...

Gr

POSSESSIVE PRONOUNS (POSESIVNÍ ZÁJMENA)

NOMINATIVE SINGULAR TO JE ↓

	M	F	N
my	**můj**	**moje = má**	**moje = mé**
your (sg)	**tvůj**	**tvoje = tvá**	**tvoje = tvé**
his, its	**jeho, její**		
her	**její**		
our	**náš**	**naše**	
your (pl)	**váš**	**vaše**	
their	**jejich**		
	↓ OTEC	↓ MATKA	↓ DÍTĚ

Čí? *(Whose?)*

● **Čí je ta** kniha?
Čí je to kniha?
○ **Moje.**

● *Whose is that book?*
Whose book is this?
○ *(It's) mine.*

ACCUSATIVE SINGULAR DÍVÁ SE NA ↓

	Ma	Mi	F	N
my	mého	můj	moji = mou	moje = mé
your (sg)	tvého	tvůj	tvoji = tvou	tvoje = tvé
his, its	jeho, její			
her	jejího	její		
our	našeho	náš	naši	naše
your (pl)	vašeho	váš	vaši	vaše
their	jejich			
	↓ OTCE	↓ POKOJ	↓ MATKU	↓ DÍTĚ

NOTE: "**moje, tvoje, moji, tvoji**" – *spoken form*
"**má, mé, tvá, tvé, mou, tvou**" – *written form*

! When the subject and the possessive pronoun agree, the possessive pronoun "**svůj**" is used (declines like "**můj**"). More on p. 132.

● **Čí je tenhle mobil?**
○ **To je můj mobil.**

● **Je už tady vaše učitelka?**
○ **Ne, naše učitelka tady ještě není.**

2

PAN KUBÁT A JEHO RODINA

Pan Kubát je profesor na fakultě. Teď je ve třídě a vysvětluje novou gramatiku. Rád pracuje. Je to šťastný člověk. Má hezký byt, hodnou manželku, hezkou dceru a chytrého syna.

Jeho manželka je teď doma. Taky pracuje, v nemocnici, ale teď je nemocná. Její práce je zajímavá.

Jejich syn Tomáš je ještě ve škole. Je chytrý, dobře studuje. Má rád češtinu a angličtinu.

Jejich dcera se jmenuje Jana; je to hezká dívka. Je prodavačka, prodává v obchodě. Ráda se dívá na televizi, ráda má taky kino a divadlo. Dnes prodává jen dopoledne, odpoledne má volno.

● Co dělá tvůj bratr?
○ Studuje ekonomii.

● Jejich syn je už velký?
○ Ne, ještě je malý.

● Vaše rodina je také v Praze?
○ Ne, je v Londýně.

● Díváte se na našeho učitele?
○ Ne, dívám se na naši učitelku.

● Tvoje matka ještě pracuje?
○ Ne, už nepracuje.

● Jejich dcera je prodavačka?
○ Ne, je učitelka.

● Jak se má váš manžel?
○ Je teď nemocný.
● To je mi líto.

● Kde pracuje vaše manželka?
○ V nemocnici.

Cv

7. Přeložte a opakujte. *(Translate and repeat.)*

- **● Vysvětluje už profesor novou gramatiku?**
- **○ Ne, ještě vysvětluje tu starou.**

- **● Kde máš tu novou knihu?**
- **○ Tady na stole.**

- **● Ještě studuješ starou lekci?**
- **○ Ne, už studuju novou.**

- **● Má Dana ráda kino?**
- **○ Kino ano, ale televizi ne.**

- **● Kde pracujete?**
- **○ Pracuju v bance.**

- **● Máš ráda fotbal?**
- **○ Nemám.**
- **● Máš ráda tenis?**
- **○ Taky ne.**
- **● A co máš ráda?**
- **○ Balet.**

- **● Máš teď čas?**
- **○ Mám, ale dívám se na televizi.**

- **● Kde prodávají tuhle knihu?**
- **○ Tady v obchodě na fakultě.**

- **● Máte rodinu?**
- **○ Mám manželku, syna a dceru.**

8. Dejte do správného tvaru. *(Put in the correct form.)*

1. Mám *(barevná televize)* ____________________.
2. Máte *(chytrý syn)* ____________________.
3. Studuju *(čeština)* ____________________.
4. Máte rád *(ta práce)* ____________________?
5. Mám ráda *(moderní divadlo)* ____________________.
6. Profesor vysvětluje *(nová gramatika)* ____________________.
7. V pokoji máme *(bílá postel, hnědá skříň a černý stůl)* ____________________.
8. Poslouchám *(ten český profesor a ta česká profesorka)* ____________________.

9. Odpovězte. *(Answer.)*

➡ ○ Kde je profesor? **třída** ● Profesor je **ve třídě.**

○ Kde je cizinec? **Praha**
○ Kde je rodina? **byt**
○ Kde stojí postel? **pokoj**
○ Kde prodává prodavačka? **obchod**

- ○ Kde pracuje matka? **nemocnice**
- ○ Kde je ten pán? **město**
- ○ Kde je profesorka? **fakulta**
- ○ Kde studuje student? **univerzita**

PAN SMITH A JEHO RODINA

Pan Smith je Angličan. Doma v Anglii je profesor na fakultě, ale v Praze je student. Studuje na univerzitě češtinu. V Praze je sám, vzpomíná na svou rodinu.

Jeho manželka, paní Smithová, nepracuje, ale v Praze není. Je doma, v Anglii. Dopoledne odpočívá, odpoledne nakupuje, večer se dívá na televizi nebo je v divadle. Má hezký den.

Jeho dcera je už velká. Jmenuje se Jane. Už nestuduje, pracuje v nemocnici jako doktorka. Má velmi ráda svou práci. Dopoledne i odpoledne pracuje, volno má jen večer.

Jeho syn Tom ještě studuje – na univerzitě v Londýně. Nestuduje rád, není dobrý student, ale je chytrý. Má rád jen kino, video a sport.

vzpomíná na **svou** rodinu	*he thinks about his family*	(**svou** – more on p. 132)
má ráda **svou** práci	*she likes her job*	
doktor M, doktorka F	*doctor M, F*	
Londýn	*London*	
i = a	*and*	

Podle textu vypravujte o své rodině. *(Talk about your family according to the text.)*

Cv

❐ 10. Doplňte správný tvar slovesa. *(Fill in the correct form of the verb.)*

➠ **mám:** Petr ____________ knihu na stole. – Petr **má** knihu na stole.

dívám se:

My **se** ____________ na pana Kubáta.
Vy **se** taky ____________?
(Ty) ____________ **se** na televizi?
Petr **se** taky ____________?

dělám:

Co ____________ (vy)?
Co ____________ (ty)? – Studuju.
____________ (oni) to špatně.

mám rád(a):

____________ (vy) divadlo?
____________ (ty) kino?
____________ (on) fotbal.
____________ (ona) Kateřinu.

mám:

Dneska ne ____________ (já) čas, ale zítra ano.
Oni dneska ne ____________ čas, ale zítra ano.
Oni ____________ volno odpoledne.
____________ (vy) taky volno?

vzpomínám:

____________ (ty) na rodinu?
On ____________ na dceru.

nakupuju:

____________ (já) večer.
Manželka ne ____________, ____________ já.
Syn a dcera ____________ v obchodě.

studuju:

Odpoledne ____________ (my) češtinu.
Vy také ____________ češtinu?
Jana ____________ angličtinu.

pracuju:

Manželka ____________ v kanceláři.
Otec ____________ v nemocnici.
Syn a dcera ještě ne____________.
Večer už ne____________ (já).

vysvětluju:

____________ (ty) to špatně.
Profesor ne____________ gramatiku dobře.

❐ 11. Přeložte a odpovězte. *(Translate and answer.)*

- What are you doing now? ○ I am studying Czech.
- Where do you do your shopping? ○ In the town.
- Where does your wife work? ○ In a shop in Prague.
- What does the professor explain at school? ○ A new lesson.
- What does the student study? ○ Czech grammar.
- What do you have on the table? ○ A book, a dictionary and a pen.
- Do you have time this evening? ○ I'm afraid not.
- Whom are you looking at? ○ At his son.
- What does Mr. Taylor like? ○ His job.

MLUVNÍ CVIČENÍ

1. a) *Poslouchejte:* ○ Kde je pan Novák? Ve třídě? ● Ano, je ve třídě.

b) *Odpovězte:*
○ Kde je pan Novák? Ve třídě? ● **Ano, je ve třídě.**
○ Kde je profesor? Na fakultě? ● **Ano, je na fakultě.**
○ Kde je Petr? V kině? ● **Ano, je v kině.**
○ Kde je Jana? V obchodě? ● **Ano, je v obchodě.**
○ Kde jsou Petr a Jana? Ve městě? ● **Ano, jsou ve městě.**

2. a) *Poslouchejte:* ○ Petr je ve škole, nebo doma? ● Petr je doma.

b) *Odpovězte:*
○ Petr je ve škole, nebo doma? ● **Petr je doma.**
○ Jana je doma, nebo na fakultě? ● **Jana je na fakultě.**
○ Pavel je v kině, nebo v divadle? ● **Pavel je v divadle.**
○ Pan Novák je doma, nebo v práci? ● **Pan Novák je v práci.**
○ Profesor je ve škole, nebo ještě v nemocnici? ● **Profesor je ještě v nemocnici.**

3. a) *Poslouchejte:* ○ Už je Jana doma? ● Ne, ještě není doma.

b) *Odpovězte:*
○ Už je Jana doma? ● **Ne, ještě není doma.**
○ Už je tam profesor? ● **Ne, ještě tam není.**
○ Už jsou Jana a Petr ve městě? ● **Ne, ještě nejsou ve městě.**
○ Už je manželka v práci? ● **Ne, ještě není v práci.**

4. a) *Poslouchejte:* ○ Máte rád svou práci? ● Ano, mám rád svou práci.

b) *Odpovězte:*
○ Máte rád svou práci? ● **Ano, mám rád svou práci.**
○ Máte rád kino a divadlo? ● **Ano, mám rád kino a divadlo.**
○ Máte rád také televizi? ● **Ano, mám rád také televizi.**
○ Máte rád češtinu? ● **Ano, mám rád češtinu.**
○ Máte rád svou manželku? ● **Ano, mám rád svou manželku.**

5. a) *Poslouchejte:* ○ Co vysvětluje profesor? Novou gramatiku? ● Ano, vysvětluje novou gramatiku.

b) *Odpovězte:*
○ Co vysvětluje profesor? Novou gramatiku? ● **Ano, vysvětluje novou gramatiku.**
○ Co studuješ? Češtinu? ● **Ano, studuju češtinu.**
○ Co tam máš? Tu novou knihu? ● **Ano, mám tam tu novou knihu.**
○ Co tam prodávají? Televizi? ● **Ano, prodávají tam televizi.**

6. a) *Poslouchejte:* ○ Je maminka nemocná? ● Ne, není nemocná.

b) *Odpovězte:*

○ Je maminka nemocná? ● **Ne, není nemocná.**
○ Je Jana prodavačka? ● **Ne, není prodavačka.**
○ Je Petr dobrý student? ● **Ne, není dobrý student.**
○ Je Jana v Praze? ● **Ne, není v Praze.**
○ Je Petr chytrý? ● **Ne, není chytrý.**
○ Je dcera šťastná? ● **Ne, není šťastná.**

7. a) *Poslouchejte:* ○ Pan Novák má chytrého syna. ● Jeho syn je chytrý.

b) *Reagujte:*

○ Pan Novák má chytrého syna. ● **Jeho syn je chytrý.**
○ Pan Novák má hezkou dceru. ● **Jeho dcera je hezká.**
○ Pan Novák má hodnou manželku. ● **Jeho manželka je hodná.**
○ Pan Novák má starého tatínka. ● **Jeho tatínek je starý.**
○ Pan Novák má starou maminku. ● **Jeho maminka je stará.**

8. a) *Poslouchejte:* ○ Kdo pracuje v nemocnici? Ty? ● Ano, já pracuju v nemocnici.

b) *Odpovězte:*

○ Kdo pracuje v nemocnici? Ty? ● **Ano, já pracuju v nemocnici.**
○ Kdo pracuje v nemocnici? Manželka? ● **Ano, manželka pracuje v nemocnici.**
○ Kdo pracuje v nemocnici? Manželka a dcera? ● **Ano, manželka a dcera pracujou v nemocnici.**
○ Kdo pracuje na fakultě? Vy? ● **Ano, já pracuju na fakultě.**
○ Kdo pracuje v bance? Oni? ● **Ano, oni pracujou v bance.**

RODINA (FAMILY)

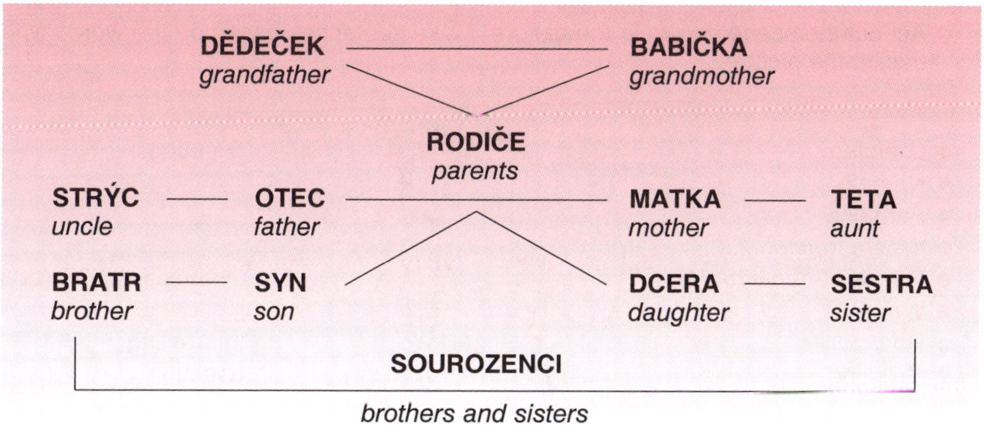

KONVERZACE

- ● Jak se jmenujete, prosím?
- ○ Tom Smith.
- ● Odkud jste?
- ○ Jsem z Anglie.
- ● Jste tady služebně?
- ○ Ano, jsem tady na konferenci.
- ● Jaké je vaše zaměstnání?
- ○ Jsem vedoucí prodeje.
- ● To je zajímavé zaměstnání, že?
- ○ Ano, máte pravdu. Je to zajímavé zaměstnání.

- ● *What's your name, please?*
- ○ *Tom Smith.*
- ● *Where are you from?*
- ○ *I'm from England.*
- ● *Are you here on business?*
- ○ *Yes, I'm at a conference here.*
- ● *What's your occupation?*
- ○ *I'm the head of a sales department.*
- ● *That's an interesting job, isn't it?*
- ○ *Yes, you're right. It's an interesting job.*

- ● Kde pracujete, pane Parkinsone?
- ○ Pracuju teď u firmy Ford Motor Company v USA jako plánovač.
- ● Máte rád svou práci?
- ○ Ano, mám. Líbí se mi.

- ● *Where do you work, Mr. Parkinson?*
- ○ *I work as a planner with the Ford Motor Company in the USA now.*
- ● *Do you like your job?*
- ○ *Yes, I do. I like it.*

How do we address? *(*Jak oslovujeme?*)*

Pane profesor**e**!	David**e**!	**Paní** profesork**o**!
Pane ředitel**i**! *(Mr director!)*	Pet**ře**!	Paní ředitelk**o**!
Pane Miler**e**!	Tomáš**i**!	Paní Kubát**ová**!
Pane koleg**o**! **Kolego**!	Alen**o**!	**Slečno**! *(Miss!)*

(Addressing on p. 263)

○ Act out the scene shown in the picture. Make sentences based on the words written beside the picture.

- ● Greeting
- ● Name?
- ● Foreigner?
- ● Where from?
- ● Privately? *(soukromě)*
- ● Work?
- ● Do you like it?
- ● Greeting

- ○ Greeting
- ○ __________
- ○ __________
- ○ __________
- ○ On business *(služebně)*
- ○ __________
- ○ Interesting
- ○ Greeting

Topic:

WHAT'S THE TIME?

MY DAILY ROUTINE.

You will learn how to

- say what time it is, and when you are doing something
- say when and for how long you are doing something
- count to a hundred
- say what languages you can speak
- talk about your daily routine

Numerals 1–100 (p. 61) • Questions "When? At what time? How long?" (p. 61) • Present tense of Czech verbs: conjugation "-ím", "-u" (p. 62) • Verb "to go" – "jet" or "jít" in Czech (p. 64) • Infinitive of Czech verbs – "-t" form (p. 65) • Reflexive pronouns "se, si" (p. 66) • Personal pronouns in the accusative singular (p. 69) • Prepositions which take the accusative (p. 69)

anglicky	*English*
asi	*maybe, probably*
brzo = brzy	*soon, early*
bydlet, bydlím	*to live, I live*
celý, -á, -é	*whole*
cvičení N	*exercise*
často	*often*
česko-anglický	*Czech-English*
česky	*Czech*
daleko	*far*
dlouho	*long*
dlouhý, -á, -é	*long*
domů	*(to) home*
hele!	*look!*
hodina F	*hour*
chvíle F	*moment*
jak	*how*
jet, jedu	*to go, I go (by vehicle)*
jít, jdu	*to go, I go (on foot)*
kam	*where*
kavárna F	*café*
končit, končím	*to finish, I finish*
kontrolovat +Acc	*to check*
kontroluju	*I check*
málo	*little*
mluvit	*to speak*
mluvím	*I speak*
moc (= hodně)	*many, much*
myslet na +Acc	*to think about*
myslím na	*I think about*
mýt se	*to wash oneself*
myju se	*I wash myself*
něco	*something*
nějaký, -á, -é	*some*
nerad, -a, -o	*not gladly*
noc F, **v noci**	*night, at night*
noviny F pl	*newspaper*
obědvat	*to have lunch*
obědvám	*I have lunch*
oblékat se	*to dress*
oblékám se	*I dress*
odpovídat na +Acc	*to answer*
odpovídám na	*I answer*
opakovat, opakuju	*to repeat, I repeat*
otázka F	*question*
pěšky	*on foot*
pít +Acc, **piju**	*to drink, I drink*
poledne	*noon*
pospíchat	*to hurry*
pospíchám	*I hurry*
pro +Acc	*for*
proč	*why*
program M	*programme*
prohlížet si +Acc	*to view, to see the*
prohlížím si	*sights (of), I view*
oni si prohlížejí	*they view*
procházka F	*walk*
protože	*because*
přestávka F	*pause, break*
psát +Acc, **píšu**	*to write, I write*
ptát se na +Acc	*to ask about*
ptám se	*I ask*
ptá se mě	*he asks me*
radost F	*pleasure*
ráno	*(early) morning, in the early morning*
sedět, sedím	*to sit, I sit*
sem	*here*
snídat	*to have breakfast*
snídám	*I have breakfast*
spát, spím	*to sleep, I sleep*
spolu	*together*
stále = pořád	*constantly, always*
tak	*so*
těžký, -á, -é	*difficult*
unavený, -á, -é	*tired*
večeřet	*to have dinner*
večeřím	*I have dinner*
vidět, vidím	*to see, I see*
vstávat	*to get up*
vstávám	*I get up*
telefonovat	*to phone*
telefonuju	*I phone*
začínat, začínám	*to begin, I begin*
za chvíli	*in a moment*
zdravit, zdravím	*to greet, I greet*
znát +Acc, **znám**	*to know, I know*
že	*that*

Gr

NUMERALS 1-20, 30, 40, 50, 60, 70, 80, 90, 100 (ČÍSLOVKY)

1	**jedna**	11	**jedenáct**	30	**třicet**
2	**dvě**	12	**dvanáct**	40	**čtyřicet**
3	**tři**	13	**třináct**	50	**padesát**
4	**čtyři**	14	**čtrnáct**	60	**šedesát**
5	**pět**	15	**patnáct**	70	**sedmdesát**
6	**šest**	16	**šestnáct**	80	**osmdesát**
7	**sedm**	17	**sedmnáct**	90	**devadesát**
8	**osm**	18	**osmnáct**	100	**sto**
9	**devět**	19	**devatenáct**		
10	**deset**	20	**dvacet**	0	**nula**

Kolik je . . .? *How much is ...?*

1 + 1 = 2	jedna	**a**	jedna	**jsou**	dvě
1 + 2 = 3	jedna	**a**	dvě	**jsou**	tři
2 + 2 = 4	dvě	**a**	dvě	**jsou**	čtyři
2 + 3 = 5	dvě	**a**	tři	**je**	pět
3 + 3 = 6	tři	**a**	tři	**je**	šest

WHEN? (KDY)

Kolik je hodin?

What's the time?

Je	jedn**a** hodin**a**.
Jsou	dvě hodin**y** tři hodin**y** čtyři hodin**y**
Je	pět hodi**n** šest hodi**n** dvanáct hodi**n**

Je	**1 hodina**
Jsou	**2, 3, 4 hodiny**
Je	**5, 6, 7 hodin**

V kolik hodin?

(At) what time?

V jedn**u** hodin**u**.
ve dvě hodin**y**
ve tři hodin**y**
ve čtyři hodin**y**
v pět hodi**n**
v šest hodi**n**
ve dvanáct hodi**n**

KDY?	**V + Acc**

KDY?	v + Acc
v jedn**u** hodin**u**	
v pět hodi**n**	
teď *(now)*	
brzo = **brzy** *(soon, early)*	
včera *(yesterday)*	
dneska, **dnes** *(today)*	
zítra *(tomorrow)*	
ráno *(in the morning)*	
dopoledne *(in the (late) morning)*	
v poledne *(at noon)*	
odpoledne *(in the afternoon)*	
večer *(in the evening)*	
za chvíli *(in a moment)*	

JAK DLOUHO? *(How long?)*	Acc
hodin**u** *(one hour)*	
jedn**u** hodin**u**	
dvě hodin**y**	
tři hodin**y**	
čtyři hodin**y**	
pět hodi**n**	
šest hodi**n**	
cel**ou** hodin**u** *(for a whole hour)*	
cel**é** ráno *(all early morning)*	
cel**é** dopoledne *(all later morning)*	
cel**é** odpoledne *(all afternoon)*	
cel**ý** večer *(all evening)*	
dlouho *(long time)*	

Gr

PRESENT TENSE OF CZECH VERBS: CONJUGATION "-ÍM, -U"

(III.) MLUV**ÍM** *(I speak)*

mluv**ím** česky	mluv**íme** česky	*I speak Czech*	*we speak Czech*
mluv**íš** česky	mluv**íte** česky	*you speak Czech*	*you speak Czech*
mluv**í** česky	mluv**í** česky	*he, she, it speaks Czech*	*they speak Czech*
nemluv**ím**	nemluv**íme**	*I do not speak*	*we do not speak*
nemluv**íš**	nemluv**íte**	*you do not speak*	*you do not speak*
nemluv**í**	nemluv**í**	*he, she, it does not speak*	*they do not speak*
rozum**ím** dobře	rozum**íme** dobře	*I understand well*	*we understand well*
rozum**íš** dobře	rozum**íte** dobře	*you understand well*	*you understand well*
rozum**í** dobře	rozum**ějí/-í** dobře	*he, she, it understands well*	*they understand well*

3rd person pl – ONI: **-í** + some verbs: **-í / -ejí, -ějí**

Mluví česky.
They speak Czech.
Vidí přítele.
They see the friend.
Končí v 5 hodin.
They finish at 5 o'clock.

x

Prohlíží si Prahu. / Prohlížejí si Prahu. — *They are seeing the sights of Prague.*
Rozumí dobře. / Rozumějí dobře. — *They understand well.*
Bydlí v Praze. / Bydlejí v Praze. — *They live in Prague.*

I	vid-**ím**	bydl-**ím**	prohlíž-**ím si**
you	vid-**íš**	bydl-**íš**	prohlíž-**íš si**
he, she	vid-**í**	bydl-**í**	prohlíž-**í si**
we	vid-**íme**	bydl-**íme**	prohlíž-**íme si**
you	vid-**íte**	bydl-**íte**	prohlíž-**íte si**
they	vid-**í**	bydl-**í/-ejí**	prohlíž-**ejí/-í si**

- **Už rozumíš česky?**
- **Ne, ještě nerozumím.**

- **V kolik hodin začíná čeština?**
- **Myslím, že už ráno v osm hodin.**

- **Kde bydlíš?**
- **V Praze 6.**

- **Kde sedíš rád v kině?**
- **Vepředu, protože špatně vidím.**

- **Kdo už je ve třídě?**
- **Sedí tam jen Tomáš.**

- **Petr už spí?**
- **Ne, leží jen v posteli, je unavený.**

- **Jak dlouho studuješ?**
- **Už tři hodiny, za chvíli končím.**

- **Kdy ráno vstáváš?**
- **Už v sedm hodin, to je moc brzo.**

Cv

❒ 1. Ptejte se kolegy. *(Ask your colleague.)*

- Rozumíte česky?
- Rozumíš anglicky?
- Mluvíš česky?
- Kdy začínáte?
- Už končíš?
- Začínáš už ráno v osm?
- Končíte v pět odpoledne?
- Zdravíš česky, nebo anglicky?
- Sedíte rád vzadu, nebo vepředu?
- Bydlíš v Praze 1?
- Bydlíte v Londýně?
- Vidíš tamtu paní?
- Večeříš doma?
- Na co myslíš?
- Na koho myslíte?
- Vidíte dobře?
- Sedíš dobře?
- Co si prohlížíš?

Gr

IRREGULAR VERBS

(IV.) JEDU *(I go – by vehicle)*

jed**u** tam	jed**eme** tam	*I go there*	*we go there*
jed**eš** tam	jed**ete** tam	*you go there*	*you go there*
jed**e** tam	jed**ou** tam	*he, she, it goes there*	*they go there*

nejed**u** tam	nejed**eme** tam	*I do not go there*	*we do not go there*
nejed**eš** tam	nejed**ete** tam	*you do not go there*	*you do not go there*
nejed**e** tam	nejed**ou** tam	*he, she, it does not go there*	*they do not go there*

Czech has **two different verbs for** "to go": "**JET**" *(to go by vehicle)* and "**JÍT**" *(to go on foot).*

Jdu pěšky. *(I go on foot.)*

Jedeme autem. *(We go by car.)*

	JÍT *(to go – on foot)*	**ČÍST** *(to read)*	**PSÁT** *(to write)*
I	jd-**u**	čt-**u**	píš-**u**
you	jd-**eš**	čt-**eš**	píš-**eš**
he, she	jd-**e**	čt-**e**	píš-**e**
we	jd-**eme**	čt-**eme**	píš-**eme**
you	jd-**ete**	čt-**ete**	píš-**ete**
they	jd-**ou**	čt-**ou**	píš-**ou**

● **Čteš už české noviny?**
○ **Ještě ne. Je to moc těžké.**

● *Do you already read Czech newspapers?*
○ *Not yet. It is very difficult.*

Gr

INFINITIVE OF CZECH VERBS ("-T" FORM)

TABLE OF CONJUGATION

Sg	Pl	INFINITIVE	
-ám **-áš** **-á**	**-áme** **-áte** **-ají**	**-AT** **-ÁT**	prodáv**at**, děl**at**, oblék**at** (se), odpočív**at**, obědv**at**, sníd**at**, vstáv**at** ... pt**át** se, zn**át**, ... + m**ít*** *(irregular)*
-uju (-uji) **-uješ** **-uje**	**-ujeme** **-ujete** **-ujou (-ují)**	**-OVAT**	nakup**ovat**, prac**ovat**, stud**ovat**, vysvětl**ovat**, kontrol**ovat**, opak**ovat**, telefon**ovat**, děk**ovat** ...
-ím **-íš** **-í**	**-íme** **-íte** **-í, -ejí**	**-ET** **-ĚT** **-IT**	lež**et**, bydl**et**, prohlíž**et** si, mysl**et** ... rozum**ět**, vid**ět** ... konč**it**, mluv**it**, ... + sp**át**, st**át**▲ *(irregular)*
-u **-eš** **-e**	**-eme** **-ete** **-ou**		**! irregular forms** **číst** (čtu), **psát** (píšu), **jít** (jdu), **jet** (jedu) ...

*	**mít**	– **mám**, máš, má, máme, máte, mají	*to have*
▲	**spát**	– **spím**, spíš, spí, spíme, spíte, spí	*to sleep*
	stát	– **stojím**, stojíš, stojí, stojíme, stojíte, stojí	*to stand*
!	**mýt se**	– **myju se** (myji se), myješ se, myje se, myjeme se, myjete se, myjou se (myjí se)	*to wash oneself*
	pít	– **piju** (piji), piješ, pije, pijeme, pijete, pijou (pijí)	*to drink*
!	**hrát**	– **hraju** (hraji), hraješ, hraje, hrajeme, hrajete, hrajou (hrají)	*to play*

! In Czech, verbs of foreign origin mostly have an infinitive ending in "**-ovat**":

kontrol**ovat** (kontroluju), telefon**ovat** (telefonuju), fax**ovat** (faxuju), e-mail**ovat** (e-mailuju), organiz**ovat** (organizuju), rezerv**ovat** (rezervuju), export**ovat** (exportuju), import**ovat** (importuju), diskut**ovat** (diskutuju)

REFLEXIVE PRONOUNS "SE", "SI"
(REFLEXIVNÍ ZÁJMENA „SE", „SI")

SE, SI – does not change according to the persons: myju **se**, myješ **se**, myjeme **se**, myjete **se**

MÝT *(to wash)*

matka myje syna (Acc)

MÝT **SE** *(to wash o.s.)*

myju **se**
(I wash myself)

MÝT **SI** NĚCO *(to wash (to s.o.) – something)*

obličej M *(face)*

myju **si** obličej (Acc)
(I wash my face)

OBLÉKAT *(to dress)*

matka obléká dceru (Acc)

OBLÉKAT **SE**

oblékám **se**
(I get dressed)

OBLÉKAT **SI** NĚCO

oblékám **si** sukni (Acc)
(I put on a skirt)

sukně F *(skirt)*

- **Už rozumíš česky?**
- **Ne, rozumím jen málo.**

- **Co piješ?**
- **Jsem tak unavený, že piju čaj i kávu.**

- ● **Co tady dělá Martin?**
- ○ **Bydlí tady.**

- ● **Na koho se ptá náš učitel?**
- ○ **Na toho nového studenta.**

- ● **Čteš už dlouho?**
- ○ **Asi jednu hodinu.**

- ● **Co čteš?**
- ○ **Zajímavou knihu.**

- ● **Mám velkou radost.**
- ○ **Proč?**
- ● **Dneska je v Praze můj bratr.**
- ○ **Kam spolu jdete?**
- ● **Jdeme si prohlížet Prahu.**

teprve *(only)*

- ● **Už se oblékáš? Kino začíná za chvíli.**
- ○ **Ale ne, začíná v osm a teď je teprve sedm.**

- ● **Na co se ptá otec?**
- ○ **Ptá se, jak se mám a jaká je škola.**

- ● **Kam jdete?**
- ○ **Na procházku.**

Cv

❒ 2. Zeptejte se a odpovězte. *(Ask and answer.)*

➡ ● Myslíš na rodinu? ○ Ne, nemyslím na rodinu.

● Díváš se (rád) na	rodinu	?	○ Ne, nedíváte se na ________.
● Myslíte na	český film		○ Ne, nemyslím na ________.
● Ptáš se na	školu		○ Ne, neptám se na ________.
● Odpovídáš na	její práci		○ Ne, neodpovídám na ________.
	televizi		
	moji otázku		

❒ 3. Řekněte sloveso ve správném tvaru. *(Say the verb in the correct form.)*

➡ V jednu hodinu obědv**áme** v restauraci.

V jednu hodinu	(já a manželka)	*začínat pracovat*
Ve dvě hodiny	(syn a dcera)	*obědvat v restauraci*
Ve čtyři hodiny		*vstávat. Je to moc brzo*
V pět hodin		*odpočívat doma a poslouchat magnetofon*
V sedm hodin		*pospíchat domů*
V deset hodin		
V jedenáct hodin		*prohlížet si Prahu*
		už ležet v posteli
		ještě sedět v práci
		končit a jít domů

4. Řekněte sloveso ve správném tvaru. *(Say the verb in the correct form.)*

jít
(já) __________ domů.
(ty) __________ na procházku?
(oni) __________ obědvat domů.
__________ pěšky na poštu.

číst
(my) __________ noviny.
(vy) __________ tu knihu?
(oni) __________ dlouho.

pít
(já) __________ kávu.
(vy) __________ čaj?
(on) __________ coca-colu.

psát
(já) __________ dobře česky.
(ona) __________, že se má dobře.
(my) __________ jedno cvičení.

5. Tvořte infinitiv. *(Form the infinitive.)*

Já **spím**, on jde taky __________. – On jde taky **spát**.

- Já **nakupuju** ve městě, on jde taky __________.
- Já **telefonuju**, on jde taky __________.
- Já **pracuju**, on jde taky __________.

- Já se **dívám** na televizi, on se začíná taky __________.
- Já **poslouchám** rádio, on začíná taky __________.
- Já si **oblékám** svetr, on si jde taky __________ svetr.

- Já už **rozumím** česky, on začíná taky __________ česky.
- Já si **myslím**, že to není dobře, on si to začíná taky __________.
- Já **mluvím** anglicky, on začíná taky __________ anglicky.

- **Jsem** už unavený, on taky začíná __________ unavený.
- **Píšu** úkol, on jde taky __________ úkol.
- Už **spím**, on jde taky __________.
- **Čtu** knihu, on začíná taky __________ knihu.

- **Odpočívám** už dlouho, on jde taky __________.
- Petr **si prohlíží** tu zajímavou knihu, ona si taky začíná knihu __________.
- My už **studujeme**, vy jdete taky __________?
- Oni už **snídají** a **pijou** čaj. Vy jdete taky __________ a __________ čaj?

vidím __________ bydlím __________ ležím __________

znám __________ obědvám __________

kontroluju __________ rezervuju __________ organizuju __________

Gr

PERSONAL PRONOUNS IN THE ACCUSATIVE CASE (OSOBNÍ ZÁJMENA V AKUZATIVU)

	VIDÍ ↓	DÍVÁ SE ↓	*(He, she) sees / looks at*
JÁ	**mě**	**na mě (mne)**	*me*
TY	**tě**	**na tebe**	*you*
ON	**ho, jej (jeho)**	**na něho** (Ma), **na něj** (Ma, Mi)	*him, it*
ONO	**ho, je**	**na ně, na něj** (N)	
ONA	**ji**	**na ni**	*her, it*
MY	**nás**	**na nás**	*us*
VY	**vás**	**na vás**	*you*
ONI, ONY, ONA	**je**	**na ně**	*them*

WITHOUT PREPOSITION X WITH PREPOSITION

After the preposition:

j > n

vidí	**ho, jej**	X	dívá se **na něj/něho**
vidí	**ji**	X	dívá se **na ni**
vidí	**je**	X	dívá se **na ně**

- To je **Martin**. (Ma) Dívám se **na něho**.
- To je **obchod**. (Mi) Dívám se **na něj**.

The short forms "**tě**, **ho**, **ji** ..." are in the 2nd position (like "se" – see p. 45)
The long forms "**tebe**, **něho**, ..." are used after prepositions.

Vidí **tě** (**mě**). Dívá se **na tebe** (**na mě**, **na mne**).

PREPOSITIONS WHICH TAKE THE ACCUSATIVE (PREPOZICE S AKUZATIVEM)

NA	*(on, to)* *(see p. 106)*	Jdu **na poštu**. (kam?) Dej to **na stůl**.	*I'm going to the post office.* *Put it on the table.*
V	*(time – at, on)*	**v jednu hodinu** (kdy?) **v sobotu**	*at one o'clock* *on Saturday*
PRO	*(for)*	To je **pro tebe**.	*It's for you.*
jít pro	*(to go for)*	Jdu **pro knihu**. Jdu **pro něho** na nádraží.	*I'm going for the book.* ! *I'm going to pick him up at the station.*

- Jdeš pro tu knihu?
- Ano, jdu pro ni.

- Hele, tamhle jde Petr. Vidíš ho?
- Ano, vidím ho. Má zelený svetr.

- Jdete taky na ten nový film?
- Ano, jdeme na něj taky.

- Znáš Zuzanu?
- Ano, znám ji dobře.

- Proč si nás tak prohlížejí?
- Protože nás ještě neznají.

- Jano, máš pro mě ten slovník?
- Bohužel, mám ho doma.

Cv

6. Říkejte. *(Say.)*

Ptám se **na** Vidím	profesora. magnetofon. syna.	○ Ptám se **na něho / na něj**. ○ Vidím **ho**.
Dívám se **na** Prohlížím si	televizi. manželku. tu ženu.	○ Dívám se **na ni**. ○ Prohlížím si **ji**.

7. Doplňte správný tvar zájmen. *(Fill in the correct form of the pronouns.)*

JÁ	**MY**
TY	**ON**
VY	**ONA**

1. Vidí __________ .
2. Znají __________ dobře.
3. Myslí na __________ .
4. Vzpomíná na __________ .
5. Ptá se na __________ .
6. Zdraví __________ .
7. Prohlíží si __________ .
8. Má pro __________ noviny.

8. Odpovězte. *(Answer.)*

○ Díváte se často na televizi? ● Ano, dívám se **na ni** často.

○ Myslíte stále na rodinu? ● Ano, __________________.
○ Vidíte Martina a Alenu? ● Ne, __________________.
○ Prohlížíte si Prahu? ● Ano, __________________.
○ Otec myje auto? ● Ne, __________________.
○ Znáš mého bratra? ● Ne, __________________.
○ Prosím vás, máte na mě čas? ● Ano, __________________.
○ Je pro vás čeština těžká? ● Ano, __________________.
○ To kupuješ pro mě? ● Ano, __________________.

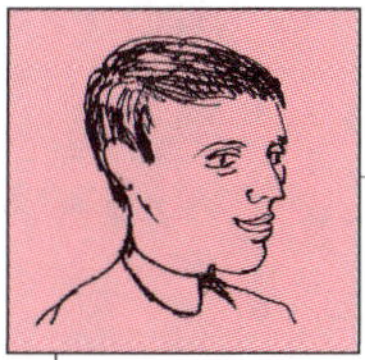

MŮJ DEN

Je sedm hodin ráno

Jak začíná můj den? Začíná brzo – vstávám už v sedm hodin, protože nerad pospíchám. Myju se, oblékám se, potom dlouho snídám a čtu noviny. Čtu už české noviny, ale je to pro mě těžké. Škola není daleko, jdu tam pěšky.

Je deset hodin dopoledne

Ještě mám češtinu. Už dvě hodiny sedím ve třídě, za chvíli čeština končí. Piju minerálku a poslouchám učitele. Myslím už na práci. Náš učitel se na něco ptá, já ale nerozumím. Odpovídá kolega. Ještě začínáme číst nový text.

Jsou tři hodiny odpoledne

Dneska končím práci brzo a jdu domů. Potom ale vidím Petra. „Co tady děláš?" ptám se. „Mám v Praze nějakou práci," odpovídá Petr. Mám velkou radost, že ho vidím. Petr je můj přítel, ale nebydlí v Praze. Dlouho spolu mluvíme, ptám se, jak se má, co dělá, jak se má jeho rodina. Petr má asi hodinu volno, jdeme na procházku a prohlížíme si starou Prahu.

Je deset hodin večer

Už ležím v posteli, ale ještě nespím. Čtu zajímavou knihu. Na televizi se nedívám, protože tam není dobrý program. Čtu už jednu hodinu a začínám být unavený. Myslím na celý den. Už nečtu a neposlouchám rádio. Za chvíli jdu spát.

KAM JDU? → ☐ ***Where am I going?*** **KDE JSEM?** ⊡ ***Where am I?***

Czech has different adverbs to express the direction (kam?) and the place (kde?):

Jde sem. *(He is coming here.)* X **Je tady.** *(He is here.)*

Jdu **tam**.	*I am going there.*	Jsem **tam**.	*I am there.*
Jde **sem**.	*He is coming here.*	Je **tady**.	*He is here.*
Jdu dom**ů**.	*I am going home.*	Jsem dom**a**.	*I am at home.*
Jdu na procház**ku**.	*I am going for a walk.*	Jsem na procház**ce**.	*I'm on a walk.*
Jdu na pošt**u**.	*I am going to the post office.*	Jsem na pošt**ě**.	*I am at the post office.*

(na + Acc) The nouns, too, have a different form. (na + Loc)

CO DĚLAJÍ?

	OTEC	JANA	PETR
7 h ráno	Už je v práci a začíná pracovat.	Vstává a obléká se.	Ještě spí.
12 h	Obědvá v restauraci. Pospíchá, nemá čas.	Má přestávku ve škole. Odpočívá a prohlíží si něco.	Sedí v pokoji a čte si. Asi je nemocný, protože není ve škole.
4 h odpol.	Jde domů. Je unavený. Vidí nějakého pána a zdraví ho: Dobrý den.	Jana a její kamarád sedí v kavárně. Mají radost, mluví spolu, pijou kávu.	Je stále doma. Už nesedí; teď leží v posteli a dívá se na televizi. Není rád doma sám.
8 h večer	Odpočívá. Sedí v pokoji a čte noviny.	Jana telefonuje a neodpovídá na jeho otázku. →	Petr večeří a ptá se na školu.
11 h v noci	Spí.	Něco píše. Na stole má slovník a knihu. Asi studuje.	Spí.

Cv

❒ 9. Odpovězte. *(Answer.)*

1. Co dělají otec, Jana a Petr
   - v 7 hodin ráno?
   - ve 12 hodin?
   - ve 4 hodiny odpoledne?
   - v 8 hodin večer?
   - v 11 hodin v noci?
2. Kdo má hezký den? Kdo má špatný den? Proč? Kdo dlouho pracuje?
3. OTEC: Je otec v 7 hodin ráno ještě doma? Kde je? Pracuje hodně celý den? Kde obědvá? Kdy končí svou práci? Kam jde potom? Má večer volno?
   JANA: V kolik hodin Jana vstává? Kde je celé dopoledne? Má hezké odpoledne? Proč? Je večer doma? Jde brzo spát? Má dlouhý den? Co dělá v noci?
   PETR: Proč je Petr celý den doma? Jak dlouho spí? Co dělá celý den? Je rád doma sám?
4. Co dělá otec celý den? Co Jana? Co Petr?

❒ 10. Co vidíte? Co dělá večer tato rodina?

❒ 11. Jaký je váš den? Co děláte ráno, dopoledne, odpoledne a večer?

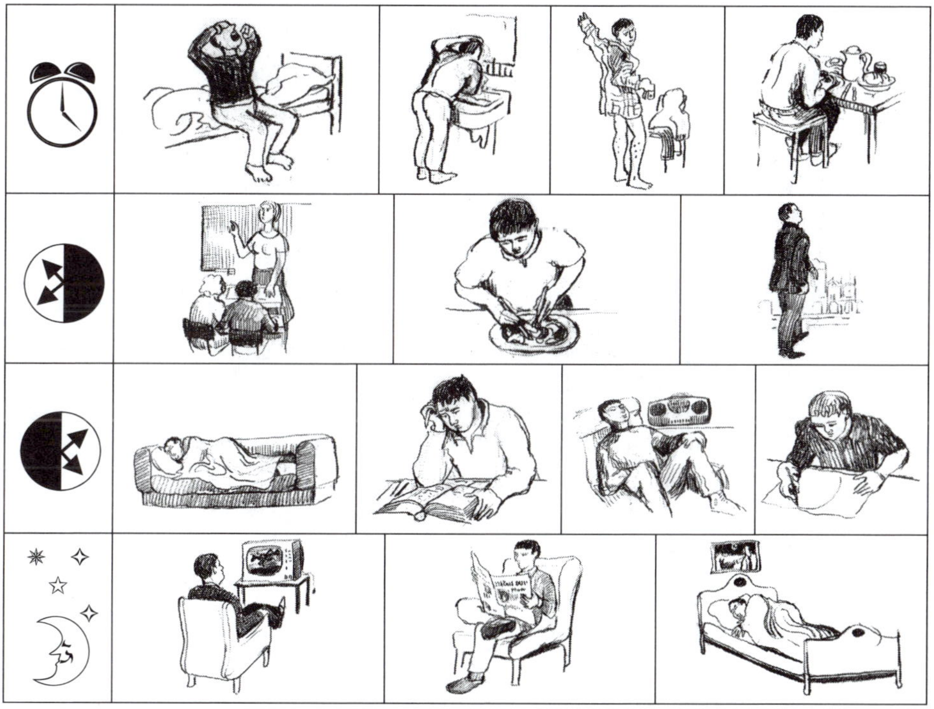

○ **Describe your daily routine.** (Popište svůj denní program.)

❐ 12. Ptejte se svého kolegy, jestli to dělá také.
(Ask your colleague if he does these things too.)

➠ ○ Odpoledne nakupuju ve městě. ● **Taky odpoledne nakupuješ?**

○ Večer dlouho pracuju.
○ Ráno v osm jsem už ve firmě.
○ Večer odpočívám.
○ Můj den začíná v sedm hodin.
○ Obědvám v jednu hodinu.

○ *I speak Czech at work.*
○ *I like drinking coffee.*
○ *I am reading an interesting book.*
○ *I am in a hurry in the morning.*
○ *We write long exercises in the classroom.*
○ *I get up at 8 o'clock in the morning.*
○ *I am going home.*
○ *I am at home.*
○ *At 12 o'clock I am already sleeping.*

❐ 13. Doplňte ke slovesům vhodná slova. *(Add suitable words to the verbs.)*

➠ Bratr se dívá na televizi. – ____________ se dívají ____________.
Bratr a sestra se dívají **na tenis**.

1. Poslouchám rádio. – __________ poslouchají ______________.
2. Nerozumím anglicky. – __________ nerozumějí ______________.
3. Telefonuješ domů? – Telefonujete ______________?
4. Máš dneska večer čas? – Máte ______________?
5. Matka má ráda operu. – __________ mají rádi ______________.
6. Pracuju v bance. – __________ pracujou ______________.
7. Jdu pěšky, protože to není daleko. – Nejdou ______________.
8. Bydlím v Brně. – __________ bydlí ______________.
9. Mluvím dobře česky. – Mluvíme ______________.
10. To jsou tvoje noviny? A čteš je? – __________ čte ______________.
11. Kolega něco píše. – Píšu ______________.

❐ 14. Doplňte zájmena. *(Fill in the pronouns.)*

➠ Mám **nový mobilní telefon**. Vidíš **ho** tamhle.

1. Máš **nové rádio**. Proč _______ neposloucháš?
2. Jím rád **pizzu**. Jíš _______ taky rád?
3. V obchodě mají **knihu a slovník**. Prohlížím si _______.
4. Často piju **kávu**. Mám _______ moc rád.

5. To jste **vy**! Jsem rád, že _______ vidím.
6. Mám rád **svou rodinu**. Často na _______ myslím.
7. To je **tvůj** přítel. Proč _______ nezdraví?
8. **Tomáš** tady není. Jdu pro _______.
9. Studuj**eme** češtinu. Je pro _______ těžká.
10. Profesor vysvětluje **českou gramatiku**. Vysvětluje _______ dobře.
11. Už js**em** tady. Máš pro _______ ty noviny?
12. **Ty** ještě nejsi ve třídě? Profesor se už na _______ ptá.
13. Máme **novou televizi**. Často se ale na _______ nedíváme.
14. Dnes není na češtině **Susan**. Učitelka se na _______ ptá.
15. To je **můj otec a moje matka**. Často na _______ vzpomínám.
16. Zn**ám** Martina dlouho. On _______ zná taky dobře.

❐ 15. Tvořte dialogy. *(Construct dialogues.)*

a) ● Proč

máš radost
vstáváš brzo
pospícháš
se nedíváš na televizi
ještě nespíš
jsi unavený ?

○ Protože

začínám pracovat už v 8 hodin.
je v Praze kamarádka.
tam není zajímavý program.
za chvíli začíná čeština.
hodně pracuju.
čtu moc zajímavou knihu.

b) ● Petr

čte
myslí na
je

nový film.
v kině.
zajímavou knihu.
v divadle.
program v televizi.

○ Jak se jmenuje

ten
ta
to

kino
kniha
divadlo
program
film ?

c) ● Je / Jsou

Je Jsou	7 hodin ráno. 10 hodin dopoledne. 2 hodiny odpoledne. 9 hodin večer. 11 hodin večer. 5 hodin odpoledne.

Co dělá Petr?

○ Snídá doma.
Už spí.
Čte si v posteli.
Sedí v kavárně.
Je ve škole na češtině.
Je v práci.

MLUVNÍ CVIČENÍ

1. a) *Poslouchejte:* ○ Jsou tři hodiny. ● Co, už jsou tři?

b) *Reagujte:*

○ Jsou tři hodiny. ● **Co, už jsou tři?**
○ Je pět hodin. ● **Co, už je pět?**
○ Je sedm hodin. ● **Co, už je sedm?**
○ Jsou dvě hodiny. ● **Co, už jsou dvě?**
○ Jsou čtyři hodiny. ● **Co, už jsou čtyři?**
○ Je dvanáct hodin. ● **Co, už je dvanáct?**

2. a) *Poslouchejte:*

○ V kolik hodin začíná škola? V osm, nebo v devět? ● Začíná už v osm.

b) *Odpovězte:*

○ V kolik hodin začíná škola? V osm, nebo v devět? ● **Začíná už v osm.**
○ V kolik hodin začíná kino? V pět, nebo v šest? ● **Začíná už v pět.**
○ V kolik hodin začíná čeština? V deset, nebo v jedenáct? ● **Začíná už v deset.**
○ V kolik hodin začíná divadlo? V sedm, nebo v osm? ● **Začíná už v sedm.**
○ V kolik hodin začíná přestávka? V jednu, nebo ve dvě? ● **Začíná už v jednu.**

3. a) *Poslouchejte:* ○ Jana už sedí ve třídě? ● Ne, ještě nesedí.

b) *Odpovězte:*

○ Jana už sedí ve třídě? ● **Ne, ještě nesedí.**
○ Jana už leží v posteli? ● **Ne, ještě neleží.**
○ Jana už mluví česky? ● **Ne, ještě nemluví.**
○ Jana už rozumí dobře? ● **Ne, ještě nerozumí.**
○ Jana už bydlí v Praze? ● **Ne, ještě nebydlí.**

4. a) *Poslouchejte:* ○ Co děláš ráno v sedm? Vstáváš? ● Ano, vstávám.

b) *Odpovězte:*
○ Co děláš ráno v sedm? Vstáváš? ● **Ano, vstávám.**
○ Co děláš ráno v sedm? Oblékáš se? ● **Ano, oblékám se.**
○ Co děláš ráno v sedm? Myješ se? ● **Ano, myju se.**
○ Co děláš ráno v sedm? Snídáš? ● **Ano, snídám.**
○ Co děláš ráno v sedm? Piješ kávu? ● **Ano, piju kávu.**
○ Co děláš ráno v sedm? Studuješ? ● **Ano, studuju.**

5. a) *Poslouchejte:* ○ Co dělá otec? ● Petr se ptá, co dělá otec.

b) *Reagujte:*
○ Co dělá otec? ● **Petr se ptá, co dělá otec.**
○ Co dělá maminka? ● **Petr se ptá, co dělá maminka.**
○ Jak se má Jana? ● **Petr se ptá, jak se má Jana.**
○ Jak se má bratr? ● **Petr se ptá, jak se má bratr.**
○ Jaká je škola? ● **Petr se ptá, jaká je škola.**
○ Jaký je ten program v televizi? ● **Petr se ptá, jaký je ten program v televizi.**

6. a) *Poslouchejte:* ○ Co děláš? ● Petr se mě ptá, co dělám.

b) *Reagujte:*
○ Co děláš? ● **Petr se mě ptá, co dělám.**
○ Jak se máš? ● **Petr se mě ptá, jak se mám.**
○ Proč jdeš domů? ● **Petr se mě ptá, proč jdu domů.**
○ Proč nepiješ kávu? ● **Petr se mě ptá, proč nepiju kávu.**
○ Co čteš? ● **Petr se mě ptá, co čtu.**
○ Kde pracuješ? ● **Petr se mě ptá, kde pracuju.**
○ Na co myslíš? ● **Petr se mě ptá, na co myslím.**

7. a) *Poslouchejte:* ○ Kde bydlíš? V Praze? ● Ano, bydlím v Praze.

b) *Odpovězte:*
○ Kde bydlíš? V Praze? ● **Ano, bydlím v Praze.**
○ Na koho myslíš? Na rodinu? ● **Ano, myslím na rodinu.**
○ Na co se ptáš? Na tu knihu? ● **Ano, ptám se na tu knihu.**
○ Kam jdeš? Na procházku? ● **Ano, jdu na procházku.**
○ Koho vidíš? Profesora? ● **Ano, vidím profesora.**
○ Co piješ? Kávu? ● **Ano, piju kávu.**

8. a) *Poslouchejte:* ○ Vidíš ten obraz? ● Ano, vidím ho.

b) *Odpovězte:*
○ Vidíš ten obraz? ● **Ano, vidím ho.**
○ Vidíš tu paní? ● **Ano, vidím ji.**
○ Vidíte ten obchod? ● **Ano, vidím ho.**
○ Vidíte nemocnici? ● **Ano, vidím ji.**
○ Vidíte toho pána? ● **Ano, vidím ho.**
○ Vidíte tam kino? ● **Ano, vidím ho.**

LEKCE 4

Topic:

DAYS OF THE WEEK.
WHERE DO WE GO?
WHERE ARE YOU FROM?

You will learn how to

- say where you are from
- talk about arriving and departing
- say what means of transport you will use
- plan a journey
- find your way around a Czech railway station
- say that you want to or can do something
- tell people about things you have to do

Days of the week (p. 81) • Verb aspect (p. 81) • Future tense of the verb "to go" (p. 82) • Genitive case of nouns in singular (p. 84) • Modal verbs (p. 86) • Verb "to want" (p. 89) • Instrumental case – "čím?" (p. 93) • Neither – nor (p. 93)

ani – ani	*neither – nor*
autobus M	*bus*
autobusem	*by bus*
autobusový, -á, -é	*bus*
až	*(not) until, as far as*
čekat na +Acc, **-ám**	*to wait for, I wait*
čím?	*by what?*
číslo N	*number*
čtvrtek M	*Thursday*
do +Gen	*to, into*
francouzsky	*French*
hodit se, hodí se	*to suit, it suits*
hrát, hraju	*to play, I play*
chtít, chci	*to want, I want*
informace F	*information*
jestli	*if, whether*
jízdenka F	*ticket*
jízdenky pl	*tickets*
každý, -á, -é	*every, each*
koupit +Acc, **-ím**	*to buy, I will buy*
kouřit, -ím	*to smoke, I smoke*
který, -á, -é	*who, which*
místenka F	*seat-reservation ticket*
místo N	*place*
moct, můžu	*to be able, I can*
muset, musím	*to have to, I must*
nádraží N	*station*
náměstí N	*square*
nástupiště N	*platform*
nastupovat	*to get in/on*
nastupuju	*I get in/on*
neděle F	*Sunday*
nejdřív(e)	*first of all*
někdo	*somebody*
Německo N	*Germany*
německy	*German*
nic	*nothing*
odejít	*to leave (on foot)*
odejdu	*I will leave*
odjet	*to leave (by vehicle)*
odjedu	*I will leave*
odkud	*from where*
pátek M	*Friday*
peníze M pl	*money*
platit +Acc, **-ím**	*to pay, I pay*
podívat se na +Acc	*to look at*
-ám se	*I will look at*
pokladna F	*cash desk*
pondělí N	*Monday*
pošta F	*post office*
pozdě	*late*
prosím (tě, vás)	*please*
proto	*therefore, that is why*
přijet	*to arrive (by vehicle)*
přijedu	*I will arrive*
přijít	*to arrive (on foot)*
přijdu	*I will arrive*
říkat, říkám	*to say, I say*
samozřejmě	*of course*
smět	*to be allowed*
smím	*I may*
sobota F	*Saturday*
stačit	*to be enough*
to stačí	*it is enough*
středa F	*Wednesday*
teprve	*only, not until*
těšit se na +Acc	*to look forward to*
těším se	*I am looking f. to*
tramvaj F	*tram*
trochu	*a little*
učit se, učím se	*to learn, I learn*
umět	*to know (how to)*
umím	*I know (how to)*
úterý N	*Tuesday*
uvidět, uvidím	*to see, I will see*
vařit +Acc, **-ím**	*to cook, I cook*
víkend M	*weekend*
vlak M, **vlakem**	*train, by train*
vrátit se	*to come back*
vrátím se	*I will come back*
vybírat si +Acc	*to choose*
vybírám si	*I choose*
výborně	*well done*
výlet M	*trip*
vystupovat	*to get off/out*
vystupuju	*I get off/out*
z(e) +Gen	*from*

Gr

DAYS OF THE WEEK (DNY V TÝDNU)

Který den je dnes? — *What day is today?*

Dnes je	**pondělí**	N	*Today is*	*Monday*
	úterý	N		*Tuesday*
	středa	F		*Wednesday*
	čtvrtek	M		*Thursday*
	pátek	M		*Friday*
	sobota	F		*Saturday*
	neděle	F		*Sunday*

Kdy? v +Acc — *When?*

v(e) + day: **v sobotu**
(on Saturday)
+ time: **v jednu hodinu**
(at one o'clock)

v pondělí	*on*	*Monday*
v úterý		*Tuesday*
ve středu		*Wednesday*
ve čtvrtek		*Thursday*
v pátek		*Friday*
v sobotu		*Saturday*
v neděli		*Sunday*

Gr

VERB ASPECT (SLOVESNÝ VID)

In comparison with the well-developed system of tenses in English, Czech has only three verb tenses: present tense, future tense and past tense.
The Czech verb, however, has a specific grammatical category – the aspect. By means of the aspect the same action can be expressed as completed (perfective) or simply in progress, continuous (imperfective).

Často **kupuju** jízdenky já, ale dneska je **koupí** bratr.
It's me who usually buys the tickets but today it's my brother who is buying them.
(imperfective action) (perfective action)

Aspect — **imperfective** / **perfective**

Vid — imperfektivní, nedokonavý (Impf) / perfektivní, dokonavý (pf)

Most Czech verbs have both forms: imperfective and perfective.

psát (impf) – **napsat** (pf) *(to write),* **platit** (impf) – **zaplatit** (pf) *(to pay),* **dívat se** (impf) – **podívat se** (pf) *(to look),* **kupovat** (impf) – **koupit** (pf) *(to buy)*

The Imperfective Aspect of Verbs expresses uncompleted actions, actions in progress and repeated actions – it can be in **the present, the past or the future tense.**	**The Perfective Aspect of Verbs** expresses the idea of completion – it can express **the past or the future – never the present.**

platit (impf verb):	**Platím** pivo.	**zaplatit** (pf verb):	**Zaplatím** pivo.
I am paying for the beer. (= the present)		*I will pay for the beer. (= the future)*	
dívat se (impf): *to look*	**dívám se** *I look*	**podívat se** (pf): *to look*	**podívám se** *I will look*
kupovat (impf): *to buy*	**kupuju** *I buy*	**koupit** (pf): *to buy*	**koupím** *I will buy*
vidět (impf): *to see*	**vidím** *I see*	**uvidět** (pf): *to see*	**uvidím** *I will see*
vracet se (impf): *to come back*	**vracím se** *I come back*	**vrátit se** (pf): *to come back*	**vrátím se** *I will come back*

VERB "TO GO" – THE FUTURE TENSE

	PRESENT T.	FUTURE TENSE			
JÍT *TO GO*	**jdu** *I am going*	**PŮJDU** *I will go*	**přijdu** *I will come*	**odejdu** *I will leave*	PŘIJÍT ODEJÍT
JET *TO GO (by vehicle)*	**jedu** *I am going (by vehicle)*	**POJEDU** *I will go (by vehicle)*	**přijedu** *I will come (by vehicle)*	**odjedu** *I will leave (by vehicle)*	PŘIJET ODJET

Prefixes of direction: **PŘI-** ⟶ ● (motion towards)
OD(E)- ● ⟶ (motion away)

Půjdeme do kina.
We will go to the cinema.

Pojedeme autem.
We will go by car.

● Pojedeš v sobotu do Prahy?
○ Ne, nepojedu, nemám čas.

● Kdy pojedeš do Prahy?
○ Až v pátek odpoledne.

● Pojedeš sám?
○ Ne, pojede taky Tomáš.

● Pojedete tam vlakem?
○ Ne, autobusem.

● Kdy přijede Jana?
○ Zítra ráno v 8 hodin.

● Vrátíte se ještě dneska?
○ Ne, až zítra v jednu.

● Kdy se vrátíš?
○ Vrátím se asi až v neděli večer.

● Kdy přijdeš? V sobotu, nebo v neděli?
○ V sobotu. V neděli už něco mám.

● Kde je program? Podívám se, co je v televizi.
○ Je tamhle na stole.

● Půjdeš dneska večer do kina?
○ Nepůjdu, bohužel nemám čas.

● Kdo ještě půjde do kina?
○ Myslím, že ještě půjde Petr.

● Kdo to zaplatí?
○ Já to zaplatím.

● Přijde ještě někdo?
○ Asi Pavel.

● Půjdete taky?
○ Ano, půjdu rád.

● V kolik hodin jede vlak?
○ V osm večer.

● Koupíš jízdenky?
○ Koupím. Za chvíli půjdu na nádraží.

● Ty už jdeš?
○ Ještě ne. Odejdu až za chvíli.

nastupuju do auta
nastupovat do + Gen
("na-": motion upwards)

vystupuju z auta
vystupovat z, ze + Gen
("vy-": motion outwards)

Gr

KAM JDEŠ?
(Where are you going?)

1)	NA + Acc	M	na výlet, na koncert, na piknik
		F	na procházku, na fakultu, na univerzitu, na poštu
		N	na nádraží, na náměstí

Also:

Jdu na kávu (na kafe).	*I am going for a coffee.*
Jdu na pivo.	*I am going for a beer.*
Jdu na tenis, na fotbal.	*I am going to play tennis, football.*
Jdu na ryby.	*I am going fishing.*

2) **DO** + Gen

Jdu **do obchodu.**	*I am going to the shop.*
Jedu **do Prahy.**	*I am going to Prague.*

GENITIVE CASE OF NOUNS IN SINGULAR
(GENITIV SINGULÁRU SUBSTANTIV)

	Mi – ending in hard or neutr. cons. **h ch k g r d t n b f l m p s v z**	F **-a** N **-o**	Mi+F – ending in soft c. **ž š č ř c j ď ť ň** some Mi+F – ending in **-l**, F+N – in **-e**	
Mi	do obchod**u**, do vlak**u**, do hotel**u**, do autobus**u**, do New York**u**	**-U**	do pokoj**e**	**-E**
F	do Prah**y**, do Kanad**y**, do Evrop**y**, do škol**y**, do třídy, do kavárn**y**, do koupeln**y**, do bank**y**	**-Y**	do nemocnic**e**, do restaurac**e**, do Franci**e**, do Angli**e**, do Asi**e**, do skřín**ě**, do postel**e**	**-E**
N	do měst**a**, do kin**a**, do divadl**a**, do Brn**a**, do Skotsk**a**, do Irsk**a**, do metr**a**, do okn**a**, do centr**a**	**-A**	do moř**e**	**-E**

ODKUD JDEŠ? **Z, ZE** + Gen *Where are you coming from?* *from*

z obchod**u**, **z** výlet**u**, **z** hotel**u**, **z** pokoj**e**
ze škol**y**, **z** fakult**y**, **z** pošt**y**, **z** prác**e**, **z** restaurac**e**
z kin**a**, **z** divadl**a**, **z** měst**a**, **z** Německ**a**, **z** nádraží

Gen sg Ma – see p. 182

ODKUD JSI? *Where are you from?*

z Montreal**u**, **z** Liverpool**u**
z Prah**y**, **z** Kanad**y**
z Brn**a**, **z** Chicag**a**
! **z** Londýn**a**, **z** Berlín**a**, **z** Řím**a**, **z** Tábor**a** (see p. 182)

LEKCE 4

● Odkud jste?
○ Jsem z Austrálie, ze Sydney. A odkud jste vy?
● Z Kanady, z Montrealu.

● Odkud se vracíš tak pozdě?
○ Ještě není tak pozdě. Jdu z kina.

● Kdy pojedeš do Anglie?
○ Pojedu asi už v sobotu.

● Co děláš zítra?
○ Pojedu na výlet.
● Kam?
○ Na Moravu.

● Odkud jsi?
○ Z Ostravy. A ty?
● Z Olomouce.

● Proč jdeš na nádraží?
○ Jdu koupit místenku do Prahy.

● Odkud jede autobus do Plzně?
○ Myslím, že z nástupiště číslo 11.

● Kdy se vrátí Petr z Brna?
○ Asi ve středu.

● Půjdeš taky do kina?
○ Ne, půjdu na procházku.

● Ahoj! Kam jdeš?
○ Na kafe do kavárny Slavia. Půjdeš taky?

● Kdy se vrátíš z práce?
○ Až večer.

● Dobrý den. Prosím vás, tenhle autobus jede na náměstí?
○ Ne, tohle je číslo 5 a na náměstí jede číslo 6.
● Děkuju.

● Dobrý den. Prosím vás, jdu dobře na nádraží?
○ Ano, tamhle vepředu už ho vidíte.

● Kam jdou?

Cv

❐ 1. Říkejte: kde jste, kam jdete / jedete, odkud se vracíte.
(Say: where you are, where you are going, where you are coming back from.)

	Jsem (v, na)	Jdu, jedu (do, na)	Vracím se z
nemocnice kavárna kino koncert nádraží park hotel univerzita obchod Praha pošta Anglie Morava			

Gr

MODAL VERBS (MODÁLNÍ SLOVESA)

MODAL VERBS + THE INFINITIVE

Musím **jít**.	*I have to go.*	Nesmím **jít**.	*I must not go.*
Můžeš **jít**.	*You can go.*	Mám už **jít**?	*Should I go already?*

MUSET — *MUST, HAVE TO*

Musím odejít.	**Musíme** odejít.	*I must*	*we must leave*
Musíš odejít.	**Musíte** odejít.	*you must*	*you must leave*
Musí odejít.	**Musí** odejít. **/-ejí**	*he, she, it must*	*they must leave*

nemusím	**nemusíme**	*I need not*	*we need not*
nemusíš	**nemusíte**	*you need not*	*you need not*
nemusí	**nemusí/-ejí**	*he, she, it need not*	*they need not*

Musím už odejít, nemám čas.	*I have to go already, I do not have time.*
Musím si koupit jízdenku.	*I have to buy a ticket.*
Musím se hodně učit.	*I must learn a lot.*
Musíme se podívat, v kolik hodin jede vlak.	*We have to inquire when our train leaves.*
Musím jít pěšky, autobus už nejede.	*I have to go on foot, my bus does not go any more.*
Zítra musím vstávat v šest.	*Tomorrow I must get up at six (o'clock).*
Musím být v práci v osm.	*I must be at work at eight (o'clock).*
Musím jít spát, jsem unavený.	*I must go to bed, I am tired.*
Nemusím dělat nic.	*I do not have to do anything.*
Musím? – NEMUSÍŠ.	*Must I? – YOU DON'T HAVE TO.*

! The positive and negative forms of Czech modal verbs do not always correspond with their English equivalents. Eg **I must = musím**
I must not = nesmím So take care!

SMĚT

TO BE ALLOWED, MAY

Smím jít.	**Smíme** jít.	*I may go*	*we may go*
Smíš jít.	**Smíte** jít.	*you may go*	*you may go*
Smí jít.	**Smí/Smějí** jít.	*he, she, it may go*	*they may go*

Nesmím kouřit.	**Nesmíme** kouřit.	*I must not smoke*	*we must not smoke*
Nesmíš kouřit.	**Nesmíte** kouřit.	*you must not smoke*	*you must not smoke*
Nesmí kouřit.	**Nesmí/-ějí** kouřit.	*he, she, it must not smoke*	*they must not smoke*

„Smím jít do kina?" ptá se bratr.	*"May I go to the cinema?" asks brother.*
„Ano, smíš," odpovídá matka.	*"Yes, you may," answers mother.*
„Ne, nesmíš," odpovídá otec.	*"No, you mustn't," answers father.*
NESMÍŠ!	*YOU MUSTN'T!*

MOCT

TO BE ABLE, CAN

Můžu (mohu) jít.	**Můžeme** jít.	*I can go*	*we can go*
Můžeš jít.	**Můžete** jít.	*you can go*	*you can go*
Může jít.	**Můžou (mohou)** jít.	*he, she, it can go*	*they can go*

nemůžu (nemohu)	**nemůžeme**	*I cannot*	*we cannot*
nemůžeš	**nemůžete**	*you cannot*	*you cannot*
nemůže	**nemůžou (nemohou)**	*he, she, it cannot*	*they cannot*

Můžeš mi ukázat tu knihu?	*Can you show me the book?*
Už můžeme jít domů.	*We can already go home.*
Můžeš se vrátit domů v sedm?	*Can you come home at seven?*
Můžu tady kouřit?	*Can I smoke here?*
Můžete to zkontrolovat?	*Can you check it?*
Nemůžu jet do Prahy, nemám čas.	*I cannot go to Prague, I do not have time.*
Ještě nemůžou odjet.	*They cannot leave yet.*
Nemůžete přijít už v osm? = Můžete přijít už v osm?	*Can you come as early as eight?*
– Můžu. – Bohužel nemůžu.	*– I can. – I'm afraid I can't.*

UMĚT

TO KNOW / TO KNOW HOW TO

Umím česky.	**Umíme** česky.	*I know Czech.*	*We know Czech.*
Umíš anglicky?	**Umíte** anglicky?	*Do you know English?*	*Do you know English?*
Umí německy.	**Umí** německy. **Umějí** německy.	*He, she, it knows German.*	*They know German.*

neumím	**neumíme**	*I do not know*	*we do not know*
neumíš	**neumíte**	*you do not know*	*you do not know*
neumí	**neumí/-ějí**	*he, she, it does not know*	*they do not know*

Umíš hrát tenis?	*Do you know how to play tennis?*
Umím vařit dobrou kávu.	*I know how to make good coffee.*
Umějí už mluvit česky?	*Do they already know Czech?*
Umíte francouzsky?	*Do you know French?*
Tomáš neumí dobře anglicky.	*Tom does not know English well.*

UMÍM ČESKY – **"umět" + adverbs** (česky, německy, anglicky, francouzsky, rusky, ...)

"TO KNOW" – In Czech it has several meanings (see p. 111).

				I	*you*	*s/he*	*we*	*you*	*they*
to have to	**muset**	**musím**	**nemusím**	**-ím,**	**-íš,**	**-í,**	**-íme,**	**-íte,**	**-í, -ejí**
to be allowed to	**smět**	**smím**	**nesmím**	**-ím,**	**-íš,**	**-í,**	**-íme,**	**-íte,**	**-í, -ějí**
to be able to	**moct**	**můžu**	**nemůžu**	**-u,**	**-eš,**	**-e,**	**-eme,**	**-ete,**	**-ou**
to know / to know how to	**umět**	**umím**	**neumím**	**-ím,**	**-íš,**	**-í,**	**-íme,**	**-íte,**	**-í, -ějí**

MÍT NĚCO UDĚLAT — *SHOULD / OUGHT TO / TO BE TO*

Mám jít.	**Máme** jít.	*I should / ought to go*	*we should / ought to go*
Máš jít.	**Máte** jít.	*you should / ought to go*	*you should / ought to go*
Má jít.	**Mají** jít.	*he, she, it should / ought to go*	*they should / ought to go*

Nemám jít.	**Nemáme** jít.	*I am not to go*	*we are not to go*
Nemáš jít.	**Nemáte** jít.	*you are not to go*	*you are not to go*
Nemá jít.	**Nemají** jít.	*he, she, it is not to go*	*they are not to go*

Máš koupit lístek i pro Petra.	*You should / ought to buy a ticket for Peter too.*
Máme tam jít?	*Should we go there?*
Mám tam být celý den.	*I ought to be there the whole day.*
Mám přijít v sobotu?	*Should I come on Saturday?*
Nemáme už vystupovat?	*Shouldn't we get off now? Aren't we to get off now?*

TO WANT (CHTÍT)

Chci jít na procházku.	**Chceme** jet na výlet.	*I want*	*we want*
Chceš jít na procházku?	**Chcete** jet na výlet?	*you want*	*you want*
Chce jít na procházku.	**Chtějí** jet na výlet.	*he, she, it wants*	*they want*

nechci	**nechceme**	*I do not want*	*we do not want*
nechceš	**nechcete**	*you do not want*	*you do not want*
nechce	**nechtějí**	*he, she, it does not want*	*they do not want*

Chci jít domů, jsem unavená.	*I want to go home, I am tired.*
Chceš jet taky do Prahy? – Chci.	*Do you want to go to Prague too? – I do.*
Chceš kávu? = Nechceš kávu? – Děkuju, rád.	*Do you want coffee? – Thank you, it would be a pleasure.*
Chcete jít taky do kina? – Chci, ale nemám čas.	*Do you want to go to the cinema too? – I want to, but I do not have time.*
Chci se podívat do města.	*I want to look around the town.*
Nechci se vrátit.	*I do not want to come back.*
Nechci si to koupit.	*I do not want to buy it.*

● **Nechceš** (spát / vstávat / večeřet / hrát / ho vidět / vařit / se učit) ? **Tak nemusíš.**

- Chcete se učit česky?
- Ano, chci.

- Umíte taky anglicky?
- Jenom trochu.

- Ty už jdeš? Já ještě obědvám.
- V jednu musím být v práci, přijde jeden klient.

- Tomáši, už musíš vstávat. Je sedm hodin.
- Už sedm? Tak to musím pospíchat. Nechci přijít pozdě.

- Chceš něco v obchodě?
- Ne, děkuju, nechci nic.

- Smím tady kouřit?
- Ne, tady nesmíte kouřit.

- Mám jet do divadla autem?
- Můžeš jít pěšky, není to daleko.

- Nechci tam jít sama. Nepůjdeš taky?
- Bohužel nemůžu.

- Můžete přijít až v deset? V devět se mi to nehodí.
- Můžeme. Tak v deset na shledanou.

Cv

❒ 2. Tvořte věty. *(Form sentences.)*

○ NEMŮŽU ○ CHCI ○ MUSÍM ○ NESMÍM ○ MŮŽU ○ NECHCI

hodně mluvit česky
dlouho číst
odjet až v neděli
mít velkou rodinu
nic pít
ještě zaplatit
se na to podívat
na tebe čekat
se vrátit pozdě
už odejít
pít alkohol
přijít zítra večer

❒ 3. Zeptejte se kolegy, jestli chce něco dělat.
(Ask your colleague whether he wants to do st.)

● CHCEŠ ● CHCETE	jet do ____________? jít do ____________? jít na ____________? si koupit ____________? se podívat na ____________? se taky učit ____________? se vrátit ____________?

❒ 4. Řekněte Tomášovi, že to musí udělat také. *(Tell Tom that he must also do it.)*

➠ ○ Čtu už české noviny. ● **Tomáši, musíš taky číst** české noviny.

○ Koupím lístky do divadla.
○ Už končím.
○ Hodně pracuju.
○ Nakupuju na víkend.
○ Obědvám v restauraci Lípa.
○ Píšu úkol.
○ Piju čaj.
○ Večer jdu brzo spát.

❒ 5. Přítel se vás ptá, vy mu odpovězte. *(A friend is asking you; answer him.)*

➠ ○ Můžu se vrátit až ve 12? ● Ano, můžeš.

○ Můžu mluvit anglicky? ○ Můžu v nemocnici kouřit? ○ Můžeš jít v sobotu na výlet? ○ Můžu večer přijít? ○ Můžeš jít už na oběd? ○ Můžu si číst tvoje noviny? ○ Máš čas? Můžeš jít nakoupit?	● Ano, můžeš / můžu. ● Bohužel nemůžeš / nemůžu. ● Ne, nesmíš.

❒ 6. Zeptejte se pana Kubáta, jestli může nebo umí ...
(Ask Mr Kubát if he can or knows how to ...)

○ go to a concert at 8 o'clock tomorrow ● **Pane Kubáte, můžete** ____________**?**
umíte ____________**?**
○ speak English well
○ buy one ticket
○ come to work as early as 7 o'clock in the morning
○ play football
○ have supper tonight in a restaurant

❒ 7. Tomáš se ptá, jestli má, nemá ... *(Tom asks if he should … or should not …)*

➠ ● Mám už jít nakupovat nebo ne?

○ Should I go shopping now?
○ Should I go to school now?
○ Should I make coffee now?
○ Should I get up now?
○ Shouldn't I come back now?
○ Shouldn't I be at work now?

● **Mám** ______________?

● Co si mám obléknout?

○ ______________

● Co mám dělat?

○ ______________

❒ 8. Doplňte větu. *(Complete the sentence.)*

➠ Nechci teď pracovat, ale **chci odpočívat**.

1. Nechci koupit knihu, ale ______________.
2. Dneska nemůžu jít, ale ______________.
3. Nesmím kouřit, ale ______________.
4. Nemáme tam být ve čtyři, ale ______________.
5. Neumím dobře česky, ale ______________.
6. Nemusím se dneska učit, ale ______________.
7. Nemůže přijít každý, ale ______________.
8. Nemusím odejít za chvíli, ale ______________.
9. Nechtějí to dělat dneska, ale ______________.

❒ 9. Řekněte s modálním slovesem nebo se slovesem „chtít". Pozor na tvar infinitivu. *(Say with the modal verb or with the verb "to want". Be careful with the form of the infinitive.)*

➠ Studuju češtinu. muset – **Musím studovat** češtinu.

1. Nakupujeme na víkend. muset
2. Jdete tam? muset
3. Zuzana a Jana odpovídají. muset
4. Už vystupujeme? máme
5. Jako úkol píšu nějaký dopis. mám
6. Dělám, co chci. moct
7. Oblékáme se, jak chceme. moct
8. Přijde, kdo chce. moct
9. Mám odpoledne volno. chtít
10. Nepřijdeme pozdě. chtít
11. Pan Kubát a paní Kubátová jedou do Prahy. chtít
12. Eva pracuje v obchodě. chtít
13. Co děláte večer? chtít

Gr

ČÍM POJEDETE? *(HOW WILL YOU TRAVEL?)*

- **Pojedu**
- **Jedu**

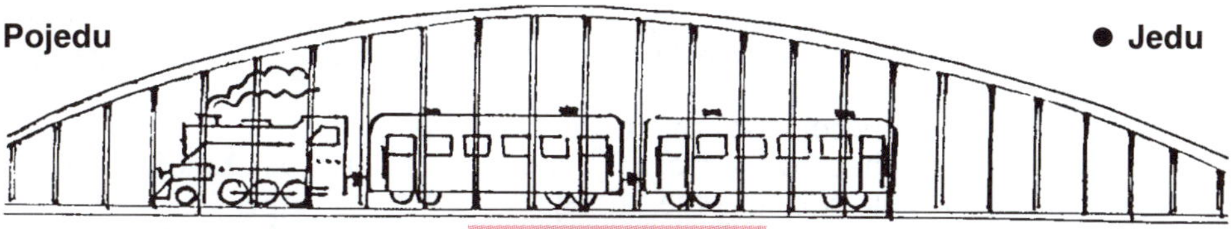

VLAKEM (vlak M)

TRAMVAJÍ

AUTEM

AUTOBUSEM

Čím? = Instrumental case

M + N		**-EM**	**metrem, vlakem**
F	hard	**-OU**	**tužkou**
	soft	**-Í**	**tramvají**

Píšu tužk**ou** a per**em**. — *I write with a pencil and a pen.*
Jím příbor**em**. — *I eat with cutlery.*
Myju se tepl**ou** vod**ou**. — *I wash myself with warm water.*

NOTE: **S, SE *(with)* + Instr. case** (more on p. 229)

Do kina půjdu **s** Alen**ou**. — *I will go to the cinema with Alena.*
Pojedu **s** přítelkyn**í**. — *I will go with my girlfriend.*
Jedeš sám, nebo **s** přítel**em**? — *Are you going alone or with a friend?*

Gr

(ANI) – ANI (NEITHER – NOR)

In Czech the negation of the verb

Do Prahy ne pojedu **(ani)** v sobotu **ani** v neděli.
I will go to Prague neither on Saturday nor on Sunday.

POJEDU DO PRAHY

Já a moje přítelkyně Kateřina chceme jet na výlet do Prahy. Bydlíme v Plzni, to není daleko do Prahy. Chceme jet v sobotu brzo ráno a vrátit se v sobotu večer. Nejdříve se musíme na internetu podívat, kdy a čím pojedeme.

„Pojedeme autobusem, ne?“ ptám se.

„Jak vidím, autobus jede v deset. To je pro nás pozdě,“ říká Kateřina. „Ale vlak jede každou hodinu. Nepojedeme už v sedm ráno?“

„To ne, to je moc brzo. Pojedeme vlakem v osm hodin,“ odpovídám. „Prosím tě, můžeš koupit jízdenky?“

„Ano, koupím je v pokladně ještě dneska,“ říká Kateřina.

„Uvidíme se až v sobotu na nádraží?“ ptám se.

„Ano. V sobotu na tebe čekám na nástupišti. Musíš se podívat, odkud jede vlak do Prahy. Myslím, že jede z nástupiště II. Nesmíš přijít pozdě!“

„Ale Katko! Samozřejmě že ne.“

Potom se Kateřina ještě ptá, jestli můžu jít v pátek večer do kina. Bohužel nemůžu, protože ve čtvrtek i v pátek mám hodně práce. V sobotu a v neděli chci proto hodně odpočívat. Už se těším na výlet, ale dneska je teprve středa.

„Katko, nejdu pozdě?“
„To jdeš! Vlak jede za chvíli! Tamhle vidím volné místo. Nastupujeme!“

Těším se na výlet.	*I am looking forward to the trip.*
Čím pojedeš do Prahy?	*How will you travel to Prague?*
Vlakem, nebo autobusem?	*By train or by bus?*
každou hodinu	*every hour*
Hodí se mi to. = To se mi hodí.	*It suits me.*
Uvidíme se v sobotu.	*We will see each other on Saturday.*
Prosím tě, můžeš ...?	*Please, can you ...?*
Nejdu pozdě? – **To jdeš!**	*Am I late? – Yes, you are.*

PŮJDEŠ TAKY DO DIVADLA?

Jan = Honza (Vidím Honz**u**. S Honz**ou**. Honz**o**! – see p. 342)

Honza
(Jack)

Alena

Honza:	Ahoj!
Alena:	Ahoj! Jak se máš?
Honza:	Dobře. Mám radost, že tě vidím.
Alena:	Já taky. Kam jdeš?
Honza:	Jdu koupit lístky do divadla Fidlovačka. Chci tam jít s Janou.
Alena:	Tak to můžeme jít chvíli spolu. Já jdu na metro.
Honza:	Kam jedeš?
Alena:	Na nádraží. Přijede moje kamarádka Eva.
Honza:	Odkud přijede?
Alena:	Ze Zlína. Je to moje kamarádka ze školy. Domů se vrací zítra ráno.
Honza:	Máte už program na odpoledne?
Alena:	Odpoledne si chceme prohlížet Prahu, večer půjdeme asi do kina.
Honza:	A nechcete jít taky do divadla? Koupím ještě dva lístky.
Alena:	Co hrají?
Honza:	Kabaret. Je to muzikál.
Alena:	Výborně! A mám program na večer. Kdy se uvidíme?
Honza:	Odpoledne jsem s Janou ve městě. Můžeme se vidět, jestli chceš.
Alena:	Ráda. Co takhle v pět v kavárně na náměstí?
Honza:	To se mi hodí. Přijdeme. A v šest můžeme jet tramvají číslo 18 do divadla.
Alena:	Tak fajn. Tady jsou peníze na lístky.
Honza:	To nemusíš. Stačí to až večer.
Alena:	Děkuju, jsi hodný. Už se moc těším.
Honza:	V pět ahoj!

Cv

10. Vyberte podle textu správný výraz.
(Choose the correct expression according to the text.)

1. Kateřina je moje (sestra – manželka – přítelkyně).
2. Bydlíme (v Praze – v Plzni – v Kladně).
3. (Půjdeme – pojedeme – přijedeme) spolu do Prahy.
4. Do Prahy chceme jet (v pátek – v neděli – v sobotu).
5. Kateřina chce jet (vlakem – autobusem – sama).
6. Já chci jet (brzo ráno v 7 – ráno v 8 – odpoledne ve 3).
7. Jízdenky koupíme (ještě ve středu – v sobotu ráno – až ve vlaku).
8. Kateřina si myslí, že (nepřijdu na nádraží – koupím lístky – přijdu pozdě).
9. (Nechci – nesmím – nemusím) přijít na nástupiště pozdě.
10. Katka se mě ptá, jestli (půjdu ve čtvrtek do kina – se uvidíme v pátek – mám večer čas).

11. Vyberte vhodný výraz. *(Choose a suitable expression.)*

- Mám program
- Těším se
- To jsou peníze
- To jsou lístky

na tebe, na lístky do divadla, na svetr, na víkend, na koncert, na muzikál, na výlet, na neděli, na Pavla, na Kateřinu, na sobotu, na večer, na jízdenky do Bratislavy, na metro

12. Zeptejte se a odpovězte. Řekněte ve správném tvaru podle vzoru.
(Ask and answer. Say in the correct form according to the model; see p. 69.)

● Těšíš se **na operu**? ○ Ano, těším se **na ni**.

MATKA A OTEC ANNA FRANTIŠEK
NOVÝ BYT JÁ MY PŘÍTEL
NOVÁ PRÁCE TELEFON Z ANGLIE

13. Pojedete vlakem. Kupujete si proto na nádraží jízdenku.
(You'll go by train. Therefore you'll buy tickets at the station.)

● **Dobrý den. Chci prosím** jednu jízdenk**u** / dv**ě** jízdenk**y**

na zítra na 9 hodin ráno
na středu na 15 hodin
na čtvrtek na 8 hodin večer
na sobotu na 20 hodin
na neděli na 3 hodiny odpoledne

❐ 14. a) Požádejte. *(Ask (for)...)*

● **Prosím tě,** můžeš mi koupit

noviny kávu
lístek na metro
2 jízdenky na vlak
minerálku

?

! *PLEASE* = PROSÍM + personal pronoun in the accusative

(when we turn to sb with a request, a question)

b) Zeptejte se. *(Ask.)*

● **Prosím vás,** kolik je hodin?
odkud jede vlak do Ostravy?
kde prodávají jízdenky?
který autobus jede na nádraží?
kde je tady supermarket?
je náměstí ještě daleko?

❐ 15. Řekněte ve správném tvaru. *(Say in the correct form.)*

	Odkud jedete?	Kde jste?	Kam jedete?
Ostrava ➡	z Ostravy	v Ostravě	do Ostravy
Amerika	....	....	....
Brno	....	....	....
Austrálie	....	....	....
Skotsko	....	....	....
Irsko	....	....	....
Wales	....	....	....
Dover	....	....	....
Londýn (! Gen: Londýna)	....	....	....
New York	....	....	....

❐ 16. Odpovězte. *(Answer.)*

➡ ○ Pojedete v sobotu, nebo v neděli?

● **Ne**pojedu **(ani)** v sobotu **ani** v neděli, **ale v pátek**.

○ Pojedete metrem, nebo tramvají?
○ Koupíte si knihu, nebo noviny?
○ Přijdeš s Tomášem, nebo s Petrem?
○ Umíte německy, nebo francouzsky?
○ Je ten pán Skot, nebo Angličan?

MLUVNÍ CVIČENÍ

1. a) *Poslouchejte:* ○ Kam pojedeš? Do Prahy? ● Ano, pojedu do Prahy.

b) *Odpovězte:*
○ Kam pojedeš? Do Prahy? ● **Ano, pojedu do Prahy.**
○ Kam pojedeš? Na výlet? ● **Ano, pojedu na výlet.**
○ Kam pojedeš? Do Německa? ● **Ano, pojedu do Německa.**
○ Kam pojedeš? Do města? ● **Ano, pojedu do města.**
○ Kam pojedeš? Na fakultu? ● **Ano, pojedu na fakultu.**
○ Kam pojedeš? Do práce? ● **Ano, pojedu do práce.**

2. a) *Poslouchejte:* ○ Půjdeš do města, nebo domů? ● Půjdu do města.

b) *Odpovězte:*
○ Půjdeš do města, nebo domů? ● **Půjdu do města.**
○ Půjdeš večer do kina, nebo do divadla? ● **Půjdu do kina.**
○ Půjdeš na nádraží, nebo na poštu? ● **Půjdu na nádraží.**
○ Půjdeš do obchodu, nebo do kavárny? ● **Půjdu do obchodu.**
○ Půjdeš na procházku, nebo do školy? ● **Půjdu na procházku.**
○ Půjdeš do kavárny, nebo na procházku? ● **Půjdu do kavárny.**

3. a) *Poslouchejte:* ○ Kam chceš jít? Na nádraží? ● Ano, chci tam jít.

b) *Odpovězte:*
○ Kam chceš jít? Na nádraží? ● **Ano, chci tam jít.**
○ Kam chceš jít? Do školy? ● **Ano, chci tam jít.**
○ Kam chcete jít? Na náměstí? ● **Ano, chci tam jít.**
○ Kam chcete jít obědvat? Do restaurace? ● **Ano, chci tam jít.**
○ Kam chcete jít? Do kavárny na kávu? ● **Ano, chci tam jít.**

4. a) *Poslouchejte:* ○ Můžeš přijít dneska večer? ● Nemůžu, dneska večer nemám čas.

b) *Odpovězte:*
○ Můžeš přijít dneska večer? ● **Nemůžu, dneska večer nemám čas.**
○ Můžeš přijít zítra ráno? ● **Nemůžu, zítra ráno nemám čas.**
○ Můžete přijít ve středu odpoledne? ● **Nemůžu, ve středu odpoledne nemám čas.**
○ Můžete přijít v pátek dopoledne? ● **Nemůžu, v pátek dopoledne nemám čas.**
○ Můžeš přijít ve čtvrtek v jednu hodinu? ● **Nemůžu, ve čtvrtek v jednu hodinu nemám čas.**
○ Můžete přijít v úterý v deset hodin? ● **Nemůžu, v úterý v deset hodin nemám čas.**

5. a) *Poslouchejte:* ○ Vrátím se zítra. ● Musím se taky vrátit zítra.

b) *Reagujte:*
○ Vrátím se zítra. ● **Musím se taky vrátit zítra.**
○ Pojedu do Prahy. ● **Musím taky jet do Prahy.**

○ Jdu na poštu. ● **Musím taky jít na poštu.**
○ Jdu koupit jízdenku. ● **Musím taky jít koupit jízdenku.**
○ Studuju už dlouho. ● **Musím taky studovat dlouho.**
○ Vrátím se v neděli večer. ● **Musím se taky vrátit v neděli večer.**

6. a) *Poslouchejte:* ○ Vlak jede v šest hodin ráno. ● To se mi hodí. To se mi nehodí.

b) *Reagujte:*
○ Vlak jede v šest hodin ráno. ● **To se mi hodí.**
○ Škola končí už ve čtvrtek. ● **To se mi hodí.**
○ Škola začíná v pondělí odpoledne. ● **To se mi nehodí.**
○ Přijdu zítra odpoledne. ● **To se mi nehodí.**
○ Doktor má čas jen v pondělí ráno. ● **To se mi hodí.**
○ Jede jen jeden autobus v sedm hodin. ● **To se mi nehodí.**
○ Mám pro tebe lístek do kina. ● **To se mi hodí.**

7. a) *Poslouchejte:* ○ „Prosím vás, ten vlak jede do Prahy?" Na co se ptá Petr? ● Petr se ptá, jestli ten vlak jede do Prahy.

b) *Reagujte:*
○ „Prosím vás, ten vlak jede do Prahy?" Na co se ptá Petr? ● **Petr se ptá, jestli ten vlak jede do Prahy.**
○ „Prosím vás, můžu přijít dneska odpoledne?" Na co se ptá Petr? ● **Petr se ptá, jestli může přijít dneska odpoledne.**
○ „Prosím vás, tenhle autobus jede na nádraží?" Na co se ptá Petr? ● **Petr se ptá, jestli tenhle autobus jede na nádraží.**
○ „Prosím vás, tady prodávají jízdenky?" Na co se ptá Petr? ● **Petr se ptá, jestli tady prodávají jízdenky.**
○ „Prosím vás, autobus do Prahy jede z nástupiště 12?" Na co se ptá Petr? ● **Petr se ptá, jestli autobus do Prahy jede z nástupiště 12.**

8. a) *Poslouchejte:*
○ Pojedete v sobotu v 8 hodin ráno. Musíte si koupit jízdenku. ● Prosím vás, chci jednu jízdenku na sobotu na 8 hodin ráno.

b) *Reagujte:*
○ Pojedete v sobotu v 8 hodin ráno. Musíte si koupit jízdenku. ● **Prosím vás, chci jednu jízdenku na sobotu na 8 hodin ráno.**
○ Pojedete v neděli v 6 hodin večer. Musíte si koupit jízdenku. ● **Prosím vás, chci jednu jízdenku na neděli na 6 hodin večer.**
○ Pojedete v pátek ve 4 hodiny. Musíte si koupit jízdenku. ● **Prosím vás, chci jednu jízdenku na pátek na 4 hodiny.**
○ Pojedete v pondělí v 7 hodin ráno. Musíte si koupit jízdenku. ● **Prosím vás, chci jednu jízdenku na pondělí na 7 hodin ráno.**
○ Pojedete ve středu ve 12 hodin. Musíte si koupit jízdenku. ● **Prosím vás, chci jednu jízdenku na středu na 12 hodin.**

KONVERZACE

Na nádraží v Informacích	*At the railway station at the information desk*
● **Kdy jede další vlak do Plzně?**	● *When does the next train for Plzeň leave?*
○ **V 9.20 dopoledne.**	○ *At 9.20 a. m.*
● **Jede nějaký vlak také odpoledne?**	● *Does any train go in the afternoon too?*
○ **Samozřejmě. Jeden jede v 15.10 a další v 17.40.**	○ *Of course. One goes at 3.10 p. m. and another at 5.40 p. m.*
● **Děkuju.**	● *Thank you.*

U okénka	*At the ticket window*
● **Jednu jízdenku do Plzně.**	● *One ticket to Plzeň.*
○ **Jenom tam, nebo i zpáteční?**	○ *Just a single ticket or return as well?*
● **Jenom tam, prosím.**	● *Just a single ticket, please.*
○ **Tady je. 90 korun, prosím.**	○ *Here it is. 90 crowns, please.*

● **Prosím vás, z kterého nástupiště jede vlak do Olomouce?**	● *Excuse me, which platform does the train for Olomouc go from?*
○ **Z čísla 5. Ale vlak má asi jednu hodinu zpoždění.**	○ *From number five. But the train will be delayed about one hour.*
● **To musím tedy hodinu čekat. Je tu nějaká restaurace, kde můžu jíst?**	● *Then I have got to wait for one hour. Is there a restaurant where I could eat?*
○ **Ano. Na konci nástupiště číslo 2.**	○ *Yes, at the end of the platform two.*
● **Budu tam slyšet nádražní rozhlas?**	● *Will I hear the railway station loudspeaker there?*
○ **Ano. Myslím, že ano.**	○ *Yes. I think you will.*

Nádražní rozhlas	*Railway station loudspeaker*
● **Vlak do Olomouce přijíždí právě na nástupiště číslo 5. Omluvte jeho zpoždění. Vlak odjede za 10 minut. Nastupujte, prosím!**	● *The train for Olomouc is now arriving at platform five. Excuse its delay. The train will leave in ten minutes. Will you get in, please.*
● **Pozor! Na nástupiště číslo 6 přijíždí vlak z Vídně.**	● *Attention! The train from Vienna is arriving on platform 6.*

Topic:

PRAGUE. TOWNS AND CITIES. ASKING THE WAY.

You will learn how to

- ask for directions
- find your way around a town
- say what you will be doing in town
- say that you don't know something
- get to know Prague a little
- count to a thousand

Numerals 21–1000 (p. 105) • Preposition "na" + the accusative (p. 106) • Prepositions which take the genitive (p. 108) • Adverbs of place (p. 109) • Verb "to know" in Czech (p. 111) • Indefinite and negative pronouns and adverbs (p. 113) • Expressing the future with perfective verbs (p. 115)

automat M	*vending machine*	**opravit** pf	*to correct*
blízko (+Gen)	*near*	**opravím**	*I will correct*
brát, beru +Acc impf	*to take, I take*	**orloj** M	*astronomical clock*
vzít, vezmu +Acc pf	*to take, I will take*		
cesta F	*way, road, journey*	**parkoviště** N	*car park*
		počkat na +Acc pf	*to wait for*
dát, dám +Acc pf	*to give, I will give*	**počkám**	*I will wait*
dát si +Acc (kávu)	*to have (coffee)*	**čekat, čekám** impf	*to wait, I wait*
dík! = děkuju	*thanks, thank you*	**potřebovat** +Acc impf	*to need*
doleva	*to the left*	**potřebuju**	*I need*
doprava	*to the right*	**poznat** +Acc pf	*to get to know*
dostat, dostanu +Acc pf	*to get, I will get*	**poznám**	*I will get to know*
dostat se pf (někam)	*to get (somewhere)*	**znát, znám** impf	*to know, I know*
		prohlížet si, -ím impf	*to view, I view*
dostanu se	*I will get (somewhere)*	**prohlédnout si** pf	*to see the sights of, I will see the sights of*
		prohlédnu si +Acc	
do(z)vědět se pf	*to get to know*		
do(z)vím se	*I will get to know*	**přestupovat** impf	*to change (eg trains), I change*
dům M	*house*	**přestupuju**	
hlavní	*chief, main*	**přestoupit** pf	*to change,*
hledat, -ám +Acc impf	*to seek/look for*	**přestoupím**	*I will change*
hned	*at once*	**příjemný, -á, -é**	*pleasant*
jestliže	*if*	**raději**	*rather*
knihovna F	*library*	**roh** M	*corner*
kolej F	*student residence*	**na rohu**	*at the corner*
kolem (+Gen)	*around, past*	**rovně**	*straight*
kostel M	*church*	**říkat** impf	*to say*
krásný, -á, -é	*beautiful*	**říkám**	*I am saying*
kudy	*which way?*	**říct, řeknu** pf	*to say, I will say*
lektor M	*instructor,*	**stanice** F	*station*
lektorka F	*language teacher*	**stěna** F (= **zeď** F)	*wall*
líbit se +Dat impf	*to please*	**svlékat se** impf	*to undress*
líbí se mi	*I like, it pleases me*	**svlékám se**	*I am undressing*
		svléknout se pf	*to undress*
lidé, lidi M pl	*people*	**svléknu se**	*I will undress*
mapa F	*map*	**taxi** N (*coll* **taxík** M)	*taxi / cab*
metr M	*metre*	**tedy**	*therefore, thus*
100 metrů	*hundred metres*	**telefon** M	*telephone*
most M	*bridge*	**telefonní číslo** N	*telephone number*
muzeum N	*museum*	**tudy**	*this way*
najít, najdu +Acc pf	*to find, I will find*	**turista** M	*tourist*
na konci	*at the end*	**u** +Gen	*at, near, by*
naproti	*opposite*	**ulice** F (= **třída**)	*street*
národní	*national*	**určitě**	*surely*
opravovat +Acc impf	*to correct*	**vadit** +Dat impf	*mind, bother*
opravuju	*I correct*	**to nevadí**	*it does not matter*

vědět, vím impf	*to know, I know*	**vystoupit** pf	*to get off/out*
oni vědí	*they know*	**vystoupím**	*I will get off*
vedle +Gen	*next to*	**vzpomínat na** +Acc	*to remember st*
věšet +Acc impf	*to hang*	**vzpomínám** impf	*I remember*
věším	*I am hanging*	**vzpomenout si** pf	*to remember*
pověsit pf	*to hang*	**vzpomenu si**	*I will remember*
pověsím	*I will hang*	**zahýbat** impf	*to turn*
věž F	*tower*	**zahýbám**	*I am turning*
vítat +Acc impf	*to welcome*	**zahnout, -nu** pf	*to turn, I will turn*
vítám	*I welcome*	**zaplatit, -ím** pf	*to pay, I will pay*
přivítat pf	*to welcome*	**platit, -ím** impf	*to pay, I pay*
přivítám	*I will welcome*	**zapomínat, -nám** impf	*to forget, I forget*
Vltava F	*Vltava (Czech river)*	**zapomenout** pf	*to forget*
		zapomenu	*I will forget*
všechno	*all*	**zase (= opět)**	*again*
vybírat (si) +Acc impf	*to choose*	**zatím**	*in the meantime*
vybírám (si)	*I choose*	**zatím ahoj!**	*see you later*
vybrat (si) pf	*to choose*	**zůstávat** impf	*to stay, to remain*
vyberu (si)	*I will choose*	**zůstávám**	*I stay, I remain*
vystupovat impf	*to get off/out*	**zůstat, zůstanu** pf	*to stay, I will stay*
vystupuju	*I am getting off*	**žádný, -á, -é**	*none, no*

● **Prosím vás, jak (kudy) se dostanu na ...?** ○ **Musíte jet metrem A a vystoupit na stanici Muzeum.**	*Excuse me, how do I get to ...?* *You have to go by metro line A and get off at Museum station.*
● **Prosím vás, nevíte, kde je Národní třída?**	*Excuse me, do you know where Národní třída (National Avenue) is?*
● **Je to daleko?** – ○ **Asi 100 metrů.**	*Is it far? – It's about one hundred meters.*
○ **Pěšky je to daleko.** – ● **To mi nevadí.**	*It's a long way on foot. – I don't mind. (That doesn't bother me.)*
● **Ahoj, vítám tě v Praze.** ● **Co si dáš? Kávu nebo čaj?**	*Hello, welcome to Prague.* *What will you have? Coffee or tea?*
● **Posaďte se. Posaď se.**	*Sit down.*
● **Líbí se vám tady? Líbí se ti tady?** ○ **Ano, moc se mi tady líbí.** ● **Určitě se ti to líbí, viď?**	*Do you like it here?* *Yes, I like it here very much.* *You certainly like it don't you?*

Pražské památky *Prague sights*

Pražské památky	Prague sights
Václavské náměstí	*Wenceslas Square*
Národní muzeum	*National Museum*
Prašná brána	*Powder Tower*
Staré Město	*Old Town*
Staroměstské náměstí	*Old Town Square*
Staroměstská radnice	*Old Town Hall*
Orloj	*Astronomical Clock*
Pěší zóna	*Pedestrian zone*
Týnský chrám	*The Church of Our Lady Before Týn*
Pomník Jana Husa	*Jan Hus Memorial*
Pomník svatého Václava	*St Wenceslas Monument*
Kostel svatého Jakuba	*St James' Church*
Kostel svatého Mikuláše	*St Nicholas' Church*
Karlův most	*Charles Bridge*
Staronová synagoga	*Old-New Synagogue*
Národní divadlo	*National Theatre*
Hradčany	*Hradčany*
Hradčanské náměstí	*Hradčany Square*
Chrám svatého Víta	*St Vitus' Cathedral*
Královský palác	*Royal Palace*
Zlatá ulička	*Golden Lane*
Bazilika svatého Jiří	*Basilica of St George*
Královský letohrádek	*Royal Summer Palace*
Malá Strana	*Lesser Town*
Malostranské náměstí	*Lesser Town Square*
Strahovský klášter	*Strahov Monastery*
Pražská Loreta	*Loretto*
Klenotnice	*The Treasury*
Památník národního písemnictví	*Museum of National Literature*
Starý židovský hřbitov	*Old Jewish Cemetery*

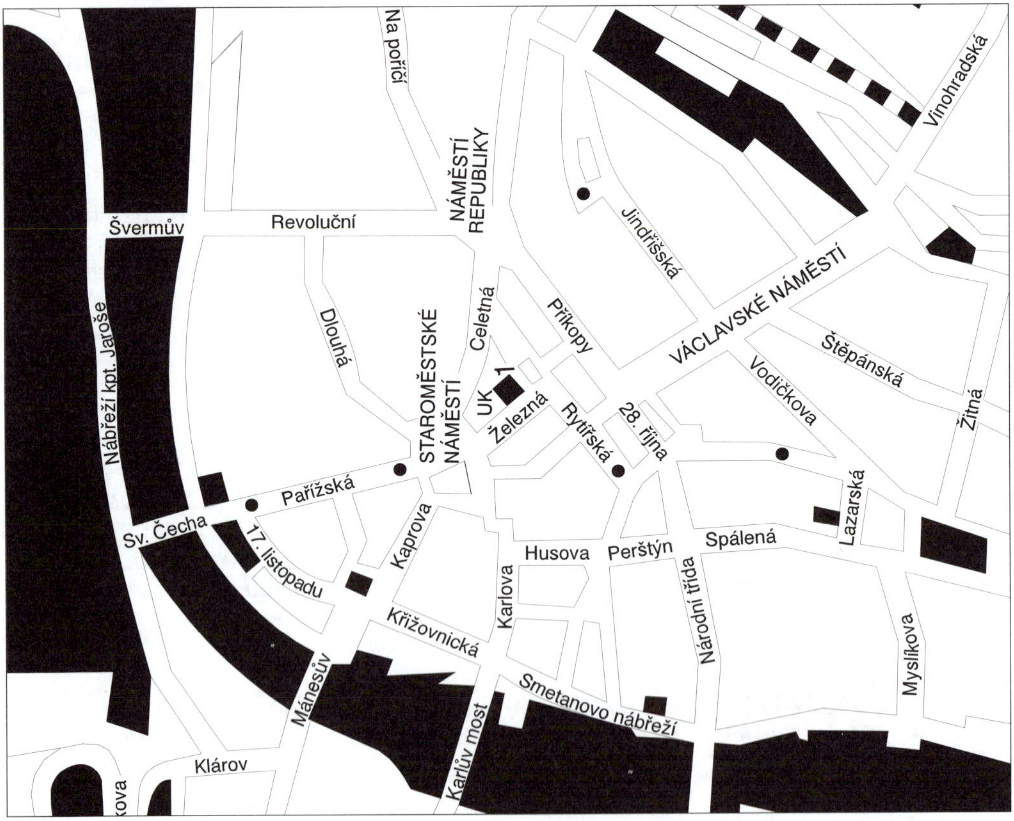

Gr

NUMERALS 21–1000 (ČÍSLOVKY)

21	dvacet jedna
22	dvacet dva
23	dvacet tři
24	dvacet čtyři
25	dvacet pět
26	dvacet šest
27	dvacet sedm
28	dvacet osm
29	dvacet devět
30	třicet

21	jedn**a**dvacet
22	dva**a**dvacet
23	tři**a**dvacet

31 32 33 34 35 36 37 38 39 40
třicet jedna, jednatřicet — čtyřicet

41 42 43 44 45 46 47 48 49 50
čtyřicet tři, třiačtyřicet — padesát

51 52 53 54 55 56 67 68 59 60
padesát pět, pětapadesát — šedesát

61 62 63 64 65 66 67 68 69 70
šedesát dva, dvaašedesát — sedmdesát

71 72 73 74 75 76 77 78 79 80
sedmdesát pět, pětasedmdesát — osmdesát

81 82 83 84 85 86 87 88 89 90
osmdesát čtyři, čtyřiaosmdesát — devadesát

91 92 93 94 95 96 97 98 99 100
devadesát sedm, sedmadevadesát — sto

101	sto jedna
112	sto dvanáct
123	sto dvacet tři
134	sto třicet čtyři
198	sto devadesát osm
199	sto devadesát devět
200	**dvě stě**

100	**sto**
200	**dvě stě**
300	**tři sta**
400	**čtyři sta**
500	**pět set**
600	**šest set**
700	**sedm set**
800	**osm set**
900	**devět set**
1 000	**tisíc**

1	**sto**
2	**stě**
3, 4	**sta**
5–9	**set**

!

1991	tisíc devět set devadesát jedna (devatenáct set devadesát jedna)
1967	tisíc devět set šedesát sedm
1492	tisíc čtyři sta devadesát dva
1848	tisíc osm set čtyřicet osm
2005	dva tisíce pět *(see p. 131)*

❑ 1. Odpovídejte. *(Answer.)*

○ **Která tramvaj jede na:**	Hlavní nádraží?	● 9 nebo 26
	metro Muzeum?	● 11
	hlavní poštu?	● 14 nebo 24
○ **Který autobus jede na:**	autobusové nádraží?	● 133
	kolej?	● 108 nebo 174
	stanici Hradčanská?	● 131 nebo 216

2. Čtěte. *(Read.)*

35	27	68	79	171	199	400	364	481	1 583
45	53	12	21	282	345	678	987	333	9 847

Jaké máte telefonní číslo? (Jaké je vaše telefonní číslo?)
253 573 962   487 704 502   321 928 033   525 182 764   603 789 103

Gr

NA + THE ACCUSATIVE CASE

a) **KAM? na + Acc** X **KDE? na + Locative**

○ Kam dáváš tu knihu? ● **Na stůl.** (Mi) X Kniha leží **na stole.**
Where are you putting the book? On the table. *The book's on the table.*

○ Kam věšíš ten obraz? ● **Na stěnu.** (F) X Obraz visí **na stěně.**
Where are you hanging the picture? *On the wall.* *The picture's hanging on the wall.*

○ Kam jdeš? ● **Na poštu.** (F) X Jsem **na poště.**
Where are you going? *To the post office.* *I'm at the post office.*

○ Kam jede autobus? ● **Na nádraží.** (N) Jsem **na nádraží.**
Where is the bus going? *To the station.* *I'm at the station.*

Jdu **na autobus, na metro.** — *I'm going to take a bus, the metro.*
Dneska půjdu **na kávu.** — *Today I'll go for a coffee.*
Cesta **na kolej** je dlouhá. — *It's a long way to the student hostel.*

Jdu **na oběd.** Jdu **na pivo.**
I'm going to lunch / for a drink.

X

Jdu **pro pivo**. Jdu **pro oběd.**
I'm going to get a beer / some lunch.

b) **OBJECT OF SOME VERBS**

Čekáš na Tomáše? **Počkám na** něho taky.	*Are you waiting for Tom? I'll wait for him too.*
Myslím na rodinu. **Myslíš na** ni taky?	*I think about my family. Do you think about yours too?*
Těším se na výlet. **Těšíš se na** něj taky?	*I'm looking forward to the trip. Are you looking forward to it too?*
Díváš se na televizi? Musíš **se na** to **podívat**.	*Do you watch TV? You must watch it.*
Učitel **se ptá na** Petra. Chci **se na** něho taky **zeptat**.	*The teacher asks about Peter. I want to ask about him too.*
! Zeptám se Alen**y**. (Genitive case)	*I'll ask Alena.*

čekat / počkat na	+ **Acc**	*to wait for*
myslet na		*to think about*
těšit se na		*to look forward to*
dívat se / podívat se na		*to look at*
ptát se / zeptat se na		*to ask about, after*

c) **NA** = **PRO** (is often interchangable but not always)

lístek	na tramvaj	*tram ticket*
	na autobus	*bus ticket*
	na metro	*metro ticket*

automat	na lístky
	na kávu
	na cigarety

Lístek platí pro (= na) metro.
The ticket is valid for the metro.

vending machine

Cv

❐ 3. Odpovězte. *(Answer.)*

○ Na co myslíš?	*What are you thinking about?*
○ Chceš se podívat na tu knihu?	*Do you want to have a look at the book?*
○ Na koho čekáš?	*Who are you waiting for?*
○ Těšíte se na bratra?	*Are you looking forward to seeing your brother?*
○ Jdete na náměstí?	*Are you going to the square?*
○ Prosím vás, ten autobus jede na nádraží?	*Excuse me, does this bus go to the station?*
○ Kam dneska půjdete?	*Where will you go today?*
○ Kam jede tramvaj číslo 14?	*Where does tram No 14 go?*
○ Co je tam na židli?	*What is there on the chair?*
○ Co to máš na stole?	*What have you got on the table?*
○ Na co se ptá Tomáš?	*What is Thomas asking about?*
○ Kam platí ten lístek?	*Where is the ticket valid?*
○ Na co je ten automat?	*What is that vending machine for?*

Gr

PREPOSITIONS WHICH TAKE THE GENITIVE CASE (PREPOZICE S GENITIVEM)

U *at, near* **VEDLE** *next to* **BLÍZKO** *near* **KOLEM** *around, past* + **THE GENITIVE**

Kde? Školа je — *The school is*

u pošty / **u** domu. — *near the post office / near the house.*
vedle pošty / **vedle** domu. — *next to the post office / next to the house.*
blízko pošty / **blízko** domu. — *near the post office / near the house.*

Kudy? Půjdete **kolem** školy / **kolem** domu. — *You will go past the school / past the house.*

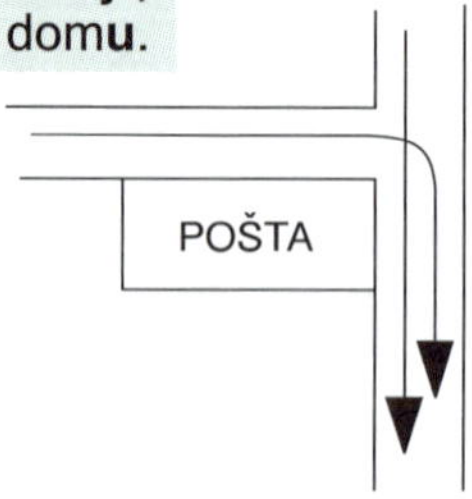

○ Kudy musím jít?

KOLEM POŠTY

● Musíš jít **kolem** pošty.

!

● **Kde je Petr?**
○ **Je u Aleny.**

● *Where is Peter?*
○ *He is at Alena's.*

4. ○ Kde je škola?
● Škola je **vedle** pošty.

pošta ● Je **vedle** (**u**) ...

divadlo	●	Kde je kavárna Slavia?
nádraží	●	Kde je parkoviště?
pošta	●	Kde je obchod Baťa?
nemocnice	●	Kde je informační centrum?
škola	●	Kde je restaurace Bílá růže?
obchod	●	Kde je stanice metra?
hotel	●	Kde je autobusové nádraží?
kino	●	Kde je pošta?

Gr

ADVERBS OF PLACE (ADVERBIA MÍSTA)

The Czech has different adverbs for the expression of place (kde? = where?) and direction (kam? = where?).

	KDE JSTE? *Where are you?*	**KAM PŮJDETE?** *Where are you going?*	
at the back	**vzadu**	**do**zadu	*to the back*
in the front	**ve**předu	**do**předu	*to the front*
up	naho**ře**	naho**ru**	*up(wards)*
down	dol**e**	dol**ů**	*down(wards)*
in the middle	**u**prostřed	**do**prostřed	*to the middle*
on the left *on the right*	**v**levo **v**pravo	**do**leva **do**prava	*to the left* *to the right*

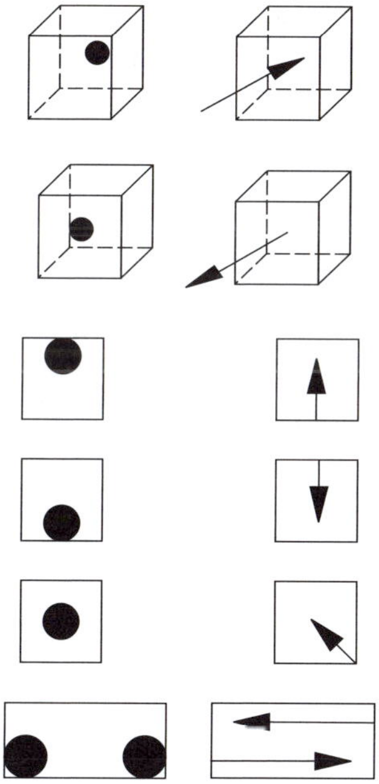

- **KUDY** půjdu? (*Which way shall I take?*)

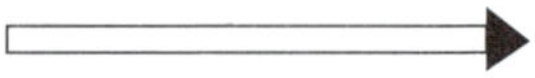

- ○ Jděte stále rovně. — *Go straight on.*

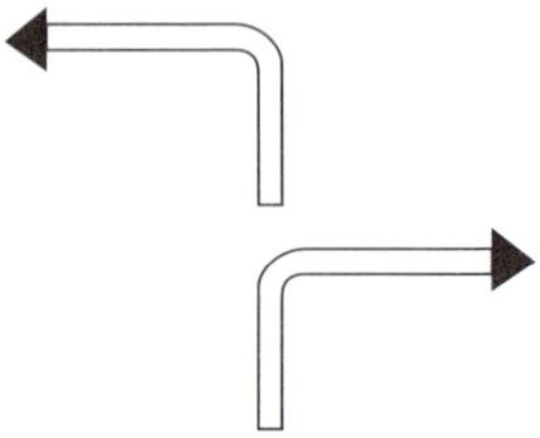

- ○ Zahněte doleva. — *Turn left.*
- ○ Zahněte doprava. — *Turn right.*

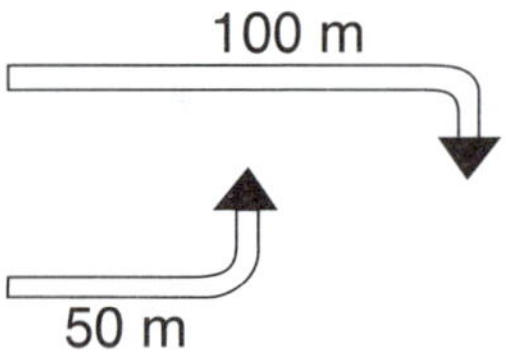

- ○ Jděte rovně asi 100 metrů a potom zahněte doprava. — *Go straight approximately one hundred metres and then turn right.*
- ○ Půjdu rovně asi 50 metrů a potom zahnu doleva. — *I will go straight approximately fifty metres and then I will turn left.*

○ **Do mapy zakreslete, kudy půjdete.**
(Draw on the map the route you are going to take.)

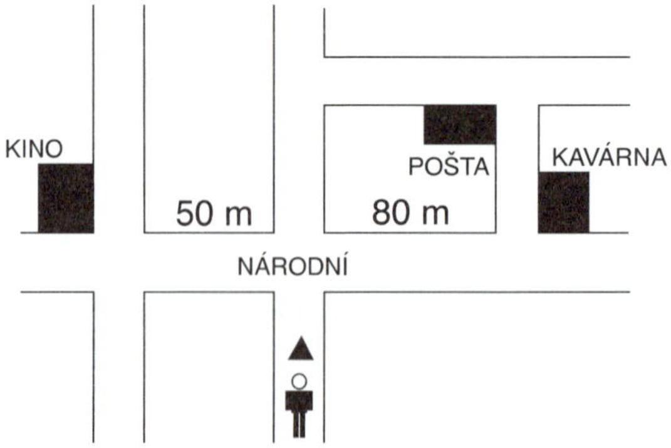

1. Nejdříve půjdete doleva, ulice se jmenuje Národní, půjdete rovně jen asi 50 m a potom musíte zahnout doprava. Co uvidíte hned vlevo?
2. Kudy půjdete na poštu?
3. Kudy půjdete do kavárny?

Gr

VERB "TO KNOW" IN CZECH

1. **UMĚT** – umím, umíš ... umějí *(to know (how to) – modal verb)*
Recapitulate on p. 88.

Umím česky.	*I know Czech.*
Umíte hrát tenis?	*Can you play tennis?*
Neumí vařit.	*He does not know how to cook.*

UMĚT + VERB (in inf) / + česky, anglicky ...

2. **ZNÁT** – znám, znáš ... znají *(to know)*

Znám Prahu dobře.
Znáte mého manžela?
Znají nás dlouho.

ZNÁT + Acc *(the direct object in Acc)*

3. **VĚDĚT** – vím, víš ... vědí *(to know)*

Vím, že	Vím to.
Nevíš, kde ...?	Víme všechno.
Nevíme, jestli	Nevědí nic.

VĚDĚT + *a sentence or a pronoun*

vědět *impf verb* / **dozvědět se** *pf verb*

VĚDĚT něco *(to know st)*

vím	**víme**
víš	**víte**
ví	! **vědí**

DO(Z)VĚDĚT SE něco *(to get to know st)*

do(z)vím se	**do(z)víme se**
do(z)víš se	**do(z)víte se**
do(z)ví se	**do(z)vědí se**

Víte, kde je Národní divadlo?	*Do you know where the National Theatre is?*
Nevíš, kam půjde Honza?	*Do you know where John is going?*
Nevím, kdo je ta paní.	*I don't know who the lady is.*
Nevíš, jestli dneska přijde Jana?	*Do you know if Jane is coming today?*
Oni to vědí?	*Do they know it?*
Víš, co chce Petr koupit?	*Do you know what Peter wants to buy?*
Nevím, kdy se vrátím.	*I do'nt know when I am coming back.*
Nevíme nic.	*We don't know anything.*
Dozvím se to až zítra.	*I won't know until tomorrow.*
Nesmějí **se to dozvědět**.	*They mustn't get to know it.*

Cv

5. Tvořte dialogy. *(Construct dialogues.)*

● Víš,	že kino je na náměstí? že Petr je v práci? že tu knihu už v obchodě nemají?	○ Ano, vím. ○ Ne, nevím.
● Víte,	kde je divadlo? kde je Václavské náměstí? kde pracuju?	○ Ano, vím. ○ Ne, nevím.
● Petr ví,	kam půjdu večer? kdy začíná koncert? kdo přijde večer?	○ Ano, ví. ○ Ne, neví.
● Oni vědí,	kam půjde večer Jana? kdy přijde Jana domů? v kolik hodin začíná film?	○ Ano, vědí. ○ Ne, nevědí.

6. Tvořte dialogy. *(Construct dialogues.)*

● Znáte ● Znáš	dobře cestu na nádraží? kavárnu Slavia? našeho českého lektora? tu krásnou ženu? toho starého muže? mého přítele? mou manželku? Václava Havla? Marii Bartošovou?	○ Ano, znám ji / ho. ○ Ne, neznám ji / ho.

7. Doplňte zájmena a adverbia. *(Fill in the pronouns and adverbs.)*

Kdo? (Koho?) Co? Kde? Kam? Odkud? Kdy? Jak? Jaký? Který?

○ ________ jste?	○ ________ jdeš?	○ ________ jsou peníze?
○ ________ je tam?	○ ________ se máš?	○ ________ je ten hotel?
○ ________ přijdeš?	○ Na ________ čekáš?	○ ________ den je dnes?

8. Ptejte se na zvýrazněné výrazy. *(Ask about the expressions in bold type.)*

1. Čtu **noviny**.
2. Myslím **na manžela**.
3. Mám se **dobře**.
4. Moje práce je **těžká**.
5. Znám tě **ze školy**.
6. Tamhle čeká **tvoje manželka**.
7. Začíná to **ve tři odpoledne**.
8. **V neděli** pojedeme **do Itálie**.
9. Uvidíme se **zítra v práci**.
10. V divadle to hrajou **každou sobotu**.

Gr

INDEFINITE PRONOUNS AND ADVERBS (NEURČITÁ ZÁJMENA A ADVERBIA)

NĚ- *(SOME-)*

kdo	co	kde	kam	kdy	jak	jaký	který	odkud
někdo	**něco**	**někde**	**někam**	**někdy**	**nějak**	**nějaký**	**některý**	**odněkud**
somebody	*something*	*somewhere*		*sometimes*	*somehow*	*some*	*some*	*from somewhere*

Někdo jde. — *Somebody is coming.*
Něco tady je. — *Something is here.*
Někde to je. — *It is somewhere.*
Někam půjdeme. — *We will go somewhere.*
Někdy přijde. — *He will come sometime.*
Nějak to uděláme. — *We will do it somehow.*
Vidím **nějakou** ženu. — *I see some woman.*
Některý víkend přijedu. — *I will come some weekend.*
Odněkud se známe. — *We know each other from somewhere.*

NEGATIVE PRONOUNS AND ADVERBS (ZÁPORNÁ ZÁJMENA A ADVERBIA)

NI- *(NO-)*

kdo	co	kde	kam	kdy	jak	jaký	který	odkud
nikdo	**NIC**	**nikde**	**nikam**	**nikdy**	**nijak**	**ŽÁDNÝ**		**odnikud**
nobody	*nothing*	*nowhere*		*never*	*in no way*	*none, no*		*from nowhere, not from anywhere*

(Note the double negatives obligatory in Czech.)

Nikdo tady **ne**ní. — *Nobody is here.*
Není tam **nic**. — *There is nothing there.*
Petr **ni**kde **ne**ní. — *Peter isn't anywhere.*
Nikam **ne**půjdu. — *I will not go anywhere.*
Nikdy **nic ne**ví. — *He never knows anything.*
Nijak to **ne**jde. — *It is in no way possible.*
Žádná kniha tady **ne**ní. — *There is no book here.*
Od**ni**kud **ni**kdo **ne**jde. — *Nobody comes from anywhere.*

NI- (pronoun, adverb) + NE- (verb)

Nic nevidím. — *I can't see anything.*
Nikdo **nic ne**vidí. — *Nobody sees anything.*

Cv

9. Zeptejte se a vyberte správnou odpověď. *(Ask and choose the correct answer.)*

● Vidíte tam Čekáš tady na Je tam Díváš se na Těšíš se na Sedí tady Přijde ještě	NĚKDO NĚKOHO	?	○ Ano, Jana. Petr. lektor. pan Kubát. ○ Ano, (na) Janu. (na) Petra. (na) lektora. (na) pana Kubáta.

10. Vyberte správnou odpověď. *(Choose the correct answer.)*

1. Kdy je v televizi ten koncert?
2. Nevíš, kde je můj svetr?
3. Spíš často v hotelu?
4. Kdo tam stojí?
5. Co nakupuješ?
6. Jaký je Honza Vránek?
7. Kdy se uvidíme?
8. Znáš **nějakého** dobrého doktora?

○ **Někde** tady.
○ **Nějaká** žena, neznám ji.
○ Jen **něco** na víkend.
○ **Někdy** v sobotu.
○ Jen **někdy**.
○ Ano, dám ti jeho telefon.
○ **Nějak** nevím, co mám odpovědět.
○ **Některou** středu večer.

11. Vytvořte věty. *(Form sentences.)*

Nepřijde už
Nechci
Nedělám
tam není
Není tam
Neuvidíme se už
ho nevidím
Nepůjdu
Nemá rád

NIKAM
NIKDE
NIKDY
NIKDO
NIKOHO
NIC

12. Vyberte správnou zápornou odpověď. *(Choose the correct negative answer.)*

1. Je tam ještě **někdo**?
2. Čekáš na **někoho**?
3. Čteš **něco**?
4. Petr **někam** půjde?
5. Musíš ještě **něco** udělat?
6. Nevidíš **někde** můj mobil?
7. Půjdeš tam ještě **někdy**?
8. Nemáš lístek na metro?

○ Ne, **nic**.
○ Ne, **nikdo**.
○ Ne, na **nikoho**.
○ Ne, **nikdy**.
○ Ne, **nikde**.
○ Ne, **nikam**.
○ Ne, nemám **žádný**.

Gr

EXPRESSING THE FUTURE WITH PERFECTIVE VERBS (FUTURUM PERFEKTIVNÍCH SLOVES)

Recapitulate on p. 81 the information on the verb aspect.
Perfective verbs express only the future and the past.
! The conjugation of **their present** tense always **expresses the future**.

koupím, koupíš, koupí ... *(I will buy, you will buy, he will buy ...)* = THE FUTURE

Kupuju si jízdenku. Tomáš **si** ji **koupí** zítra.	kupovat / koupit	*I am buying a ticket.* *Tom will buy one tomorrow.*
Vidím, že teď nemáš čas. **Uvidíme se** tedy zítra.	vidět / uvidět	*I see that you don't have time now.* *We will see each other tomorrow then.*
Teď nedělám nic. **Udělám** to zítra.	dělat / udělat	*I am doing nothing now.* *I will do it tomorrow.*
Dnes jíme v restauraci. **Sníte** všechno?	jíst / sníst	*Today we are eating in a restaurant.* *Will you eat everything up?*
Neznám Prahu ještě dobře. **Poznám** ji brzo.	znát / poznat	*I do not know Prague well yet.* *I will get to know it soon.*
Rád si dávám víno. Dneska **si dám** minerálku.	dávat / dát	*I like drinking wine.* *Today I will have mineral water.*
Teď přestupuju na metro C. Potom **přestoupím** na metro B.	přestupovat / přestoupit	*I am changing to line C.* *Then I will change to line B.*
Vítám tě v Praze. **Přivítá** tě ještě můj bratr.	vítat / přivítat	*I welcome you to Prague.* *My brother is going to welcome you too.*
Prohlížím si mapu. **Prohlédnu si** Národní divadlo.	prohlížet si / prohlédnout si	*I am viewing the map.* *I will view the National Theatre.*
Každý den vstávám v sedm, ale zítra **vstanu** už v šest.	vstávat / vstát	*I get up every day at seven, but tomorrow I will get up as early as six.*
Říkám to dobře česky? **Řeknu** to česky.	říkat / říct	*Do I say it well in Czech?* *I will say it in Czech.*

FORMATION OF PERFECTIVE VERBS (TVOŘENÍ PERFEKTIVNÍCH SLOVES)

If you are learning a Czech verb, you must learn the whole aspectual pair – the imperfective and the perfective verb. Unfortunately there are no rules how to form a perfective verb from an imperfective one.
There are two basic methods of forming perfective verbs.

A. **By means of prefixes:**

	impf	pf	impf / pf	
U-	dělám	**u**dělám	**dělat / udělat**	*to make, do*
	vidím	**u**vidím	**vidět / uvidět**	*to see*
	vařím	**u**vařím	**vařit / uvařit**	*to cook, boil*
	myju (se)	**u**myju (se)	**mýt (se) / umýt (se)**	*to wash (oneself)*
PO-	dívám se	**po**dívám se	**dívat se / podívat se**	*to look at*
	děkuju	**po**děkuju	**děkovat / poděkovat**	*to thank*
	znám	**po**znám	**znát / poznat**	*to be acquainted with; to get to know*
	čekám	**po**čkám	**čekat / počkat**	*to wait*
NA-	píšu	**na**píšu	**psát / napsat**	*to write*
	snídám	**na**snídám **se**	**snídat / nasnídat se**	*to have breakfast*
	obědvám	**na**obědvám **se**	**obědvat / naobědvat se**	*to have lunch*
	večeřím	**na**večeřím **se**	**večeřet / navečeřet se**	*to have supper*
PŘE-	čtu	**pře**čtu	**číst / přečíst**	*to read*
PŘI-	vítám	**při**vítám	**vítat / přivítat**	*to welcome*
	jdu	**při**jdu	**jít / přijít**	*to go; to come*
S-	končím	**s**končím	**končit / skončit**	*to finish*
	jím	**s**ním	**jíst / sníst**	*to eat*
VY-	piju	**vy**piju	**pít / vypít**	*to drink*
	čistím	**vy**čistím	**čistit / vyčistit**	*to clean*
Z-	opakuju	**z**opakuju	**opakovat / zopakovat**	*to repeat*
ZA-	platím	**za**platím	**platit / zaplatit**	*to pay*
	hraju	**za**hraju	**hrát / zahrát**	*to play*
	telefonuju	**za**telefonuju	**telefonovat / zatelefonovat**	*to phone*
ZE-	ptám se	**ze**ptám se	**ptát se / zeptat se**	*to ask*

B. **Changes in stem and suffix:**

impf	pf	impf	pf	
		-OVAT > -IT		
(na)kup**uju**	(na)koup**ím**	**(na)kupovat /**	**(na)koupit**	*to buy*
nastup**uju**	nastoup**ím**	**nastupovat /**	**nastoupit**	*to get in/on*
vystup**uju**	vystoup**ím**	**vystupovat /**	**vystoupit**	*to get off/out*
přestup**uju**	přestoup**ím**	**přestupovat /**	**přestoupit**	*to change (eg trains)*
oprav**uju**	oprav**ím**	**opravovat /**	**opravit**	*to repair, correct*
vysvětl**uju**	vysvětl**ím**	**vysvětlovat /**	**vysvětlit**	*to explain*
navštěv**uju**	navštív**ím**	**navštěvovat /**	**navštívit**	*to visit*
		-AT, -ET > -NOUT		
oblékám se	oblék**nu** se	**oblékat se /**	**obléknout se**	*to dress*
svlékám se	svlék**nu** se	**svlékat se /**	**svléknout se**	*to undress*
prohl**íž**ím si	prohl**éd**nu si	**prohlížet si /**	**prohlédnout si**	*to view*
vzpom**ín**ám	vzpom**enu si**	**vzpomínat /**	**vzpomenout si**	*to remember*
zapom**ín**ám	zapom**enu**	**zapomínat /**	**zapomenout**	*to forget*
odpoč**ív**ám	odpoč**inu si**	**odpočívat /**	**odpočinout si**	*to rest*
zah**ýb**ám	zah**nu**	**zahýbat /**	**zahnout**	*to turn*
posl**ou**chám	posl**e**ch**nu si**	**poslouchat /**	**poslechnout si**	*to listen to*
		-ÁVAT > -ÁT, -AT		
dávám	dám	**dávat /**	**dát**	*to give*
prodávám	prodám	**prodávat /**	**prodat**	*to sell*
dostávám	dostan**u**	**dostávat /**	**dostat**	*to get*
vstávám	vstan**u**	**vstávat /**	**vstát**	*to get up*
zůstávám	zůstan**u**	**zůstávat /**	**zůstat**	*to stay*
		IRREGULAR CHANGES		
vr**ac**ím se	vr**át**ím se	**vracet se /**	**vrátit se**	*to come back*
ukl**íz**ím	ukl**id**ím	**uklízet /**	**uklidit**	*to clean up*
uk**az**uju	uk**áž**u	**ukazovat /**	**ukázat**	*to show*
začínám	zač**nu** !	**začínat /**	**začít**	*to begin*
vyb**í**rám (si)	vyb**eru** (si)	**vybírat (si) /**	**vybrat (si)**	*to choose*
odpovídám	odpov**ím**	**odpovídat /**	**odpovědět**	*to answer*
říkám	řek**nu**	**říkat /**	**říct**	*to say*
beru	**vezmu**	**brát /**	**vzít**	*to take*

● Co **si bereš** na cestu?
○ **Vezmu si** bundu.

● *What are you taking with you for the journey?*
○ *I will take a jacket.*

● Ještě **zůstávám** v Praze.
Proč **nezůstaneš** taky?

● *I still stay in Prague.*
Why don't you stay too?

- ● Chceš si přečíst tuhle knihu? Je moc hezká.
- ○ Ano, ráda si ji přečtu.

- ● Dáte si kávu?
- ○ Ano, dám si ji rád.

- ● Kdy přijdeš?
- ○ Až v jedenáct v noci.
- ● Mám na tebe počkat na nádraží?
- ○ Nemusíš, vezmu si taxi.

- ● My tady ještě zůstáváme. Proč nezůstaneš taky?
- ○ Musím dát auto do servisu.

- ● Nemůžu si vzpomenout na její telefonní číslo.
- ○ Taky ho neznám.

- ● Co si vyberete? Kávu nebo čaj?
- ○ Chci kávu.

- ● Pojedeš taky zítra do Prahy?
- ○ Ještě nevím, uvidím zítra ráno.

- ● Kdy mám zítra ráno zatelefonovat?
- ○ Asi v deset. Vstanu v devět, potom se nasnídám a půjdu nakupovat.

- ● V kolik hodin zítra skončíš v práci?
- ○ Až v šest. Navečeříme se potom někde v restauraci?
- ● Jak chceš. Můžeš vybrat nějakou italskou.

- ● Už půjdeš?
- ○ Ne, ještě tady zůstanu.

- ● Jak ten film asi skončí?
- ○ Uvidíš, že dobře.

- ● Můžete mi ukázat tamten modrý svetr?
- ○ Ráda vám ho ukážu.

- ● Kam jdeš?
- ○ Nakupovat.
- ● Půjdu taky. Počkáš na mě? Jen se obléknu.
- ○ Nemůžu na tebe počkat, pospíchám.

- ● Hledáte něco?
- ○ Nemůžu najít automat na lístky. Nevíte, prosím, kde je?
- ● Tamhle vzadu.
- ○ Děkuju, už ho vidím.

Cv

❐ 13. Podle vzoru nahraďte perfektivní sloveso slovesem imperfektivním.
(According to the model, substitute the imperfective verb for the perfective one.)

○ **Napíšeš** ten dopis? — ● **Už** ho **píšu**.
pf verb — impf verb

1. **Uděláte** toto cvičení?
2. **Zatelefonuješ** domů?
3. **Přečtete si** tu informaci?
4. **Zopakuješ si** gramatiku?
5. **Uvaříš** kafe?
6. **Vypiješ** tu minerálku?
7. **Naobědváš se** potom?
8. **Odpočineš si** večer?
9. **Prohlédnete si** tu učebnici?
10. **Koupíš** ještě tři lístky?
11. Myslíš, že **si vzpomeneš**?
12. Kdy **začne** ten koncert?
13. **Vystoupíš** taky na stanici Můstek?
14. **Vybereš si** potom nějakou knihu?
15. **Odpovědí** na otázku?
16. **Řeknou** to v rádiu?
17. Musíš **vstát**, je pozdě.
18. **Vezmeš si** telefonní kartu?

❐ 14. Podle vzoru nahraďte imperfektivní sloveso slovesem perfektivním.
(According to the model, substitute the perfective verb for the imperfective one.)

○ **Píšeš** dopis? — ● Ne, **napíšu** ho až večer (potom, zítra, za chvíli ...)
impf verb — pf verb

1. Už **platíte**? ● Ne, ______________________.
2. **Vaříš** oběd? ● Ne, ______________________.
3. **Díváš se** z okna? ● Ne, ______________________.
4. **Piješ** ten čaj? ● Ne, ______________________.
5. **Jíš** ten hamburger? ● Ne, ______________________.
6. Už **končíš**? ● Ne, ______________________.
7. Film už **začíná**? ● Ne, ______________________.
8. **Opakujou** v televizi inauguraci? ● Ne, ______________________.
9. Už **snídáš**? ● Ne, ______________________.
10. Už **večeříte**? ● Ne, ______________________.
11. Eva už **obědvá**? ● Ne, ______________________.
12. Už **se oblékáš**? ● Ne, ______________________.
13. **Posloucháš** nového Stinga? ● Ne, ______________________.
14. **Prohlížíš si** ten nový katalog? ● Ne, ______________________.
15. Už **vystupujete**? ● Ne, ______________________.
16. **Přestupujeme** teď? ● Ne, ______________________.
17. **Vracíte se** ještě dneska? ● Ne, ______________________.
18. **Víš** už, jestli přijedou? ● Ne, ______________________.
19. **Bereš si** už ten kufr? ● Ne, ______________________.

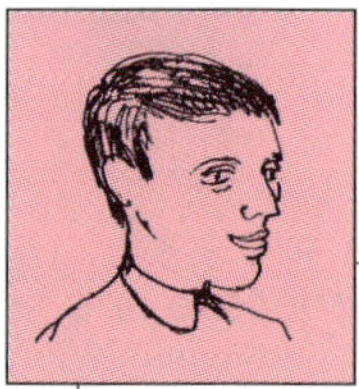

V PRAZE

Praha je krásné staré město. Už ji trochu znám. Vím, kde je Václavské náměstí a Národní muzeum, vím, kde najdu orloj, kostel, univerzitu. Tuhle sobotu tam chci jet. Na nádraží na mě počká můj český přítel Michal. Půjdeme hned spolu do města. Jestliže na nádraží Michala neuvidím, nevadí; vím, kde bydlí. Nejdřív pojedu metrem C, potom na stanici Muzeum přestoupím na metro A. Z metra vystoupím na stanici Hradčanská a ještě musím jet tramvají číslo 1. Můžu si taky vzít taxi.

Já: Ahoj, Michale!
Michal: Ahoj, vítám tě v Praze. Chceš jet hned do města, nebo se nejdřív někde naobědváme?
Já: Chci se nejdřív naobědvat.
Michal: Fajn, hned vedle nádraží je příjemná restaurace. Jdeme tam. Určitě nemáš lístky na metro, viď?
Já: Ne, nemám.
Michal: Koupíme je hned tady v automatu.
Já: Lístky platí jen na metro, nebo taky na tramvaj?
Michal: Platí na všechno. Můžeme jet, čím chceme.

Já: Kde teď jsme?
Michal: Jsme na Národní třídě u Vltavy. Tady vlevo vidíš Národní divadlo, tam dole Karlův most. Chceš si ho prohlédnout?
Já: Určitě!
Michal: Půjdeme kolem kavárny Slavia a potom stále rovně. Tam, kde vidíš tu věž, zahneme doleva na Karlův most. Naproti je naše Národní knihovna. Líbí se ti Praha?
Já: Ano, moc se mi líbí.

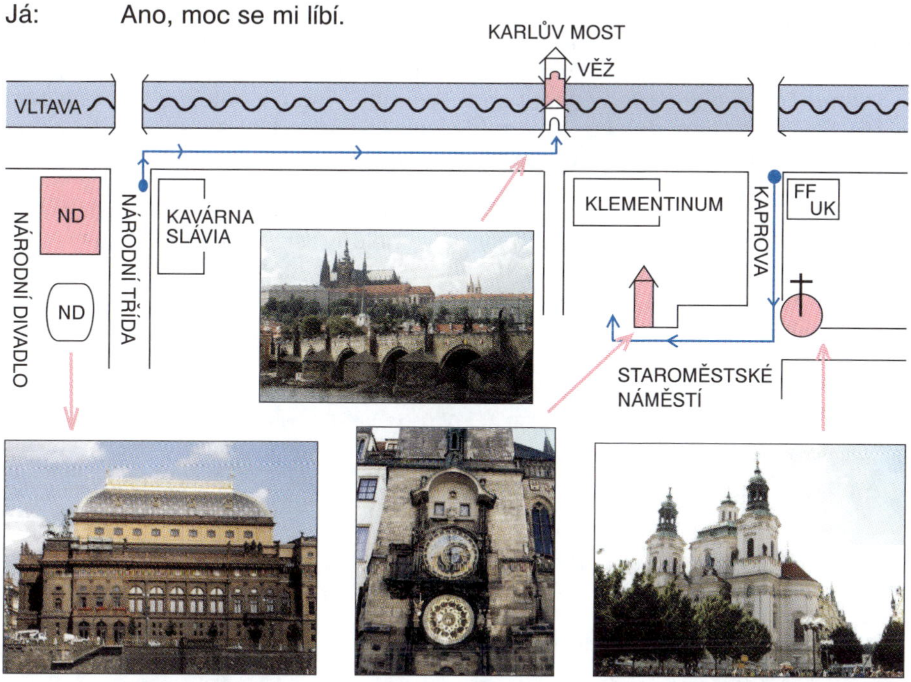

Michal: Já teď musím jet na jednu kolej v Praze 6. Čeká tam na mě moje přítelkyně Jitka. Pojedeš taky, nebo chceš zůstat ve městě?
Já: Raději zůstanu tady a půjdu si sám něco prohlédnout. Kudy se dostanu na Staroměstské náměstí?
Michal: Teď jsme vedle fakulty. Já pojedu metrem na kolej a ty půjdeš tudy rovně. Tahle ulice se jmenuje Kaprova. Vzadu na konci vidíš velký bílý kostel a hned u něho je náměstí. Orloj ale ještě neuvidíš, musíš jít asi 100 metrů doprava a tam na rohu na věži je orloj.
Já: Dík. Kdy se zase uvidíme?
Michal: V pět hodin tady u metra. Vrátím se s Jitkou do centra brzo. Nepotřebuješ něco?
Já: Ne, nic. Zatím ahoj!

NA NÁMĚSTÍ

Můžu říct, že stojím uprostřed Prahy. To už víte, že to je Václavské náměstí. Stojím dole, nahoře vidím muzeum a dívám se kolem. Je odpoledne. Lidi jdou z práce, někdo pospíchá, někdo jde na procházku nebo na kávu.

Já už kávu nechci. Co tedy chci dělat? Jsem turista a chci si prohlédnout celou Prahu. Teď si půjdu prohlédnout orloj. Ale mapu mám v hotelu a neznám cestu. Myslím, že to není daleko. Kolem jde nějaká dívka. Líbí se mi a rád se ptám: „Kudy se dostanu na náměstí, kde je orloj?" ptám se česky; trochu česky už umím.

„Vidím, že česky rozumíte jen trochu, vysvětlím cestu raději anglicky," říká dívka. „Nebo – já tam jdu taky, ale nejdřív si musím dát kávu. Jestli nepospícháte, můžeme si kávu vypít spolu a potom spolu půjdeme na Staroměstské náměstí. Ano?"

Co odpovím?

Cv

❒ 15. Odpovězte ANO, nebo NE podle textu.
(Answer YES or NO according to the text above.)

- ○ Jste turista?
- ○ Pospícháte?
- ○ Sedíte teď v kavárně?
- ○ Vidíte Karlův most?
- ○ Vidíte muzeum?
- ○ Chcete si prohlédnout orloj?
- ○ Potřebujete mapu?
- ○ Máte ji teď?
- ○ Ptáte se na cestu?
- ○ Ptáte se česky?
- ○ Odpovídá dívka také česky?
- ○ Líbí se vám ta dívka?
- ○ Jdete hned na náměstí?
- ○ Půjdete tam spolu?

Staroměstské náměstí

❒ 16. Odpovězte. *(Answer.)*

- ○ Kdo jste?
- ○ Kde jste?
- ○ Co vidíte?
- ○ Co chcete dělat?
- ○ Proč potřebujete mapu?
- ○ Kdo jde kolem?
- ○ Kdo se vám líbí?
- ○ Jaká je ta dívka?
- ○ Na co se ptáte?
- ○ Kam chce jít ta dívka?
- ○ Na co se ptá ta dívka?
- ○ Co odpovíte?

❒ 17. Doplňte text. *(Fill in the blanks.)*

Petr sedí ________ a čeká ________. Uvidí kamarádku, právě *(right now)* ________ do kavárny. Vstane a pozdraví ji: „________, Moniko! Jsem rád, že tě ________. Posaď se tady. Čekám ________, ale ještě tady není."
„Já tady hledám bratra, taky ________ znáš. Vidím ale, že ________. No nevadí. Ráda se posadím."
„________ si dáš?" ptá se Petr.
„________," ________ Monika.
„Co stále děláš?"
„________ den jsem ________. Práce se mi ________, ale nemám na nic čas. Volno ________ jen v ________ a v ________. A co ty?"
„Stále ________ na univerzitě."
„Myslím, že studuješ ________?"
„Ano."
„Co ________ potom dělat?"
„Chci zůstat ________ jako asistent."

❐ 18. Jaká otázka předcházela? *(What question preceded?)*

○ ______________________?	● Jsem na náměstí.
○ ______________________?	● Nespospíchám, mám čas.
○ ______________________?	● Ne, muzeum je nahoře.
○ ______________________?	● Mapu potřebuju, protože neznám cestu.
○ ______________________?	● Ne, kávu už nechci.
○ ______________________?	● Česky mluvím jen trochu.
○ ______________________?	● Ta dívka se mi líbí.
○ ______________________?	● Ne, orloj není daleko.
○ ______________________?	● Nemůžu najít Národní třídu.
○ ______________________?	● Ano, půjdu rád.

❐ 19. Odpovězte na otázky. *(Answer the questions.)*

○ Půjdeš kolem pošty?
○ Tomáš čeká u školy?
○ Je orloj blízko divadla?
○ Nevíš, kde je mapa?
○ Kam půjdeš dneska na oběd?
○ Díváte se často na televizi?
○ Musím jít stále rovně?

○ Co stojí vedle divadla?
○ Kdo jde do obchodu?
○ Kam dáváš tu mapu?
○ Jede ten autobus do Prahy?
○ Nechceš jít na pivo?
○ Je to lístek na metro?
○ Co se ti líbí?

❐ 20. Odpovězte podle vzoru. *(Answer according to the model.)*

➠ ○ Dáš tu židli **sem**? (kam? → kde) ● Už je **tady**.

1. Dáš tu mapu **dopředu**?
2. Dáš tu knihu **nahoru na skříň**?
3. Půjde Michal **do obchodu**?
4. Dáš ten stůl **doprostřed**?
5. Pověsíš tu lampu **doleva**?
6. Půjde Tomáš **na poštu**?
7. Dáváš tu knihu **na stůl**?
8. Dáš židli **dozadu**?
9. Přijde Jitka **dolů**?
10. Jde Eva **do školy**?

❐ 21. Zeptejte se svého kolegy. *(Ask your colleague.)*

➠ if he will eat the pizza ● **Sníš** tu pizzu?

if he
- will eat the yogurt
- will read the book
- will ask about the new grammar
- will have supper in a restaurant
- will already finish the work
- will revise the old grammar
- will wait for Peter

! pf verbs

sníst
přečíst si
zeptat se
navečeřet se
skončit
zopakovat si
počkat

will make coffee	uvařit
will not forget the book	nezapomenout
will correct the exercise	opravit
will get off here	vystoupit
will put on the new sweater today	obléknout si
will view the Astronomical Clock tomorrow	prohlédnout si
will buy something in the shop	koupit si
will choose something	vybrat si
will pay in the restaurant	zaplatit
will also welcome his friend to Prague	přivítat

❐ 22. Přeložte. *(Translate.)*

1. Nobody knows anything.
2. The library is by the bridge.
3. I like old Prague.
4. Do I have to go on foot?
5. Where is there a car park nearby? – You have to go approximately one hundred meters.
6. The tourist views the old church.
7. Go straight on and then turn left.
8. Shall I go by tram or by tube? – As you wish.
9. How do I get to the station?
10. Are you staying at a hotel?
11. I want neither coffee nor tea.
12. Thank you, that's enough.
13. Welcome to London.
14. Do you understand English?
15. There is no student here.
16. Don't you need the map?
17. How long will you stay here?

KONVERZACE

○ Act out the scene. Base your dialogue on the words written beside the picture.

- ● Greeting.
- ● The name of the street?
- ● Where are we standing?

- ○ Greeting, what are you looking for?
- ○ National Avenue.
- ○ Here.

- ● Way to the bus station Florenc?

- ○ 50 m straight on, then underground line B two stations, not far.

- ● Tickets?

- ○ From a vending machine.
- ○ One ticket is enough.

- ● Thanks.
- ● Greeting.

- ○ You are welcome. *(Není zač.)*
- ○ Greeting.

MLUVNÍ CVIČENÍ

1. a) *Poslouchejte:* ○ Kde musím vystoupit? Na stanici Muzeum?
● Ano, tam musíte vystoupit.

b) *Odpovězte:*
○ Kde musím vystoupit? Na stanici Muzeum? ● **Ano, tam musíte vystoupit.**
○ Kde musím přestoupit? Na stanici Můstek? ● **Ano, tam musíte přestoupit.**
○ Kde musím zahnout? Tam na konci ulice? ● **Ano, tam musíte zahnout.**
○ Kde musím vystoupit? Na stanici Hlavní nádraží? ● **Ano, tam musíte vystoupit.**
○ Kudy musím jít na náměstí? Tudy rovně? ● **Ano, tudy musíte jít.**
○ Kudy musím jít na nádraží? Tudy doprava? ● **Ano, tudy musíte jít.**

2. a) *Poslouchejte:*
○ Na kolej se dostanu tramvají číslo 7, nebo 12? ● Dostanete se tam tramvají číslo 12.

b) *Odpovězte:*
○ Na kolej se dostanu tramvají číslo 7, nebo 12? ● **Dostanete se tam tramvají číslo 12.**
○ Na nádraží se dostanu autobusem číslo 100, nebo 150? ● **Dostanete se tam autobusem číslo 150.**
○ Na hlavní poštu se dostanu metrem A, nebo B? ● **Dostanete se tam metrem B.**
○ Na Václavské náměstí se dostanu autobusem, nebo tramvají? ● **Dostanete se tam tramvají.**
○ Na Karlův most se dostanu tramvají, nebo pěšky? ● **Dostanete se tam pěšky.**

3. a) *Poslouchejte:* ○ Co si dáš? Kávu, nebo čaj? ● Dám si kávu.

b) *Odpovězte:*
○ Co si dáš? Kávu, nebo čaj? ● **Dám si kávu.**
○ Kam chceš jít? Do města, nebo na kolej? ● **Chci jít do města.**
○ Chcete si prohlédnout orloj, nebo Národní muzeum? ● **Chci si prohlédnout orloj.**
○ Koupíš si jeden lístek, nebo deset? ● **Koupím si jeden lístek.**
○ Zůstaneš tady ty, nebo Michal? ● **Zůstanu tady já.**
○ Ta tvoje kavárna je u fakulty, nebo u divadla? ● **Je u fakulty.**
○ Co potřebuješ? Mapu Prahy, nebo slovník? ● **Potřebuju mapu Prahy.**
○ Tenhle lístek platí na autobus, nebo na vlak? ● **Platí na autobus.**

4. a) *Poslouchejte:* ○ Líbí se <u>vám</u> Praha? ● Ano, líbí se <u>mi</u>. Ne, nelíbí se <u>mi</u>.

b) *Odpovězte:*
○ Líbí se vám Praha? ● **Ano, líbí se mi.**
○ Líbí se vám ten film? ● **Ne, nelíbí se mi.**
○ Líbí se vám Národní divadlo? ● **Ano, líbí se mi.**
○ Líbí se vám tahle taška? ● **Ne, nelíbí se mi.**
○ Líbí se vám Václavské náměstí? ● **Ano, líbí se mi.**
○ Líbí se vám naše město? ● **Ano, líbí se mi.**

5. a) *Poslouchejte:* ○ Už čteš tu knihu? ● Ne, ještě ne, ale přečtu si ji.

b) *Odpovězte:*

○ Už čteš tu knihu?	● **Ne, ještě ne, ale přečtu si ji.**
○ Už piješ kávu?	● **Ne, ještě ne, ale vypiju ji.**
○ Už kupuješ jízdenku?	● **Ne, ještě ne, ale koupím ji.**
○ Už končíš svou práci?	● **Ne, ještě ne, ale skončím ji.**
○ Už si vybíráš nějakou knihu?	● **Ne, ještě ne, ale vyberu si ji.**

6. a) *Poslouchejte:* ○ Už píšeš ten dopis? ● Ne, ještě ne, ale napíšu ho.

b) *Odpovězte:*

○ Už píšeš ten dopis?	● **Ne, ještě ne, ale napíšu ho.**
○ Už si prohlížíš ten obraz?	● **Ne, ještě ne, ale prohlédnu si ho.**
○ Už si oblékáš svetr?	● **Ne, ještě ne, ale obléknu si ho.**
○ Už hledáš ten slovník?	● **Ne, ještě ne, ale najdu ho.**
○ Už děláš oběd?	● **Ne, ještě ne, ale udělám ho.**

7. a) *Poslouchejte:* ○ Čeká tady někdo? ● Ne, nečeká tady nikdo.

b) *Odpovězte:*

○ Čeká tady někdo?	● **Ne, nečeká tady nikdo.**
○ Ví to někdo?	● **Ne, neví to nikdo.**
○ Sedí tam někdo?	● **Ne, nesedí tam nikdo.**
○ Leží něco na stole?	● **Ne, neleží tam nic.**
○ Těšíte se na něco?	● **Ne, netěším se na nic.**
○ Půjdete někam?	● **Ne, nepůjdu nikam.**
○ Je tady někde Petr?	● **Ne, není tady nikde.**

8. a) *Poslouchejte:* ○ Chci se zeptat, kolik je hodin. ● Prosím vás, kolik je hodin?

b) *Reagujte:*

○ Chci se zeptat, kolik je hodin.	● **Prosím vás, kolik je hodin?**
○ Chci se zeptat, jak se dostanu na Karlův most.	● **Prosím vás, jak se dostanu na Karlův most?**
○ Chci se zeptat, jestli je Národní divadlo ještě daleko.	● **Prosím vás, je Národní divadlo ještě daleko?**
○ Chci se zeptat, která tramvaj jede na nádraží.	● **Prosím vás, která tramvaj jede na nádraží?**
○ Chci se zeptat, čím musím jet na hlavní poštu.	● **Prosím vás, čím musím jet na hlavní poštu?**
○ Chci se zeptat, kde si můžu koupit jízdenku na metro.	● **Prosím vás, kde si můžu koupit jízdenku na metro?**

9. a) *Poslouchejte:* ○ Znáte Austrálii? ● Ještě ne, ale chci ji poznat.

b) *Odpovězte:*

○ Znáte Austrálii?	● **Ještě ne, ale chci ji poznat.**
○ Znáte Kanadu?	● **Ještě ne, ale chci ji poznat.**
○ Znáte Francii?	● **Ještě ne, ale chci ji poznat.**

10. a) *Poslouchejte:* ○ Je to pravda, že si koupíte dům? *(Is it true)* ● Ano, koupím.

b) *Odpovězte:*

○ Je to pravda, že si koupíte dům?	● **Ano, koupím.**
○ Je to pravda, že tady zůstanete ještě dlouho?	● **Ano, zůstanu.**
○ Je to pravda, že začnete studovat filozofii?	● **Ano, začnu.**
○ Je to pravda, že dostaneš diplom?	● **Ano, dostanu.**
○ Je to pravda, že konference končí už ve čtyři?	● **Ano, skončí.**
○ Je to pravda, že se nevrátíte?	● **Ano, nevrátím se.**

11. a) *Poslouchejte:* ○ Začnu už vařit. ● Musím taky začít vařit.

b) *Reagujte:*

○ Začnu už vařit.	● **Musím taky začít vařit.**
○ Skončím brzo.	● **Musím taky skončit brzo.**
○ Přestoupím na tramvaj.	● **Musím taky přestoupit na tramvaj.**
○ Vezmu si jeden lístek.	● **Musím si taky vzít jeden lístek.**
○ Obléknu si svetr.	● **Musím si taky obléknout svetr.**
○ Odpovím česky.	● **Musím taky odpovědět česky.**
○ Řeknu to za chvíli.	● **Musím to taky říct za chvíli.**

Topic:

ON A VISIT. SPARE TIME. WHAT SHALL WE DO?

You will learn how to

- invite friends to visit you and welcome them to your home
- agree an itinerary with your friends
- say the right things when you meet someone
- plan what you are going to do when you have time
- describe where you live
- express a like or dislike of something
- count in thousands and millions

Numerals 1000 and more (p. 131) • Possessive pronoun "svůj" (p. 132) • Plural of the nominative and accusative of Mi, F, N (p. 133), of Ma (p. 135) • Future tense of the verb "to be" (p. 138) • Future tense of imperfective verbs (p. 138) • Conjunction "when" in Czech (p. 142) • Preposition "za" + the accusative (p. 147)

bát se	*to be afraid*
bojím se +Gen impf	*I am afraid*
cigareta F	*cigarette*
dál(e)!	*come in!*
dárek M	*gift*
dort M	*cake*
doufat, -ám impf	*to hope*
dovolená F	*holiday*
hodinky F pl	*wrist watch*
chlebíček M	*sandwich*
když	*when, if*
láhev F, pl **láhve**	*bottle, bottles*
loučit se, -ím impf	*to say good-bye*
rozloučit se, -ím pf	*I will say ...*
měsíc M	*month; moon*
milý, -á, -é	*dear, nice*
místnost F	*room*
nabízet, -ím impf	*to offer, I offer*
nabídnout, -nu pf	*to offer, I'll offer*
najednou	*suddenly*
najíst se, najím se pf	*to eat, I will eat*
návštěva F	*visit*
navštěvovat, -uju impf	*to visit, I visit*
navštívit, -ím pf	*to visit, I'll visit*
odcházet, -ím impf	*to leave, I leave*
odejít, odejdu pf	*to leave, I'll leave*
ot(e)vírat, -ám impf	*to open, I open*
otevřít, otevřu pf	*to open, I'll open*
pojď! pojďte!	*come!*
politik M	*politician*
poznávat, -ám +Acc impf	*to meet, to become familiar*
poznat, -ám pf	
pracovna F	*study*
právě (teď)	*just now*
představovat +Acc/(**se**) -**uju (se)** impf	*to introduce (oneself), I i.*
představit (se), -ím pf	*I will i. (myself)*
přicházet, -ím impf	*to arrive, I arrive*
přijít, přijdu pf	*to arrive, I'll arrive*
připíjet si na +Acc impf	*to toast s. o. to*
připíjím ti na	*I toast you to*
připít si, -iju si pf	*to toast, I'll toast*
připravovat se impf	*to get ready,*
-uju se (**na** +Acc)	*I get ready (for)*
připravit se, -ím pf	*I will get ready*
rychle	*quickly*
sklenička F	*(a) glass*
slyšet, -ím impf	*to hear, I hear*
uslyšet, -ím pf	*to hear, I'll hear*
souhlasit, -ím impf	*to agree, I agree*
škoda F	*pity*
teplý, -á, -é	*warm*
těší mě	*it pleases me; how do you do*
týden M	*week*
tykání N	*(use of the familiar*
tykat +Dat/(**si**) impf	*form when addressing each other)*
vykat +Dat/(**si**) impf	*(use of the polite form when ...)*
vám (Dat of **vy**)	*(to) you*
ven	*out*
víno N	*wine*
všichni Ma	*everybody, all*
všechny Mi, F	
všechna N	
za +Acc	*in, after*
zákusek M	*sweet*
zavírat, -ám impf	*to shut, I shut*
zavřít, zavřu pf	*to shut, I'll shut*
zdraví N	*health*
známý M	*acquaintance*
známý, -á, -é	*well-known*
zvát, zvu +Acc impf	*to invite, I invite*
pozvat, -zvu pf	*to invite, I'll invite*
zvonit, -ím impf	*to ring, I ring*
zazvonit, -ím pf	*to ring, I'll ring*

• **Chci (chtěl bych) se představit.**	*I'd like to introduce myself.*
• **Chci vám představit svou sestru.**	*I would like to introduce my sister to you.*
• **Těší mě, že vás poznávám.**	*It is nice to meet you.*
• **Můžu vám nabídnout kafe?**	*May I offer you coffee?* (káva = *coll* kafe N)
• **Připijeme si? Na zdraví!**	*Shall we drink a toast? Cheers!*
• **Šťastnou cestu!**	*A pleasant journey!*
• **Sedněte si! Sedni si!**	*Sit down.*

Gr

NUMERALS 1000 – ∞ (ČÍSLOVKY 1000 – ∞)

jeden tisíc			1 000	
dv**a** tisíce	-e	tisíce jako „pokoje" *(like)*	2 000	1 tisíc 2, 3, 4 tisíce 5–9 tisíc
tři tisíce			3 000	
čtyři tisíce			4 000	
pět tisí**c**	! θ		5 000	
šest tisíc			6 000	
:				
sto tisíc			100 000	

:
devět set tisíc (900 000)
devět set devadesát devět tisíc (999 000)

---

jeden milion			1 000 000	
dv**a** milion**y**	-y	jako „stoly"	2 000 000	1 milion 2, 3, 4 miliony 5–9 milionů
tři miliony			3 000 000	
čtyři miliony			4 000 000	
pět milion**ů**	-ů	jako „100 metrů" (M)	5 000 000	
:				
sto milionů			100 000 000	

:
devět set devadesát devět milionů osm set osmdesát osm tisíc (999 888 000)

---

jedna miliarda (1 000 000 000)

dv**ě** miliard**y** 3,4 miliardy	-y	miliardy jako „ženy"
pět miliard 6 – ∞ miliard	-θ	miliard jako „5 hodin" (F)

Read:

25 000	630 543	140 560	250 600	329 434	1 200 000
69 204	780 000	880 008	977 773	400 805	15 000 000

Česká republika má 10 215 000 obyvatel. *(inhabitants)* **v roce 2005** *(in the year 2005)*

Gr

POSSESSIVE PRONOUN "SVŮJ"

(Pronoun "svůj" = *my, your, his, her, its, our, your, their)*

	Nom	Acc	Subject "I"	
M	To je **můj** otec.	Znáš **mého** otce?	Mám rád **SVÉHO** otce.	*my father*
F	To je **moje** matka. **(má)**	Znáš **moji** matku? **(mou)**	Mám rád **SVOJI** matku. **(SVOU)**	*my mother*
N	To je **moje** auto. **(mé)**	Vidíš **moje** auto? **(mé)**	Mám rád **SVOJE** auto. **(SVÉ)**	*my car*

"SVŮJ" is a possessive pronoun which reflects the subject. It has the same declension as "můj". (It does not appear in the nominative.)

Also:

To je **tvůj** přítel.	Navštívíš **svého** přítele? (subject "you")	*your friend*
To je **náš** učitel.	Posloucháme **svého** učitele. (subject "we")	*our teacher*
To je **vaše** lektorka.	Vidíte tam **svou** lektorku? (subject "you")	*your instructor*
To je **jeho** syn.	Dívá se na **svého** syna. (subject "he")	*his son*
To je **její** dcera.	Těší se na **svou** dceru. (subject "she")	*his daughter*

● Máte rád **svoji (svou)** práci?
○ Ano, mám rád **svoji (svou)** práci. (**já – moji** → **svoji**)
Moje (má) práce je zajímavá.

○ Pan Kubát hledá **svého** syna. (**on – jeho** → **svého**)
Jeho syn tady není.

○ Navštěvujeme často **svoje (své)** přátele. (**my – naše** → **svoje**)
Naši přátelé jsou milí.
(see the plural of "friends" on p. 135)

Cv

❒ 1. Doplňte podle významu posesivní zájmeno.
(Fill in the possessive pronoun according to the meaning.)

➡ **Chci** vám představit **svoji** sestru.
subject "já" moje → To je **moje** sestra.

1. **Tomáš** má na stole **svoji** učebnici. To je ____________ učebnice.

2. **Pavel** hledá **svůj** svetr. ____________ svetr je tady na křesle.
3. **Zuzana** má ráda **svoji** práci. ____________ práce je zajímavá.
4. Těš**ím** se na **svého** přítele. ____________ přítel přijde za chvíli.
5. Čeká**te** na **svého** učitele? ____________ učitel je vedle ve třídě.
6. Zná**me** dobře **svoje** město. ____________ se nám líbí.
7. Má**š** dárek pro **svoji** rodinu? ____________ rodina je velká.

❐ 2. Doplňte posesivní zájmeno „svůj". *(Fill in the possessive pronoun "svůj".)*

➡ **Chci** vám představit **svého** manžela.

1. Na fotografii si prohlížím ____________ bratra a ____________ sestru.
2. Rád poslouchám ____________ starého dědečka.
3. Chci ti představit ____________ manželku.
4. Máme dvě auta: Manželka má ____________ a já mám taky ____________.
5. Můžete si otevřít ____________ učebnici na straně 120.
6. To je tvoje sklenička. Tu ____________ mám tady na stole.
7. Nehledáš ____________ mobil? Vím, kde je.

Gr

Mi, F, N – PLURAL OF THE NOMINATIVE AND ACCUSATIVE CASE (Mn, F, N– NOMINATIV a AKUZATIV PLURÁLU)

Nom	**KDO** to je?	**CO** to je?	*Who is it? What is it?*
Acc	**KOHO** vidím?	**CO** vidím?	*Whom do I see? What do I see?*

F + Mi + N: NOM + ACC

				hard cons.		soft consonants		
F MI	TY	moj**e** / m**é** tvoj**e** / tv**é** naše, vaše	hezk**é** moderní, její	žen**y** stol**y**	**-Y**	přítelkyn**ě**, židl**e**, skřín**ě** pokoj**e**	**-E** **-Ě**	! místnost**i** (F -ost) ! paní
N	TA	tvoj**e** / tv**á** naše, vaše	hezk**á** moderní, její	auta	**-A**	moře parkoviště		! nádraží

! stůl – st**o**ly, dům – d**o**my (Mi) **ů > o**
! místn**ost** F *(room)*: "**-ost**" = soft ending
! to dítě (N) – pl: **ty děti** (F)

každý (sg) – vš**e**chn**y**, vš**e**chn**a** (pl)
(each – all)

Mi	každý	–	**všechny** stoly
F	každá	–	**všechny** ženy
N	každé	–	**všechna** města

! **2** → **dva + M**; **dvě + F, N**

dva muži, dva stoly
dvě ženy, dvě auta

Jsou **všechny knihy zajímavé**?	*Are all (the) books interesting?*
Tamty **vysoké domy** se mi nelíbí.	*I do not like those tall houses.*
Tyhle čtyři lístky jsou pro vás.	*These four tickets are for you.*
Chceme **dvě kávy, dva džusy a nějaké zákusky**.	*We want two cups of coffee, two glasses of juice and some cakes.*
Náš byt má **čtyři místnosti**.	*Our flat has four rooms.*

Cv

❐ 3. Tvořte věty. *(Form sentences.)*

○ TO JSOU ○ NA STOLE LEŽÍ / STOJÍ ○ LÍBÍ SE MI ○ PROHLÍŽÍM SI

české noviny, tvoje dopisy, dvě láhve vína, tři cigarety, moje hodinky, vaše dvě pera, moje svetry, tvoje práce, čtyři housky, tyto židle, tamty lampy, velké stoly, česká města, dva sendviče

❐ 4. Řekněte ve správném tvaru plurálu. *(Say in the correct form of the plural.)*

● **Koupím**

2	____________	obraz	2	____________	kniha
(dva)	____________	slovník	(dvě)	____________	jízdenka
	____________	oběd		____________	květina
	____________	lís**te**k		____________	sklenička
	____________	dár**e**k		____________	mapa
	____________	chlebíč**e**k		____________	učebnice
	____________	čaj		____________	židle
	____________	sendvič		____________	kafe

● **Na ulici vidím**

2	____________	nový dům	2	____________	červená tramvaj
(dva)	____________	velký obchod	(dvě)	____________	moderní škola
	____________	modrý autobus		____________	stará věž
	____________	luxusní bar		____________	malé kino
	____________	známý hotel		____________	bílé auto
	____________	supermarket		____________	velké parkoviště

Gr

Ma – PLURAL OF THE NOMINATIVE AND ACCUSATIVE CASE (Mž – NOMINATIV A AKUZATIV PLURÁLU)

Ma – NOM

TI	moji / mí tvoji / tví naši, vaši	mladí moderní, její	páni, muži	pán**ové** Ital**ové** Švéd**ové** Ir**ové** Dán**ové**	! -tel, -an + **-é** učitel**é** Angličan**é** Moravan**é** ! Španěl**é**	-I -OVÉ (-É)

-ové: mainly in national names (of one syllable, less often of two syllables)
also: koleg**ové**, ekonom**ové**

Ma ending in "**-an**": **-i** or **-é** Američan**i**, Američan**é**
Angličan**i**, Angličan**é**

! člověk – **lidé, lidi**
přítel – **přátelé**
turista – turist**é**

CONSONANT CHANGES (before "-i" the consonant is softened)

dob**rý** – dob**ří** hez**ký** – hez**cí** dra**hý** – dra**zí** *(dear)* ti**chý** – ti**ší** *(silent)* mla**dý** – mla**dí** zla**tý** – zla**tí** *(gold)* krás**ný** – krás**ní**	**r** > **ř** **k** > **c** **h** > **z** **ch** > **š** **d** > **ď** (di) **t** > **ť** (ti) **n** > **ň** (ni)	dokto**r** – dokto**ři** *(doctors)* úřední**k** – úřední**ci** *(officials)* pstru**h** – pstru**zi** *(trouts)* Če**ch** – Če**ši** (Čechové) *(Czechs)* kamará**d** – kamará**di** *(mates)* studen**t** – studen**ti** *(students)* pá**n** – pá**ni** *(gentlemen)*
če**ský** – če**ští** angli**cký** – angli**čtí**	**-ský** > **-ští** **-cký** > **-čtí**	! Něm**ec** – Něm**ci** *(Germans)* ! Kar**el** – Karl**ové**

Ma – ACC **Ma** = **Mi** (compare)

			hard conson.		soft consonants	
TY	moje / mé svoje / tvoje / tvé své naše, vaše	mladé moderní, její	pány Američany Iry	-Y	muže ! učitele (-tel) přátele, manžele ! **lidi**	-E

Nom: každý pán – všichni páni *(all gentlemen)*
Acc: každého pána – všechny pány (Ma = Mi)

rád – jsme **rádi**
sám – jsme **sami**
(repeat on p. 50)

TABLE OF PLURAL SUFFIXES IN THE NOMINATIVE

NOM	sg – pl	sg – pl		sg – pl	
Ma	ten – ti	pán – páni	-I	muž – muži	-I
Mi	ten – ty	stůl – stoly	-Y	pokoj – pokoje	-E
F	ta – ty	žena – ženy	-Y	židle – židle	-E
N	to – ta	město – města	-A	moře – moře	-E

Ma	hezký – hezcí	můj – moji, mí	-Í
Mi	hezký – hezké	můj – moje, mé	-É
F	hezká – hezké	moje (má) – moje, mé	-É
N	hezké – hezká	moje (mé) – moje, má	-Á

jeho, jejich – does not change

Ma:	**náš – naši**
Mi:	**náš – naše**
F + N:	**naše – naše**

Jsou tam **všichni studenti**? — *Are all the students there?*
Vidím dobře **na všechny studenty**. — *I see all the students well.*
Čekají tady na vás **nějací Angličané**. — *Some Englishmen are waiting for you here.*

Nečekám **na Angličany**, ale **na Australany**. — *I am not waiting for the Englishmen but for the Australians.*
Tvoji přátelé přijdou taky? — *Will your friends come too?*
Počkáme ještě **na tvoje přátele**. — *We will still wait for your friends.*
Píšou z Prahy **manželé Novákovi**. — *The Nováks are writing from Prague.*
Tamhle vidím **manžele Fišerovy**. — *I can see Mr and Mrs Fisher over there.*

pan Kubát + paní Kubátová = manželé Kubátovi *Mr and Mrs Kubát*

Notice:

To jsou + Nom	**Znám / Mám** + Acc
chytř**í** inženýř**i**	chytr**é** inženýr**y**
češt**í** profesoř**i**	česk**é** profesor**y**
dobř**í** doktoř**i**	dobr**é** doktor**y**
draz**í** pstruz**i**	drah**é** pstruh**y**
velc**í** Češ**i**	velk**é** Čech**y**
stař**í** Slovác**i**	star**é** Slovák**y**
někteř**í** úředníc**i**	někter**é** úředník**y**
znám**í** politic**i**	znám**é** politik**y**
němečt**í** student**i**	německ**é** student**y**
moj**i** koleg**ové**	svoj**e** koleg**y**

Cv

5. Řekněte v plurálu. *(Say in the plural.)*

Ten student je Kanaďan. pl: **Ti studenti jsou Kanaďané (-ni).**
Ta studentka je Kanaďanka. pl: **Ty studentky jsou Kanaďanky.**

Ten student		Angličan.	Ta studentka		Angličanka.
Ten učitel		Čech.	Ta učitelka		Češka.
Ten muž	je	Australan.	Ta žena	je	Australanka.
Ten cizinec		Američan.	Ta cizinka		Američanka.
Ten pán		Francouz.	Ta paní		Francouzka.
Ten doktor		Skot.	Ta doktorka		Skotka.

6. Vytvořte otázku podle vzoru. Pozor na akuzativ pl. Mž. *(Form the question according to the model. Be careful with the accusative of the masculine animate plural.)*

Tam jsou páni. ● Znáš dobře **ty pány**? (jeden pán)

1. Tam jsou asistenti. **-y**
2. Tam jsou prezidenti.
3. Tam jsou ekonomové.
4. Tam jsou politici.
5. Tam jsou doktoři.
6. Tam jsou manažeři.
7. Tam jsou ministři. (jeden ministr)
8. Tam jsou bankéři. **-e** (jeden bankéř)
9. Tam jsou muži.
10. Tam jsou prodavači.
11. Tam jsou cizinci.
12. Tam jsou učitelé.
13. Tam jsou přátelé.

○ Rozumíte? republikáni a demokraté — labouristé a konzervativci

○ Koho volit? republikány / demokraty — labouristy / konzervativce
(For whom to vote?)

● **Vaše rodina přijede také do Prahy?**
○ **Přijede jen manželka; moji synové už jsou velcí a bydlí sami.**

● **Kdy se vrátí Robert z výletu?**
○ **Asi v šest a přijdou všichni jeho kamarádi.**

● **Pozveme taky Martina a Lucii Tůmovy?**
○ **Určitě. Přijdou taky Milerovi a to jsou jejich dobří známí.**

Gr

FUTURE TENSE OF THE VERB "TO BE"
(FUTURUM SLOVESA „BÝT")

BÝT:

budu	**budeme**
budeš	**budete**
bude	**budou**

TO BE:

*I **will be***	*we **will be***
*you **will be***	*you **will be***
*he, she, it **will be***	*they **will be***

nebudu	**nebudeme**
nebudeš	**nebudete**
nebude	**nebudou**

Zítra **bude** středa.
Budu doma až večer.
Budou dvě hodiny.
Budete v neděli večer doma?
Jak dlouho ještě **budeš** nemocný?
Zítra **nebude** čeština.

Tomorrow will be Wednesday.
I will not be at home until the evening.
It will be two o'clock.
Will you be at home on Sunday evening?
How much longer will you be ill?
Tomorrow there will not be a Czech lesson.

● Kolik je hodin?

○ Bude jedna. Eva bude asi na obědě.

○ Budou tři. Eva bude určitě zpátky v práci.

○ Bude sedm. Eva ještě asi nebude doma.

FUTURE TENSE (FUTURUM, BUDOUCÍ ČAS)

Is expressed by:
a) the present forms of perfective verbs (see p. 115) – **koupím** *(I will buy)*
b) the verb "to be" with the infinitive of the imperfective verbs – **budu nakupovat** *(I will be shopping)*
c) special forms of the verbs which express motion – **po**jedu, **půj**du *(I will go)*

FUTURE TENSE OF IMPERFECTIVE VERBS

budu	**budeme**	**ne**budu	**ne**budeme	
budeš	**budete**	**ne**budeš	**ne**budete	+ **IMPF INFINITIVE**
bude	**budou**	**ne**bude	**ne**budou	

Brzo **budu mít** dovolenou.
Zítra **budu pracovat** celý den.

I will have a holiday soon.
I will be working all day long tomorrow.

Už **nebudu kouřit**.
Nebudou to **potřebovat**.
Nebude mít radost.

I will not smoke any more.
They will not need it.
He will not be pleased.

FUTURE TENSE OF MODAL VERBS:

nemůžeme	–	**nebudeme moct**	*we will not be able to …*
umějí	–	**budou umět**	*they will know / know how to …*
musíš	–	**budeš muset**	*you will have to …*
nesmíte	–	**nebudete smět**	*you will not be allowed to …*

Zítra **budu muset zůstat** celý den doma. — *I will have to stay at home all day tomorrow.*

Also:
Myslím, že to **nebude chtít udělat**. — *I don't think he will want to do that.*

PERFECTIVE X IMPERFECTIVE FUTURE:

a)

Udělám to hned.
- only one action

Skončím už za chvíli.
- the action finishes
  it is limited in time

↓

PERFECTIVE FUTURE

I will do it at once.
I will finish in a moment.

b)

Budu to **dělat** celý den.
- the action goes on

Každé ráno si **budu kupovat** noviny.
- the action is repeated 2x, 3x, 4x ...

↓

IMPERFECTIVE FUTURE

I will do it all day.
I will buy a newspaper every morning.

Compare:

personal form of pf verb	**budu + the infinitive of impf verb**
Napíšu ti hned zítra. *I will write you as early as possible tomorrow.*	Dopis **budu psát** určitě hodinu. *I will certainly be writing the letter for one hour.*
Tu knihu **si přečtu** rád. *It will be a pleasure for me to read the book.*	Dneska večer **si budu číst**, **nebudu se dívat** na televizi. *I will read this evening, I will not watch TV.*
Prohlédnu si muzeum. *I will see the museum.*	Celé odpoledne **si budu prohlížet** Prahu. *I will view Prague all afternoon.*

- ● Kdy budeš zítra doma?
- ○ V pět už doma budu určitě.

- ● Co budeš dělat večer?
- ○ Zůstanu doma a budu se dívat na televizi.

- ● Jdeš hned z práce domů?
- ○ Ne. Bude na mě čekat manžel a půjdeme někam na večeři.

- ● Přijdeš zase zítra?
- ○ Když budu moct, přijdu.

- ● Slyším, že někdo přichází.
- ○ To bude asi Jana.

- ● Budeš večeřet?
- ○ Ne, najím se až potom.

- ● Pojď ven!
- ○ Půjdu jen na chvíli. Potom budu muset vařit.

- ● Mám pro tebe dárek. Doufám, že se ti bude líbit.
- ○ To jsou krásné hodinky! Děkuju.

- ● Zítra večer budu mít návštěvu.
- ○ Když tady budou tvoji známí, pozvu svoje známé taky.

- ● Nepůjdeme večer do divadla?
- ○ Myslíš, že ještě budou mít lístky?
- ● Můžeme tam zatelefonovat.

- ● Kam pojedete na dovolenou?
- ○ Do Itálie. Týden budeme u moře a týden v Římě.

Cv

❒ 7. Odpovězte na otázky. *(Answer the questions.)*

○ Co budeš dělat zítra? ● Zítra budu

➡ Zítra **si budu číst**.

! **se, si** – 2nd position

odpočívat
pracovat
studovat materiály
dívat **se** na televizi
procházet **se**
číst **si**
připravovat **se** do práce

❐ 8. Ptejte se a odpovězte. *(Ask and answer.)*

- Budeš potřebovat peníze?
- Budete si hledat nějaký hotel?
- Budete mít večer návštěvu?
- Budeme už obědvat?
- Nebudeš večer moc unavená?
- Nebudete mít problémy?
- Budeš na návštěvě kouřit?
- Budeme muset jet nakupovat?
- Budeš chtít kafe a zákusek?
- Budeš umět opravit televizi?

○ Ano, budu / budeme.
○ Ne, nebudu / nebudeme.

❐ 9. Rozhovor. *(Conversation.)*

● Dneska večer nebudu nic dělat.
○ A co nebudeš dělat?

● Nebudu
číst
nic psát
dívat **se** na ten film
učit **se**
uklízet
vařit
brát telefony

● Zavřu oči a budu spát.

❐ 10. Doufám, že ... *(I hope that ...)*

➡ Doufám, že **Jana bude mít ráda moji rodinu**.

Jana

Petr

● Doufám, že

- bude šťastná
- nebude telefonovat
- bude se na mě těšit
- bude souhlasit
- bude bydlet blízko

- nebude pospíchat domů
- bude mít na mě čas
- bude na mě čekat
- bude na mě vzpomínat
- nebude unavený

11. Řekněte ve futuru. *(Say in the future tense.)*

Večer (**se dívám**) na televizi. – Večer **se budu dívat** na televizi.

1. Každé ráno (**si kupuju**) noviny.
2. Celý večer (**si čtu**).
3. Co (**děláš**) v sobotu večer?
4. Kolik je hodin? – Už (**jsou**) čtyři.
5. (**Jsem**) rád, když přijdete.
6. Nevím, jestli (**rozumím**) česky.
7. Teď to nevím, (**vím**) to až večer.
8. Zítra (**mám**) volno.
9. Už (**nekouřím**), není to zdravé.
10. Teď to nepotřebuju, (**potřebuju**) to zítra.
11. Zítra ještě (**musím koupit**) chlebíčky.
12. (**Chceš**) zítra teplou večeři?

Gr

KDYŽ – WHEN, IF

1. KDYŽ = JESTLIŽE = JESTLI

if, in case **(Conditional clauses)**

Když / Jestliže / Jestli > **budu mít** čas, přijdu — *If **I have** time, I will come.*

! In Czech the future tense.

Když / Jestliže / Jestli > mi **dáš** peníze, koupím ti to. — *If **you give** me money, I will buy it for you.*

2. KDYŽ, AŽ

when **(Temporal clauses)**

Když mám volnou sobotu, jedu na výlet. — *When I have a free Saturday, I make an excursion.*

Když piju kafe, musím kouřit. — *When I drink a cup of coffee, I have to smoke.*

Až **budu mít** čas, opravím to. — *When **I have** time, I will repair it.*
Až **přijedeš** do Prahy, musíš nás navštívit. — *When **you arrive** in Prague, you must visit us.*
! In Czech the future tense.

Past	**when**	**KDYŽ**
Present	**when**	**KDYŽ**
		x
Future	**when**	**AŽ**

!

AŽ = ***when*** *(in the future);* ***until*** *(in a negative sentence);* ***as far as***

Cv

❒ 12. Říkejte věty. *(Say the sentences.)*

Budu rád / ráda, **jestli** / **když**	přijdeš.
	zatelefonuješ.
	dostanu dárek.
	najdu svůj mobil.
	uvidím Filipa.
	budu moct jet do Olomouce.
	se dostanu do kina.
	budu mít volný víkend.
	budu mít čas napsat dopis.

❒ 13. Spojte dvě věty podle významu. *(Connect two sentences according to their meaning.)*

1. Když jdu na návštěvu,	– uvařím si nejdřív teplý čaj.
2. Když jdu z práce domů,	– kupuju si nějaký dobrý zákusek.
3. Až přijdu domů,	– dívá se na video.
4. Když je syn doma sám,	– vzpomínám na svoje rodiče.
5. Až skončí čeština,	– dáme si večeři.
6. Až vypijeme aperitiv,	– půjdu nakoupit.
7. Až děti řeknou, co chtějí obědvat,	– koupíme hned lístky.
8. Když si prohlížím tyhle fotografie,	– musím se vrátit do práce.
9. Až otevřou pokladnu,	– mám dárek pro přítele a jeho manželku.

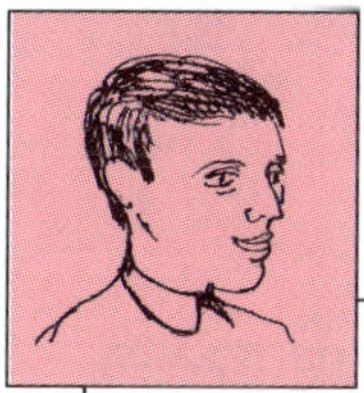

NÁVŠTĚVA

Je sobota, dvě hodiny odpoledne. Kubátovi jsou doma a čtou. Najednou zvoní mobil.
„Ahoj! – Jsi to ty? – Teď? – Určitě můžete přijet! Těšíme se na vás."
Paní Kubátová se podívá na manžela. „Víš, kdo za chvíli přijede?"
„Nevím," odpovídá pan Kubát.
„Lenka! Je teď právě na nádraží a chce nás přijít navštívit."
„Přijde Lenka? To je fajn. Bohužel už nemůžeme jít naproti. Přijede taxíkem?"
„Ano, bude tady za chvíli. Musím jít rychle něco koupit, nic tady nemám. Co mám koupit?" ptá se paní Kubátová.
„Kafe máme doma, víno taky, můžeš koupit čtyři zákusky nebo chlebíčky," říká pan Kubát.

Ve tři hodiny někdo zvoní a za chvíli už Kubátovi vítají Lenku.
„Ahoj, Lenko! To jsme rádi, že tě zase vidíme."
„Ahoj! Já jsem taky ráda. A tady vám chci představit svoji sestru Janu."
„Těší nás, že vás poznáváme. Já jsem Monika Kubátová a to je můj manžel Pavel. Pojďte dál!"

„Sedněte si. Můžu vám nabídnout kávu nebo čaj?" ptá se Monika Kubátová.
„Já si dám kávu a ty, Jano?" říká Lenka.
„Já taky, děkuju."
„Kouříte?" nabízí Pavel Kubát cigarety.
„Děkuju, nekouřím já ani Lenka. Ale myslím, že si můžeme tykat, souhlasíte?" odpovídá Jana.
„Rád. Připijeme si na to," říká Pavel a už otvírá láhev vína. Paní Kubátová připravuje skleničky a za chvíli si už všichni připíjejí: „Na zdraví! A na tykání!"

V šest hodin se Lenka podívá na hodinky.
„Za hodinu jede vlak, musíme se rozloučit."
„Škoda, že už musíte jít. Děkujeme za milou návštěvu," loučí se Kubátovi.
„Kdy zase přijedete do Prahy? Zveme vás na návštěvu."
„Za dva měsíce budu mít dovolenou, a když budu mít čas, určitě přijedu. Ještě napíšu," říká Helena.
„Šťastnou cestu!"

KUBÁTOVI MAJÍ NÁVŠTĚVU

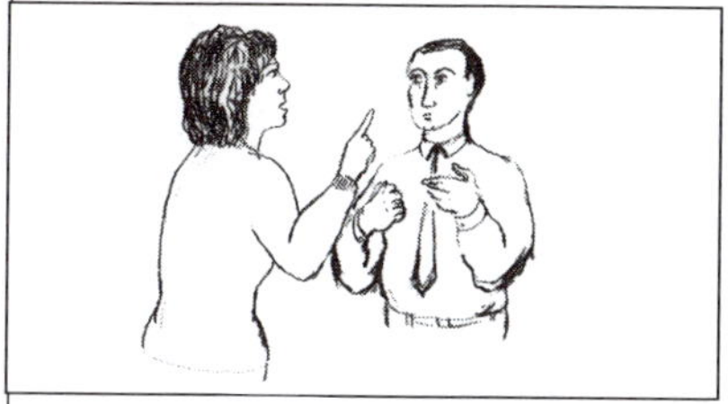

Kubátovi ________ doma a čekají ________. „Nemáš cigaretu?" ptá se pan Kubát. „To víš, že ________. Ale ________ kouříš, to není zdravé," odpovídá paní Kubátová. „Když čekám, musím ________," říká pan Kubát.

Návštěva ________. Je to pan Čapek z ________, kolega z práce. „Ahoj! ________ dál!" vítá ho pan Kubát. Paní Kubátová ________ ještě nezná, proto se představuje: „Dobrý ________. Já jsem Petr Čapek." „________ mě, jsem ráda, že ________," říká paní Kubátová. „A děkuju za květiny."

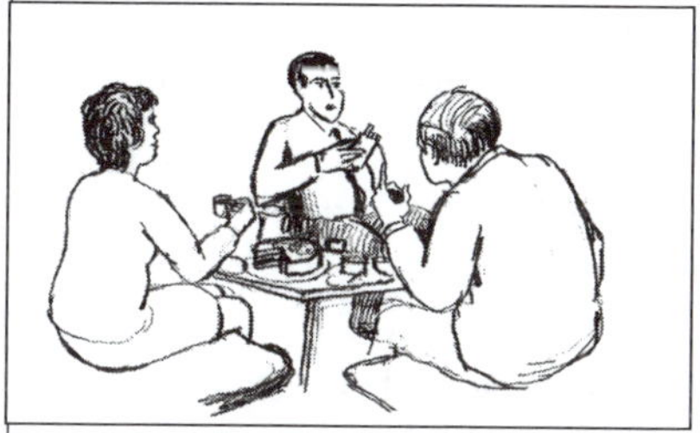

Paní Kubátová ________ kávu a dort. „Děkuju, ________," děkuje pan Čapek. Pan Kubát nabízí cigaretu: „________?" „Ne, nekouřím, není to ________," říká pan Čapek.

„Už bude ________ hodin, musím ________. V sedm hodin jede vlak. Pojedu taxíkem, už nemám čas," říká pan Čapek. „Tam dole ________ jedno taxi!" ________ pan Kubát. „To je dobře. Nemusím se bát, že přijdu na nádraží ________."

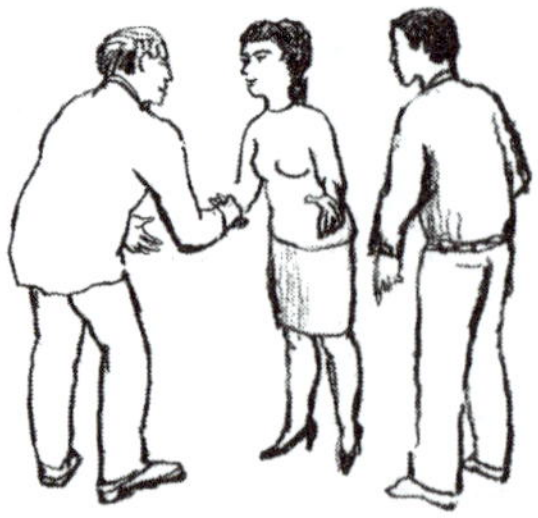

„Děkujeme za ________," loučí se paní Kubátová.
„Kdy zase ________?" ptá se pan Kubát.
„Za tři měsíce budu mít ________ a myslím, že ________. Ale teď už ________ pospíchat. Na shledanou!" ________ pan Čapek.
„________ cestu!" ________ Kubátovi.

Cv

❒ 14. Odpovězte podle textu „Návštěva". *(Answer according to the text "Visit" above.)*

- ○ Kde jsou Kubátovi?
- ○ Kdo telefonuje?
- ○ Odkud telefonuje?
- ○ Kdy Lenka přijede?
- ○ Jdou Kubátovi naproti na nádraží?
- ○ Proč nejdou?
- ○ Musí jít Monika Kubátová nakoupit?
- ○ Kdy Lenka přichází?
- ○ Koho představuje?
- ○ Co nabízí Pavel Kubát a co nabízí jeho manželka?
- ○ Kouří návštěva?
- ○ Na co si Jana a Pavel připíjejí?
- ○ Kdy se musí Lenka a její sestra rozloučit?
- ○ Kdy zase přijedou do Prahy?

❒ 15. Přeložte. *(Translate.)*

! *to you* – vám

Miler: Good evening. May I introduce my brother Tom to you?
Kubátová: Good evening, Mr Miler. It is nice to meet your brother. My husband is not yet at home, he is at work.
Miler: That doesn't matter. If we may, we will wait for him, Mrs Kubátová.
Kubátová: Of course, you may. May I offer you coffee or a glass of wine?
Miler: Thank you very much, we would like to have some coffee.
Kubátová: Here is coffee and some sandwiches.

● May I offer you a cigarette?
○ Thank you, I do not smoke.

● I have to say good-bye already. My train leaves in an hour. Thank you for the nice evening.
○ Thank you for the nice visit. I would like to see you again soon. Good-bye.

❒ 16. Doplňte perfektivní, nebo imperfektivní verbum.
(Fill in the correct perfective or imperfective verb.)

otevírat / otevřít	Někdo zvoní, jdu ________. Jsou na stole skleničky? Už ________ láhev!
připravovat se / připravit něco	Půjdu spát, jen ještě musím ________ něco do práce. Konference bude za měsíc. Už ___ na ni ________?
představovat se / představit někoho	„Já jsem Pavel Nový," ________ nový kolega. „Chci vám ________ svého bratra."
navštěvovat / navštívit	________ rodiče každý pátek. Chci ________ svého přítele.
přicházet / přijít	Rodiče ________ na návštěvu každou neděli. ________ taky zítra.
jíst / najíst se	Budeme ________ v jednu. ________ někde ve městě.
loučit se / rozloučit se	„Za chvíli ___ už musím ________, v osm hodin musím být na nádraží." „Na shledanou a šťastnou cestu!" ________ paní Nová.
vítat / přivítat	„Dobrý den. Pojďte dál!" ________ návštěvu paní Nová. Zítra přijde nový kolega. Kdo ho ________?

❒ 17. Odpovězte na otázku: Za jak dlouho?
(Answer the question: When? – literally "after how long?")

● Za jak dlouho	zavírá otevírá	banka? obchod?	○ Za	2 3 4	hodiny.
● Za jak dlouho zase	přijedeš? přijdete?		○ Za	2 3 4	týdny.
● Za jak dlouho	se vrátíš? nás zase navštívíš?		○ Za	2 3 4	měsíce.
● Za jak dlouho	skončí film? bude oběd?		○ Za	chvíli. moment.	

Note: 5 hodin, týdnů, měsíců – see genitive of the plural on pp. 207–208.

18. Doplňte správný tvar akuzativu po prepozici „za“.
(Fill in the correct form of the accusative after the preposition ”za“.)

● Děkuju za	*hezký dárek.* *krásné květiny.* *milá návštěva.* *milý večer.* *moderní taška.* *dobrá káva.*

● Platíme za	*francouzské víno.* *americké cigarety.* *lístky na koncert.* *večeře.* *naše děti.* *naši kamarádi.*

○ Není zač.
(= Není za co.)
(Not at all.
You are welcome.)

19. Doplňte do vět slovesa „jít / jet“, „přicházet / přijít“ a „odcházet / odejít“. *(Fill in the verbs ”jít / jet“, ”přicházet / přijít“ and ”odcházet / odejít“ into the sentences.)*

Odpoledne	**jít**	na jednu návštěvu.
Nemám čas.	**jet**	do města.
Děti		v neděli na výlet.
Rychle! Autobus už	*(the present*	!
Ty	*or the future)*	ven? Můžu jít taky?

Slyším, že někdo	**přicházet**	.
Každý den	**odcházet**	do práce v osm.
Každý den		z práce v šest.
Každou sobotu	*(the present)*	na návštěvu moje sestra.
Každé ráno syn a dcera		už v sedm na autobus do školy.

Čekáme, až	**přijít**	náš lektor.
Až	**odejít**	návštěva, půjdu hned spát.
Dneska asi		Jana.
V osm budu muset	*(the future)*	.
Myslím, že už nikdo ne-		.

impf verb – the present	pf verb – the future
jde sem → ● **přichází**, inf **přicházet**	přijde, inf přijít
jde tam ● → **odchází**, inf **odcházet**	odejde, inf odejít

Note: to arrive by vehicle (**přijíždět**) and to leave by vehicle (**odjíždět**) – on p. 286

- To je hezký pokoj!
- ○ Myslíš?
- Nelíbí se ti?
- ○ Moc ne. Líbí se mi jen, že je velký.

● Ten pokoj je ale | hezký! | ○ Myslíš?
krásný!
nádherný! *(wonderful)*
fantastický!

● Nelíbí se ti?

○ Moc ne.
○ Moc se mi nelíbí.
Ale líbí se mi, že je velký.
jak je velký.
jak je světlý. *(light)*

○ **Co se vám líbí v pokoji?**

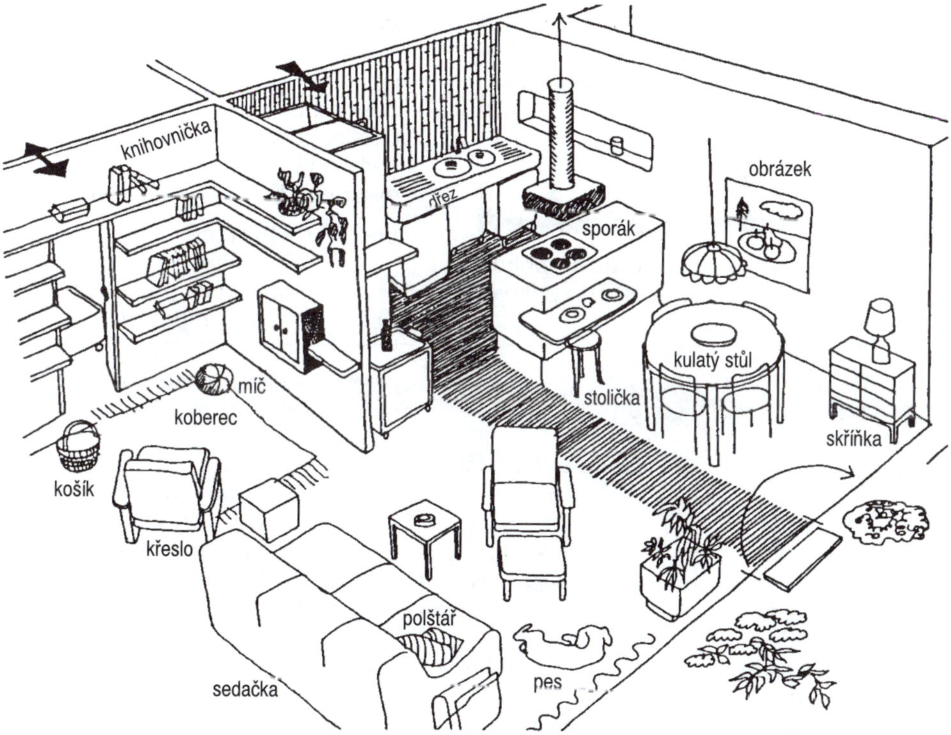

- Líbí se mi | krásné obrázky
ta dvě křesla
nová sedačka
knihovničky
malý koberec
květiny u okna
malá skříňka v rohu
jídelní stůl
pes, který leží u sedačky

20. Podívejte se na plánek bytu. *(Look at the scheme of the flat.)*

○ Je velký tento byt?
○ Jak se jmenujou místnosti v bytě?
○ Kde spíte?
○ Kde jíte?
○ Kde se myjete?
○ Kam dáte postele?
○ Kam dáte jídelní stůl?
○ Kde si svlékáte kabát?
○ Kde můžete být, když je hezky?
○ Má byt pracovnu?

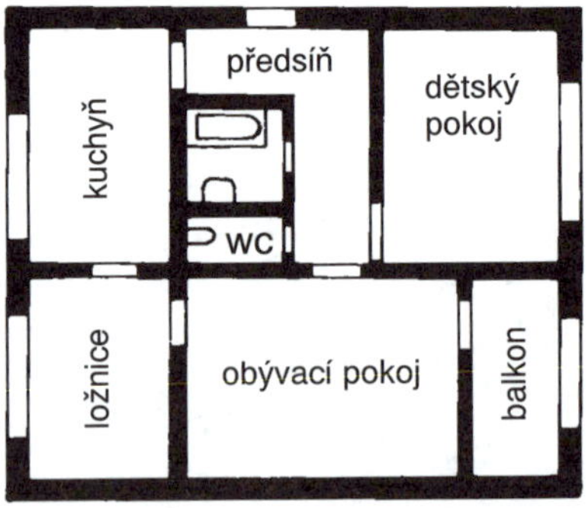

kuchyň F	*kitchen*
předsíň F	*hall*
koupelna F	*bathroom*
WC (vé cé) (= záchod M)	*lavatory, WC*
ložnice F	*bedroom*
obývací pokoj M	*sitting-room*
dětský pokoj M	*children's room*
balkon M	*balcony*
pracovna F	*study*

Gen – do obývacího pokoje
do dětského pokoje

Loc – na balkoně
v předsíni
v obývacím pokoji
v dětském pokoji

MLUVNÍ CVIČENÍ

1. a) *Poslouchejte:* ○ Nevíš, kde bude večer pan Kubát? V hotelu?
● Myslím, že bude v hotelu.

b) *Odpovězte:*

○ Nevíš, kde bude večer pan Kubát? V hotelu? ● **Myslím, že bude v hotelu.**
○ Nevíš, kdo bude dneska dělat večeři? Otec? ● **Myslím, že ji bude dělat otec.**
○ Nevíte, kdy bude mít váš německý kolega čas? Ve tři hodiny? ● **Myslím, že bude mít čas ve tři hodiny.**
○ Nevíte, kdy budu muset vrátit tu knihu? Za měsíc? ● **Myslím, že ji budete muset vrátit za měsíc.**
○ Nevíš, jestli budou Kubátovi chtít zítra přijít? ● **Myslím, že budou chtít přijít.**

2. a) *Poslouchejte:* ○ Co budeš dělat, až skončíš?
● Až skončím, uvařím si kafe a budu si číst.

b) *Odpovězte:*
○ Co budeš dělat, až skončíš? ● **Až skončím, uvařím si kafe a budu si číst.**
○ Co budeš dělat, až přijdeš domů? ● **Až přijdu domů, uvařím si kafe a budu si číst.**
○ Co budeš dělat, až odejde návštěva? ● **Až odejde návštěva, uvařím si kafe a budu si číst.**

3. a) *Poslouchejte:* ○ Máte ještě nějaké cigarety? ● Ne, nemám už žádnou cigaretu.

b) *Odpovězte:*
○ Máte ještě nějaké cigarety? ● **Ne, nemám už žádnou cigaretu.**
○ Máte ještě nějaké otázky? ● **Ne, nemám už žádnou otázku.**
○ Máte ještě nějaké jízdenky? ● **Ne, nemám už žádnou jízdenku.**

4. a) *Poslouchejte:* ○ Vidíš tam ty děti? ● Ne, nevidím tam nikoho.

b) *Odpovězte:*
○ Vidíš tam ty děti? ● **Ne, nevidím tam nikoho.**
○ Vidíš tam ty muže? ● **Ne, nevidím tam nikoho.**
○ Vidíš tam ty ženy? ● **Ne, nevidím tam nikoho.**
○ Vidíš tam ty mladé cizince? ● **Ne, nevidím tam nikoho.**

5. a) *Poslouchejte:* ○ Představuju vám svoji sestru Hanu.
● Těší mě, že vás poznávám.

b) *Reagujte:*
○ Představuju vám svoji sestru Hanu. ● **Těší mě, že vás poznávám.**
○ Představuju vám svého kamaráda Pavla. ● **Těší mě, že vás poznávám.**
○ Představuju vám svého přítele Tomáše. ● **Těší mě, že vás poznávám.**
○ Představuju vám svoji kamarádku Janu. ● **Těší mě, že vás poznávám.**

6. a) *Poslouchejte:* ○ Právě přicházejí Petr Novák a jeho manželka.
● Novákovi jsou tady? To je fajn.

b) *Reagujte:*
○ Právě přicházejí Petr Novák a jeho manželka. ● **Novákovi jsou tady? To je fajn.**
○ Právě přichází Pavel Svoboda a jeho manželka. ● **Svobodovi jsou tady? To je fajn.**
○ Právě přichází Karel Fišer a jeho manželka. ● **Fišerovi jsou tady? To je fajn.**

7. a) *Poslouchejte:* ○ Jsou už tady všichni studenti?
● Ne, ještě čekáme na dva studenty.

b) *Odpovězte:*
○ Jsou už tady všichni studenti? ● **Ne, ještě čekáme na dva studenty.**

○ Jsou už tady všichni kolegové? ● **Ne, ještě čekáme na dva kolegy.**
○ Jsou už tady všichni Američané? ● **Ne, ještě čekáme na dva Američany.**
○ Jsou už tady všichni cizinci? ● **Ne, ještě čekáme na dva cizince.**
○ Jsou už tady všichni učitelé? ● **Ne, ještě čekáme na dva učitele.**

8. a) *Poslouchejte:* ○ Ahoj, Lenko! ● To jsem ráda, že tě vidím.

b) *Reagujte:*

○ Ahoj, Lenko! ● **To jsem ráda, že tě vidím.**
○ Ahoj, Pavle! ● **To jsem rád, že tě vidím.**
○ Ahoj, Lenko a Pavle! ● **To jsme rádi, že tě vidíme.**
○ Dobrý den, pane Kubáte a paní Kubátová! ● **To jsme rádi, že vás vidíme.**

9. a) *Poslouchejte:* ○ Na co si připijeme? Na zdraví? ● Ano, připijeme si na zdraví.

b) *Odpovězte:*

○ Na co si připijeme? Na zdraví? ● **Ano, připijeme si na zdraví.**
○ Na co si připijeme? Na tykání? ● **Ano, připijeme si na tykání.**
○ Na co si připijeme? Na štěstí? *(happiness)* ● **Ano, připijeme si na štěstí.**
○ Na co si připijeme? Na všechno dobré? ● **Ano, připijeme si na všechno dobré.**

10. a) *Poslouchejte:* ○ Kdy se vrátí manžel? ● Vrátí se až za tři měsíce.

b) *Odpovězte:*

○ Kdy se vrátí manžel? ● **Vrátí se až za tři měsíce.**
○ Kdy pojedete na dovolenou? ● **Pojedu až za tři měsíce.**
○ Kdy začne konference? ● **Začne až za tři měsíce.**
○ Kdy budete mít česko-anglický slovník? ● **Budeme ho mít až za tři měsíce.**

11. a) *Poslouchejte:* ○ Petr ještě není doma? Kdy přijde? ● Přijde asi za hodinu.

b) *Odpovězte:*

○ Petr ještě není doma? Kdy přijde? ● **Přijde asi za hodinu.**
○ Hledám pana doktora Kubáta. Nevíte, kdy bude v pracovně? ● **Bude tam asi za hodinu.**
○ Ty to ještě nemáš? Kdy to, prosím tě, uděláš? ● **Udělám to asi za hodinu.**
○ Ty ještě pracuješ? Kdy skončíš? ● **Skončím asi za hodinu.**

klepat impf – (já) klepu, klepám
zaklepat pf – (já) zaklepu, zaklepám

Topic:

WHAT WAS I DOING YESTERDAY?
HOW OLD AM I?

You will learn how to

- say how old someone is
- say whose house you are going to and whom you are phoning
- say for whom you are buying something
- talk about what you have been doing

Personal pronouns in the dative (p. 155) • Verbs with the dative (p. 156) • Dative case of nouns in singular (p. 158) • Dative case of adjectives and pronouns in singular (p. 159) • Prepositions which take the dative (p. 160) • Past tense (p. 162) • Sentences with the subject "it" and without a subject (p. 166)

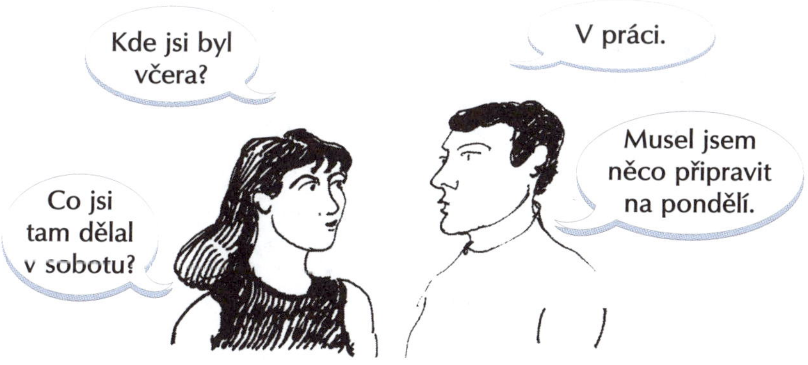

atmosféra F	*atmosphere*
blahopřát +Dat **k** +Dat	*to congratulate on*
blahopřeju impf	*I congratulate*
poblahopřát pf	*to congratulate on*
centrum (Gen **-a**) N	*centre*
děkovat +Dat **za** +Acc	*to thank for*
děkuju impf	*I thank, thanks*
poděkovat pf	*to thank*
dohodnout se pf	*to come to an agreement*
dohodnu se	*I will come to an agreement*
dřív(e)	*earlier, sooner*
důležitý, -á, -é	*important*
dvakrát	*twice*
espreso N	*espresso*
hodně = mnoho = moc	*much, many*
chata F	*cottage*
chutnat +Dat impf	*to taste/like*
jednání N	*negotiation(s)*
k, ke +Dat	*to, towards*
krásně	*beautifully*
lyže F pl	*skis*
lyžovat, -uju impf	*to ski, I ski*
minulý, -á, -é	*last (week)*
mléko N	*milk*
nadiktovat +Dat +Acc	*to dictate*
-uju pf	*I will dictate*
diktovat impf	*to dictate*
nakonec	*in the end*
nervózní	*nervous, bad-tempered*
obchodní	*business (adj)*
objednávat, -ám impf	*to order, I order*
objednat +Acc pf	*to order*
odpovědět +Dat **na**	*to answer*
+Acc, **odpovím** pf	*I will answer*
odpovídat, -ám impf	*to answer, I a.*
omlouvat se +Dat	*to apologize*
-ám se impf	*I apologize*
omluvit se, -ím pf	*to apologize*
onemocnět pf	*to fall ill*
onemocním	*I will fall ill*
partner M	*partner*
partnerka F	
patřit, -ím +Dat impf	*to belong*

plánovat impf	*to plan*
plánuju	*I plan*
naplánovat pf	*to plan*
pomáhat +Dat impf	*to help*
pomáhám	*I help*
pomoct, pomůžu pf	*to help, I'll help*
poslední	*last*
prázdniny F pl	*holidays*
procházet se impf	*to take a walk*
-ím se	*I take a walk*
projít se pf	*to take a walk*
projdu se	*I will take a walk*
prominout +Dat pf	*to excuse, to forgive*
prominu	*I will excuse*
promiň(te)	*excuse me*
prosinec M	*December*
proti +Dat	*against; opposite*
první	*first*
půl hodiny	*half an hour*
rodiče M pl	*parents*
růže F	*rose*
sejít se pf	*to meet*
sejdeme se	*we will meet*
scházet se impf	*to meet*
sekretářka F	*secretary*
Silvestr M	*New Year's Eve*
služební (cesta)	*business (trip)*
strávit, -ím (čas) pf	*to spend (time)*
trávit impf	*to spend (time)*
svátek M	*name day; holiday*
takže	*so that*
telefonicky	*by phone*
teplo	*warm, warmth*
trvat, -á impf	*to take (some time), it takes*
potrvat, -á pf	*to last, it'll take*
Vánoce F pl	*Christmas*
věřit, -ím +Dat impf	*to believe, I b.*
uvěřit, uvěřím pf	*to believe, I'll b.*
vůbec	*at all*
zdržet se, -ím se pf	*to be delayed*
zima	*cold, winter*
zimní	*winter*
zlobit se (**na** +Acc) impf	*to be angry (with)*

Gr

PERSONAL PRONOUNS IN THE DATIVE CASE
(OSOBNÍ ZÁJMENA V DATIVU)

Chci **vám** představit svého manžela. — *I would like to introduce my husband to you.*
Líbí se **vám** Praha? — *Do you like Prague?*
Ano, líbí se **mi**. — *Yes, I like it.*

JÁ	TY	ON (ONO)	ONA	MY	VY	ONI, ONY, ONA
mi **(ke) mně**	**ti** **(k) tobě**	**mu** **jemu** **k němu**	**jí** **k ní**	**(k) nám**	**(k) vám**	**jim** **k nim**
to me	*to you*	*to him*	*to her*	*to us*	*to you*	*to them*

Short forms of the pronouns "**mi, ti, mu, jí, jim**"
– they are not stressed and are **in the 2nd position** (like reflexive pronouns "se, si")

Líbí **se** (1.) **mi** (2.) to. (pronoun in the dative comes only after the reflexive pronoun)

Dám **ti** (**mu, jí, jim**) čaj. — *I'll give you (him, her, them) tea.*
Dáš **mi** kafe? — *Will you give me a cup of coffee?*

Long forms of the pronouns "**mně, tobě, jemu**"
– are used **after the prepositions** and when **we are stressing** st

Tobě to vadí? **Mně** ne. — *Do you mind? I don't.*
Jemu se to hodí, ale **jí** ne. — *It suits him but it doesn't suit her.*

K, KE *(to)*

Přijdeš **ke mně** večer? — *Will you come to my place this evening?*
Přijdu **k tobě** večer. — *I will come to your place this evening.*
Přijdete **k nám** večer? — *Will you come to our place this evening?*
Přijdeme **k vám** večer. — *We will come to your place this evening.*
Půjdu **k němu** na návštěvu. — *I will go to his place for a visit.*
Půjdu **k ní** na návštěvu. — *I will go to her place for a visit.*
Půjdu **k nim** na návštěvu. — *I will go to their place for a visit.*

Notice: After the preposition **j > n**

jemu	**x**	**k němu**
jí	**x**	**k ní**
jim	**x**	**k nim**

!

Gr

VERBS WITH THE DATIVE (SLOVESA S DATIVEM)

- **Verb + indirect object (in the dative) + object (in the accusative)**

dávat / dát + Dat něco	*to give sb st*
kupovat / koupit + Dat něco	*to buy sb st*
psát / napsat + Dat něco	*to write sb st*
říkat / říct + Dat něco	*to say sb st*
ukazovat / ukázat + Dat něco	*to show sb st*
vracet / vrátit + Dat něco	*to return sb st*
vysvětlovat / vysvětlit + Dat něco	*to explain sb st*

Peníze **ti** dám zítra.	*I will give you money tomorrow.*
Koupím **jí** nějaký malý dárek.	*I will buy her a small present.*
Právě **mu** píšu e-mail.	*I am just writing him an e-mail.*
Řeknu **jim** pravdu.	*I shall tell them the truth.*
Ukážu **vám** Prahu.	*I will show you round Prague.*
Mužeš **mi** vrátit tu knihu?	*Can you return me that book?*

Notice: **ti**, **mu**, **jí**, **jim** ... always the 2nd position in the sentence

- **Object in the dative**

Impf	pf		
blahopřát	/ **poblahopřát** (**k** + Dat)	+ Dat	*to congratulate (on)*
děkovat	/ **poděkovat** (**za** + Acc)	+ Dat	*to thank (for)*
odpovídat	/ **odpovědět** (**na** + Acc)	+ Dat	*to answer*
pomáhat	/ **pomoct**	+ Dat	*to help*
patřit	/ **–**	+ Dat	*to belong*
rozumět	/ **porozumět**	+ Dat	*to understand*
telefonovat	/ **zatelefonovat**	+ Dat	*to phone*
věřit	/ **uvěřit**	+ Dat	*to believe*
radit	/ **poradit**	+ Dat	*to advise*

Já **ti** nerozumím	*I do not understand you.*
Tobě nerozumím, ale **jemu** ano.	*I do not understand you, but I understand him.*
Děkuju **vám**.	*Thank you.*
Zítra **mu** zatelefonuju.	*I will phone him tomorrow.*
Proč **mi** nevěříš?	*Why do you not believe me?*
Ta kniha **jí** nepatří.	*The book does not belong to her.*
Musíme **jim** poblahopřát.	*We have to congratulate them.*
Kdy **nám** odpovíte?	*When will you answer us?*
Hodně **mi** pomohli.	*They helped me a lot.*

Reflexive pronoun in the dative: SI

Koupím **si** lístek.
JÁ ↩

Koupím **ti** lístek.
JÁ → TY

Vezmu si dort. — *I will take a cake.*
Obléknu si nový svetr. — *I will put on a new sweater.*

- **Phrases with the dative (verb + personal pronoun in the dative + subject, adverb)**

Líbí se **mi** tvůj byt.	*I like your flat.*
Chutná **mi** ovoce.	*I like fruit.*
Hodí se **mi** to.	*It suits me.*
Vadí **mi**, když kouříš.	*I mind your smoking.*
Je **mi** líto, že ho neuvidím.	*I'm sorry that I will not see him.*
Je **mi** dobře / špatně.	*I feel well / unwell.*
Je **mi** teplo / zima.	*I feel warm / cold.*
Je **mi** 25 let.	*I am 25 years old.*

● **Jak ti je?**
○ **Je mi špatně.**

● **Jak vám je?**
○ **Je mi dobře.**

● **Kolik ti je let? / Kolik je ti let?**
○ **Bude mi třicet.**

● *How are you?* ● *How are you?*
(literally: How is it to you?)
○ *I am bad.* ○ *I am well.*

● *How old are you?*
(literally: How many years are to you?)
○ *I will be thirty.*

Cv

❐ 1. Doplňte ve správném tvaru. *(Fill in the blanks with the correct form.)*

TY
VY
ON
ONA

○ Řeknu ________ to zítra.
○ Děkuju ________ moc.
○ Je ________ teplo?
○ Půjdu k ________ na návštěvu.
○ Přijdu k ________ v 8 hodin.

○ Napíšu ________ až za týden.
○ Hned ________ to vysvětlím.
○ Není ________ zima?
○ Hodí se ________ středa večer?
○ Líbí se ________ ten obraz?

❐ 2. Odpovězte. *(Answer.)*

○ Kolik vám je let?
○ Je vám zima, nebo teplo?
○ Líbí se vám tady?
○ Je ti líto, že Lenka nepřijde?
○ Mám čas ve čtyři. Hodí se vám to?
○ Kdo vám to vysvětlí?
○ Kdy vám Martin zatelefonuje?
○ Objednáš mi červené víno?
○ Chutná ti moje espreso?

Gr

DATIVE CASE OF NOUNS IN SINGULAR
(DATIV SINGULÁRU SUBSTANTIV)

(KE) KOMU? (K) ČEMU? *TO WHOM? TO WHAT?*

	hard and neutral consonants		soft consonants, "-tel"	
Ma	pán**ovi** pan**u** Petr**u** Novák**ovi** Karel – Karl**ovi**	**-OVI** **(-U)**	muž**i** přítel**i** (-tel) Tomáš**ovi**	**-OVI**
Mi **N**	stol**u** měst**u**	**-U**	pokoj**i**, moř**i** ! nádraží	**-I**
F	žen**ě** škol**e**	**-E/-Ě**	židl**i**, skřín**i**, ! paní ! místnost**i**	

! F Consonant changes of the feminine (softening):

-ha	> **ze**	Pra**ha**	– Pra**ze**
-ga	> **ze**	Ol**ga**	– Ol**ze**
-ka	> **ce**	doktor**ka**	– doktor**ce**
-ra	> **ře**	sest**ra**	– sest**ře**
-cha	> **še**	spr**cha**	– spr**še**

Compare:
F sg: dative = locative (see p. 43)

(sprcha = *shower(-bath)*)

Also: Ameri**ce**, k ban**ce**, k lavič**ce** (Ameri**ka**, ban**ka**, lavič**ka**)

! **Ma** ending in "**-a**": **a > ovi** kolega – kolegovi, turista – turistovi

○ Dám to

Martin**ovi**
Filip**ovi**
Františk**ovi**
Bill**ovi**
John**ovi**
Chris**ovi**

Ma: hard soft

○ Řeknu to

učitel**i**
cizinc**i**
prodavač**i**
Tomáš**i** Vlk**ovi**
Lukáš**i** Nykl**ovi**
Chris**i** Taylor**ovi**

○ Půjdu

F

ke Kateřin**ě**
k Pavl**e**
k Jit**ce**
k Moni**ce**
k Františ**ce**
k Luci**i**

○ Tašku dávám

Mi + N

ke stol**u**
k okn**u**
k rádi**u**

F: hard soft

k lamp**ě**
ke skříň**ce**
k sedač**ce**

k židl**i**
ke skřín**i**
k postel**i**

DATIVE CASE OF ADJECTIVES AND PRONOUNS IN SINGULAR (DATIV SINGULÁRU ADJEKTIV A ZÁJMEN)

Ma + Mi + N

ten, to	**tomu**	-OMU
jeden, jedno	jedn**omu**	-OMU
náš, naše	naš**emu**, vaš**emu**	-EMU
můj, moje (mé)	**mému**	-ÉMU
tvůj, tvoje (tvé)	**tvému**	-ÉMU
[svůj, svoje]	**svému**	-ÉMU
nový, nové	nov**ému**	-ÉMU
její	jej**ímu**	-ÍMU
moderní	modern**ímu**	-ÍMU

Nouns:

Mi + N, Ma: hard + neutral consonant		Mi + N, Ma: soft consonant	
stolu		pokoji	příteli
městu	pánovi	moři	Petrovi
-U	-OVI	-I	-I (-OVI)
Mi + N	Ma	Mi + N	Ma

F (= Locative)

ta	**té**	-É
jedna	jedn**é**	-É
nová	nov**é**	-É
moje, má	m**é**, moj**í**	-É / -Í
tvoje, tvá	tv**é**, tvoj**í**	-É / -Í
[svou]	sv**é**, svoj**í**	-É / -Í
naše, vaše	naš**í**, vaš**í**	-Í
její	její	-Í
moderní	moderní	-Í

Nouns:

hard + neutral consonant	soft consonant
ženě	židli
-E, -Ě	-I

- Jak je synovi?
- Už dobře, děkuju. Zítra půjde do školy.

- Kam jdeš?
- Koupit květiny.
- Komu?
- Své kolegyni Martině. Má dneska svátek.
- Dneska má svátek Martina? Musím zatelefonovat svojí kamarádce a poblahopřát jí.

- Co dáš manželce na Vánoce?
- Koupím jí nějaké knihy a hodinky.

- Napíšeš Davidovi a Tereze, jestli nechtějí v sobotu přijít?
- Právě jim píšu e-mail.

Gr

PREPOSITIONS WHICH TAKE THE DATIVE
(PREPOZICE S DATIVEM)

K, KE + Dat — *to, towards, for*

Tramvaj jede **k nádraží**. — *The tram goes to the railway station.*
Jdu **k Petrovi**. — *I'm going to see Peter.*
Co je dneska **k večeři**? — *What's for supper today?*

PROTI, NAPROTI + Dat — *opposite*

Banka je **naproti poště**. — *The bank is opposite the post office.*
Půjdu **naproti Petrovi**. — *I will go to meet Peter.*

PROTI + Dat — *against*

Co máš **proti Petrovi**? — *What do you have against Peter?*

DÍKY + Dat — *thanks to*

Umím to **díky tobě**. — *I know it thanks to you.*

KVŮLI + Dat — *for the sake of, by reason of*

Kvůli tobě to udělám. — *I will do it for your sake.*
Kvůli nemoci se to nekoná. — *It will not take place because of illness.*

Cv

❒ 3. Odpovězte. *(Answer.)*

- ○ Komu se to hodí?
- ○ Komu chutná to víno?
- ○ Komu odpovídáte?
- ○ Komu půjdete blahopřát?
- ○ Komu musíte zatelefonovat?
- ○ Komu nevěříte?
- ○ Naproti komu sedíte?
- ○ Ke komu půjdete dnes večer?
- ○ Komu pomáhá váš přítel?
- ○ Komu patří ta kamera?
- ○ Komu je dneska 20 let?

●

matce a otci
Honzovi
našemu učiteli
jednomu cizinci
jedné cizince
Johnovi a Mary
Marii a Františkovi
mému manželovi
svému kolegovi
Lence a Michalovi
Aleně
Kristině a Jeffovi

4. Řekněte ve správném tvaru. *(Say in the correct form.)*

○ Komu telefonuješ? ● Telefonuju

Martin, bratr, Adam, Jack, kolega, otec, přítel, učitel, Tomáš, Chris

○ Komu píšeš? ● Píšu

rodina, Zuzana, kamarádka, matka, sestra, přítelkyně

○ Hledáte poštu? ● Je naproti

obchod, park, kostel, hotel, kino, divadlo, orloj, restaurace, věž, parkoviště, nádraží

○ Hledáš stanici metra? ● Je naproti

pošta, kavárna, ambasáda, firma, banka, Opera

○ Čemu nerozumíš? ● Nerozumím

matematika, fyzika, politika, ekonomie, chemie, filozofie

5. Doplňte věty. *(Complete the sentences.)*

1. Musím zatelefonovat *(„svůj" přítel)* ____________________.
2. Řeknu to *(Hana a Filip)* ____________________?
3. *(Pavel)* ____________________ je dneska 30 let.
4. Také chci poblahopřát *(tvá sestra)* ____________________.
5. Bydlím naproti *(ten moderní hotel)* ____________________.
6. Nemám nic proti *(váš lektor)* ____________________.
7. *(Má manželka a já)* ____________________ to víno chutná.
8. Nepůjdeme na návštěvu k *(Monika)* ____________________?
9. Pomůžeš *(můj kolega)* ____________________, až se ti to bude hodit?
10. Večer půjdu k *(Jakub)* __________. Musím *(on)* __________ vrátit jednu kazetu.
11. *(Manžel)* ____________________ je to moc líto, ale nemůže přijít.
12. *(„Svůj" známý z Prahy)* ____________________ chci ukázat nové kulturní centrum.

Gr

PAST TENSE (PRÉTERITUM, MINULÝ ČAS)

The Czech language has only one past tense. It is formed from both imperfective and perfective verbs.

- We form it from the infinitive: the final **"-t"** is replaced by **"-l"**
  nakupovat → nakupova**l** *(he did shopping)*
- **M, F, N** have different forms: M sg – nakupova**l**, F – nakupova**la**, N – nakupova**lo**
- In the 1st and 2nd person of the singular and plural we add the auxiliary verb "být" (to be):
  1st person of singular M – nakupova**l** **jsem** *(I was (doing my) shopping)*

PAST TENSE OF THE VERB "TO BE" (BÝT)

I was	M F	**byl jsem** **byla jsem**	**byli jsme** **byly jsme**	M F			*we were*
you were	M F	**byl jsi** **byla jsi**	**byli jste** **byly jste**	M pl F pl	**byl jste** **byla jste**	M sg F sg	*you were (sg+pl)*
he was *she was* *it was*	M F N	**byl** **byla** **bylo**	**byli** **byly** **byla**	M F N			*they were*

Byl jsem včera večer doma.	*I was at home last night.*
Jana **byla** nemocná.	*Jane was ill.*
Jana a Petr **byli** v kině.	*Jane and Peter were in the cinema.*
Byly dvě hodiny.	*It was two o'clock.*
Na ulici **byla** jen dvě auta.	*There were only two cars on the street.*
Byl jste tam, pane kolego?	*Were you there, colleague?*
Byla jsi tam, Jano?	*Were you there, Jane?*
Co to **bylo**? Kdo to **byl**?	*What was it? Who was it?*

DĚLAT *(TO DO)*

dělal, dělala, dělalo jsem	**dělali, dělaly, dělala jsme**
dělal, dělala, dělalo jsi	**dělali, dělaly, dělala jste**
dělal, dělala, dělalo –	**dělali, dělaly, dělala –**

I did / have done (M – F – N)	*we did / have done* (Ma – Mi + F – N pl)
you did / have done (M – F – N)	*you did / have done* (Ma – Mi + F – N pl)
he, she, it did / has done (M – F – N)	*they did / have done* (Ma – Mi + F – N pl)

- **Co jste dělal, pane Kubáte?** — *What did you do / have you done, Mr Kubát?*
- **Co jste dělala, paní Nová?** — *What did you do / have you done, Mrs Nová?*

NEGATION

nedělal, -a, -o jsem	**nedělali, -y, -a jsme**
nedělal, -a, -o jsi	**nedělali, -y, -a jste**
nedělal, -a, -o	**nedělali, -y, -a**
I did not do / have not done	*we did not do / have not done*
you did not do / have not done	*you did not do / have not done*
he did not do / has not done	*they did not do / have not done*

děla- ✱+ **-l**	dělal	(on)	**sg**	**Ma, Mi**	*he did / has done*
-la	dělala	(ona)		**F**	*she did / has done*
-lo	dělalo	(to)		**N**	*it did / has done*
-li	dělali	(muži)	**pl**	**Ma**	*(men) did / have done*
-ly	dělaly	(ženy)		**Mi + F**	*(women) did / have done*
-la	dělala	(děvčata N pl) (děvče N sg)		**N**	*(girls) did / have done*

REFLEXIVE PRONOUN "SE, SI":

KOUPIT **SI**:	koupil(a) jsem si	koupili jsme si
	koupil **sis** (jsi + si = sis)	koupili jste si
	koupil si	koupili si
DÍVAT **SE**:	díval(a) jsem se	dívali jsme se
	díval **ses** (jsi + se = ses)	dívali jste se
	díval se	dívali se

Note:
"se" or **"si"** – the same in all persons
– only some verbs can have both pronouns (see p. 66):
mýt **se**/**si** něco
– but only:
dívat **se** – koupit **si**

INFINITIVE > PAST TENSE

-at, **-át** → **-al**	čekat – ček**al**	*he (has) waited*
	psát – ps**al**	*he wrote / has written*
-it, **-ít** → **-il**	koupit – koup**il**	*he (has) bought*
	pít – p**il** (also: být – b**yl**)	*he drank / has drunk*
-et > **-el**	myslet – mysl**el**	*he (has) thought*
-ovat > **-oval**	studovat – stud**oval**	*he (has) studied*

! **-át** > **-ál**	stát – st**ál** (stojím)	*he (has) stood*
	bát se – b**ál** se (bojím se)	*he (has) feared*
	smát se – sm**ál** se (směju se)	*he (has) laughed*
	hrát – hr**ál** (hraju)	*he (has) played*
	přát si – př**ál** si (přeju si)	*he (has) wished*

IRREGULAR FORMS:

-ít > -el	**jít – šel, šla, šlo, šli, šly, šla** **mít – měl** **chtít – chtěl** **otevřít – otevřel** **umřít – umřel**	*he, she, it, they went* *he (has) had* *he (has) wanted* *he (has) opened* *he (has) died*
-st > -tl / -dl	**číst – četl** **jíst – jedl** **sníst – snědl**	*he (has) read* *has eaten / he ate* *has eaten up (st) / he ate*
-ct > -kl / -hl	**říct – řekl** **moct – mohl** **pomoct – pomohl**	*he (has) said* *has been able / he could* *he (has) helped*
! -al	**vzít – vzal** **začít – začal** **přijmout – přijal**	*has taken / he took* *has begun / he began* *he (has) accepted, received*
-nout > -l (-nul)	**obléknout – oblékl (obléknul)** **prohlédnout – prohlédl (prohlédnul)**	*he (has) put on* *he (has) examined*
-menout > -mněl (-menul)	**zapomenout – zapomněl (zapomenul)** **vzpomenout – vzpomněl (vzpomenul)**	*has forgotten / he forgot* *he (has) remembered*

POSITION of "jsem", "si (se)", "to" and pronouns:

	2nd position	
Koupil	**jsem**	to včera.
Včera	**jsem**	to koupil.
To	**jsem**	koupil včera.

	2nd position (1 2 3)	
Koupil	**jsem si to**	včera.
Včera	**jsem si to**	koupil.

- All unstressed words are in the 2nd position.
- First of all there is the auxiliary verb **"jsem, jsi, ..."**, then the reflexive pronoun **"se,** or **si"** and at the end the pronoun **"to, ho, ji, ..."**.
- Dative pronouns are placed before accusative pronouns in sentences containing both of them.

Přečetl jsem si to včera.	*I read it yesterday.*
Zapomněl jsem mu to dát.	*I have forgotten to give it to him.*
Vypil jsem dva džusy.	*I drank / have drunk up two glasses of juice.*
Na ulici **stálo** černé auto.	*A black car stood on the street.*
Myslel jsem si, že nepřijdeš.	*I thought that you would not come.*
K svátku **jsem si přála** růže.	*I wished for roses for my name day.*
Telefonoval jste mi včera?	*Did you phone me yesterday?*
Rodiče už **odešli** do divadla.	*My parents have already gone to the theatre.*

Neměl jsem čas a **neudělal jsem to.** — *I did not have time and did not do it.*
Co **jsi řekl?** — *What did you say?*
Snědla jsi, Jano, celý oběd? — *Have you eaten up all your lunch, Jane?*
Někdo **zavřel** dveře. — *Somebody (has) shut the door.*
Chtěl jsem tě včera navštívit. — *I wanted to visit you yesterday.*
Bohužel **jsem nemohl** přijít. — *Unfortunately, I could not come.*
Už **začal** film? — *Has the film already begun?*
Koupil sis už jízdenku? — *Did you already buy / have you already bought a ticket?*
Už **sis vzpomněl** na to datum? — *Have you recalled the date yet?*

- **Proč jsi včera nepřišel?**
- **Neměl jsem čas. Promiň.**

- **Řekl jsi to Aleně?**
- **Řekl jsem jí to, ale nesouhlasí.**

- **Kde je Alena?**
- **Šla nakoupit.**

- **Jak ti je?**
- **Dobře. V sobotu a v neděli jsem si odpočinul.**

- **Viděl jsi někdy Tomáše?**
- **Ano, včera jsem ho navštívil.**

- **Přečetl sis to?**
- **Ano, je to zajímavé.**

- **V sobotu jsme byli lyžovat.**
- **Kam jste jeli?**
- **Na Šumavu.**

- **Co jsi dělal, že jsi tak unavený?**
- **Celý den jsem lyžoval.**

- **Obědval jsi?**
- **Ano, najedl jsem se ve městě.**

- **Od koho máš ty krásné růže?**
- **Dostala jsem je od manžela.**

- **Rozuměl jsi tomu, co říkal?**
- **Ne, vůbec ne.**

- **Byl jsi na ambasádě?**
- **Byl, ale moc mi nepomohli.**

- **Jak dlouho jsi tam zůstal?**
- **Celé odpoledne.**

- **Rodiče už vědí, že v neděli přijedeme? Napsal jsi jim to?**
- **Nenapsal.**

- **Koupil jsem všechno, co jsi chtěla?**
- **Zapomněl jsi na víno.**

- **Včera jsme večeřeli v restauraci.**
- **Co jste si dali?**
- **Já jen salát a Honza pizzu.**
  Měli tam moc dobré červené víno.

- **Chtěli jsme jet někam na víkend, ale museli jsme zůstat doma, protože Janě nebylo dobře.**
- **To je mi líto.**

- **Jak to, že jste včera nepřišli?**
- **Chtěli jsme ti zatelefonovat, ale zapomněli jsme na to.**

- **Jak jste se měli v Římě?**
- **Měli jsme se moc dobře.**

Notice: In a short answer we need not repeat the auxiliary word "jsem, jsi, …".

● Napsal jsi to?	○ Nenapsal. (= Nenapsal jsem to.)
● Byli jste tam?	○ Byli. (= Byli jsme tam.)

Gr

SUBJECT "TO": "-LO" IN THE PAST TENSE

(SUBJEKT „TO")

○ Je mi to líto.	Byl**o** mi to líto.	*I am / was sorry.*
○ Hodí se mi to.	Hodil**o** se mi to.	*It suits / suited me.*
○ Líbí se mi to.	Líbil**o** se mi to.	*I like / liked it.*
○ Nevadí mi to.	Nevadil**o** mi to.	*I do not / did not mind.*
○ Těší mě to.	Těšil**o** mě to.	*It is / was a pleasure for me.*

SENTENCES WITHOUT A SUBJECT: "-O"

(VĚTY BEZ SUBJEKTU)

● Jak ti je?	Jak ti byl**o**?	*How are / were you?*
○ Je mi zima.	Byl**o** mi zima.	*I am / was cold.*
○ Je mi teplo.	Byl**o** mi teplo.	*I am / was warm.*
○ Je mi špatně.	Byl**o** mi špatně.	*I feel / felt bad.*
○ Je mi dobře.	Byl**o** mi dobře.	*I feel / felt well.*
Also:		
Je tam krásně.	Byl**o** tam krásně.	*It is / was beautiful there.*
Je pět hodin.	Byl**o** pět hodin.	*It is / was five o'clock.*
Je mi 20 let.	Byl**o** mi 20 let.	*I am / was 20 (years old).*

X Byl**y** dvě hodiny. (Jsou dvě hodiny.)

Cv

6. Tvořte věty. *(Form sentences.)*

Včera jsem byl dlouho v práci.

a)

(já)	byl	jsem	včera dlouho v práci
(ty)	byla	jsi	nemocný
(vy) pane kolego	byli	jste	nervózní
Petr		jsme	na služební cestě
my všichni			dva týdny v Londýně
naši přátelé			jeden měsíc v Anglii
			tři dny v New Yorku

b)

Jana	(ne)šel, šla, šli	z práce
Petr	(ne)přišel, přišla, přišli	domů
Jana a Petr	(ne)odešel, odešla, odešli	do práce
rodiče		koupit kafe
		nikam
		na návštěvu
		navštívit přítele

7. Řekněte sloveso v minulém čase. Pozor na 2. pozici pomocného slovesa „být". *(Say the verb in the past tense. Be careful with the 2nd position of the auxiliary verb "být".)*

JÁ V kavárně *(dát si)* jen čaj. – V kavárně **jsem si dal(a)** jen čaj.

JÁ

- *(Čekat)* na tebe dlouho. ________________
- *(Mít)* velkou radost. ________________
- *(Vzít si)* tvoje pero. ________________
- *(Přijet)* včera v noci. ________________
- Včera *(pracovat)* až do noci. ________________

TY

- *(Hledat)* taky ve skříni? ________________
- *(Dívat se)* dobře? Určitě tam není? ________________
- *(Vidět)* tam Jitku? ________________
- V kolik hodin *(odejít)*? ________________
- Co *(koupit si)*? ________________

MY

- Včera večer *(mít)* návštěvu. ________________
- *(Pít)* bílé víno. ________________
- Domů *(vrátit se)* brzo. ________________
- *(Poznat)* jejich přátele. ________________
- *(Prohlédnout si)* celé město. ________________

VY

- (*Přijít*) včas do divadla? ______
- Jak dlouho (*zůstat*) v restauraci? ______
- Už (*skončit*)? ______
- Co (*prohlédnout si*)? ______
- (*Ukázat*) jim cestu na náměstí? ______

❐ 8. a) Řekněte sloveso v minulém čase. Přečtěte si dole poznámku o časové souslednosti. *(Say the verb in the past tense. Read the note on the sequence of tenses below.)*

➡ Hana (*zeptat se*), proč Filip **není** v práci. –
Hana **se zeptala**, proč Filip **není** v práci.

Hana asked why Philip was not at work.

! An action which takes place at the same time as the basic action is expressed by the present tense. A successive action is expressed by the future tense.

ON
ONA

- (*Myslet*), že Lenka je ještě v práci. ______
- (*Být*) rád(a), že nás vidí. ______
- (*Zeptat se*), kde je Zuzana. ______
- (*Doufat*), že Zuzana bude mít čas. ______
- (*Těšit se*), že pojede taky. ______
- (*Čekat*), až přijde Dana. ______
- (*Bát se*), že přijede pozdě. ______

b) Dokončete větu. *(Complete the sentence.)*

ONI

- Mysleli si, že ______.
- Věřili, že ______.
- Doufali, že ______.
- Byli rádi, že ______.
- Zeptali se, kdy ______.
- Nevěděli, jestli ______.
- Báli se, že ______.

❐ 9. Najděte správnou odpověď. *(Choose the correct answer.)*

1. Jak vám je? → Je mi špatně.
2. Už ti je dobře?
3. Kolik jim je let?
4. Kolik let je synovi?
5. Jak je ve třídě?
6. Bylo tam krásně?
7. Jak ti bylo včera večer?
8. Bylo ráno hodně zima?
9. Líbilo se vám to?

- Je tam teplo.
- Aleně je 18 a Petrovi 19.
- Je mi špatně.
- Je mu 14 let.
- Ne, ještě mi není dobře.
- Ne, nelíbilo se mi to.
- Ne, bylo jen trochu zima.
- Ano, bylo tam velmi krásně.
- Včera večer mi už bylo dobře.

KDE JSI BYL TAK DLOUHO?

„Ahoj! Proč jdeš tak pozdě? Už tady čekám půl hodiny," zlobil se trochu Pavel, když jsem k němu přišel. Včera jsme se telefonicky dohodli, že se sejdeme v šest hodin u orloje a strávíme spolu celý večer. Dlouho jsme se neviděli, protože Pavel nebyl celý minulý měsíc v Praze.

„Promiň, Pavle. Zdržel jsem se v práci. Měl jsem důležité jednání, nemohl jsem skončit dřív a ani jsem nemohl zatelefonovat. Už jsem byl nervózní, že na mě nepočkáš," omlouval jsem se Pavlovi.

„Hlavní je, že jsi přišel. Kam půjdeme? Naplánoval jsi něco?" zeptal se mě Pavel.

„Nenaplánoval jsem nic."

„Je mi zima. Chci si jít nejdřív někam sednout a potom uvidíme," odpověděl mi Pavel.

„Zatím dvakrát espreso s mlékem," objednal jsem v kavárně. „Kde jsi byl celý ten měsíc?" zeptal jsem se.

„První dva týdny v prosinci jsem byl na služební cestě v Berlíně. Potom jsem si vzal dovolenou a odjel jsem na naši chatu. Počkal jsem tam na manželku a děti, až budou mít zimní prázdniny. Vánoce a Silvestra jsme strávili také tam. Bylo tam krásně. A co ty? Kde jsi byl na Vánoce?"

„Já jsem musel zůstat v Praze, protože onemocněla manželka. Bylo mi to líto, protože jsem se těšil na lyže."

„No vidíš, já mohl lyžovat celé dny, ale neumím to. Jen jsem četl, procházel se a odpočíval. Potřeboval jsem to; čeká mě teď hodně práce."

CO JSEM DĚLAL VČERA?

Včera byl dlouhý den. Začal ráno v sedm, protože jsem v osm hodin už musel být v kanceláři. Čekal jsem jednoho obchodního partnera. Jednání trvalo celé dopoledne; až v jednu hodinu jsem se šel naobědvat.

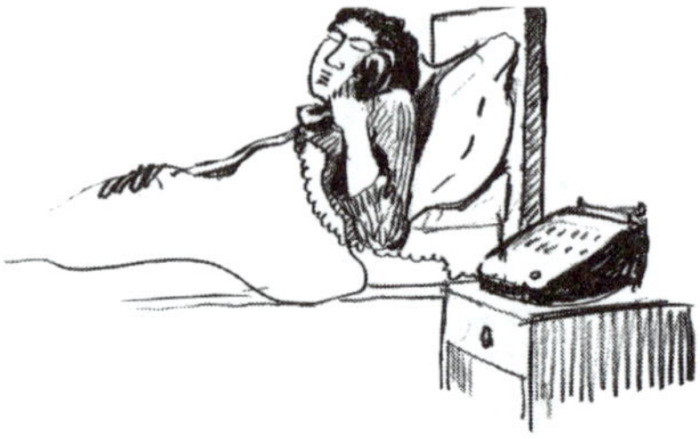

Odpoledne jsem zatelefonoval domů manželce, protože jí ráno nebylo dobře a zůstala doma. Stále jí bylo špatně, takže jsem musel ve tři hodiny jet do školy pro syna a vzít ho autem domů. Potom jsem se vrátil znovu do kanceláře a nadiktoval jsem sekretářce jeden dopis.

Skončili jsme v pět hodin, z práce jsme odešli jako poslední. Už jsem byl na cestě domů, když jsem si vzpomněl, že nemám pro manželku dárek. Jak jsem mohl zapomenout na její svátek! Vrátil jsem se do centra a prohlížel si obchody. Nakonec jsem jí koupil růže a parfém a taky chlebíčky a víno.

Domů jsem přijel pozdě. Děti právě večeřely. Manželka se trochu zlobila, ale potom jsem jí poblahopřál k svátku, dal květiny a dárek a celý večer jsme strávili v příjemné atmosféře.

Cv

10. Dokončete větu podle textu. *(Complete the sentence according to the text.)*

- Pavel se zlobil, protože ______________________.
- Přišel jsem pozdě, protože ______________________.
- Dlouho jsme se neviděli, protože ______________________.
- Bylo mi zima, proto ______________________.
- V prosinci jsem nebyl v Praze, ale ______________________.
- Na chatě jsem byl chvíli sám, protože ______________________.
- Na Vánoce jsem musel zůstat v Praze, protože ______________________.
- Nelyžoval jsem, protože ______________________.

11. Řekněte ve futuru. *(Say in the future tense.)*

číst *impf* – **budu číst**
přečíst *pf* – **přečtu**

sejít se	Tak fajn, ____________ zítra v 5 hodin.
strávit	Zítra spolu ____________ celý večer.
být	Zítra ____________ v práci, ____________ doma.
zůstat	____________ tady v Praze dlouho?
moct	Nevím, jestli zítra ____________ přijít.
objednat si	„Co ____________?“ ptá se mě Pavel.
odpočívat, číst si	Na chatě ____________ a ____________.
vzít si	V prosinci ____________ dovolenou.
lyžovat	Celé Vánoce ____________, umím to dobře.

počkat potřebovat zlobit se zdržet se	○ ______________ na manželku a na děti na nádraží. ○ Nevím, jestli ještě ______________ peníze. ○ Myslím, že sestra ______________. ○ Nemusíš na mě čekat, ______________ v kanceláři.

❒ 12. Doplňte sloveso ve správném tvaru. Všímejte si vidové dvojice „–cházet / –jít“. *(Fill in the verb in the correct form. Notice the aspectual pair "–cházet / –jít".)*

➡ procházet se / projít se: **procházíme se** *(the present)*, **budeme se procházet** *(the future)* / **projdeme se** *(the future)*

1. *(Odcházet)* ______________ jako poslední.
   (Odejít) ______________ už někdo?
2. *(Přicházet)* ______________ Martin. Můžeme začít.
   Včera *(přijít)* ______________ velmi pozdě.
3. Ráda *(procházet se)* ______________ v parku.
   Nepůjdeme *(projít se)* ______________?
4. Já a Dana *(scházet se)* ______________ každou středu.
   (Sejít se) ______________ spolu taky zítra.
5. Brzo **budou** Vánoce. Těším se, že *(procházet se)* ______________, že *(přicházet)* ______________ návštěvy, že *(scházet se)* ______________ já a moji přátelé.

❒ 13. Odpovězte podle vzoru s perfektivním slovesem v minulém čase. *(Answer according to the model with the perfective verb in the past tense.)*

➡ ○ Budeš psát dopis? ● **Už jsem ho napsal.** (impf → pf)

○ Budete číst ten e-mail?	přečíst
○ Budete si plánovat dovolenou?	naplánovat si
○ Kdy to budeš dělat?	udělat
○ Budete blahopřát kolegovi?	poblahopřát
○ Budete telefonovat Zuzaně?	zatelefonovat
○ Budete obědvat?	naobědvat se
○ Budeš si ještě brát salát?	vzít si
○ Budete přestupovat?	přestoupit
○ Budete si kupovat novou televizi?	koupit si
○ Budete si prohlížet Pražský hrad?	prohlédnout si
○ Budeš to říkat učitelce?	říct
○ Budete novému kolegovi nabízet tykání?	nabídnout
○ Budete si připíjet na zdraví?	připít si
○ Budeš otci děkovat za dárek?	poděkovat
○ Budeš pomáhat synovi?	pomoct

❑ 14. Vytvořte ze slov věty a řekněte je v minulém čase. Doplňte prepozice, kde je to nutné. *(Form sentences from the words and say them in the past tense. Fill in the prepositions where necessary.)*

➡ Syn – být – škola. – **Syn byl ve škole.**

1. Ráno – odejít *(já)* – práce – 7 hodin.
2. 8 hodin – přijít – můj obchodní partner.
3. Naše jednání – trvat – 2 hodiny.
4. Já a kolega – naobědvat se – restaurace.
5. Zatelefonovat *(já)* – domů – manželka.
6. Manželka – být – špatně – proto – zůstat – doma.
7. Syn – skončit – škola – 3 hodiny.
8. Jet *(my)* – auto – domů.
9. Nemít *(já)* – dárek – manželka.
10. Koupit *(já)* – ona – květiny.
11. Pít *(my)* – víno.
12. Doma – být – krásně.

❑ 15. Řekněte sloveso v minulém čase. Pozorujte rozdíl v aspektu. *(Say the verb in the past tense. Notice the difference in the aspect.)*

➡ **Dělal jsem** to **celý večer**. – **Udělal jsem** to **hned**.
(*dělat* – impf verb) (*udělat* – pf verb)

1. *(Psát)* to celou hodinu. – *(Napsat)* mu e-mail.
2. *(Číst si)* chvíli a potom jsem šel spát. – *(Přečíst si)* noviny.
3. *(Dívat se)* v obchodě na nové knihy. – *(Podívat se)* do knihy.
4. *(Ptát se)* a *(odpovídat)* česky. – *(Zeptat se)*, kde je Dana.
5. *(Večeřet)* v restauraci. – *(Navečeřet se)* a odešli jsme ven.
6. *(Jíst)* ve městě, už nebudu večeřet. – *(Sníst)* všechno, nic nezůstalo.
7. Celý týden *(vstávat)* brzo ráno. – Dneska *(vstát)* až v deset.
8. *(Říkat)* mu, že to skončí špatně. – *(Říct)* mu, že přijdeme až večer.
9. *(Připravovat se)* na jednání dlouho. – *(Připravit se)* na jednání dobře.
10. *(Prohlížet si)* historické centrum. – *(Prohlédnout si)* Pražský hrad.
11. *(Scházet se)* každou neděli v parku. – *(Sejít se)* včera v šest hodin.
12. Když *(vracet se)*, byla už noc. – *(Vrátit se)* pozdě v noci.

❑ 16. Větu se slovesem v minulém čase postupně rozvíjejte. *(Develope gradually the sentence with the verb in the past tense.)*

➡ **Šel jsem** — do kina

Šel jsem **do kina**. ← včera
Včera jsem šel do kina. ← večer
Včera **večer** jsem šel do kina. ← v centru
Včera večer jsem šel do kina **v centru**.

1. **Přijel jsem** — domů, v jedenáct hodin, ve středu

2. **Čekal jsem**	na Pavla svého přítele půl hodiny u banky
3. **Byl jsem**	na služební cestě v Brně v prosinci dva týdny
4. **Viděl jsem**	český film moc zajímavý v kině včera

❐ 17. Řekněte text v 1. osobě jednotného čísla minulého času.
(Put the text into the past tense 1st person sg.)

V 7 hodin *(vstát)*, potom dlouho *(snídat)*. *(Číst)* noviny, *(poslouchat)* rádio. Potom *(jít)* do města. *(Chtít)* koupit malý dárek pro jednu přítelkyni. Jako dárek *(vybrat)* skleničky. *(Prohlížet si)* je dlouho. *(Nevědět)*, jestli se budou přítelkyni líbit. Mně *(líbit se)*. Nakonec je *(koupit)*. Když *(odejít)* z obchodu, *(být)* už 10 hodin. *(Mít)* na něco chuť, proto *(jít)* do kavárny. *(Prohlédnout si)* celou kavárnu, jestli tam není někdo známý, ale *(nebýt)*. *(Muset)* sedět u stolu sám. Ještě *(nevypít)* kávu, když *(přijít)* Jana. *(Mít)* radost, dlouho Janu *(nevidět)*. *(Mluvit)* spolu, *(ptát se)* na přátele. Ve 12 hodin *(zaplatit)* a *(odejít)*. *(Rozloučit se)*: Ahoj!

❐ 18. Řekněte opozita. *(Say the opposites.)*

ošklivý	x	____________	jdu **od Petra**	x	____________
ošklivě	x	____________	bydlí **daleko od** nádraží	x	____________
teplo	x	____________			
poslední	x	____________	návštěva **přichází**	x	____________
hodně	x	____________	známí **odejdou**	x	____________
zdravý	x	____________	**prodat** byt	x	____________
nikdo	x	____________	**prodávám** auto	x	____________

❐ 19. Doplňte vhodnými výrazy. *(Add suitable expressions.)*

➠ **můj**, **náš**, **dobrý** přítel — viděl jsem **hezký film**, **Martina**, ...

____________ návštěva — objednal jsem ____________

zůstal jsem ____________ — chtěl jsem ____________

líbil se mi ____________ — bylo mi ____________

____________ cesta — šel jsem ____________

MLUVNÍ CVIČENÍ

1. a) *Poslouchejte:* ○ Už přišly děti domů?
● Ne, ale zatelefonuju ti, až přijdou.

b) *Odpovězte:*
○ Už přišly děti domů? **● Ne, ale zatelefonuju ti, až přijdou.**
○ Už jsi napsal ten dopis? **● Ne, ale zatelefonuju ti, až ho napíšu.**
○ Už jsi koupil ty lístky? **● Ne, ale zatelefonuju ti, až je koupím.**
○ Už máš čas? **● Ne, ale zatelefonuju ti, až ho budu mít.**
○ Už víš, kdy se vrátíš? **● Ne, ale zatelefonuju ti, až to budu vědět.**

2. a) *Poslouchejte:* ○ Už jsem vám řekl, že pojedu do Berlína?
● Ano, řekl jste mi to.

b) *Odpovězte:*
○ Už jsem vám řekl, že pojedu do Berlína? **● Ano, řekl jste mi to.**
○ Už jsem vám řekl, že zítra bude v Praze Petr? **● Ano, řekl jste mi to.**
○ Už jsem vám řekl, že mám pro vás lístky do divadla? **● Ano, řekl jste mi to.**

3. a) *Poslouchejte:* ○ Říká, že se dneska zdrží v práci.
● To nám už přece řekl včera. *(he did tell ...)*

b) *Reagujte:*
○ Říká, že se dneska zdrží v práci. **● To nám už přece řekl včera.**
○ Říká, že si vezme dovolenou. **● To nám už přece řekl včera.**
○ Říkají, že na chatu pojedou už dneska. **● To nám už přece řekli včera.**
○ Říkají, že budou muset zůstat v Praze. **● To nám už přece řekli včera.**

4. a) *Poslouchejte:* ○ Jak se jmenuje tenhle kostel? ● Zapomněl jsem, jak se jmenuje.

b) *Odpovězte:*
○ Jak se jmenuje tenhle kostel? **● Zapomněl jsem, jak se jmenuje.**
○ Kdy přijde Petr? **● Zapomněl jsem, kdy přijde.**
○ Kdy má Jana svátek? **● Zapomněl jsem, kdy má svátek.**
○ Kolik mu je let? **● Zapomněl jsem, kolik mu je let.**
○ Kolik jí je let? **● Zapomněl jsem, kolik jí je let.**

5. a) *Poslouchejte:* ○ Kolik bylo hodin, když ses vrátil domů?
● Když jsem se vrátil domů, bylo už pět.

b) *Odpovězte:*
○ Kolik bylo hodin, když ses vrátil domů? **● Když jsem se vrátil domů, bylo už pět.**
○ Kolik bylo hodin, když jsi skončil v práci? **● Když jsem skončil v práci, bylo už pět.**
○ Kolik bylo hodin, když přišel váš obchodní partner? **● Když přišel, bylo už pět.**

○ Kolik bylo hodin, když jste večeřel? ● **Když jsem večeřel, bylo už pět.**

○ Kolik bylo hodin, když jsi mi telefonoval? ● **Když jsem ti telefonoval, bylo už pět.**

6. a) *Poslouchejte:* ○ Ahoj! Co děláš? Obědváš? ● Právě jsem se naobědval a teď půjdu ven.

b) *Odpovězte:*

○ Ahoj! Co děláš? Obědváš? ● **Právě jsem se naobědval a teď půjdu ven.**

○ Ahoj! Co děláš? Snídáš? ● **Právě jsem se nasnídal a teď půjdu ven.**

○ Dobrý den. Co děláte? Večeříte? ● **Právě jsem se navečeřel a teď půjdu ven.**

○ Dobrý den. Co děláte? Už končíte? ● **Právě jsem skončil a teď půjdu ven.**

7. a) *Poslouchejte:* ○ Je to daleko k nádraží? ● **Ne, není. Můžete jít pěšky.**

b) *Odpovězte:*

○ Je to daleko k nádraží? ● **Ne, není. Můžete jít pěšky.**
○ Je to daleko k metru? ● **Ne, není. Můžete jít pěšky.**
○ Je to daleko k univerzitě? ● **Ne, není. Můžete jít pěšky.**

8. a) *Poslouchejte:* ○ Kdy už dáš Petrovi ten dárek? ● Dám mu ho ještě dneska.

b) *Odpovězte:*

○ Kdy už dáš Petrovi ten dárek? ● **Dám mu ho ještě dneska.**
○ Kdy už dáš manželovi to víno? ● **Dám mu ho ještě dneska.**
○ Kdy už dáš šéfovi ten dopis? ● **Dám mu ho ještě dneska.**
○ Kdy už dáš otci to kafe? ● **Dám mu ho ještě dneska.**

9. a) *Poslouchejte:* ○ Řekneš Janě, že přijdu? ● Ano, řeknu jí to.

b) *Odpovězte:*

○ Řekneš Janě, že přijdu? ● **Ano, řeknu jí to.**
○ Dáš manželce tuhle knihu? ● **Ano, dám jí to.**
○ Vrátíš profesorce slovník? ● **Ano, vrátím jí to.**
○ Napíšete paní Aleně, jestli může přijet za týden? ● **Ano, napíšu jí to.**

LEKCE 8

Topic:

SHOPPING. GROCERIES.
HOW MUCH DOES IT COST?

You will learn how to

- ask the price of something when shopping
- use the right phrases when talking to shop assistants
- say how much you want of something
- ask for your favourite groceries in Czech
- make comparisons: say that something is bigger, dearer
- express a wish: I would like ...
- say whose house you have gone to on a visit

Money (p. 179) • Phrases with the verb in the conditional (p. 180) • Genitive case of nouns in singular (p. 181) • Genitive case of adjectives and pronouns in singular (p. 182) • Prepositions which take the genitive (p. 185) • Functions of the genitive (p. 186) • Verbs with the genitive (p. 186) • Comparison of adjectives and adverbs (p. 196)

balíček M	*packet*
banán M	*banana*
barva F	*colour*
boty F pl	*shoes*
celkem	*altogether*
cena F	*price*
citron M	*lemon*
cukr M	*sugar*
čokoláda F	*chocolate*
docela (hezký)	*quite (nice)*
drahý, -á, -é	*expensive*
drobné pl	*change (money)*
džem M	*jam*
fronta F	*queue*
haléř M	*heller*
hotově	*in cash*
hra F	*game*
hudba F	*music*
chléb, chleba M	*bread*
jablko N	*apple*
jiný, -á, -é	*other*
kabát M	*coat*
kabina F	*cabin*
kalhoty F pl	*trousers*
karta platební F	*credit card*
kartáček na zuby M	*tooth-brush*
koruna F	*crown*
krém M	*cream*
laciný, -á, -é	*cheap*
letní	*summer (adj)*
levný, -á, -é	*cheap*
máslo N	*butter*
maso N	*meat*
menší	*smaller*
mockrát	*many times*
mýdlo N	*soap*
nákupní centrum N	*shopping centre*
napít se +Gen pf	*to have a drink*
napiju se	*I'll have a drink*
než	*than*
obchodní dům M	*department store*
od +Gen	*from, since*
oděvy M pl	*clothes*
ovoce N, **ovocný**	*fruit (noun, adj)*
ovšem	*of course*
peněženka F	*purse, wallet*
pivo N	*beer*
pomeranč M	*orange*
potraviny F pl	*groceries*
pravda F	*truth*
přát si +Acc impf	*to wish*
přeju, přál jsem si	*I wish, I wished*
půl(ka)	*half*
rozměnit, -ím pf	*to change into*
+Acc **na** +Acc	*I change into*
ruce F pl, sg **ruka**	*hands, hand*
sako N	*jacket*
salám M	*salami*
salát M	*salad*
slušet +Dat impf	*to suit*
sluší mi	*it suits me*
směnárna F	*exchange office*
snídaně F	*breakfast*
spočítat, -ám pf	*to count, I'll count*
počítat, -ám impf	*to count, I count*
stát, stojí to impf	*to cost, it costs*
sůl F (Gen **soli**)	*salt*
světlý, -á, -é	*light*
sýr M (Gen **-a**)	*cheese*
šaty M pl	*clothes*
šedivý, šedý, -á, -é	*grey*
šunka F, **šunkový**	*ham (noun, adj)*
tmavý, -á, -é	*dark*
tolik	*so much*
tvrdý, -á, -é	*hard*
účet M	*bill*
věc F (Gen **věci**)	*thing*
vejce = vajíčko N	*egg*
velikost F	*size*
veselý, -á, -é	*cheerful*
větší	*bigger*
voda F	*water*
vozík M	*trolley*
vyměnit, -ím pf	*to exchange*
+Acc **za** + Acc	*st for st, I'll e.*
měnit, -ím impf	*to exchange, I e.*
zákazník M	*customer*
zákaznice F	
zelenina F, **zeleninový**	*vegetables (noun, adj)*
zkoušet si, -ím +Acc impf	*to try, I try*
zkusit si, -ím pf	*to try, I'll try*
zmrzlina F	*ice cream*
zpátky	*back*
zrcadlo N	*mirror*
zubní pasta F	*tooth paste*

Gr

MONEY (PENÍZE)

KOLIK TO STOJÍ? *(HOW MUCH DOES IT COST?)*

0,50 Kč	padesát haléř**ů**	(jako 10 metrů, dolarů)
1 Kč	jedn**u** korun**u** (= Acc)	Kolik to stojí? → Acc
2 Kč	dvě korun**y**	(jako dvě hodiny)
3 Kč	tři korun**y**	
4 Kč	čtyři korun**y**	
5 Kč	pět koru**n**	(jako pět hodin, pět eur)
10 Kč	deset koru**n**	
100 Kč	sto koru**n**	
105 Kč	sto pět korun	
206 Kč	dvě stě šest korun	
325 Kč	tři sta dvacet pět korun	
1550 Kč	tisíc pět set padesát korun	

● Kolik to stojí? Co to stojí?
○ Stojí to 67,50 Kč.
(šedesát sedm korun padesát haléřů)

● *How much does it cost?*
○ *It costs 67.50 crowns.*

PENÍZE (mince, bankovky): *money (coins, banknotes)*

padesátník (0,50)
koruna (1)
dvoukoruna (2)
pětikoruna (5)
desetikoruna (10)
dvacetikoruna (20)
padesátikoruna (50)
stokoruna, *coll* stovka (100)
dvousetkoruna, *coll* dvoustovka (200)
pětisetkoruna, *coll* pětistovka (500)
tisícikoruna, *coll* tisícovka (1 000)
dvoutisícikoruna (2 000)
pětitisícikoruna (5 000)

drobné – rozměnit stokorunu **na** desetikoruny
rozměnit **na** drobné *(small change)*

BANKA, SMĚNÁRNA *(the bank, the exchange office)*
– **vyměnit** eura, libry, dolary **za** koruny v bance, ve směnárně *(to exchange euros, British pounds, dollars for Czech crowns at the bank, at the exchange office)*

8

Cv

1. Odpovězte. *(Answer.)*

- Kolik to stálo? ○ 11,50 Kč, 146 Kč, 98 Kč, 44 Kč, 1 410 Kč, 567 Kč, 5 150 Kč

- Kolik stojí černá káva?
  jeden rohlík?
  zubní pasta?
  jedno pivo?
  tenhle zákusek?
  džus?
  lístek na metro?
  tato peněženka?

○ 30 Kč, 47 Kč, 19 Kč, 610 Kč, 2 Kč, 20 Kč, 23 Kč, 25 Kč

Gr

PHRASES WITH THE VERB IN THE CONDITIONAL (FRÁZE S KONDICIONÁLEM)

Learn the most usual phrases with the verb in the conditional. You will learn more on p. 213.

Chtěl(a) bych kávu.	*I would like coffee.*
Šel, šla bych do kina.	*I would go to the cinema.*
Chtěl(a) bys čaj?	*Would you like tea?*
Líbilo by se mi béžové sako.	*I would like a beige jacket.*

Conditional	of the 1st person sg (I):	**-l** form of the verb + **BYCH**
	of the 2nd person sg (you):	**-l** form of the verb + **BYS**
	of the 3rd person sg (he):	**-l** form of the verb + **BY**

RYCHLÉ OBČERSTVENÍ (FAST FOOD)

○ Co si přejete?
● Chtěl bych dva sendviče,
jeden se šunkou a jeden s tuňákem.

Alter the conversation.

1 zeleninový salát a 1 hamburger
2 chlebíčky se šunkou
2 malé pizzy se sýrem

○ Co budete pít? ● Jednu coca-colu a jeden džus.	1 minerálku a 1 džus 2 kávy s mlékem
○ Je to všechno? ● Ještě jednu porci zmrzliny.	čokoládový zákusek
○ Celkem to je 123 korun. ● Tady je dvousetkoruna.	135 korun, 149 korun, 156 korun
○ Tady máte 77 korun zpátky. ● Děkuju. Na shledanou. ○ Na shledanou.	65 korun, 51 korun, 44 korun zpátky

KOLIK PLATÍM?
(prodavačka, zákaznice)

ještě jednou *(once again)*

Z: Kolik platím?
P: 376 korun.
Z: Tolik? To není možné. Můžete mi zkontrolovat účet?
P: Samozřejmě. Spočítám to ještě jednou. Tak to je jeden šampon za 89 korun, mýdlo za 19 korun, krém na ruce za 65 korun, zubní pasta za 57 korun a kartáček na zuby za 38 korun. To je celkem 268 korun. Máte pravdu. Tady na účtu je ještě něco za 108 korun.
Z: Omlouvám se. To je multivitamin. Už jsem si ho dala do tašky.
P: To nic. Nemáte prosím drobné?
Z: Bohužel ne, mám jen tisícovku.
P: Nevadí, nějak to udělám. Tady máte 624 korun zpátky.
Z: Mockrát děkuju. Na shledanou.
P: Na shledanou.

Gr

GENITIVE CASE IN SINGULAR (GENITIV SINGULÁRU)

KOHO? ČEHO?

Jdu do obchod**u**.	**M**	do pokoj**e**
Jdu do škol**y**.	**F**	do prác**e**
Jdu do kin**a**.	**N**	do moř**e**

Repeat the declension of nouns in the genitive singular on p. 84.

	hard + neutral consonants		soft consonants, "-tel"	
Ma	studen**ta**, pá**na**	**-A**	mu**že**, příte**le** (-tel)	**-E**
N	měs**ta**	**-A**	mo**ře**, vej**ce**	**-E**
Mi	sto**lu**, cuk**ru** ! sý**ra**, chle**ba**, veče**ra**	**-U** **(-A)**	poko**je**, ča**je**	**-E**
F	že**ny**, ká**vy**	**-Y**	žid**le**, skří**ně**! místnost**i** (-ost), věc**i** (věc), noc**i**	**(-I)**

! **Ma**: Gen sg = Acc sg (vedle mu**že**, pán**a** – pro mu**že**, pro pán**a**)
! **Ma**: turist**a**, koleg**a** – vedle turist**y**, koleg**y** (like "ženy" – see p. 342)
! **some Mi** – the genitive ending in "**-a**": sýr**a**, večer**a**, oběd**a** *(lunch)*, čtvrtk**a** *(Thursday)*, svět**a** *(world)*, národ**a** *(nation)*, jazyk**a** *(language)*, les**a** *(wood)*, kostel**a** *(church)*, Londýn**a**, Berlín**a**, Tábor**a**

GENITIVE OF THE ADJECTIVES, PRONOUNS AND NUMERALS IN SINGULAR
(GENITIV SINGULÁRU ADJEKTIV, ZÁJMEN A ČÍSLOVKY „1“)

Ma + Mi + N

ten, to	**toho**	**-OHO**
jeden, jedno	jedn**oho**	**-OHO**
náš, naše	naš**eho**	**-EHO**
váš, vaše	vaš**eho**	**-EHO**
nový, nové	nov**ého**	**-ÉHO**
můj, moje (mé)	**mého**	**-ÉHO**
tvůj, tvoje (tvé)	tv**ého**	**-ÉHO**
[svůj, svoje]	sv**ého**	**-ÉHO**
moderní	modern**ího**	**-ÍHO**
její	jej**ího**	**-ÍHO**

Nouns:

pána	stolu, sýra	muže
-A	**-U (-A)**	**-E**
Ma + N	Mi	Ma + Mi + N
hard + neutral consonants		soft consonants

F **Gen** = Dat = Loc

ta	**té**	**-É**
jedna	jedn**é**	**-É**
nová	nov**é**	**-É**
má, moje	m**é**, moj**í**	**-É**, **-Í**
tvá, tvoje	tv**é**, tvoj**í**	**-É**, **-Í**
[svou]	sv**é**, svoj**í**	**-É**, **-Í**
naše	naš**í**	**-Í**
vaše	vaš**í**	**-Í**
její	jej**í**	**-Í**
moderní	modern**í**	**-Í**

ženy	židle, věci
-Y	**-E (Ě), -I**
hard + neutral consonants	soft consonants

KOLIK ČEHO? (Kolik? + Gen)

1 kilo (jeden kilogram) – 2 kila (N)
1 deko (jeden dekagram) – 10 deka (N)
1 litr – 2 litry – 5 litrů (M)
1 metr – 2 metry – 10 metrů (M)
1 kilometr – 2 kilometry (M)

mnoho, hodně, moc *(much, many)*,
dost *(enough)*
málo, trochu *(little, a little)*

kousek, kus *(piece)*
půl, půlka *(half)*
čtvrt, čtvrtka *(quarter)*
část, porce *(portion)*
balíček *(packet)*
sáček *(bag)*, **krabice** *(box)*

+ Gen

Kolik mlék**a**?
(How much milk?)

1 **litr** mlék**a**
(1 litre of milk)

málo mlék**a**
(little milk)

1 **krabice** mlék**a**
(1 box of milk)

kilo cukru	*one kilogram(me) of sugar*
10 deka kávy (10 dkg = 100 g)	*one hundred gram(me)s of coffee*
metr papíru	*one metre of paper*
litr vína	*one litre of wine*
mnoho vody	*a lot of water*
trochu čaje	*a little tea*

dost času	*enough time*
kousek sýra	*one piece of cheese*
půlka rohlíku	*half a loaf of roll*
čtvrt hodiny	*quarter of an hour*
porce masa	*a portion of meat*
čtvrt kila šunky	*quarter kilogram(me) of ham*

Cv

❒ 2. Jste v obchodě. Říkáte, co chcete koupit.

- Dejte mi prosím ......
  (Please give me ......)

10 deka
1 kilo
1 balíček
2 balíčky
1 krabic**i**
půlk**u**
skleničk**u**
kousek
láhev
2 láhve
2 litry
20 deka
půl metr**u**
půl kil**a**
2 kil**a**

sýra, vody, mléka, vína, piva, čaje, koberce, šunky, cukru, chleba, minerálky, salámu, kávy, ovoce, zeleniny

3. Zeptejte se a odpovězte. *(Ask and answer.)*

○ Kolik chceš	salámu sýra cukru mléka ?	● Chci **ho**	20 deka půl kila jen málo půl litru
○ Kolik chceš	kávy vody minerálky šunky ?	● Chci **jí**	10 deka dvě skleničky jednu láhev jen trochu

4. Řekněte ve správném tvaru. *(Say in the correct form.)*

➡ Chtěl(a) bych jedn**u** láhev **světlého piva.**

● Chtěl(a) bych

1 balíček	–	*čínský čaj*
2 láhve	–	*bílé víno*
1 láhev	–	*světlé pivo*
půlku	–	*černý chléb*
10 dkg	–	*ementálský sýr*
sklenici	–	*studená voda*
2 sklenice	–	*vinný střik* (střik M – *wine and soda water*)
skleničku	–	*studený džus*
šálek	–	*irská káva* (šálek M – *a cup*)
půl kila	–	*šunkový salám*
láhev	–	*francouzský koňak*

5. Doplňte ve správném tvaru genitivu. *(Say in the correct form of the genitive.)*

➡ **napít se** vody x **vypít** sklenic**i** vod**y** *(to drink water)*
(+ Gen) (+ Acc)

○ NAPIL(A) SES UŽ ____? ○ NAPIL(A) JSEM SE ____ ○ NAPIJU SE ____

červené víno, teplý čaj, studená minerálka, koňak, studené mléko, ovocný džus, coca-cola

○ VYPIL(A) JSEM CELOU SKLENICI ____.

Gr

PREPOSITIONS WHICH TAKE THE GENITIVE (PREPOZICE S GENITIVEM)

KDE?	**u – vedle – blízko**	**u** (**vedle**, **blízko**) divadl**a**
KAM?	**do**	**do** obchod**u**
ODKUD?	**z**	**z** obchod**u**
KUDY?	**kolem, okolo**	**kolem** divadl**a**, **okolo** dom**u** *(around the house)*

Repeat on pp. 84 and 108.

DO + Gen

KAM?	**do školy**	*to, into (where?) – to school*
DO KDY?	**do soboty**	*to, till, until (until when?) – until Saturday*

OD + Gen

OD KOHO?	**od manžela**	*from whom? – from my husband*
ODKUD?	Jdu **od přítele.**	*from where? – I am going from my friend.*
OD KDY?	**od soboty**	*since when? – since Saturday*

U + Gen

BLÍZKO	**u náměstí**	*near – near the square*
U NĚKOHO	Jana je **u Petra**.	*at sb's place – Jane is at Peter's place.*

UPROSTŘED + Gen *in the middle of*

Uprostřed náměstí je pomník. — *In the middle of the square there is a monument.*

BEZ + Gen *without*

Jdou tam **bez Tomáše a Heleny**. — *They are going there without Tom and Helen.*

KROMĚ + Gen *except, besides*

Jdou všichni **kromě Tomáše**. — *Everyone except Tom is going.*
Kromě Heleny jde ještě Tomáš. — *Besides Helen, Tom will also go.*

PODLE + Gen *depending on, according to*

Oblékáme se **podle počasí**. — *We dress according to the weather.*
Udělám to **podle jeho přání**. — *I will do it according to his wish.*

MÍSTO + Gen *instead of*

Místo naší lektorky přišel někdo jiný. — *Instead of our (woman) teacher someone else came.*

FUNCTIONS OF THE GENITIVE (FUNKCE GENITIVU)

- It is used **after the determination of quantity** (see p. 183)
  - **kilo** ovoce, **půl** kila kávy, **litr** vody, **metr** tapety
  - **hodně**, **moc**, **málo**, **trochu**, **dost**, **méně** *(less)*, **víc(e)** *(more)* času
  - **5**, **10**, **50** haléřů, korun, eur, hodin (= the genitive of plural – see p. 207)

Also: **co, něco, nic** + Gen sg of the adjectives

- Chci **něco dobrého**. – *I want something good.*
- To není **nic špatného**. – *That's nothing bad.*
- **Co** je **nového**? – *What's the news?*

- **OBJECT OF SOME VERBS**

impf	pf		
bát se	–	+ Gen	*to be afraid of*
ptát se	**zeptat se**	+ Gen	*to ask*
všímat si	**všimnout si**	+ Gen	*to notice*
účastnit se	**zúčastnit se**	+ Gen	*to take part in*

Bojím se **toho člověka**. – *I am afraid of that man.*
Zeptám se **naší učitelky**. – *I will ask our teacher.*
Všiml jsem si **jedné zajímavé věci.** – *I noticed an interesting thing.*
Zúčastníš se **té recepce?** – *Will you take part in the reception?*

- It expresses **possessiveness**.

● **Čí** je to kabát? – *Whose coat is it?*
○ Monik**y**. Je Monik**y**. To je kabát Monik**y**. – *Monica's. It's Monica's. It's Monica's coat.*

byt **mého přítele** – *the flat of my friend*
rodiče **Petra** – *the parents of Peter*
práce **naší kolegyně** – *the work of our colleague*
obyvatelé **hlavního města** – *the inhabitants of the capital*
Hlavní město **České republiky** je Praha. – *The capital of the Czech Republic is Prague.*

● Zeptal ses Michala, jestli dneska večer přijde?
○ Nepřijde, protože se vrátí ze služební cesty až v noci.

● Už zítra je ten koncert Eltona Johna. Dal jsi lístky Daně a Jakubovi?
○ Dal. Místo Jakuba ale půjde sestra Dany, protože Jakub musel odjet do Německa.

Cv

❐ 6. Zeptejte se a odpovězte. *(Ask and answer.)*

○ **Čí** je to kniha? / taška?

● To je kniha / taška | mého kamaráda. / tvého bratra. / našeho profesora. / toho starého pána. / tamtoho cizince. / vašeho přítele.

○ **Čí** to je peněženka? / kabát?

● To je peněženka / kabát | mé kamarádky. / tvé sestry. / naší profesorky. / té staré ženy. / tamté cizinky. / naší doktorky.

○ **Čí** hudba se ti líbí?
● Líbí se mi hudba ________

○ Co rád(a) posloucháš?
● Rád(a) poslouchám hudbu ________

Stinga, Mozarta, Johna Lennona, Beethovena, Louise Armstronga, Antonína Dvořáka, Boba Dylana, Micka Jaggera, Carlose Santany, Madonny

❐ 7. Řekněte ve správném tvaru. *(Say in the correct form.)*

○ **Kde** je pošta?
● Je **vedle** | *ten velký dům* / *ten moderní obchod* / *Hlavní nádraží* / *tamta restaurace*

○ **Kam** jdeš?
● Jdu **do** | *Národní divadlo* / *nové multikino* / *obchodní dům* / *tvůj pokoj*

❐ 8. Řekněte, od kdy do kdy jste někde byl(a) nebo budete. *(Say from when till when you were or will be somewhere.)*

➠ U tety jsem zůstal **od neděle do čtvrtka**.

○ Zůstal(a) jsem tam	od	*pondělí*	do	*středa*
○ V Praze jsem byl(a)		*úterý*		*sobota*
○ V klubu jsme byli		*pátek*		*neděle*
○ Návštěva trvala		*oběd*		*večer*
○ Budu doma		*ráno*		*jedna hodina*
○ U Martina zůstanu		*jedna hodina*		*večeře*

❐ 9. Řekněte ve správném tvaru. *(Say in the correct form.)*

○ **Od koho** máš / máte | ten obrázek? / tu knihu? ● Mám ho od / ji

manžel
manželka
syn
dcera
mladší sestra
starší bratr
můj přítel
moje kamarádka

➠ Mám ho **od manžela**.

❐ 10. V Praze můžete navštívit tyto restaurace a kavárny.

➠ kavárna U (Milena) – kavárna **U Mileny**

kavárna U (svatý Vojtěch)
U (Týn)
U (stará paní)
U (Kepler)
U (svatá Ludmila)
U (Valentin)
U (Stará pošta)
U (Mostecká věž)

restaurace U (Anička)
U (Benedikt)
U (Česká koruna)
U (divadlo)
U (Jakub)
U (Libuše)
U (Matouš)
U (kolej)

● **Byl jsi u Adama?**
○ **Ne, u Filipa.**

● **Kde je Tereza?**
○ **Je u doktorky.**

● **Kde máš auto?**
○ **Je u otce v garáži.**

● **Katka šla k Lence?**
○ **Ano, je u Lenky.**

● **Nevíš, kde mám peněženku?**
○ **Zapomněl jsi ji asi u Pavla.**

❐ 11. Doplňte prepozice: **do, z, od, bez, u, vedle, kolem** *(Fill in the prepositions ...)*

1. Teď jdu ________ banky, za chvíli jsem zpátky.
2. Pavel sedí vzadu ________ té mladé ženy.
3. Zítra pojedeme na výlet ________ Petra, protože je nemocný.
4. Pojedeme ________ našeho domu.
5. ________ práce jsem se vrátil až v noci.
6. ________ koho jsi dostala ty květiny? ________ manžela?
7. Piješ kafe ________ cukru?
8. Ty nepiješ kávu s mlékem? Tak ti ji dám ________ mléka.
9. Kam mám dát kabát? ________ skříně?
10. Nemůžeš najít láhev vína? Stojí tamhle ________ lampy.
11. Honza je na návštěvě ________ sestry.
12. Mám tady dopis ________ Martiny. Chceš si ho přečíst?
13. Mám pro tebe malý dárek ________ dovolené.
14. V kanceláři budu jen ________ jedné hodiny.

ONA A ON V NÁKUPNÍM CENTRU

- ● Kde jsi? Hledám tě už dlouho.
- ○ Říkala jsem, že budu u ovoce. A kde jsi byl ty?
- ● Byl jsem se podívat na elektroniku.
- ○ To jsem si mohla myslet. My ale nakupujeme na víkend. Co to máš ve vozíku?
- ● Novou hru pro děti.
- ○ Určitě jen pro děti? Nechceš ji koupit proto, že ji budeš hrát ty?
- ● To víš, že je taky pro mě. Tak co ještě potřebujeme?
- ○ Zatím mám jen jablka. Můžeš vzít ještě citrony, pomeranče a banány. Já vezmu nějakou zeleninu. Už je osm. Zatelefonuju domů, že se vrátíme pozdě. Nic tady neslyším, jdu tamhle do rohu.

—

- ● Kam teď?
- ○ Chtěla bych si někam sednout, jsem už unavená.
- ● Až nakoupíme, můžeme jít vedle do kavárny.
- ○ Teď pojedeme pro chleba, máslo, sýry a jogurty. Potom já vyberu nějaké maso a ty můžeš jet pro minerálky, džusy a pivo. Á, tady jsou čokolády! Jednu si vezmu. Koupím taky pro Zuzanku a Martina. Nevidím nikde svou peněženku, asi jsem ji zapomněla doma.
- ● Nevadí, zaplatím kartou. Tam je ale dlouhá fronta! Budeme čekat nejméně půl hodiny.

Cv

❐ 12. Doplňte podle obrázků ve správném tvaru.
(Complement according to the pictures in the correct form.)

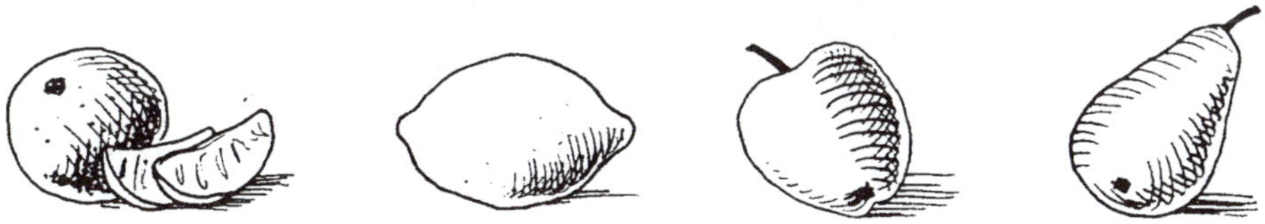

pomeranč (M) citron (M) jablko (N) hruška (F)

- ○ Mám rád(a) _______________.
- ○ Nechtěl(a) bys _______________? Koupil(a) jsem nějaké ovoce.
- ○ Chceš _______________? Dám ti 1 (jeden, jedno, jednu).

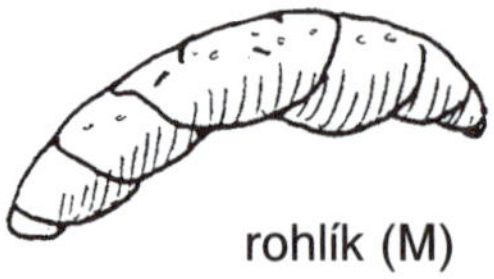
rohlík (M)

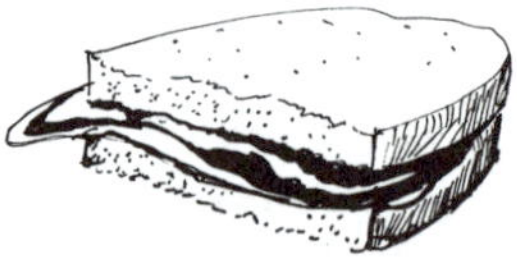
sendvič (M)

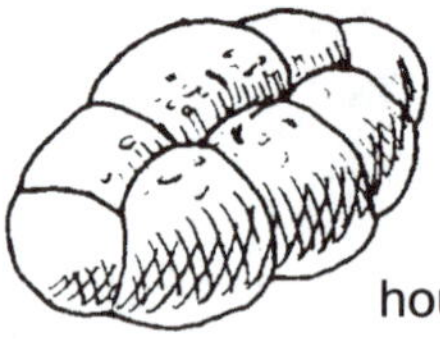
houska (F)

- Ráno snídám ______________ s máslem a sýrem.
- Jdeš do města? Koupíš mi 2 (dva, dvě) ______________?
- Chtěl(a) bych 10 deka šunky a 1 (jeden, jednu) ______________.
- Máš raději ______________, nebo ______________?

chléb
chleba (M)

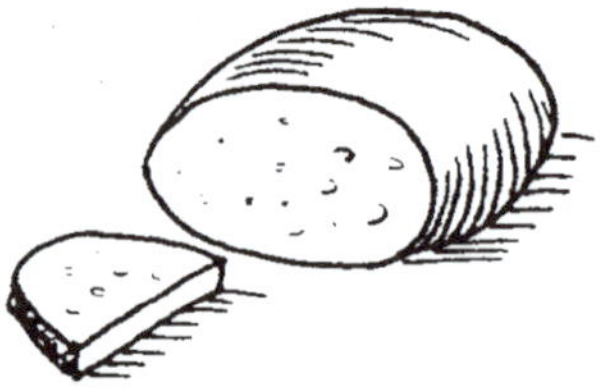

sýr (M)

džem (M), marmeláda (F)

máslo (N)

- K snídani mám rád(a) ______________ a ______________.
- Pojď snídat! Je tady ______________, ______________ a housky.
- Chceš chleba s(e) ______________, nebo s ______________?
- Máme ještě doma ______________? Ne? Tak ho (ji) koupím.

vejce
vajíčko (N)

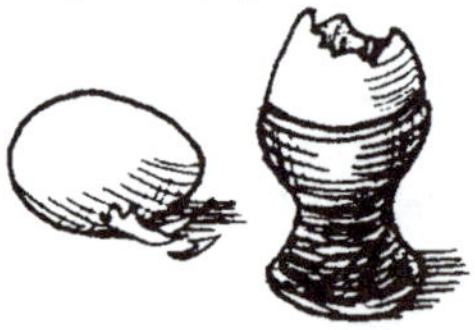

jitrnice (F)

salám (M)

Zelenina a luštěniny *Vegetables and pulses*

brambory F pl	*potatoes*	**česnek** M	*garlic*
brokolice F	*broccoli*	**čočka** F	*lentils*
celer M	*celery*	**fazole** F	*beans*
cibule F	*onion*	**houba** F	*mushroom*
čekanka F	*chicory*	**hrách, hrášek** M	*peas*

chřest M	*asparagus*	**pažitka** F	*chive*
kapusta F	*cabbage*	**petržel** F	*parsley*
kedluben M	*kohlrabi*	**pórek** M	*leek*
křen M	*horseradish*	**rajčata** N pl (sg **rajče**)	*tomatoes*
kukuřice F	*maize, corn*	**ředkvička** F	*radish*
květák M	*cauliflower*	**salát** M	*lettuce*
lilek M, **baklažán** M	*egg-plant*	**špenát** M	*spinach*
mrkev F	*carrot*	**zelí** N	*cabbage*
okurka F	*cucumber*	**žampion** M	*(common) mushroom*
paprika F	*pepper*		

Ovoce *Fruit*

ananas M	*pineapple*	**meruňka** F	*apricot*
angrešt M	*gooseberry*	**ořech** M	*nut*
banán M	*banana*	**arašíd** M	*peanut*
borůvka F	*bilberry*	**ostružina** F	*blackberry*
broskev F	*peach*	**pomeranč** M	*orange*
citron M	*lemon*	**rybíz** M	*currant*
hroznové víno N	*grapes*	**švestka** F	*plum*
jahoda F	*strawberry*	**třešeň** F, pl **třešně**	*cherry (-ies)*
malina F	*raspberry*	**višeň** F, pl **višně**	*morello cherry (-ies)*
mandarinka F	*mandarin (orange)*		
meloun M	*melon*	**med** M	*honey*

Mléčné výrobky *Milk products*

smetana F	*cream*	**sýr tavený** M	*cheese spread*
šlehačka F	*whipped cream*		
jogurt M	*yogurt*	**tvrdý**	*hard cheese*
máslo N	*butter*	**tvaroh** M	*curd cheese*

mouka F	*flour*	**olej** M	*oil*
rýže F	*rice*	**ocet** M	*vinegar*
těstoviny F pl	*pasta*	**hořčice** F	*mustard*
špagety F pl	*spaghetti*	**kečup** M	*ketchup*
nudle F pl	*noodles*	**koření** N	*spices*
kukuřičné vločky F pl	*corn flakes*	**pepř** M	*pepper*
		karí N	*curry*

○ Ze které zeleniny děláte zeleninový salát?

___

○ Které ovoce dáváte do ovocného salátu?

___

BUTIK „MÓDA PRO VÁS"

● Tady mají krásné věci! Ty nádherné šaty! Chtěla bych si je prohlédnout. Pojď do butiku!
○ Zase? Včera sis přece koupila sukni.
● Tu jsem potřebovala, ale tyhle šaty se mi líbí. A ty potřebuješ něco letního. Jen pojď!

● Dobrý den.
Prodavačka: Dobrý den. Přejete si něco konkrétního? Můžu vám něco ukázat?
● Chci si prohlédnout tyhle červené šaty a manželovi chceme vybrat nějaké letní sako.
Prodavačka: Prosím. Tady si můžete vybrat. Které se vám líbí?
○ Docela se mi líbí tohle šedivé sako. Je to moje velikost?
Prodavačka: Moment, podívám se. Je to číslo 50.
○ Můžu si ho zkusit?
Prodavačka: Ovšem. Tam vzadu je kabina a tady velké zrcadlo.
○ Zkusím si ho tady. Sluší mi?
Prodavačka: Myslím, že potřebujete větší. V čísle 52 máme jen tohle žluté.
○ Ano, tohle větší mi je dobře. Mám si ho vzít? Co mu říkáš?
● Sluší ti, má veselou barvu.
○ Myslíš?
● Určitě si ho musíš koupit.
○ Tak dobře. Zkusila sis také něco?
● Ano, ty červené šaty. Moc mi sluší. A ještě k nim mají krásné boty!
Prodavačka: Chcete si je také zkusit?
● Raději už ne.
Prodavačka: Přejete si ještě něco jiného?
○ Děkujeme, to je všechno. Zaplatíme sako a šaty.
Prodavačka: Platit budete hotově?
○ Ne, platební kartou.
● Mám velkou radost. Nejraději bych šla do divadla nebo si někam sednout.

Jak se ptáme na cenu?

● Kolik to stojí?	Co to stojí?	*How much does it cost?*
● Kolik stojí kilo?	Co stojí kilo?	*How much does one kilogram cost?*
metr?	metr?	*one metre?*

Co řekne prodavačka?

○ Co si přejete?	*What will you have, madam?*
○ Co vám můžu nabídnout?	*What can I offer you?*
○ Můžu vám pomoct?	*What can I do for you? (Literally: Can I help you?)*

Co řekneme prodavačce?

● Můžete mi ukázat ten béžový svetr?	*Can you show me that beige sweater?*
● Můžu se podívat na ten svetr?	*May I take a look at the sweater?*
● Chtěl(a) bych si prohlédnout tamten svetr.	*I would like to take a look at this sweater.*
● Můžu si ten svetr zkusit?	*May I try the sweater on?*
● Kde si ho můžu zkusit?	*Where can I try it on?*
● Kde jsou kabiny?	*Where are the boxes?*

Vybereme si? *Shall we choose?*

● Je mi to velké. Nemáte menší číslo?	*It is too big for me. Do you have a smaller size?*
● Je mi to malé. Nemáte větší velikost?	*It is too small for me. Do you have a larger size?*
● Ta barva se mi nehodí. Není moderní.	*The colour does not suit me. It is out of fashion.*
● Nemáte jinou barvu?	*Do you have it in another colour?*
● Nemáte ten svetr v jiné barvě?	*Do you have the sweater in another colour?*
● Sluší mi to?	*Does it suit me?*
● Ta barva mi nesluší.	*The colour doesn't suit me.*
● Je mi dobře. Vezmu si ho.	*It suits me. I will take it.*
● Padne mi dobře, ale je moc drahá.	*It suits me but it is very expensive.*

Cv

❐ 13. Řekněte ve správném tvaru. *(Say in the correct form.)*

NĚCO / NIC + HEZKÉHO (Gen)

něco hezkého	*something nice*
něco laciného	*something cheap*
nic drahého	*nothing expensive*
nic zdravého	*nothing healthy*

○ Chtěl(a) bych něco
○ Ve městě si chceme prohlédnout něco
○ Tady není nic
○ Není to nic

zajímavý *dobrý*
nový *veselý*
hezký *důležitý*

14. Vyberte si. *(Choose.)*

kalhoty (F pl)

- Jsou mi malé.
- Jsou mi dobře.
- Jejich barva se mi nelíbí.

sukně (F)

- Je mi moc velká. Menší nemáte?
- Chtěla bych jinou barvu.
- Nesluší mi, nevezmu si ji.

boty (F pl)

košile (F)

- Je mi malá, děkuju, nevezmu si ji.
- Vezmu si ji, hodí se mi k obleku.
- Je mi dobře, ale není moderní.

(M) **oblek: sako** (N)
kalhoty

- Není mi dobře. Můžu si zkusit ten šedý?
- Sako mi je dobře, ale kalhoty mi jsou velké.
- Moc se mi líbí a není drahý. Vezmu si ho.

● Řekněte prodavačce: *(Tell the shop assistant:)*

- chcete ten modrý svetr
- chcete si ten svetr zkusit v kabině
- není to vaše velikost
- nic se vám nelíbí
- nevíte, jestli si vezmete ten modrý, nebo hnědý svetr
- ten svetr vám nesluší, chcete jinou barvu
- to tričko je vám malé, chcete větší

tričko (N)

OBCHODNÍ DŮM poschodí (N), patro (N)		*Department store* *the floor*
4. patro: **(čtvrté)**	**restaurace • kavárna**	*fourth floor: restaurant • café*
3. patro: **(třetí)**	**ložní prádlo • koberce • nábytek**	*third floor: bed linen • carpets • furniture*
2. patro: **(druhé)**	**elektrické spotřebiče • elektronika • domácí potřeby • sklo a porcelán • sportovní potřeby • papírnictví**	*second floor: electrical appliances • electronics • household utensils • glass-ware and china • sporting goods • stationer's*
1. patro: **(první)**	**pánské prádlo • pánské oděvy • pánská obuv • dětské oděvy • kožené zboží • hračky**	*first floor: gentlemen's underwear • menswear • gentlemen's footwear • children's clothes • leather goods • toys*
Přízemí:	**dámské prádlo • dámská konfekce • dámská a dětská obuv • látky • pletené zboží • galanterie**	*ground floor: ladies' underwear • ladies' ready-made clothes • ladies' and children's shoes • clothes • knitwear • haberdashery*
Suterén:	**potraviny – supermarket • drogerie**	*basement: foods – supermarket • drugstore*

❒ 15. Odpovězte na otázky. *(Answer the questions.)*

- Jak se jmenuje oddělení obchodního domu, kam si půjdete koupit:

  oblek | boty | sukni | dětskou košili | sportovní tričko ?

- Potřebujete něco v drogerii?
- Co si můžete koupit v přízemí?
- Můžete se v obchodním domě najíst?
- Potřebujete si taky koupit něco do bytu?

Gr

COMPARISON (KOMPARACE, STUPŇOVÁNÍ)

Adjectives:

malý – menší – nejmenší
velký – větší – největší

než kdo, co
z(e) + Gen

small – smaller – smallest
big – bigger – biggest

Petr je **větší než já**.
Petr je **největší z rodiny**.

Peter is taller than me.
Peter is the tallest in the family.

Adverbs:

málo – méně – nejméně
hodně – víc(e) – nejvíc(e)

než kdo, co
z(e) + Gen

few, little – fewer, less – fewest, least
many, much – more – most

Petr jí **více než já**.
Petr jí **nejvíce z rodiny**.

Peter eats more than me.
Peter eats the most in the family.

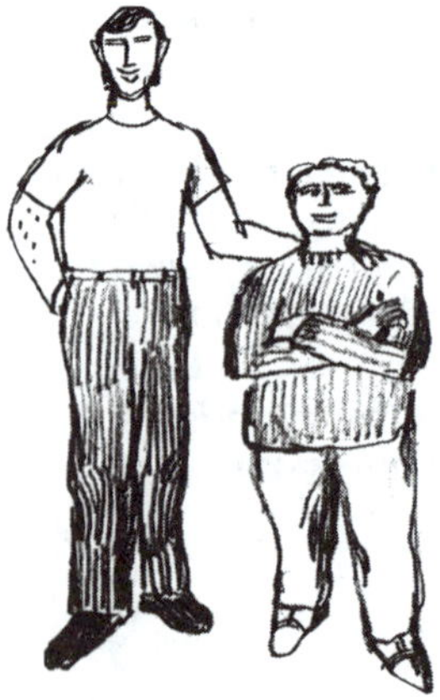

TOMÁŠ PETR

- Tomáš je **větší než Petr**.
  Petr je **menší než Tomáš**.

- Petr jí **více než Tomáš**.
  Tomáš jí **méně než Petr**.

dobrý – lepší – nejlepší
špatný – horší – nejhorší

good – better – best
bad – worse – worst

dobře – lépe – nejlépe
špatně – hůř(e) – nejhůř(e)

well – better – best
badly – worse – worst

ADJECTIVE + Noun	ADVERB + Verb
↓	↓
Jaký?	**Jak?**
Tomáš je **lepší student** než já.	**Učí se lépe** než já.
Tom is a better student than I am.	*He learns better than I do.*

REGULAR COMPARISON OF ADJECTIVES (KOMPARACE ADJEKTIV)

	LEVN-*Ý*	LEVN-*ĚJŠÍ / -ŠÍ / -ČÍ*	*NEJ*-LEVN-*ĚJŠÍ / -ŠÍ / -ČÍ*		
-EJŠÍ **-ĚJŠÍ**	levný	levn**ější**	**nej**levn**ější**	}	*cheap – cheaper – (the) cheapest*
	laciný	lacin**ější**	**nej**lacin**ější**	}	
	nový	nov**ější**	**nej**nov**ější**		*new*
	krásný	krásn**ější**	**nej**krásn**ější**		*beautiful*
	zdravý	zdrav**ější**	**nej**zdrav**ější**		*healthy*
	zajímavý	zajímav**ější**	**nej**zajímav**ější**		*interesting*
	veselý	vesel**ejší**	**nej**vesel**ejší**		*cheerful*
	moderní	modern**ější**	**nej**modern**ější**		*modern*
-ŠÍ	mladý	mlad**ší**	**nej**mlad**ší**		*young*
	starý	star**ší**	**nej**star**ší**		*old*
	dra**h**ý	dra**žší**	**nej**dra**žší**	(h > ž)	*expensive*
	těž**ký**	těž**ší**	**nej**těž**ší**	(ký > ší)	*heavy, difficult*
-ČÍ	hez**ký**	hez**čí**	**nej**hez**čí**	(ký > čí)	*nice, pretty*

Tenhle modrý svetr je **hezčí než** ten hnědý, ale také **dražší.** — *This blue sweater is nicer than the brown one but also more expensive.*
To je moc drahé. Nemáte něco **levnějšího?** — *This is very expensive. Do you have anything cheaper?*
Mám **staršího** bratra a **mladší** sestru. — *I have an older brother and a younger sister.*

REGULAR COMPARISON OF ADVERBS (KOMPARACE ADVERBIÍ)

	RYCHL-*E*	RYCHL-*EJI*	NEJ-RYCHL-*EJI*	
-EJI **-ĚJI**	rychl**e**	rychl**eji**	**nej**rychl**eji**	*quickly – more quickly – most quickly*
	pomal**u**	pomal**eji**	**nej**pomal**eji**	*slowly*
	tepl**o**	tepl**eji**	**nej**tepl**eji**	*warm*
	zim**a**	**chladněji**	**nejchladněji**	*cold*
	rád	**raději**	**nejraději**	*gladly*

Czech	English
Zůstanu **raději** doma.	*I would rather stay at home.*
Rozumí česky **víc než** já.	*He can understand Czech more than I can.*
Nejméně rozumím já.	*I understand the least.*
Umím to udělat **lépe než** ty.	*I know how to do it better than you.*
Je tady **tepleji než** u nás doma.	*It is warmer here than in our house / at our place.*

○ Velké auto jede **rychleji než malé auto.**
Ve městě bude **dřív(e)**.
○ Malé auto jede **pomaleji než velké auto.**
Ve městě bude **později**.

! brzo – **dřív(e) – nejdřív(e)**
soon – sooner – first (of all)

Cv

❐ 16. Říkejte věty. *(Say the sentences.)*

○ Hledám nějaký	**lepší**	hotel.
-ou		restauraci.
-é		kalhoty.
		boty.

○ Vaří	**lépe**	než já.
Učí se		
Umí to		
Mluví česky		

❐ 17. **a)** Říkejte věty. *(Say the sentences.)*

○ **Víc** se mi líbí	tyhle černé kalhoty	než	tamty modré.
	tohle šedivé sako		tamto zelené.
	tahle žlutá košile		tamta červená.

Vezmu si	je.
	ho.
	ji.

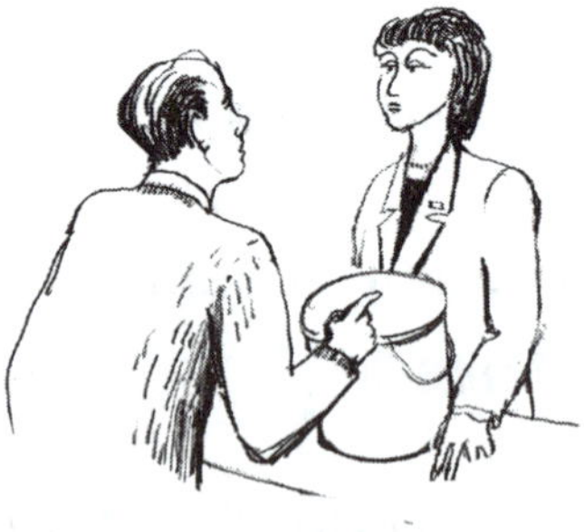

b) Tvořte rozhovory podle vzoru. *(Construct conversations according to the model.)*

○ Tenhle oblek mi je **malý**.
Nemáte nějaký **větší**?

● Bohužel, **větší** už nemáme.

○ Tyhle boty mi jsou **velké**.
Nemáte nějaké ____________? ● Bohužel, ____________.

○ Tahle košile mi je **malá**.
Nemáte nějakou ____________? ● Bohužel, ____________.

○ Tohle tričko mi je **velké**.
Nemáte nějaké ____________? ● Bohužel, ____________.

18. Říkejte podle vzoru. *(Say according to the model.)*

○ Tahle žena je	veselá	než tamta.	(-ejší)
	moderní		(-ější)
	zajímavá		
	nervózní		
	mladá		(-ší)
	stará		

➡ **modernější**

19. Řekněte podle vzoru ve správném tvaru genitivu.
(Say according to the model in the correct form of the genitive.)

➡ Chtěl(a) bych **něco zajímavějšího.** (něco + Gen sg)

○ Chtěl(a) bych něco ____________ (nový).
____________ (teplý).
____________ (studený).
____________ (levný).
____________ (drahý).
____________ (hezký).

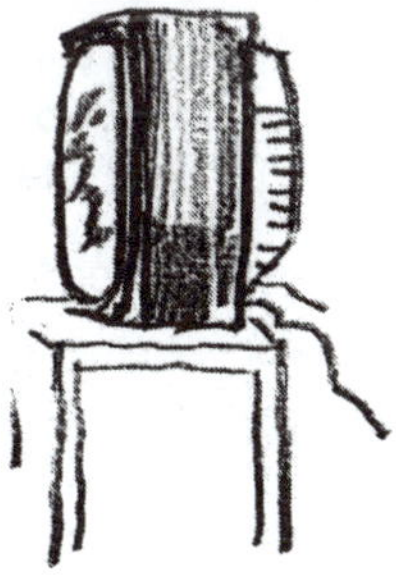

❒ 20. Řekněte, že je někdo / něco **nej**lepší, **nej**větší ...
(Say that somebody / something is best, biggest ...)

➨ To je **zajímavá** kniha, že? To je moje **nejzajímavější kniha**.

1. To je tvoje **dobrá** kamarádka, že?
   To je tvoje ______________________.
2. Je to **špatná** práce.
   Je to moje ______________________.
3. To je **velký** dort, viď?
   To je ____________________, jaký jsem viděla.
4. To je **malý** balíček, viď?
   To je ____________________, jaký jsem dostala.
5. To je **levný** hotel!
   To je ____________________, kde jsme bydleli.
6. To je **krásný** obraz!
   To je ______________________, který mám.
7. To je **rychlé** auto, že? Je to ____________________, jaké znám.
8. To je **moderní** restaurace, že? To je ____________________, kde jsme byli.
9. To je **drahé** rádio, viď? Je to ____________________, které měli.

❒ 21. Řekněte opak. *(Say the opposite.)*

➨ nejvíc(e) x **nejméně**, nejlépe x **nejhůř(e)**

○ **Nejlépe** z naší rodiny hraje tenis můj syn.
○ **Nejvíc** mi sluší tohle sako.
○ Skončilo to, jak mohlo **nejhůř**.
○ **Nejméně** se mi líbí tenhle obraz.
○ **Nejvíc** česky umí můj kolega Tom.
○ Kolik máš sýra? – Mám ho **nejméně** půl kila.
○ **Nejchladněji** je u nás v kuchyni.
○ **Nejrychleji** píše moje sekterářka.

❒ 22. Umíte vytvořit adverbia z adjektiv? Všimněte si na s. 197, že se můžou tvořit sufixy **„-e/-ě, -o, -u“** a také **„-y“**. *(Can you form adverbs from the adjectives? Notice on p. 197 that they can be formed by the suffixes “**-e/-ě, -o, -u**” and also “**-y**”.)*

○ Kolega Novotný mluví perfektně ______________ *(anglický)*.
○ Mluvím ______________ *(český a německý)*.
○ Odpověděl jste ______________ *(dobrý)*.
○ Jedeš moc ______________ *(rychlý)*.
○ Je mi ______________ *(špatný)*.
○ Jana se obléká ______________ *(krásný a moderní)*.
○ Jíme ______________ *(zdravý)*.

-y

-e

-ě
(after d, t, n
m, b, p, v)

○ Mluví nějak ___________ *(nervózní)*. Asi se bojí.		
○ Sestru navštěvuju ___________ *(častý)*.		-o
○ Večer mám ___________ *(volný)*. Nepůjdeme někam?		
○ Je tady moc ___________ *(teplý)*. Můžu otevřít okno?		
○ Rád snídám ___________ *(dlouhý a pomalý)*.		-u

MLUVNÍ CVIČENÍ

1. a) *Poslouchejte:* ○ Chcete půlku chleba, nebo celý? ● Chci půlku chleba.

b) *Odpovězte:*

○ Chcete půlku chleba, nebo celý? ● **Chci půlku chleba.**
○ Chcete 10 deka, nebo 20 deka sýra? ● **Chci 10 deka sýra.**
○ Chcete jeden litr, nebo dva litry vína? ● **Chci jeden litr vína.**
○ Chcete jednu krabici, nebo dvě krabice mléka? ● **Chci jednu krabici mléka.**
○ Chcete jeden balíček, nebo dva balíčky čaje? ● **Chci jeden balíček čaje.**
○ Chceš hodně, nebo málo kávy? ● **Chci hodně kávy.**

2. a) *Poslouchejte:* ○ Chcete 10 deka ovocného, nebo zeleninového salátu?
● Chci 10 deka zeleninového salátu.

b) *Odpovězte:*

○ Chcete 10 deka ovocného, nebo zeleninového salátu? ● **Chci 10 deka zeleninového salátu.**
○ Chcete láhev červeného, nebo bílého vína? ● **Chci láhev bílého vína.**
○ Chcete dvě láhve světlého, nebo černého piva? ● **Chci dvě láhve černého piva.**
○ Chcete balíček černého, nebo zeleného čaje? ● **Chci balíček zeleného čaje.**
○ Chcete skleničku teplé, nebo studené vody? ● **Chci skleničku studené vody.**

3. a) *Poslouchejte:* ○ Kde sedí tvoje kamarádka? Tam vedle toho starého pána?
● Ano, vedle toho starého pána.

b) *Odpovězte:*

○ Kde sedí tvoje kamarádka? Tam vedle toho starého pána? ● **Ano, vedle toho starého pána.**
○ Kde sedí tvoje kamarádka? Vedle tamté staré paní? ● **Ano, vedle tamté staré paní.**
○ Kde sedí tvoje kamarádka? Tam vzadu vedle tvého německého přítele? ● **Ano, vedle mého německého přítele.**
○ Kde sedí tvoje kamarádka? Tam vlevo vedle toho Angličana? ● **Ano, vedle toho Angličana.**

4. a) *Poslouchejte:* ○ Kde je Alena? U doktora? ● Ne, není u doktora, je u Jany.

b) *Reagujte:* ○ Kde je Alena? U doktora? ● **Ne, není u doktora, je u Jany.**

○ Kde je Martin? U otce? ● **Ne, není u otce, je u Jany.**
○ Kde je Tereza? U bratra? ● **Ne, není u bratra, je u Jany.**
○ Kde je Pavel? U Tomáše? ● **Ne, není u Tomáše, je u Jany.**
○ Kde je Hana? U Petra? ● **Ne, není u Petra, je u Jany.**

5. a) *Poslouchejte*: ○ Jdeš k doktorovi? ● Ne, už se vracím od doktora.

b) *Odpovězte:*
○ Jdeš k doktorovi? ● **Ne, už se vracím od doktora.**
○ Jdeš k Pavlovi? ● **Ne, už se vracím od Pavla.**
○ Jdeš ke Karlovi? ● **Ne, už se vracím od Karla.**
○ Jdeš k Zuzaně? ● **Ne, už se vracím od Zuzany.**
○ Jdeš ke Kateřině? ● **Ne, už se vracím od Kateřiny.**

6. a) *Poslouchejte*: ○ Sluší mi to sako? ● Ano, moc ti sluší.

b) *Odpovězte:*
○ Sluší mi to sako? ● **Ano, moc ti sluší.**
○ Sluší mi ten oblek? ● **Ano, moc ti sluší.**
○ Sluší mi ty kalhoty? ● **Ano, moc ti sluší.**

7. a) *Poslouchejte:* ○ Proč sis tu sukni nekoupila? ● Protože mi neslušela.

b) *Odpovězte:*
○ Proč sis tu sukni nekoupila? ● **Protože mi neslušela.**
○ Proč sis to sako nekoupila? ● **Protože mi neslušelo.**
○ Proč sis ten svetr nekoupil? ● **Protože mi neslušel.**
○ Proč sis ty kalhoty nekoupil? ● **Protože mi neslušely.**

8. a) *Poslouchejte:* ○ Nemůžeš mi rozměnit dvacetikorunu?
● Bohužel, nemám žádné drobné.

b) *Odpovězte:*
○ Nemůžeš mi rozměnit dvacetikorunu? ● **Bohužel, nemám žádné drobné.**
○ Nemáš desetikorunu na telefon? ● **Bohužel, nemám žádné drobné.**
○ Nemůžeš mi dát pětikorunu na vozík? ● **Bohužel, nemám žádné drobné.**

9. a) *Poslouchejte:* ○ Na co ses ptal prodavačky?
● Ptal jsem se, jestli mi rozmění stokorunu.

b) *Odpovězte:*
○ Na co ses ptal prodavačky? ● **Ptal jsem se, jestli mi rozmění stokorunu.**
○ Na co ses ptal toho prodavače? ● **Ptal jsem se, jestli mi rozmění stokorunu.**
○ Na co ses ptal té paní? ● **Ptal jsem se, jestli mi rozmění stokorunu.**

10. a) *Poslouchejte:* ○ Boty jsou malé. ● Tyhle jsou větší.

b) *Odpovězte:*
○ Boty jsou malé. ● **Tyhle jsou větší.**
○ Kalhoty jsou velké. ● **Tyhle jsou menší.**
○ Obraz je ošklivý. ● **Tenhle je hezčí.**
○ Vaše práce je špatná. ● **Tahle je lepší.**
○ Otázka je dobrá. ● **Tahle je horší.**

Topic:

FOOD. RESTAURANTS.
WHAT DO I LIKE?
WHAT WOULD I DO?

You will learn how to

- order things in a restaurant
- reserve a table in a restaurant
- say what you like to eat and drink
- say that there is plenty of something
- use the conditional: what I would do …

Genitive case in plural (p. 207) • We count in Czech – 2 ≠ 5 students (p. 208) • Genitive case of personal pronouns (p. 211) • Conditional (p. 213)

časopis M	*magazine*
číšník M	*waiter*
čtyřikrát	*four times*
dohromady	*altogether*
doporučit +Dat +Acc pf	*to recommend*
-ím	*I recommend*
doporučovat, -uju impf	*to recommend*
dost	*enough*
dveře F pl	*door*
firma F	*firm, company*
hlad M	*hunger*
host M, pl **hosté** = **hosti**	*guest, guests*
hotový, -á, -é	*ready*
hrníček M	*mug*
chuť F	*taste, appetite*
dobrou chuť!	*enjoy your meal*
jednou	*once*
ještě jednou	*once more*
jídelní lístek M	*menu*
jídlo N	*food, meal*
lžíce F	*spoon*
lžička F	*teaspoon*
kurz M	*course*
minuta F	*minute*
nádobí N	*dishes*
nápoj M	*beverage; drink*
nech(te) si chutnat	*enjoy your meal*
nést, nesu +Acc impf	*to carry, I carry*
nůž M, pl **nože**	*knife, knives*
objednávka F	*order*
obsazený, -á, -é	*occupied*
obvykle	*usually*
obyvatel M	*inhabitant*
osoba F	*person*
pečivo N	*pastry (incl bread, rolls)*
pití N	*drink*
poradit, -ím +Dat pf	*to advise, I'll a.*
radit, -ím impf	*to advise, I a.*
povídat si, -ám impf	*to talk, I talk*
pražský, -á, -é	*Prague (adj)*
příbor M	*cutlery*
přijíždět, -ím impf	*to arrive, come (by vehicle)*
přijet, -jedu pf	
přinést, -nesu pf	*to bring, I'll b.*
připravený, -á, -é	*prepared*
rezervovaný, -á, -é	*reserved*
rezervovat +Acc impf	*to reserve*
-uju	*I reserve*
rok M – **10 let**	*year – ten years*
spokojený, -á, -é	*satisfied*
starost F (Gen **-i**)	*worry*
talíř M	*plate*
tradiční	*traditional*
ubrus M	*tablecloth*
vézt, vezu +Acc impf	*to carry, I carry (by vehicle)*
vidlička F	*fork*
vrchní M	*head waiter*
výběr M	*choice, selection*
výborný, -á, -é	*wonderful*
zavolat, -ám +Dat pf +Acc	*to call sb*
volat impf	*to call sb*
žízeň F	*thirst*

- **U stolu jsou ještě dvě volná místa.** — *There are still two free seats at the table.*
- **Ano, tady je volno.** — *Yes, this seat is free.*
- **Bohužel, tady je obsazeno.** — *Unfortunately, this seat is occupied.*
- **Budete si přát večeřet?** — *Would you like to have supper?*
- **Co si budete přát k pití?** — *What would you like to drink?*
- **Chutnalo vám?** — *Did you enjoy your meal?*
- **Na co máš chuť?** — *What do you have a taste for?*
- **Můžete mi rezervovat stůl pro čtyři osoby na dnes večer?** — *Can you reserve me a table for four persons for tonight?*
- **Jsem velmi spokojený.** — *I am very satisfied.*

biftek M	*beef (steak)*
brambory F pl	*potatoes*
bramborový, -á, -é	*potato (adj)*
dort M	*cake*
guláš M	*goulash*
hovězí	*beef*
hranolky M pl	*chips, french fries*
husa F	*goose*
játra N pl	*liver*
kachna F	*duck*
karbanátek M	*meatball, (fried) hamburger*
kaše F	*mashed potatoes, porridge*
kečup M	*ketchup*
knedlík M	*dumpling*
koláč M	*cake, tart*
koláček M	*cookie, tart*
krocan M	*turkey*
krůta F	*turkey hen*
krůtí	*turkey (adj)*
kuře N, pl **kuřata**	*chicken(s)*
kuřecí	*chicken (adj)*
kýta F	*haunch*
losos M	*salmon*
maso N	*meat*
moučník = dezert = zákusek M	*sweet*
okurka F	*cucumber*
okurkový, -á, -é	*cucumber (adj)*
oliva F	*olive*
olivový olej M	*olive oil*
omáčka F	*sauce*
omeleta F	*omelette*
opékaný, -á, -é = grilovaný, -á, -é	*grilled*
paprika F	*pepper*
pečeně F	*roast*
pečený, -á, -é	*roast (adj)*
polévka F	*soup*
předkrm M	*starter*
roštěná F	*stewed stake*
ryba F	*fish*
rýže F	*rice*
řízek M	*steak, (Wiener) schnitzel*
salát M	*lettuce; salad*
zeleninový salát	*vegetable salad*

smažený, -á, -é	*fried*
smetana F	*cream*
svíčková F	*fillet of beef, sirloin*
šlehačka F	*whipped cream*
špagety F pl	*spaghetti*
šunka F	*ham*
telecí	*veal*
těstoviny F pl	*pasta*
tuňák M	*tuna*
tvaroh M	*curd cheese, cottage cheese*
tvarohový, -á, -é	*filled with curd cheese*
uzený, -á, -é	*smoked*
vařený, -á, -é	*boiled*
vejce, vajíčko N	*egg*
vepřový, -á, -é	*pork*
vývar M	*bouillon*
zelí N	*cabbage*
zmrzlina F	*ice cream*
jahodová	*strawberry*
vanilková	*vanilla*
čokoládová	*chocolate*
žampion M	*(common) mushroom*
žampionový, -á, -é	*(adj)*
hořký, -á, -é	*bitter*
kyselý, -á, -é	*sour*
sladký, -á, -é	*sweet*
slaný, -á, -é	*salty*
studený, -á, -é	*cold*
teplý, -á, -é	*warm*
horký, -á, -é	*hot*

JÍDELNÍ LÍSTEK

Studené a teplé předkrmy

Pražská šunka s máslem a okurkou
Pivní sýr, máslo, cibulka, toast 2 kusy
Bramborovo-špenátová omeleta
Nové brambory s chřestem a sýrem
Pečená brambora v alobalu, česnekový dresing

Polévky

Hovězí vývar s vejcem
Tradiční česneková polévka s hovězím masem
Bramborová polévka
Gulášová polévka
Zeleninová polévka s kousky mořských ryb
Bílá houbová polévka se sýrem a chlebem

Saláty

Teplý kuřecí salát se špenátem
Zeleninový salát s kousky kuřecího masa
Letní salát se sýrem mozzarella

Hlavní jídla

Vepřová pečeně, bramborový knedlík, zelí
Telecí pečeně se smetanou, vařené brambory
Staročeský guláš, knedlík
Vídeňský řízek, okurka, bramborová kaše
Biftek na grilu s parmazánem, pečené brambory
Grilovaný losos, zelenina, vařené brambory
Steak z tuňáka, pečený lilek, hranolky
Pstruh na zelenině pečený v alobalu
Špagety s boloňskou omáčkou
Kuřecí maso zapečené se sýrem, žamp. omáčka, rýže
Hovězí filé na zeleném pepři, gratinované brambory
Vegetariánský talíř se sýrem gorgonzola

Dezerty

Zákusky podle denní nabídky
Medový dort s ořechy
Domácí tvarohový koláč
Čokoládový pudink
Jogurtová zmrzlina

Gr

GENITIVE CASE IN PLURAL (GENITIV PLURÁLU)

KOHO? ČEHO?

Adjectives, pronouns — Nouns

the same forms for all genders					hard + neutr c.	soft cons.	
t**ěch** vš**ech**	naš**ich** vaš**ich**	nov**ých** m**ých** tv**ých** sv**ých**	modern**ích** jej**ích**	**M**	pán**ů**, turist**ů** stol**ů**	muž**ů** pokoj**ů**	**-Ů**
				F **N**	žen měst	uli**c**, židl**í**, věc**í** moř**í**, nádraž**í**	Θ **-í**

Čechy F pl – **Do Čech** pojedu zítra a **z Čech** se vracím v neděli.

! F, N: studen**tk**~~a~~ + -e- → studen**tek**
fi**rm**~~a~~ + -e- → fi**rem**
diva**dl**~~o~~ + -e- → diva**del**

(when the consonant combination is difficult to pronounce, an "-e-" is inserted)

! F, N:

-ice > **-ic**
-ile > **-il**
-yně > **-yň (-yní)**
-iště > **-išť**

ulice – uli**c**
košile – koš**il**, chvíle – chv**il** ! í > i
přítelkyně – přítelk**yň**, přítelk**yní**
nástupiště – nástup**išť**

! M:	přátelé	–	**přátel** (hodně přátel)	*friends*
	obyvatelé	–	**obyvatel** (10 milionů obyvatel)	*inhabitants*
	peníze	–	**peněz** (málo peněz)	*money*
	tisíce	–	**tisíc** (sto tisíc korun)	*thousands*
	roky	–	**let** (30 let)	*years*
	dny	–	**dní, dnů** (14 dní)	*days*
	lidi	–	**lidí** (hodně lidí)	*people*
Also:	děti F pl	–	**dětí** (několik dětí)	*children*
	rajčata N pl	–	**rajčat** (1 kg rajčat)	*tomatoes*

Bylo pět **hodin.**	*It was five o'clock.*
Je to deset **korun** a dvacet **haléřů.**	*It is ten crowns twenty hellers.*
Do divadla je to asi sto **metrů.**	*The theatre is about one hundred metres from here.*
Mám už málo **peněz.**	*I have little money left.*
Zaplatil jsem 20 **eur** (dolarů, liber).	*I paid 20 euros (dollars, pounds).*
Budu v Praze ještě asi pět **dní.**	*I will be in Prague for about another five days.*
Mám hodně **dobrých přátel.**	*I have a lot of good friends.*

Musím koupit několik **lahví** minerálky.	*I must buy some bottles of mineral water.*
U pokladen bylo hodně **lidí**.	*There were many people at the cash registers.*

Repeat on p. 183: Kolik čeho? (+ Gen)

hodně, moc, mnoho
dost, málo
kolik, několik
5 6 7 . . . 100 (5–∞)

+ Gen sg+ pl **hodně** mlék**a**, pomeranč**ů**

WE COUNT IN CZECH (POČÍTÁME V ČEŠTINĚ)

	Nom sg	Nom pl	Gen pl	Kolik?
Ma	1 student	2, 3, 4 student**i**	5, 6, ... student**ů**	student**ů**
Mi	1 měsíc	2, 3, 4 měsíc**e**	5, 6, ... měsíc**ů**	měsíc**ů**
F	1 koruna	2, 3, 4 korun**y**	5, 6, ... korun	korun
N	1 auto	2, 3, 4 aut**a**	5, 6, ... aut	aut
! Mi	1 rok	2, 3, 4 rok**y**	5, 6, ... **let**	**let**
	JE	**JSOU**	! **JE** Pět studentů **je** ve třídě.	

5 hodin	**(5–∞)**	x	2 hodiny	(2, 3, 4 hodiny)
10 metrů		x	2 metry	
6 žen		x	3 ženy	
7 dní		x	4 dny	
Je 5 hodin.		x	**Jsou** 2 hodiny.	
Pracuje tu 6 žen.		x	**Pracují** tady 3 ženy.	
Byl**o** 5 hodin.		x	Byl**y** 2 hodiny.	
Pracoval**o** tady 6 žen.		x	Pracoval**y** tady 3 ženy.	

Verb: sg N – je, bude, bylo

Verb: pl – jsou, budou, byli, -y, -a

Cv

❐ 1. Doplňte ve správném tvaru. *(Complete in the correct form.)*

1 dolar	2, 4 **dolary**	5, 10 **dolarů**
1 prodavač	2, 4 ______	5, 10 ______
1 rohlík	2, 4 ______	5, 10 ______
1 čaj	2, 4 ______	5, 10 ______
1 houska	2, 4 ______	5, 10 ______

1 restaurace	2, 4 ______	5, 10 ______
1 pivo	2, 4 ______	5, 10 ______
1 euro	2, 4 ______	5, 10 ______

❒ 2. Zeptejte se a odpovězte. *(Ask and answer.)*

○ Znáš už hodně	Čechů?	● Hodně ne, ale	dva Čechy	ano.
	českých měst?		dvě města	
	svých kolegů?		dva kolegy	
	českých jídel?		dvě jídla.	
	pražských kostelů?		dva kostely	
	moderních galerií?		dvě galerie	

❒ 3. Říkejte podle vzoru ve tvaru genitivu plurálu.
(Say according to the model in the genitive plural.)

➡ ○ Jsou tam 2 cizinci. ● Ale ne, je tam **5 cizinců**.

○ Jsou	tam	2 cizinci.	● Ale ne,	je	tam 5 ______
Byli		2 doktoři.		bylo	
		2 Američané.			
Byly		2 talíře.			
		2 hrníčky.			
		2 dárky.			
Byly		2 ženy.			
		2 cizinky.			
		2 skleničky.			
Byla		2 divadla.			
		2 kina.			
		2 auta.			

❒ 4. a) Kolik zaplatíte? Do vozíku v supermarketu jste si dal(a)

10 housek (1 houska za 2 Kč)	______ Kč
5 džusů (1 džus za 25 Kč)	______ Kč
10 lahví minerálky (1 láhev za 15 Kč)	______ Kč
6 kilogramů jablek (1 kilo za 30 Kč)	______ Kč
7 čokolád (1 čokoláda za 20 Kč)	______ Kč
Celkem:	______ Kč

b) Co musíte koupit?

Několik kilogramů ______ (pomeranče *M pl*)

Několik ______ (papriky *F pl*)

____________	(banány *M pl*)	____________	(okurky *F pl*)
____________	(citrony *M pl*)	____________	(bagety *F pl*)
____________	(brambory *F pl*)	____________	(saláty *M pl*)
____________	(jablka *N pl*)	____________	(jogurty *M pl*)
____________	(rajčata *N pl*)	____________	(sýry *M pl*)

❐ 5. Řekněte ve správném tvaru. *(Say in the correct form.)*

a) ○ Někdo tady zapomněl lístky do kina. **Čí jsou?** ➡ ● Budou asi **mých kolegů**.

● Budou asi | *tví kolegové* | *tvé sestry*
| *naši přátelé* | *naše přítelkyně*
| *moji kamarádi* | *moje kamarádky*
| *ti cizinci* | *ty cizinky*
| *ti Angličani* | *ty Angličanky*

b) ○ **Zeptáš se někoho,** kde je Národní divadlo?

● Zeptám se | *ti lidi*
| *ti prodavači*
| *tamti páni*
| *tamty staré ženy*
| *ty mladé prodavačky*

❐ 6. Řekněte ve správném tvaru genitivu plurálu.
(Say in the correct form of the genitive plural.)

○ **Ve městě** | **je** / **bylo** | **mnoho** | *auto a autobus* | *starý člověk*
| *moderní divadlo a kino* | *malé dítě*
| *krásný starý dům* | *hezká dívka*
| *obchodní ulice* | *veselý student*
| *malý obchod* | *turista*
| *nová banka* | *úředník*

○ **Mám dost** / **Nemám dost** | *bílá košile* | *učebnice češtiny*
| *zimní sako* | *česká kniha a časopis*
| *moderní oblek* | *talíř a příbor*
| *hnědé boty* | *sklenička a hrníček*
| *minisukně* | *černé tričko*
| *večerní šaty* | *červená růže*

❐ 7. Odpovězte. *(Answer.)*

○ Kolik měsíců trvá kurz češtiny?
○ Kolik měsíců má jeden rok?
○ Kolik týdnů jste strávil v České republice?

- ○ Kolik dnů budete na dovolené?
- ○ Kolik minut vaříte vajíčka?
- ○ Kolik je vám let?
- ○ Kolik let / měsíců se učíte česky?
- ○ Kolik máte sourozenců (bratrů a sester)?
- ○ Kolik obyvatel má vaše město?
- ○ Víte, kolik korun stojí lístek na tramvaj?
- ○ Kolik eur (dolarů, liber) stojí lístek do kina?
- ○ Kolik peněz dáte synovi na školní výlet?
- ○ Víte, kolik kilometrů je z Prahy do Plzně?
- ○ Kolik litrů vody je zdravé vypít každý den?

Gr

PERSONAL PRONOUNS IN THE GENITIVE CASE (OSOBNÍ ZÁJMENA V GENITIVU)

○ **Kolik** chceš salámu? ● Chci **ho** 10 deka.
○ **Kolik** chceš šunky? ● Chci **jí** málo.

JÁ	TY	ON (ONO)	ONA	MY	VY	ONI, ONY, ONA
(u) mě	**tě** **(u) tebe**	**ho** **jeho** **u něho, něj**	**jí** **u ní**	**(u) nás**	**(u) vás**	**jich** **u nich**
me	*you*	*him, it*	*her*	*us*	*you*	*them*

Short x long forms (compare with the dative on p. 155)
- **short forms** are **not stressed**, are **in the 2nd position**
- **long forms** are used **after the prepositions** and when **we are stressing st**

Zeptal se **tě** na cestu? — *Has he asked you the way?*
Tebe se zeptal, ale **mě** ne. — *He has asked you but not me.*

Ptá se **ho** na cestu. — *He is asking him the way.*
Jeho se neptá, ale **jí** ano. — *He is not asking him, but her.*
Je **u něho** na návštěvě. — *He/she is on a visit to him.*

Notice: after the prepositon j > n

jeho – bez něho, bez něj
jí – bez ní
jich – bez nich

Cv

8. Zeptejte se a odpovězte. *(Ask and answer.)*

a) ○ Zeptáte se | doktora? / doktorky? / svých kolegů? / prodavačky? / vrchního? / těch lidí? ● Ano, zeptám se | ho. / jí. / jich.

a) ○ Zeptáte se	doktora? doktorky? svých kolegů? prodavačky? vrchního? těch lidí?	● Ano, zeptám se	ho. jí. jich.

b) ○ Zeptáš se	Terezy? Martina? rodičů? té paní? studentů? toho pána?	● Už jsem se	ho jí jich	zeptal.

9. Zeptejte se a odpovězte. *(Ask and answer.)*

a) ○ Kde je Jana?	U Filipa? U vás? U rodičů? U Evy? U svého učitele? U své kamarádky?	● Ano, je u	něho / něj. ní. nich. nás.

b) ○ Petr je ještě	v kině? ve škole? v divadle? v práci? v Londýně? v restauraci?	● Ne, už se z	něj ní	vrátil.

10. Doplňte zájmena ve správném tvaru.
(Fill in the blanks with pronouns in the correct form.)

ON
ONA
ONI

1. Nepůjdu tam bez ______________.
2. Půjdu k ______________ večer.
3. Vedle ______________ je ještě volno.
4. K svátku ______________ koupím jen květiny.
5. Neviděl jsi ______________ někde?
6. Petr u ______________ zůstal celý den.
7. Musím ______________ poděkovat za dárek.
8. Tenhle dárek mám od ______________.

Gr

CONDITIONAL (KONDICIONÁL)

Repeat the phrases with the conditional on p. 180.

Chtěl(a) bych čaj. *(I)* **Chtěl(a) bys** kávu? *(you – sg)* **Líbilo by se** mi to. *(it)*

The simple conditional is formed:

-l form of the verb +	**bych**	**bychom**	*I*	*we*
	bys	**byste**	*you*	*you*
	by	**by**	*he, she, it*	*they*

Měla jsem čas. V sobotu jsme pracovali.
Měla bych čas. V sobotu **bychom pracovali**.

I would work	M sg	pracova**l bych**	pracova**li bychom**	Ma pl	*we would work*
	F sg	pracova**la bych**	pracova**ly bychom**	F pl	
you would work (sg)	M sg	pracova**l bys**	pracova**li byste**	Ma pl	*you would work (pl)*
	F sg	pracova**la bys**	pracova**ly byste**	F pl	
he	M sg	pracova**l by**	pracova**li by**	Ma pl	
she } *would work*	F sg	pracova**la by**	pracova**ly by**	Mn, F pl	*they would work*
it	N sg	pracova**lo by**	pracova**la by**	N pl	

YOU: počkal(a) byste (sg)

počkali, -y byste (pl)

Počka**l** byste, pane doktore?
Počka**la** byste, paní doktorko?
Počka**li** byste, kolegové?
Počka**ly** byste, kolegyně?

KOUPIT **SI**:	koupil bych si		koupili bychom si
	koupil **by sis**	(bys + si = sis)	koupili byste si
	koupil by si		koupili by si
DÍVAT **SE**:	díval bych se		dívali bychom se
	díval **by ses**	(bys + se = ses)	dívali byste se
	díval by se		dívali by se

POSITION of "bych": the same as the position of "jsem" (see p. 164)

Rád **bych** ti to řekl. Řekl **bych ti to** rád. *(I would like to tell it to you.)*
2nd position — 1 2 3

Řekl bych, že to není dobře.	*I would say it is not good.*
Rád **bych** vám něco **řekl**.	*I would like to tell you something.*
Šel bych do města.	*I would go to the town.*
Petr **by šel** taky, ale nemůže.	*Peter would go too, but he cannot.*
Měl byste dneska čas?	*Would you have time today?*
To **bys neměl** dělat.	*You should not do it.*
Dal bys mi ty noviny?	*Would you give me the newspaper?*
Chtěli bychom dvě kávy.	*We would like two coffees.*
Mohl bych se vás na něco zeptat?	*Could I ask you something?*

Cv

❒ 11. Řekněte v kondicionálu. *(Say in the conditional.)*

➡ **Šel jsem** do kina. – **Šel bych** do kina.

○ **Udělal jsem** to hned.
○ **Měla jsem** radost.
○ **Vzala jsem si** to žluté tričko.

○ **Dali jsme si** jen čaj.
○ **Chtěli jsme** něco k pití.
○ **Šli jsme** na procházku.

○ Jana **přišla** v osm.
○ Filip to asi **věděl**.
○ Jana a Filip **šli** taky na koncert.

❒ 12. **a)** Doplňte do rozhovoru, co by neměl dělat syn.
(Complete the conversation with what the son shouldn't do.)

● To bys neměl dělat!
○ Co bych neměl dělat?
➡ ● **Neměl by ses dívat** tak dlouho na televizi.

● Neměl bys (by ses, by sis)

kouřit
pít tolik coly
tolik jíst
dívat se tak dlouho na video
kupovat si tak drahé boty
bydlet sám
na něj čekat

b) Vaše dcera by měla něco udělat. Řekněte jí to.
(Your daughter should do st. Tell her.)

➡ ● **Měla by sis koupit** nový kabát.

● Měla bys (by ses, by sis)

vrátit se brzo
podívat se na ten film
koupit otci dárek
zkusit si tyhle kalhoty
zatelefonovat Martinovi
nasnídat se
večer jít někam ven

❒ 13. Vyberte, co byste dělal(a) nejraději. *(Choose what you would like to do most of all.)*

➡ **Nejraději bych se šel / šla najíst.**

● Nejraději bych

jít do kina
číst **si** noviny
najíst **se**
dívat **se** na televizi
jet autem
napít **se** vody
spát v hotelu
dát **si** zmrzlinu
vrátit ten svetr
studovat matematiku

❒ 14. Řekněte v kondicionálu. *(Say it in the conditional.)*

➡ přečíst to rychle – **přečetl(a) bych** to rychle, **přečetli bychom** to rychle

koupit si to
napsat ti
studovat
udělat to pro vás
přijít brzo
odjet zítra
říct vám to
čekat u školy
počkat na tebe
začít studovat
bydlet v Praze
číst si
mít radost
odejít ven
podívat se na to
zatelefonovat vám
být rádi
dám ti to
vypít celou láhev
vzít si to
přijet vlakem

❒ 15. Odpovězte. *(Answer.)*

1. ○ Co byste rád(a) studoval(a)?
2. ○ Kam byste rád(a) jel(a)?
3. ○ Chtěl(a) byste navštívit Brno?
4. ○ Kde byste teď chtěl(a) být?
5. ○ Co byste si dal(a) k večeři?
6. ○ Na co byste měl(a) chuť?
7. ○ Kde byste rád(a) bydlel(a)?
8. ○ Nechtěl(a) byste si odpočinout?

9. ○ Strávil(a) byste dovolenou doma?
10. ○ Uměl(a) byste uvařit večeři pro deset lidí?
11. ○ Věděl(a) byste, kolik obyvatel má Praha?

16. Dokončete věty. *(Complete the sentences.)*

1. Chtěl bych ______________________.
2. Myslíš, že by Michal chtěl ______________________?
3. Nechtěl bys jít ______________________?
4. Mohla bys ______________________?
5. Přišli byste ______________________?
6. Šla bych, ale ______________________.
7. Koupila bych si ______________________.
8. Neměl bys ______________________?
9. Dal bych ti to, ale ______________________.
10. Uvařila bys ______________________?
11. Vzpomněl by sis ______________________?

ON A ONA V KUCHYNI

● Už bude večeře? Mám hlad.
○ Za chvíli. Kam jdeš? Pojď sem, prosím tě, potřebuju pomoct. Nemohl bys udělat zeleninový salát? Víš, že ho umíš udělat lépe než já.
● To jen tak říkáš, když potřebuješ pomoct.
○ Vůbec ne. Tvůj salát mi chutná nejvíc.
● Co bude k salátu?
○ Omelety a žampiony.
● Už mám na ně chuť.
○ Jdu připravit stůl.

● K čemu potřebujeme pět talířů a pět skleniček? Myslel jsem, že budeme jíst jen my čtyři.

○ Zapomněl jsi? Přijde Jakub, takže nás bude pět.
● Nevěděl jsem, že přijde. Koupil bych nějaké víno.
○ Myslím, že láhev vína přinese Jakub. Nemusíš si dělat starosti.
● Proč přijde?
○ Ale, má nějaké problémy v práci a myslí si, že mu poradíme, co má dělat. Tak, všechno je už připraveno. Jdu zavolat děti.
Je sedm a Jakub nikde. Zavolám mu.
„Ahoj, Jakube! Kde jsi? – Až za dvacet minut? – Nevadí, když začneme jíst bez tebe? Jídlo je už na stole. – Ne? Tak dobře. Těšíme se na tebe. Ahoj!"
Nebudeme na Jakuba čekat, přijde až za dvacet minut.
● Dobrou chuť! Hm, to je dobré.

Všichni sedí u stolu, večeře jim moc chutná. Omelet, žampionů i salátu je opravdu hodně, proto se Jakub nemusí bát, že mu nic nezůstane.

Jak se podle vás jmenuje sestra Jakuba a její manžel?

Cv

❒ 17. Odpovězte podle textu. *(Answer according to the text.)*

1. Jaké jméno jste dal(a) manželce a manželovi?
2. Kdo má největší hlad a ptá se na večeři?
3. Co připravuje k večeři ona a co on?
4. Kolik osob bude večeřet?
5. Vědí všichni z rodiny, že přijde Jakub?
6. Kdo je Jakub?
7. Proč přijde Jakub na návštěvu k sestře?
8. V kolik hodin má přijít?
9. Proč sestra volá Jakubovi?
10. Začne rodina jíst bez Jakuba?
11. Je dost jídla i pro Jakuba?
12. Co říkáme, když začínáme jíst?
13. Co řekneme, když nám jídlo chutná?

❒ 18. Zeptejte se a odpovězte. *(Ask and answer.)*

● Už je	večeře?	○ Ano, už je	hotová.
	snídaně?		hotový.
	oběd?		připravená.
			připravený.

- Už jsi připravil stůl?
- Už jsi uvařila oběd?
- Už jsi uklidil pokoj?
- Už jsi objednal telefonicky taxi a vzal peníze?

○ Ano, všechno je připraveno.
○ Ano, všechno je hotovo.

❐ 19. Zeptejte se a odpovězte. *(Ask and answer.)*

a)
- Máš dost knedlíků?
- Máš dost hranolků?
- Máš dost brambor?
- Máš dost omelet?
- Máš dost špaget?

○ Ano, mám **jich** dost.

b)
- Kolik mám připravit | talířů? / příborů? / nožů? / vidliček? / skleniček?

○ Musíš **jich** připravit šest.

❐ 20. Chcete pomoct v kuchyni.

➠ ● **Mám** připravit stůl?
Neměl(a) bych připravit stůl?

- **Mám**
- **Neměl(a) bych**

přinést pivo
dát příbory na stůl
pomoct ti v kuchyni
otevřít tu láhev
dát vařit vodu
umýt nádobí

?

○ Ne, nemusíš, udělám to sám.
sama

❐ 21. Všímejte si rozdílu mezi větami „zavolám příteli (+Dat)“ a „zavolám přítele (+ Acc)“. Říkejte věty. *(Notice the difference between the sentences “I'll call my friend” and “I'll call to my friend”. Say the sentences.)*

➠ **Zavolám** (= zatelefonuju) příteli. *(I will call my friend.)*
Zavolám přítele. *(I will call to my friend.)*

ZAVOLÁM
ZAVOLAL(A) JSEM

Zuzaně, že nemůžu přijít.	**manžela**. Můžete chvíli počkat?
Jakubovi, proč tady ještě není.	Ano, je doma. Hned **ho** ________.

otci a matce, že přijedeme v neděli.	**bratra**, protože přišel jeho přítel David.
Tereze, jestli jsem u ní nezapomněl pas.	**matku** k telefonu.
ti večer, jestli budeš mít čas jít ven.	**ji** zpátky. Zapomněla si u mě tašku.

❒ 22. Doplňte správně. *(Fill in the blanks correctly.)*

rád(a) **jsem rád(a)** **mám rád(a)** (Repeat on p. 50)

1. ______________, že jsem dobře nakoupil.
2. ______________ kávu bez mléka a bez cukru.
3. ______________, že už mluvíte a rozumíte česky.
4. ______________ si prohlížím ve městě obchody.
5. ______________ své kolegy v práci.
6. ______________ si objednává česká jídla.

❒ 23. Zeptejte se a odpovězte. *(Ask and answer.)*

● Chutná	ti vám	bramborový salát rýže kuřecí řízek české jídlo zeleninová polévka	?	○ Ano,	chutnal -a -o	mi.

❒ 24. Doplňte do odpovědi sloveso. *(Fill in the verb into the answer.)*

● Vezmete si	polévku	?	○ Ano,	______________	si ji.
● Dáte si	kávu		○ Ano,	______________	si ji.
● Přejete si	rýži		○ Ano,	______________	si ji.
● Objednáte si	šunku		○ Ano,	______________	si ji.
● Vezmete si	kuře	?	○ Ano,	______________	si ho.
● Dáte si	řízek		○ Ano,	______________	si ho.
● Přejete si	biftek		○ Ano,	______________	si ho.
● Objednáte si	víno		○ Ano,	______________	si ho.

Mám hlad.
Nemáš hlad?

Mám žízeň.
Nemáš žízeň?

V RESTAURACI

Číšník: Dobrý večer.
Host: Dobrý večer. Chtěli bychom stůl pro čtyři osoby.
Číšník: Máte ho rezervovaný?
Host: Ne.
Číšník: Tady u dveří je jeden volný stůl.
Host: Jiný stůl by nebyl? Neradi bychom seděli u dveří.
Číšník: Ještě jeden stůl je volný tamhle vzadu v rohu.
Host: Děkujeme, posadíme se tam.
Číšník: Budete si přát večeřet? Tady je prosím jídelní lístek.
Host: Děkujeme.

On: Mám velký hlad, od rána jsem nejedl. Tady mají velký výběr! Asi si dám jako obvykle něco z italské kuchyně. Nebo ne. Vyberu si vepřovou pečeni a knedlík.
Ona: Vracíš se k tradičnímu českému jídlu? Já mám chuť na teplý kuřecí salát a také na biftek na grilu. Nevím, co si mám vybrat. Budeme jíst hned, nebo až přijdou tvoji známí?
On: Nejdřív si dáme něco malého a počkáme na ně. Teď asi právě přijíždějí do města. Za 15 minut tu určitě budou.
Ona: Kde byli?
On: Nebyli daleko. Vezli jen něco na chatu a tu mají asi 20 kilometrů od města.

Číšník: Už jste si vybrali?
Host: Ano. Zatím si dáme dvakrát zeleninovou polévku a pečivo. Hlavní jídlo si objednáme, až přijdou naši známí.
Číšník: Co si budete přát k pití?
Host: Minerálku a pomerančový džus.

Známí přišli a také si vybrali z jídelního lístku.

Host: Zavolám číšníka a objednáme si.
Chtěli bychom dvakrát biftek na grilu a pečené brambory, jednou vepřovou a knedlíky a jednou řízek a hranolky. Potom čtyřikrát zmrzlinový dezert. K pití dvakrát minerálku a dvakrát dvě deci červeného vína.

Potom si všichni čtyři povídají.

Host: Už se to nese. To jsou velké porce!
Číšník: Prosím, nechte si chutnat.

Vrchní: Přejete si platit?
Host: Ano. Děkujeme, moc nám chutnalo.
Vrchní: To mě těší. Doufám, že k nám zase brzo přijdete. Platíte dohromady?
Host: Ano.
Vrchní: Hned přinesu účet.

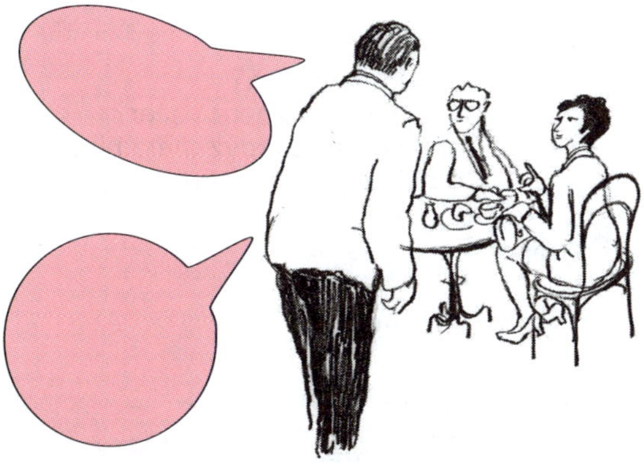

- Na co se zeptal číšník? Napište to.
- Co hosté odpověděli? Napište to.

Cv

❒ 25. Odpovězte podle obrázků. *(Answer according to the pictures.)*

- ○ Co rád(a) pijete?
- ○ Co pijete nerad(a)?
- ○ Co jste pil(a) včera?
- ○ Čeho se napijete, když máte žízeň?
- ○ Co nabídnete návštěvě?

! pít **něco** (+ Acc)
napít se **něčeho** (+ Gen)

Nápoje

❒ 26. Odpovězte podle obrázků. *(Answer according to the pictures.)*

- Co rád(a) jíte?
- Co vám nechutná?
- Co jste jedl(a) včera večer?
- Čeho se najíte, když máte hlad?
- Co nabídnete návštěvě?

> ! jíst **něco** (+ Acc)
> najíst se **něčeho** (+ Gen)

Potraviny

❒ 27. Vytvořte adjektivum ze substantiva sufixem „-ový“. Do vět potom doplňte substantivum nebo adjektivum. *(Form the adjective from the noun by the suffix “-ový”. Then fill in the noun or the adjective into the sentences.)*

➡ zelenin~~a~~ → **zeleninový**
Jdu koupit nějakou **zeleninu**. – Vařím často **zeleninové** polévky.

pomeranč →
Je tady __________ a jablečný džus. – Koupím tyhle __________.
Který chceš?

citron →
Máme ještě nějaký __________? – Chceš __________ čaj?
Potřebuju ho do salátu.

žampion →
Nejraději mám __________ pizzu. – __________ nikdy nekupuju, protože je u nás nikdo nejí.

tuňák →
Nejčasteji si dávám __________ sendvič. – __________ mi moc chutná.

čokoládа →

_________ bych jedla celý den. – _________ zmrzlina mi moc nechutná.

šunka →

Hodně kupujeme _________ salám. – Pražská _________ je známá.

brambory →

Nové _________ jsou ještě dost drahé. – Tradiční jídlo na Vánoce je ryba a _________ salát.

28. Odpovězte. *(Answer.)*

1x (jednou), 2x (dvakrát), 3x (třikrát), 4x (čtyřikrát)

- Kolikrát si přejete kávu?
- Kolikrát si dáte hranolky?
- Kolikrát si vezmete polévku?
- Kolikrát jste už byli u nás v restauraci?
- Už jste byl(a) někdy v Praze?

29. Najděte správnou odpověď. *(Find the correct answer.)*

1. Máte volný stůl pro dvě osoby?
2. Můžete mi dát jídelní lístek?
3. Je ten stůl rezervovaný?
4. Můžeme si sednout k tomu pánovi?
5. Je tady, prosím vás, volno?

- Ano, je rezervován na celý večer.
- Bohužel ne, za chvíli přijde kolega.
- Mám ještě jeden volný stůl.
- Hned ho přinesu.
- Moment, zeptám se ho, jestli bude souhlasit.

30. Řekněte vrchnímu, že ... *(Tell the headwaiter that ...)*

- chcete (byste chtěli) jídelní lístek
- chcete 2x espreso
- už chcete platit
- špatně spočítal účet
- vám zapomněl počítat džus
- chcete k polévce housku
- nerozumíte česky, jestli vám může říct jídla anglicky
- chcete rezervovat stůl pro 4 osoby na sobotu 8 hodin večer

31. Přečtěte si jídelní lístek na straně 206 a objednejte si. *(Read the menu on p. 206 and order.)*

- Co si objednáte k obědu? / k večeři?
- Vybrali jste si nějaký salát?
- Co si dáte k pití?
- Které dezerty jídelní lístek nabízí?
- Který z nich máte nejraději?

32. Dokončete dialog. *(Complete the dialogue.)*

● Máte ještě volný stůl pro 3 osoby?	○ ______________
● Chtěli bychom večeřet. Co nám doporučíte?	○ ______________ ______________
● Je to tradiční české jídlo?	○ ______________
● Vezmeme si to všichni tři.	○ Polévku si nedáte?
● ______________	○ Co budete pít?
● ______________	○ Kávu si dáte hned, nebo později?
● ______________	○ Je to všechno?
● ______________	○ Za chvíli vám to přinesu.

33. Doplňte slovesa do vět. *(Fill in the blanks with verbs.)*

chutnat **přinést** **vzít si** **objednat si** **nést**

pomoct **dát si** **povídat si** **umět** **doporučovat**

1. Nechceš ______________? Vidím, že máš hodně práce.
2. Kečup tady není? Hned ho ______________.
3. Můžeš ______________ omelet, kolik chceš.
4. Nejvíc mi ______________ řízek a bramborový salát.
5. K večeři ______________ jen smažená vajíčka.
6. ______________ uvařit moc dobrou bramborovou polévku.
7. ______________, až přijde kolegyně. Počkám na ni.
8. Jako zákusek vám ______________ jahodovou zmrzlinu.
9. ______________ večeři na stůl! Pojďte jíst!
10. Setkali jsme se v baru a dlouho ______________.

34. Přeložte. *(Translate.)*

Mr Král is at the hotel. He goes to the restaurant. He wants to sit at a corner table. Unfortunately, the table is reserved. But by the door there is a table that is still free. Mr Král orders his meal: soup, steak with roasted potatoes and a glass of beer. A lady comes a little later. Mr Král is pleased. She will order the same meal as Mr Král, but without beer. Then they chat (with each other) for a long time. At ten o'clock Mr Král thanks her for the nice evening.

the same as – to stejné jako

král *(king)*, královna *(queen)*

Vtip *(Joke)*

● **„Můžete mi poradit, co si mám dneska vybrat k obědu?“ ptá se host číšníka.**
○ **„Co vám mám poradit. No, nejméně dnes hosté vracejí biftek.“**

MLUVNÍ CVIČENÍ

1. a) *Poslouchejte:* ○ U koho může být ta mapa? U otce? ● Ne, u otce určitě není.

b) *Odpovězte:*

○ U koho může být ta mapa? U otce? **● Ne, u otce určitě není.**
○ U koho může být ta mapa? U rodičů? **● Ne, u rodičů určitě není.**
○ U koho může být ta mapa? U matky? **● Ne, u matky určitě není.**
○ U koho může být ta mapa? Vedle u kolegů? **● Ne, vedle u kolegů určitě není.**

2. a) *Poslouchejte:* ○ Vysvětlím ti to. ● To je od tebe hezké, že mi to vysvětlíš.

b) *Reagujte:*

○ Vysvětlím ti to. **● To je od tebe hezké, že mi to vysvětlíš.**
○ Připravím ti to. **● To je od tebe hezké, že mi to připravíš.**
○ Pomůžu ti. **● To je od tebe hezké, že mi pomůžeš.**
○ Napíšu ti. **● To je od tebe hezké, že mi napíšeš.**

3. a) *Poslouchejte:* ○ Vrátím se za 10 minut. ● Za 10 minut už tady nebudu.

b) *Odpovězte:*

○ Vrátím se za 10 minut. **● Za 10 minut už tady nebudu.**
○ Manžel se vrátí za 14 dní. **● Za 14 dní už tady nebudu.**
○ Kurz češtiny skončí za 5 měsíců. **● Za 5 měsíců už tady nebudu.**
○ V divadle to budou hrát až za 6 týdnů. **● Za 6 týdnů už tady nebudu.**

4. a) *Poslouchejte:* ○ Čeho se chceš napít? Džusu?
● Ne, dám si jen colu, džus nechci.

b) *Odpovězte:*

○ Čeho se chceš napít? Džusu? **● Ne, dám si jen colu, džus nechci.**
○ Čeho se chceš napít? Vína? **● Ne, dám si jen colu, víno nechci.**
○ Čeho se chceš napít? Čaje? **● Ne, dám si jen colu, čaj nechci.**

5. a) *Poslouchejte:* ○ Dáte si také něco k jídlu? ● Ne, děkuju, nemám hlad.

b) *Odpovězte.*

○ Dáte si také něco k jídlu? **● Ne, děkuju, nemám hlad.**
○ Můžu vám nabídnout něco ke kafi? **● Ne, děkuju, nemám hlad.**
○ Budete si přát večeřet? **● Ne, děkuju, nemám hlad.**

6. a) *Poslouchejte:* ○ Jak vám chutnalo? ● Bylo to výborné, dal bych si ještě.

b) *Odpovězte:*

○ Jak vám chutnalo? **● Bylo to výborné, dal bych si ještě.**

○ Chutnaly vám chlebíčky? ● **Byly výborné, dal bych si ještě.**
○ Chutnala vám polévka? ● **Byla výborná, dal bych si ještě.**
○ Chutnal vám ovocný salát? ● **Byl výborný, dal bych si ještě.**

7. a) *Poslouchejte:* ○ Šel bys do kina? ● Ano, šel bych do kina.

b) *Odpovězte:*
○ Šel bys do kina? ● **Ano, šel bych do kina.**
○ Jel bys do Francie? ● **Ano, jel bych do Francie.**
○ Dal by sis kávu? ● **Ano, dal bych si kávu.**
○ Řekl bys mi to? ● **Ano, řekl bych ti to.**
○ Napsal bys mi to? ● **Ano, napsal bych ti to.**

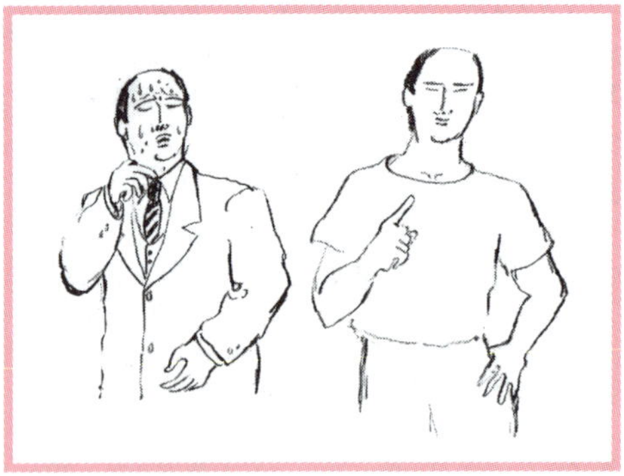

JAK VÁM JE?
CO UDĚLÁTE?

Topic:

TIME AND DATE. SEASONS OF THE YEAR. WHAT'S THE WEATHER LIKE?

You will learn how to

- say with whom you have spoken or been somewhere
- use Czech verbs of motion accurately
- say how you will be going on your holiday
- give the time down to the minute
- express different relationships of time
- say the names of the months and seasons in Czech
- say today's date
- ask and answer questions about the weather

Instrumental case in singular (p. 229) • Prepositions which take the instrumental (p. 229) • Functions of the instrumental (p. 233) • Verbs of motion "chodit – jít, jezdit – jet" (p. 235) • Other verbs of motion (p. 237) • Ordinal numerals (p. 238) • What's the time? (p. 238) • Time questions "When? How long? How often?" (p. 240) • Months. What is the date today? (p. 244)

bouřka F	*storm*
budík M	*alarm clock*
čtvrt F	*quarter*
datum N	*date*
deštník M	*umbrella*
foukat, -ám impf	*to blow, I blow*
horko	*hot*
hory F pl	*mountains*
hospoda F	*pub*
chodit, -ím impf	*to go, I go (on foot)*
jaro N	*spring*
jezdit, -ím impf	*to go (by vehicle)*
konec M	*end*
na konci +Gen	*at the end*
koš M	*basket*
piknikový koš	*picnic basket*
les M, **do lesa**	*forest, wood* *into the forest*
léto N	*summer*
letos	*this year*
mezi +Instr, Acc	*between, among*
mrak M	*cloud*
nad +Instr, Acc	*over, above*
nálada F	*mood*
naposledy	*for the last time*
narodit se pf	*to be born*
narodil jsem se	*I was born*
narozeniny F pl	*birthday*
nebe N	*heaven*
nic, z ničeho (Gen)	*nothing,* *from nothing*
nula F	*nought, zero*
období N	*period, season*
roční období	*season of the year*
opalovat se	*to sunbathe*
-uju se impf	*I sunbathe*
otevřeno	*open*
plavat, plavu impf	*to swim, I swim*
pláž F	*beach*
pes M	*dog*
počasí N	*weather*
pod, pode +Instr, Acc	*under*
podzim M	*autumn (US fall)*
pršet, prší impf	*to rain, it rains*
před, přede +Instr, Acc	*ago, before*
přesně	*exactly*
příroda F	*nature*
příští	*next*
půlnoc F	*midnight*
o půlnoci	*at midnight*
řeka F	*river*
s, se +Instr	*with*
schovat se pf	*to take shelter;*
-ám se	*to hide, I'll hide*
schovat +Acc	*to give shelter;*
-ám	*to hide, I'll hide*
sice – ale	*it's true – but*
skoro	*nearly*
slunce N	*sun*
sněžit, sněží impf	*to snow, it snows*
sníh M (Gen **sněhu**)	*snow*
soukromí N	*privacy*
v soukromí	*in private*
sportovec M	*sportsman*
sportovkyně F	*sportswoman*
stín M	*shadow*
stupeň M	*degree*
sušenka F	*biscuit*
svítit, -ím impf	*to shine, I shine*
večeře F	*dinner, supper*
venku	*outside*
vesnice F	*village*
vesnický, -á, -é	*country (adj)*
většinou	*mostly*
vítr M (Gen **větru**)	*wind*
vloni, loni	*last year*
však = ale	*however = but*
vždycky = vždy	*always*
za +Instr, Acc	*behind; for*
zaparkovat, -uju pf	*to park, I'll park*
parkovat impf	*to park*
zatímco	*while*
žít, žiju impf	*to live, I live*

leden M	*January*
únor M	*February*
březen M	*March*
duben M	*April*
květen M	*May*
červen M	*June*
červenec M	*July*
srpen M	*August*
září N	*September*
říjen M	*October*
listopad M	*November*
prosinec M	*December*

Gr

INSTRUMENTAL CASE IN SINGULAR (INSTRUMENTÁL SINGULÁRU)

S KÝM? **(S) ČÍM?**	*WITH WHOM?* *WITH/BY WHAT?*	Do kina půjdu **s Alenou**. Pojedu **vlakem**.	(see p. 93)

						hard + neutr c.	soft cons.	
M **N**	tím	naš**ím** vaš**ím**	modern**ím** jej**ím**	nov**ým** tv**ým** m**ým** sv**ým**	**-ÍM** **-ÝM**	pán**em** stol**em** měst**em**	muž**em** pokoj**em** moř**em** ! nádraž**ím**	**-EM**
F	tou	naší vaší	moderní její tvojí svojí	nov**ou** m**ou** tv**ou** sv**ou**	**-í** **-OU**	žen**ou**	židlí věcí místností	**-OU** **-Í**

! **Ma** ending in "**-a**": koleg**a** – s koleg**ou** (like "ženou")
! **M** – mobile "**-e-**": týd**en** – před tý**dnem**, pes – se **psem** (see p. 48)
! **F** names ending in "**-i, -y**" or a consonant: they are not declined – s Mary, s Jennifer

PREPOSITIONS WHICH TAKE THE INSTRUMENTAL (PREPOZICE S INSTRUMENTÁLEM)

S, SE — *with*

Jdu **s manželkou** z kina. — *I'm going from the cinema with my wife.*

ZA — *infinitive phrase, behind*

Jdu **za přítelem**. = k příteli — *I am going to see/to meet my friend at his place.*

KDE? **za domem** x KAM? (see below) — *behind the house*

PŘED(E) — *before, in front of*

KDY? **před měsícem** — *When?*
KDE? **před kinem** — *Where? In front of the cinema*
x KAM? (see below)

PŘED(E)	NAD(E)	POD(E)	ZA	MEZI
in front of	*over (above)*	*under*	*behind*	*between*

+ INSTRUMENTAL CASE

In Czech, they take the instrumental case to indicate the place (KDE?)

+ ACCUSATIVE CASE

They take the accusative to indicate the direction (KAM?)

KDE + Instr

KAM + Acc

PŘED

Stojíme **před kinem**. X Jde **před kino**.

We are standing in front of the cinema. *He's going in front of the cinema.*

NAD

Obraz visí **nad postelí**. X Věším obraz **nad postel**.

The picture hangs over the bed. *I'm hanging the picture over the bed.*

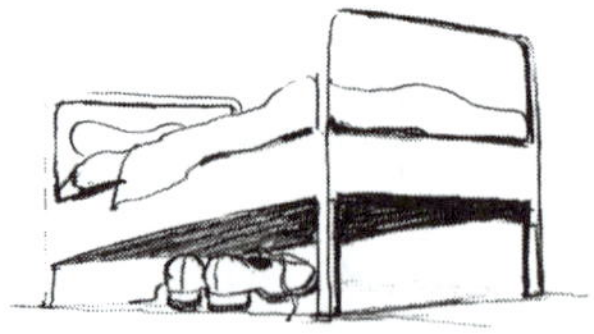

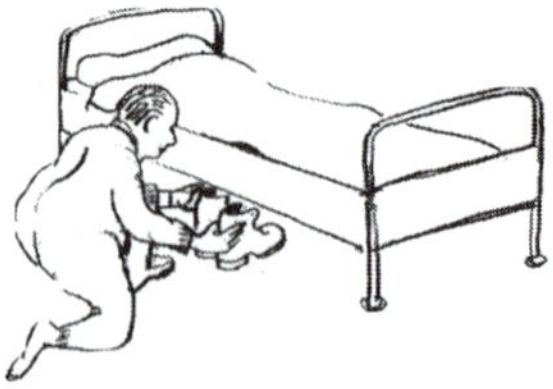

POD

Boty jsou **pod postelí**. X Dávám boty **pod postel**.

The shoes are under the bed. *I put the shoes under the bed.*

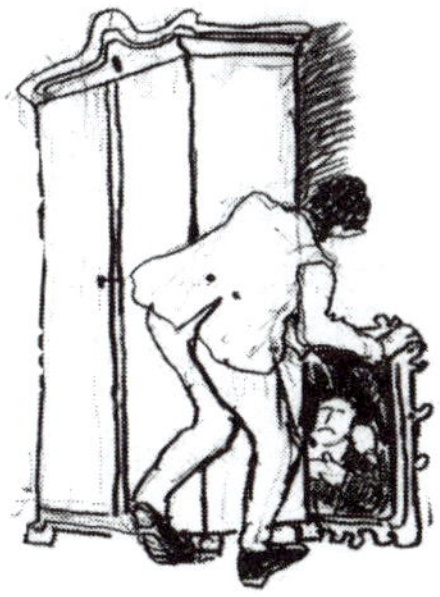

ZA

Obraz stojí **za skříní.** X Dávám obraz **za skříň.**

The picture stands behind the cabinet.

I'm putting the picture behind the cabinet.

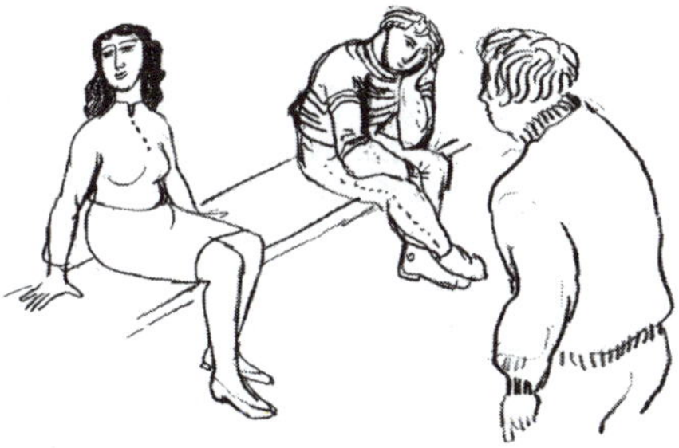

MEZI

Tomáš sedí **mezi Petrem a Janou.** X Tomáš si jde sednout **mezi Petra a Janu.**

Tom is sitting between Peter and Jane.

Tom is going to sit down between Peter and Jane.

Na stole stojí láhev **s mlékem.**	*A bottle of milk is on the table.*
Na návštěvu přišel (přišli) Tomáš **se svou sestrou.**	*Tom and his sister came for a visit.*
Už jsi mluvil **s Petrem**? Něco ti chtěl.	*Have you already spoken to Peter? He wanted to tell you something.*
Před naším domem stojí nějaké auto.	*A car is standing in front of our house.*
Určitě pojedu **před prvním prosincem.**	*I will surely go before the first of December.*
Venku je 10 stupňů **pod nulou.**	*It is ten degrees below zero outside.*
Má kancelář ve třetím patře přesně **nad mou kanceláří.**	*He has an office on the third floor right above my office.*
Pošta je hned **za rohem.**	*The post office is just round the corner.*
Park začíná hned **za Národním divadlem.**	*The park begins just behind the National Theatre.*
Nevidíš Helenu? – Sedí tamhle **mezi Tomášem a Evou.**	*Can you see Helen? – She is sitting over there between Tom and Eve.*

Cv

1. Říkejte věty. *(Say the sentences.)*

○ Piju kafe s | mlékem. / cukrem. / koňakem.

○ Jím chleba s(e) | máslem. / sýrem. / salámem. / šunkou.

○ Do kina jdu s(e) | manželkou. / dcerou a synem. / svým kolegou. / Alenou a Davidem. / Lucií.

● Dneska půjdu za Michalem.
○ On se už vrátil?
● Už před týdnem.

● Odpoledne půjdu za Terezou do nemocnice. Nepůjdeš taky?
○ Půjdu, ale můžu až před pátou.

2. Řekněte ve správném tvaru. *(Say in the correct form.)*

➡ ○ Kde se sejdeme? ● Sejdeme se **před školou**.

○ Kde se sejdeme?
● Sejdeme se před | *kino* / *metro* / *kavárna* / *restaurace*

○ Kdy se vrátil? ● Před | *hodina* / *měsíc* / *týden*

○ Kdy odešel? ● Před | *oběd* / *poledne* / *snídaně* / *večeře*

○ Nevíš, kde mám boty? ● Leží tamhle pod | *stůl* / *křeslo* / *židle* / *skříň*

3. Odpovězte. *(Answer.)*

○ S kým půjdete večer do kina?
○ Kdo stojí před divadlem?
○ Co visí nad křeslem?
○ Co je za vaší školou?
○ Za kým dnes chcete jít?
○ S čím máte rád(a) sendvič?
○ Chcete kuře s rýží nebo s bramborem?
○ Kdo sedí tamhle vzadu mezi Martinem a Marií?
○ Taky jste to před chvílí slyšel(a) v rádiu?

Gr

FUNCTIONS OF THE INSTRUMENTAL (FUNKCE INSTRUMENTÁLU)

It is used:

- **By which instrument (by what?)** are we doing something? **By what means of transport (by what?)** are we going?

ČÍM?	Pojedu **autem.**	*I will go by car.*
	Píšu **propisovačkou.**	*I write with a ballpoint pen.*
	Umyl jsem se **studenou vodou.**	*I washed with cold water.*

- **Which way** (in what direction) are we going?

Kudy mám jít? –	*Which way am I to go? –*
Touhle ulicí stále rovně.	*Along this street straight ahead.*
Jdu **parkem**.	*I'm going through the park.*
Procházím se **městem.**	*I walk round the town.*

- **After the verb "být, stát se"** – "to be, to become"

Chci **být učitelem.**	(= Chci být učitel.)	*I want to be / to become a teacher.*
Chci **se stát doktorem.**		*I want to become a doctor.*

- **After the verbs and adjectives with the preposition "s"**

hrát si s	+ Instr	*to play with*
mluvit s		*to speak to/with*
povídat si s		*to chat with*
pracovat s		*to work with*
vítat se / přivítat se s		*to welcome each other*
loučit se / rozloučit se s		*to say goodbye to*
scházet se / sejít se s		*to meet*
souhlasit s		*to agree with*
být spokojený s		*to be satisfied with*

Cv

❒ 4. Říkejte věty. *(Say the sentences.)*

a) ○ ROZLOUČILI JSME SE S
○ PRÁVĚ JSEM MLUVIL S
○ PRACUJU S
○ SEŠLA JSEM SE S

novým kolegou
Martinem naším milým hostem Martinou
Robertem Karolínou Jamesem
Claudií Tomem

b) ○ JSEM SPOKOJENÁ S
○ DĚTI SI HRÁLY S(E)
○ NESOUHLASÍM S

novou kolegyní
hotelem — tím, co tady píšou — budíkem
psem — novým bytem

❒ **5.** Odpovězte. Doplňte ve správném tvaru instrumentálu.
(Answer. Complement by the correct form of the instrumental.)

➡ ○ Volal(a) jsi Lence? ● Ano, a mluvil(a) jsem s **Lenkou** dlouho.

○ Volal(a) jsi Monice?	● Ano, a mluvil(a) jsem s ______________ dlouho.
Jitce?	● Ano, a mluvil(a) jsem s ______________ dlouho.
Janě?	● Ano, a mluvil(a) jsem s ______________ dlouho.
Kateřině?	● Ano, a mluvil(a) jsem s ______________ dlouho.
Michalovi?	● Ano, a mluvil(a) jsem s ______________ dlouho.
Františkovi?	● Ano, a mluvil(a) jsem s ______________ dlouho.
Johnovi?	● Ano, a mluvil(a) jsem s ______________ dlouho.

❒ **6.** Řekněte ve správném tvaru. *(Say in the correct form.)*

➡ Píšu | propisovačka (*coll* propiska). – Píšu **propisovačkou (propiskou)**.
(ballpoint pen)

○ Jím	*nůž* *lžíce* *vidlička*	○ Pojedu	*auto* *autobus* *vlak* *tramvaj*	○ Umyl jsem to	*teplá voda* *mýdlo* *šampon*

❒ **7.** Čím chcete být? Čím byste chtěl(a) být?
(What do you want to be / to become? What would you like to be / to become?)

➡ Chtěl bych být **pilotem**.

○ Chci být
○ Chtěl(a) bych být

učitel	učitelka
pedagog	pedagožka
ekonom	ekonomka
politik	politička
doktor	doktorka
prodavač	prodavačka
fotograf	fotografka
ministr	ministryně
fotbalista	fotbalistka
známý atlet	známá atletka

Gr

VERBS OF MOTION (SLOVESA POHYBU)

Czech verbs of motion make a distinction between actions which are repeated and actions which only happen once.

CHODIT / **JÍT** → *to go*

JEZDIT / **JET** → *to go by vehicle*

Jdu do práce. (1 action only) x **Chodím** do práce pěšky. *(always, every day – the action is repeated)*

Jedeme na hory. (1 action only) x **Jezdíme** lyžovat do Alp. *(always, often, regularly, repeatedly)*

IMPERFECTIVE	Infinitive	Present	Past	Conditional	Future
repeated action	**CHODIT**	chodí	chodil	chodil by	**bude chodit**
	JEZDIT	jezdí	jezdil	jezdil by	**bude jezdit**
1x	**JÍT**	jde	šel	šel by	**půjde**
	JET	jede	jel	jel by	**pojede**

Každý den **chodím** do práce v 8 hodin,
ale *zítra* **půjdu** v 9 hodin.
Každý měsíc **jezdím** do Prahy,
ale *tento měsíc* **nepojedu.**
Dříve **jsem** *často* **chodil** do kina.
Včera **jsem šel** na koncert.

Every day I go to work at eight o'clock but tomorrow I will go at nine o'clock.
Every month I go to Prague but I will not go this month.
Formerly I often went to the cinema.
Yesterday I went to a concert.

Cv

8. Tvořte věty. *(Construct sentences.)*

Každou neděli chodím do parku.

Každý měsíc	Často	Každou neděli
Jednou za týden	Každý den	Každý víkend

CHODÍM
BUDU CHODIT

na češtinu
sama do kina
pěšky do školy
k bratrovi na návštěvu
ráda na procházky
na fotbal

JEZDÍM
BUDU JEZDIT

do Čech
na dlouhé výlety
do práce autobusem
k Petrovi do Plzně
na služební cesty
na hory

9. Doplňte do vět slovesa „jít“ nebo „chodit“ ve vhodném tvaru.
(Put the verbs "jít" or "chodit" in the suitable form into the sentences.)

1. Kam ___________? – Jen do obchodu.
2. ___________ v sobotu večer někam?
3. Jak často ___________ hrát tenis?
4. Je to jen několik bloků. ___________ tam pěšky?
5. V pondělí začíná nový kurz češtiny. ___________ taky?
6. Večer nejsi nikdy doma. Kam ___________ každý večer?
7. Rád ___________ na koncert taky, ale nemůžu.
8. Zítra musím ___________ na českou ambasádu.
9. V sobotu ___________ dcera obvykle na diskotéku.

10. Doplňte do vět slovesa „jet“ nebo „jezdit“ ve vhodném tvaru.
(Put the verbs "jet" or "jezdit" in the suitable form into the sentences.)

1. Čím ___________? – Asi autem.
2. ___________ taky někdy do práce metrem?
3. Kam ___________ na dovolenou?
4. Každé léto ___________ k moři.
5. Často ___________ do Olomouce, bydlí tam moje sestra.
6. Kdy ___________ nakoupit? V šest?
7. Vlak ___________ už za půl hodiny. Musíme ___________ na nádraží taxíkem.
8. Příští měsíc ___________ služebně často do Ostravy.
9. Buď ___________ taky, nebo nikam ___________ a zůstanu doma.

Gr

LETĚT / **LÉTAT** > *to fly*

BĚŽET / **BĚHAT** > *to run*

NÉST / **NOSIT** > *to carry*

VÉST / **VODIT** > *to take, to lead*

VÉZT / **VOZIT** > *to carry (by vehicle)*

IMPERFECTIVE		Infinitive	Present	Past	Conditional	Future
	1x	**LETĚT**	letí	letěl	letěl by	**poletí**
	repeated action	**LÉTAT**	létá	létal	létal by	**bude létat**
	1x	**BĚŽET**	běží	běžel	běžel by	**poběží**
	repeated action	**BĚHAT**	běhá	běhal	běhal by	**bude běhat**
	1x	**NÉST**	nese	nesl	nesl by	**ponese**
	repeated action	**NOSIT**	nosí	nosil	nosil by	**bude nosit**
	1x	**VÉST**	vede	vedl	vedl by	**povede**
	repeated action	**VODIT**	vodí	vodil	vodil by	**bude vodit**
	1x	**VÉZT**	veze	vezl	vezl by	**poveze**
	repeated action	**VOZIT**	vozí	vozil	vozil by	**bude vozit**

V pátek **poletím** do New Yorku.	*On Friday I will fly to New York.*
Nejčastěji **létám** s ČSA.	*Most often I fly with ČSA (Czech Airlines).*
Na školním závodě **poběží** syn 300 metrů.	*In the school race my son will run 300 metres.*
Běhám skoro každý den.	*I run almost every day.*
Nesu nějaké věci do Charity.	*I'm taking (carrying) some things to the Charity shop.*
V zimě **nosím** nejraději bundu.	*In winter I like most of all to wear an anorak.*
Vezeme jen něco na chatu.	*We take only some things to the cottage.*
Každé ráno **vozím** syna do školy.	*Every morning I drive my son to school.*
Kam **vede** tahle cesta?	*Where does this road lead?*
Kam jdete? – **Vedu** dceru na balet.	*Where are you going? – I'm taking my daughter to the ballet.*
Třikrát za týden **vodím** syna na hokej.	*Three times a week I take my son to the hockey.*

Gr

ORDINAL NUMERALS (ŘADOVÉ ČÍSLOVKY)

KOLIKÁTÝ? *WHAT? WHICH (ONE OF THEM)?*

1.	**první**	11.	jedenáct**ý**	21.	dvacátý první
2.	**druhý**	12.	dvanáct**ý**	29.	dvacátý devátý
3.	**třetí**	13.	třináct**ý**	30.	tři**cátý**
4.	**čtvrtý**	14.	čtrnáct**ý**	40.	čtyři**cátý**
5.	**pátý**	15.	patnáct**ý**	50.	padesát**ý**
6.	šest**ý**	16.	šestnáct**ý**	60.	šedesát**ý**
7.	sedm**ý**	17.	sedmnáct**ý**	70.	sedmdesát**ý**
8.	osm**ý**	18.	osmnáct**ý**	80.	osmdesát**ý**
9.	dev**átý**	19.	devatenáct**ý**	90.	devadesát**ý**
10.	des**átý**	20.	dvac**átý**	100.	st**ý**
				147.	stý čtyřicátý sedmý

Read.

1., 3., 9. třída
2., 4., 6. televizní kanál

7., 10., 12. lekce
11., 19., 23. strana

14., 35., 48. týden
20., 50., 100. výročí (N) *(anniversary)*

KOLIK JE HODIN? (WHAT'S THE TIME NOW?)

Czech divides the hour into quarters. It says how many quarters have elapsed while we were waiting for the next hour.

1.15 = uplynulo **čtvrt** hodiny v čekání **na** 2 hodiny
(a quarter has elapsed while we were waiting for 2 o'clock)
= je **čtvrt na dvě** (čtvrt na + Acc)
12.15 = je **čtvrt na jednu**

čtvrt na dvě
1.15

čtvrt na pět
4.15

čtvrt na + Acc
na jednu, dvě, ...
("na" + next hour in the accusative)

tři čtvrtě na dvě
1.45

tři čtvrtě na pět
4.45

tři čtvrtě na + Acc
("na" + next hour in the accusative)

půl **druhé**
1.30 (půl jedné
půl třetí
půl čtvrté ...)

půl **páté**
4.30

půl + Gen F
of ordinal numeral
půl + ___**é**
("půl" + next hour in the genitive)

ZA KOLIK MINUT bude celá (hodina)? (How many minutes until the hour?)

12.55	**za pět minut** jedna	**1.05**	jedna **a** pět minut
1.10	**za** pět minut čtvrt na dvě/ jedna hodina **a** deset minut	**1.20**	čtvrt na dvě **a** 5 minut/ **za** 10 minut půl druhé
1.25	**za** 5 minut půl druhé/ čtvrt na dvě **a** 10 minut	**1.35**	půl druhé **a** 5 minut
1.40	**za** 5 minut tři čtvrtě na dvě/ půl druhé **a** 10 minut	**1.50**	tři čtvrtě na dvě **a** 5 minut/ **za** 10 minut dvě

za + Acc
za 5 minut
jedna, dvě, ...

jedna, dvě, ...
a 5 minut

Notice: *8 am* – in Czech: 8 hodin
8 pm – in Czech: 20 hodin, *3 pm* – 15 hodin, *6 pm* – 18 hodin

14.20
- Je čtrnáct hodin a dvacet minut.
- Je čtrnáct dvacet.
- Je čtvrt na tři a pět minut.
- Je za deset minut půl třetí.

budík

● **Podívej se, kolik je hodin. Máme ještě čas?**
○ **Je teprve půl šesté, máme ještě půl hodiny.**

● **Na kdy ti mám dát budík?**
○ **Musím vstávat brzo, dej mi ho na čtvrt na sedm.**

- **Prosím vás, do kdy má vaše směnárna otevřeno?**
- **Do půl deváté večer.**

- **Myslím, že mi jdou špatně hodinky. Mám teprve tři hodiny. Kolik máš ty?**
- **Už tři hodiny a deset minut. Mně jdou hodinky přesně.**

- **Ne, Petr doma není, ale čekám ho každou chvíli. Počkáte na něj?**
- **Zkusím počkat čtvrt hodiny, jestli přijde.**

- **Kdy přesně začíná konference?**
- **V deset, ale máme tam být nejpozději ve tři čtvrtě na deset.**

Cv

11. Řekněte v odpovědi čas různými způsoby.
(In the answer tell the time in different ways.)

6.50 → šest hodin a padesát minut
→ za 10 minut sedm
→ tři čtvrtě na sedm a 5 minut

○ Kdy se sejdeme před kinem?	● 19.50 hod.
○ Kdy začíná ten film v televizi?	● 21.10 hod.
○ Kdy můžeš odejít v poledne na oběd?	● 11.55 hod.
○ Kdy jede vlak do Ostravy?	● 8.30 hod.
○ Kdy bude vlak v Ostravě?	● 14.20 hod.
○ Kdy pro mě ráno přijedeš?	● 7.20 hod.

Gr

TIME QUESTIONS (ČASOVÉ OTÁZKY)

KDY? *WHEN?*

V + Acc

v jednu hodin**u**		*at one o'clock*
v sobot**u** x	**minulou** sobot**u**	*on Saturday – last Saturday*
	tuto neděl**i**	*this Sunday*
	příští úterý	*next Tuesday*
	minulé léto	*last summer*

(without the preposition "v")

V + Loc	only: **v** létě, **v** zimě **v** lednu, **v** prosinci	*in summer, in winter* *in January, in December*
O + Loc	**o** víkendu **o** dovolené **o** přestávce	*during the weekend* *during the holiday* *during the break*
	also: **o** Vánocích, **o** prázdninách (Loc pl – see p. 301)	*at Christmas* *during the (school) holidays*
OD – DO + Gen	**od** středy **do** pátku **od** neděle **do** pondělí **od** jedné hodiny	*from Wednesday to Friday* *from Sunday to Monday* *from one o'clock*
ZA + Acc	**za** jednu hodinu, **za** pět hodin **za** tři dny, **za** pět dní **za** dva týdny, **za** šest týdnů (Repeat on p. 147)	*in one hour, in five hours* *in three days, in five days* *in two weeks, in six weeks*
PŘED + Instr	**před** hodinou **před** rokem **před** měsícem	*one hour ago* *one year ago* *one month ago*
MEZI + Instr	**mezi** druhou a třetí hodinou	*between two and three o'clock*
PO + Loc	**po** jedné hodině **po** druhé hodině **po** jednom týdnu	*after one o'clock* *after two o'clock* *after one week*

minulý rok = (v)loni – tento rok = letos – příští rok
last year — *this year* — *next year*

předevčírem – včera – dneska – zítra – pozítří
the day before yesterday — *the day after tomorrow*

ráno – dopoledne – v poledne – odpoledne – večer – v noci – o půlnoci
at noon — *at night* — *at midnight*

JAK DLOUHO? *HOW LONG?* (Repeat on p. 62)

Acc	**jednu hodinu**	Byl jsem tam jednu hodinu.	*I was there for one hour.*
	celou sobotu	Strávil jsem u nich celou sobotu.	*I spent the whole Saturday / all of Saturday with them.*
	dva týdny	Jsem v Praze už dva týdny.	*I have been in Prague for two weeks.*

JAK ČASTO?

HOW OFTEN?

Acc	1x, 2x . . . za + Acc	každý den	*every day*
		každou hodinu	*every hour*
		jednou za týden	*once a week*
		dvakrát za měsíc	*twice a month*
		pětkrát za rok	*five times a year*

- ● Za jak dlouho budeš mít dovolenou?
- ○ Už za tři týdny, moc se těším.

- ● Kam pojedeš letos v létě?
- ○ Musím domů do Holandska navštívit rodiče. Viděl jsem je naposledy před rokem.

- ● Prosím vás, kdy ten dopis bude v Německu?
- ○ Za tři dny.

- ● Už jsi mluvil s šéfem?
- ○ Ne. On mi něco chtěl?
- ● Asi ano, hledal tě tady před půl hodinou.

- ● Jak dlouho budeš v Olomouci?
- ○ Od čtvrtka do neděle.

- ● Zapomněl jsem v hotelu peněženku. Budete mít ještě za půl hodiny otevřeno?
- ○ Ano. Naše směnárna zavírá až za dvě hodiny, to je v půl deváté.

- ● Nepojedeme o víkendu lyžovat? Je hodně sněhu.
- ○ Můžeme. Zůstaneme tam až do pondělí, vezmu si na pondělí volno.

- ● Znáš dobře Bratislavu? Potřebuju doporučit nějaký hotel.
- ○ Byl jsem tam jen jednou vloni a nevzpomínám si na žádný hotel.

- ● Kdy má galerie otevřeno?
- ○ Od úterý do neděle celý den.

- ● Už ti odpověděli?
- ○ Ne, čekám na odpověď už od středy.

- ● Přijdu tedy ve čtvrtek. Bude se ti to hodit v pět?
- ○ V pět teprve přijdu z práce. Přijď až po půl šesté.

Cv

12. Tvořte věty a sami je dokončete.
(Construct sentences and complete them with your own ideas.)

Minulý pátek jsem byl **na návštěvě u Pavla**.

○ Minulý víkend	○ O víkendu	○ V prosinci	○ Příští rok
○ Minulou neděli	○ Ve dvě hodiny	○ V zimě	○ Příští středu
○ Minulé pondělí	○ V úterý	○ V létě	○ Příští léto

jsem byl(a) ______________
jsme strávili ______________
jsem navštívil(a) ______________
přijde ______________

se sejdu ______________
začíná ______________
pojedeme ______________
přijede ______________

13. Odpovězte, časové určení řekněte ve správném tvaru.
(Answer, specify the time in the correct form.)

(– 1 hodina) = **před hodinou** (+ 1 hodina) = **za hodinu**

○ Kdy jste přijel?
○ Kdy musíte odejít?
○ Kdy přišel ten e-mail?
○ Za jak dlouho jede vlak?
○ Kdy jste se začal učit česky?
○ Kdy vám končí práce v Brně?
○ Kdy zavírají v bance?
○ Kdy se vracíte do Skotska?
○ Kdy odešel pan Procházka?

● (– 1 týden)
● (+ 2 hodiny)
● (– 1 hodina)
● (+ 15 minut = 1/4 hodiny)
● (– 1 rok)
● (+ 1,5 měsíce)
● (+ 1/2 hodiny)
● (+ 14 dní = 2 týdny)
● (– chvíle)

14. Doplňte určení času podle významu.
(Fill in the specification of time according to the meaning.)

Nepřinesli to **dopoledne,** ale **odpoledne**.

1. Nebyli jsme tam **letos**, ale ______________.
2. Nepřišli jsme **pozdě**, jak jsme se báli, ale ______________.
3. Neřekl jsi mi to **předevčírem**, ale ______________.
4. Není pravda, že ses vrátil **večer**. Vrátil ses až ______________.
5. Na prázdniny nejedeme **zítra**, ale ______________.
6. Naši známí z Prahy u nás byli na návštěvě **minulý rok** a zase přijedou ______________.
7. Neříkal jsem, že přijdu **nejpozději** ve tři, ale ______________ ve tři.
8. Říkal jsi, že to **někdy** uděláš, ale neudělal jsi to ______________.
9. Nejdřív mi psal e-maily **každý den**, ale teď mi už píše jen ______________.

Gr

MĚSÍCE (MONTHS)

	KDY?	V + Loc	OD / DO + Gen
I.	**leden**	v le**dnu**	od le**dna**
II.	**únor**	v únor**u**	od únor**a**
III.	**březen**	v bř**eznu**	od bř**ezna**
IV.	**duben**	v du**bnu**	od du**bna**
V.	**květen**	v kvě**tnu**	od kvě**tna**
VI.	**červen**	v čer**vnu**	od čer**vna**
VII.	**červenec**	v červe**nci**	od červe**nce**
VIII.	**srpen**	v sr**pnu**	od sr**pna**
IX.	**září**	v září	od září
X.	**říjen**	v ří**jnu**	od ří**jna**
XI.	**listopad**	v listopad**u**	od listopad**u**
XII.	**prosinec**	v prosi**nci**	od prosi**nce**

DATUM (DATE)

KOLIKÁTÉHO JE DNES? *(WHAT IS THE DATE TODAY?)*

Je **druhého ledna.**

ORDINAL NUMERAL IN THE GENITIVE — MONTH IN THE GENITIVE

1. 1.	prvn**ího** ledna
3. 2.	třet**ího** února
5. 3.	pát**ého** března
9. 4.	devát**ého** dubna
13. 5.	třináct**ého** května
19. 6.	devatenáct**ého** června
20. 7.	dvacát**ého** července
22. 8.	dvacát**ého** druh**ého** srpna
28. 9.	dvacát**ého** osm**ého** září
30. 10.	třicát**ého** října
17. 11.	sedmnáct**ého** listopadu
4. 12.	čtvrt**ého** prosince

- **Narodil(a) jsem se 27. 11. 1972.** = dvacátého sedmého listopadu tisíc devět set sedmdesát dva
  I was born

We can also say:

1. 1. – prvního **první** 1. 2. – prvního **druhý** 1. 10. – prvního **desátý** ...

→ the month remains in the nominative

Cv

15. Odpovězte. *(Answer.)*

○ Kdy jste se narodil(a)?
○ Kolikátého je dnes?
○ Kdy máte narozeniny?

● 8. 3. 10. 10. 17. 11. 21. 2. 23. 5. 12. 1. 31. 7. 28. 6. 1. 9. 16. 12.

JAKÉ JE POČASÍ? JAK JE VENKU?

WHAT IS THE WEATHER LIKE? HOW IS IT OUTSIDE?

Je hezké (krásné) počasí.	*The weather is nice (beautiful).*
Je hezky.	*It is nice.*
Je teplo.	*It is warm.*
Je horko.	*It is hot.*
Je vedro.	*It is a scorcher.*
Je jasno.	*It is bright.*
Je modré nebe.	*The sky is blue.*
Svítí slunce.	*The sun is shining.*
Je slunečný den.	*It is a sunny day.*

Je špatné (ošklivé) počasí.	*The weather is bad.*
Je ošklivo.	*The weather is bad.*
Je zima.	*It is cold.*
Je zataženo.	*It is overcast.*
Je oblačno.	*It is cloudy.*
Je bouřka.	*There is a storm.*
Blýská se.	*There's lightning.*
Je mlha.	*It is foggy.*
Fouká vítr.	*The wind is blowing.*
Prší.	*It is raining.*
Sněží.	*It is snowing.*
Mrzne.	*It is freezing.*

JAKÉ BYLO POČASÍ?

Byl**o** hezké počasí.	*The weather was nice.*
Svítil**o** slunce.	*The sun shone.*
Byl**o** modré nebe.	*The sky was blue.*
Byl**o** hezky, teplo, horko, vedro, ...	*It was nice, warm, hot, scorching hot, ...*
Pršel**o**.	*It was raining.*
Sněžil**o**.	*It was snowing.*
Mrzl**o**.	*It was freezing.*

JAKÉ BUDE POČASÍ?

Bude hezky.	*The weather will be nice.*
Bude svítit slunce.	*The sun will shine.*
Bude pršet.	*It will rain.*
Bude sněžit.	*It will snow.*
Bude mrznout.	*It will freeze.*
Bude hodně sněhu.	*There will be a lot of snow.*

KOLIK JE STUPŇŮ? *WHAT IS THE TEMPERATURE?*

1 stupe**ň**
2, 3, 4 stupn**ě**
5, 10, 20 stup**ňů**

nad nulou
above zero

30 °C
nad nulou

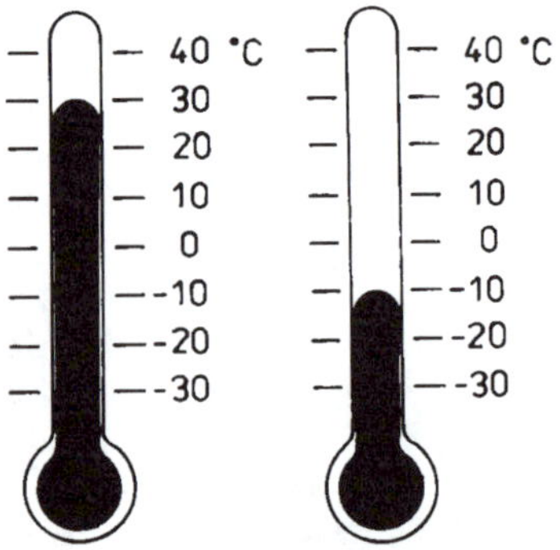

pod nulou
below zero

10 °C
pod nulou

–10 °C
(minus
10 stupňů)

JAK TI (VÁM) JE?

- Je mi **teplo** (**horko**, **vedro**).
- Je mi **zima**.

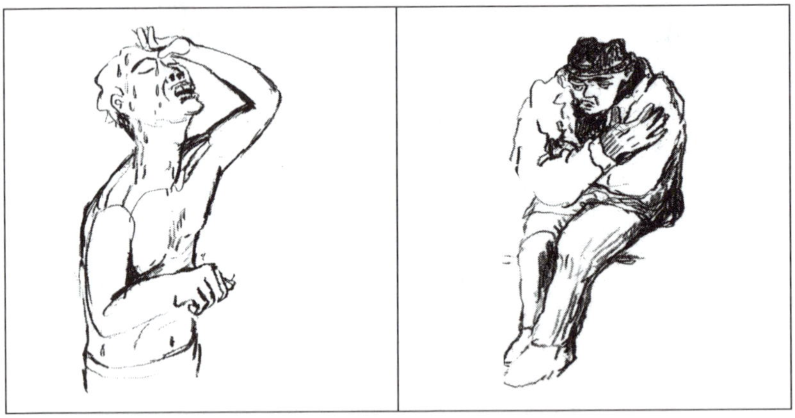

ROČNÍ OBDOBÍ
(SEASONS OF THE YEAR)

jaro	–	**na jaře**	*in spring*
léto	–	**v létě**	*in summer*
podzim	–	**na podzim**	*in autumn, in fall*
zima	–	**v zimě**	*in winter*

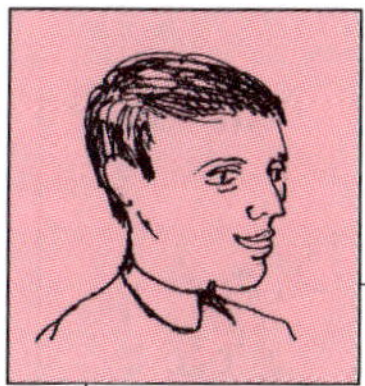

ROČNÍ OBDOBÍ

JARO

Je krásné počasí, svítí slunce. Není moc teplo, je 19 stupňů.

Na jaro se moc těším. V březnu začíná být tepleji a už můžeme začít znovu chodit na procházky. V dubnu o víkendu jezdíme ven za město. Jedeme sice autem, ale venku zaparkujeme a jdeme do přírody. Nerad chodím víc než pět kilometrů, protože děti jsou ještě malé. Náš výlet vždycky skončí v nějaké vesnické hospodě.

LÉTO

Je horko, 31 stupňů ve stínu.

U nás nevíme, jestli v létě bude pršet, nebo bude hezky, proto raději jezdíme k moři. Dovolenou si beru v červenci nebo v srpnu, když děti mají prázdniny. Víc se mi ale líbí září, kdy je u moře méně lidí. Nemám moc rád horko a nerad se opaluju, proto na pláži ležím ve stínu a hodně plavu. Většinou bydlíme v hotelu, ale někdy také v soukromí.

PODZIM

Prší, fouká vítr, na nebi jsou černé mraky.

Podzim nemám rád. Přichází už na konci září a celý říjen prší a jsou bouřky. Venku na ulici lidi pospíchají, je jim zima. Všechno je šedivé – nebe, město i nálada. Na podzim nemám z ničeho radost. Vzpomínám na léto, těším se na Vánoce a na zimu, chodím do kin a divadel a hlavně hodně pracuju.

Je zima, 5 stupňů pod nulou.
Je hodně sněhu, v noci sněžilo.

Na Vánoce většinou ještě není sníh, sněžit začíná až v lednu. Nálada lidí je v zimě lepší, jezdí na hory, kupujou dárky na Vánoce. Naše rodina jezdí na hory až v únoru – celý týden se synem lyžuju, zatímco manželka s dcerou se lyžovat teprve učí. Za dva roky se však nenaučila skoro nic. Z každého nemůže být sportovec.

ZIMA

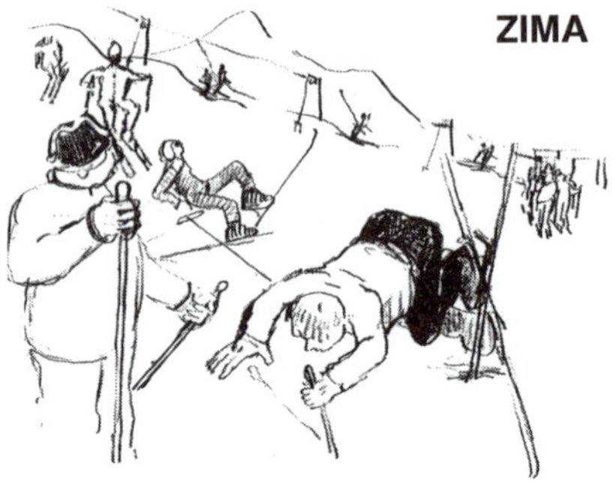

Cv

❐ 16. Odpovězte. *(Answer.)*

○ Jaké počasí je většinou na jaře? Máte rád(a) jaro? Proč? V kterém měsíci už začíná být tepleji? Chodíte často do přírody? Chodíte hodně kilometrů? Chodíte sám / sama, nebo s rodinou? Chodíte se na výletě najíst a napít do nějaké hospody nebo restaurace?

○ Víme určitě, jaké bude u nás v létě počasí? Prší často v létě? Jezdíte v létě raději do lesa, nebo k moři? Máte rád(a) horko a rád(a) se opalujete? Jel(a) byste k moři raději v červenci, nebo v září? Proč? Kde u moře bydlíte? Jste dobrý sportovec? Umíte hodně dobře plavat? Kdy budete mít letos dovolenou a kdy budou mít děti prázdniny? Kam pojede letos vaše rodina?

○ Máte rád(a) podzim? Jaké je na podzim většinou počasí? Co uděláte, když jste venku, začne pršet a vy nemáte deštník? Jakou máte náladu, když prší?

○ Máte rád(a) zimu a sníh? Jezdíte lyžovat? Umíte to dobře? Vaše rodina také lyžuje? Byly minulé Vánoce bez sněhu? Těšíte se na Vánoce?

❐ 17. Říkejte. *(Say.)*

● Na výlet půjdeme, jen když
– bude ráno hezky.
– nebude pršet.
– začne svítit slunce.
– bude tepleji než dneska.

● Zůstanu doma, protože
– venku je moc horko.
– venku hodně prší.

	– venku je moc zima.
	– nikam nechci jít v tom horku.
• Nejsem rád(a), když	– je mi zima na ruce.
	– je bouřka a vidím blesky.
	– od rána do večera prší.
	– je mi moc horko.
• Jsem rád(a), když	– svítí slunce.
	– na jaře začíná být teplo.
	– je krásné modré nebe.
	– sněží a příroda je bílá.

❒ 18. Ve kterém ročním období nebo ve kterém měsíci řeknete ...
(In which season of the year or in which month you say ...)

➡ ○ Je víc než 30 stupňů ve stínu. – Řekneme to **v létě**, **v srpnu**.

○ Je moc horko, jdu do stínu.
○ Zase přicházejí mraky, bude pršet.
○ Fouká vítr, musím si vzít kabát.
○ Je modré nebe, dneska bude určitě hezky.
○ Každý den je počasí horší a horší.
○ Letos byly Vánoce zase bez sněhu.
○ Je víc než 30 stupňů ve stínu.
○ Vidím černé mraky, za chvíli bude bouřka.
○ Je jasno, dneska v noci bude zima.

❒ 19. Doplňte do vět slovesa **„jít, chodit, jet, jezdit“**.
(Put the verbs "jít, chodit, jet, jezdit" into the sentences.)

VÍKEND

Zítra ________ s rodinou navštívit své rodiče. Bydlí na vesnici, proto to bude hezký výlet do přírody. Na jaře, když už je venku hezky, ________ často ven za město nebo ________ na dlouhé procházky. Syn však raději ________ do kina. Teď ke mně přišel a povídá: „Tati, já zítra nemůžu ________.
„Proč?“ zeptal jsem se ho.
„V pondělí píšeme těžké testy a musím se celý víkend učit.“
„Dobrá, nemusíš ________. Ale doufám, že večer ________ do kina a budeš se učit.“
Dcera je mladší, teprve letos začala ________ do školy. Ta zítra na chatu ________.
Už je červen. Každý rok v létě o dovolené ________ k moři. Letos však k moři ________, protože dovolenou si budu moct vzít až v říjnu. Manželka a děti ________ na konci července na chatu a v srpnu se syn vrátí do města a ________ na nějaký kurz.

20. Řekněte následující text v minulém čase.
(Say the following text in the past tense.)

Somewhere you must change the imperfective verb into the perfective one:

vracet se	–	vrátit se
brát	–	vzít
parkovat	–	zaparkovat
přicházet	–	přijít
začínat	–	začít

Notice: Bojím se, že bude pršet. – ! **Bál jsem se**, že **bude** pršet. (see p. 168)

BYLO HEZKY

Dneska je hezky. Svítí slunce, je asi 20 stupňů. Není moc horko, proto půjdu ven do parku. V parku je ale hodně lidí, to se mi nelíbí, proto se vracím domů, beru si auto a jedu ven. Mám dobrou náladu. Dívám se z auta, vidím řeku, lesy a nakonec parkuju u řeky. Ležím, trochu se opaluju.

Plavat ještě nechci, protože voda není teplá. Asi za hodinu přicházejí mraky, bez slunce je najednou zima. Rychle jedu domů, bojím se, že bude pršet a bude bouřka. Pršet však začíná, když už jsem doma.

❐ 21. Doplňte prepozice. *(Fill in the prepositions.)*

PIKNIK

● Tady je krásně! Příroda je ______ jaře nádherná.
○ To je. Teď ale myslím víc ______ jídlo než ______ přírodu.
● Můžeš si vzít něco ______ jídlu ______ piknikového koše.
○ Kde je?
● Asi zůstal ______ autě. Budeš muset ______ něj jít.
○ Půjdu až ______ chvíli. Co je ______ koši dobrého?
● Několik sendvičů ______ šunkou a sýrem, trochu zeleniny, dvě láhve minerálky.
○ Něco sladkého taky?
● Myslím, že jsem ______ koše dávala nějaké sušenky.
○ Ještě jsem ti neřekl, že přijel Michal. Volal mi včera. Přijel ______ sestrou, protože se jí narodilo druhé dítě.
● Jak se má? Jak dlouho jsi ho neviděl?
○ Má se dobře a neviděli jsme se ______ srpna. No ano, bylo to ______ dovolené, přijel ______ naši chatu. To už je tři čtvrtě roku.
● Kde teď žije?
○ ______ Německu, ale jen asi tři měsíce. Před tím žil ______ Anglii ______ Londýna.
● Kdy se sejdete?
○ Dneska a zítra je ______ sestry, uvidíme se ______ pondělí večer, to je ______ dva dny. Říkal, že by ______ nám rád přišel ______ návštěvu.
● Mohli byste spolu přijít hned ______ pondělí. Hodilo by se mi to až ______ osm. Nevadí?
○ Určitě ne. My se setkáme ______ šest, hodinu strávíme někde ______ baru a potom pojedeme ______ nám.
● Jak dlouho tady Michal zůstane?
○ Jen ______ příštího pátku.
● Nepůjdeš už ______ ten koš? Mám žízeň. Kdy se chceš vrátit domů?
○ Chtěl bych být doma ______ osmou hodinou. ______ osm začíná v televizi fotbal.
● To mám radost. Těšila jsem se ______ příjemný večer. ______ kolik hodin končí?
○ Měl by trvat asi ______ půl jedenácté.
– Už jdu. Jsem ______ deset minut zpátky.

❐ 22. Která odpověď se nehodí? *(Which answer does not fit?)*

○ Napsal ti Petr?

1. Už mi dlouho nenapsal.
2. Napsal mi před týdnem.
3. Napíšu mu hned zítra.
4. Je to už měsíc, co nemám od něho dopis.

○ V kolik hodin mají přijít?
1. Měli by přijít za chvíli.
2. Ještě je čas, až za půl hodiny.
3. Ve tři, ale vždycky chodí pozdě.
4. Přijdou příští týden.
5. Musejí tu být každou chvíli.

○ Kdy to musíš udělat?
1. Ještě dneska.
2. Odpoledne to musí být hotovo.
3. Za deset minut už bude sedm.
4. Mám čas do středy.

○ Kdy se asi vrátíš?
1. Vrátím se asi v pět.
2. Nevrátím se před večeří.
3. Vrátím se nejpozději ve dvanáct.
4. Přijdu příští úterý.

○ Jak dlouho budeš dneska studovat?
1. Budu studovat celý večer.
2. Už jsem si přečetl dvakrát nový text.
3. Myslím, že hodinu a půl.
4. Vůbec dneska nebudu studovat.

❐ 23. Odpovězte podle obrázku. *(Answer according to the picture.)*

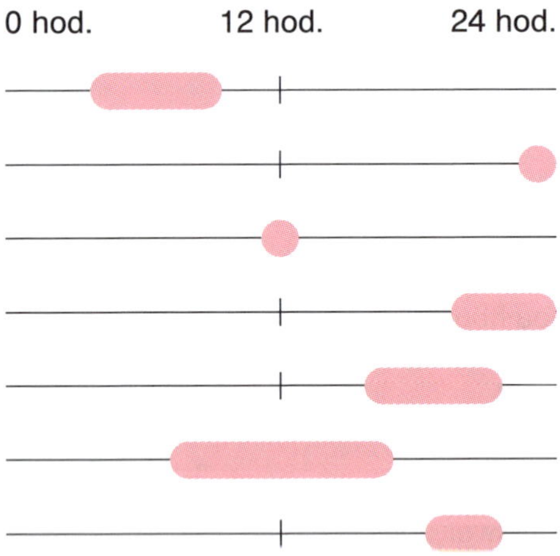

Kdy zítra pojedeš do Prahy?
Kdy skončil ten film?
Na kdy mám připravit oběd?
Kdy se asi vrátí?
Kdy půjdeme na procházku?
Jak dlouho bude trvat čeština?
Do kdy tady Tomáš zůstane?

❐ 24. Odpovězte. *(Answer.)*

○ Kolikátého je dneska? ➡ Dneska je **druhého května**.
○ Kolikátého bude v úterý?
○ Který den je 1. 4.? 9. 9.? . . . . . .

Pondělí	Úterý	Pátek	Středa	Čtvrtek	Sobota	Neděle
1.	**9.**	**23.**	**17.**	**31.**	**14.**	**4.**
Duben	Září	Listopad	Červen	Srpen	Březen	Červenec

V dopise píšeme: **Praha 16. 12. 2005**
V Praze 16. prosince 2005

25. MŮJ DIÁŘ *(MY DIARY)*

○ Řekněte, co budete dělat *(Say what you will be doing)*

v pondělí 2. června?
v úterý 3. června?
ve středu 4. června?
. . . .

ČERVEN

2 PONDĚLÍ	12.00 – oběd s Karlem ve Slavii
3 ÚTERÝ	! koupit 4 lístky na 15. 6. do Městského divadla 19.00 – kino Atlas „Muž na Měsíci“
4 STŘEDA	dopoledne – zatelefonovat doktorovi, kdy na kontrolu
5 ČTVRTEK	10.00 – kontrola u doktora 16.00 – čeština
6 PÁTEK	! matka – narozeniny koupit dárek
7 SOBOTA	11.00 – u metra Anděl plavat s Petrem
8 NEDĚLE	večer vrátit Karlovi kazetu ! připravit si materiály do práce

Kolegové se vás budou ptát a vy odpovězte.

○ S kým půjdete / půjdeš v pondělí na oběd?
○ Kdy půjdete / půjdeš do kina?
○ Kam musíte / musíš zatelefonovat ve středu?
○ ____________________
○ ____________________

MLUVNÍ CVIČENÍ

1. a) *Poslouchejte*: ○ Do práce jdeme už druhého ledna? ● Ne, až třetího ledna.

b) *Odpovězte:*

○ Do práce jdeme už druhého ledna? ● **Ne, až třetího ledna.**
○ Šéf má narozeniny desátého května? ● **Ne, až jedenáctého května.**
○ Volno na Vánoce máme už dvacátého druhého prosince? ● **Ne, až dvacátého třetího prosince.**
○ Pan Černý přijede z Berlína čtvrtého září? ● **Ne, až pátého září.**

2. a) *Poslouchejte:* ○ Patnáctého října je neděle? ● Ne, 15. 10. je pondělí.

b) *Odpovězte:*

○ Patnáctého října je neděle? ● **Ne, 15. 10. je pondělí.**
○ Osmnáctého února je neděle? ● **Ne, 18. 2. je pondělí.**
○ Dvacátého pátého června je neděle? ● **Ne, 25. 6. je pondělí.**
○ Třicátého dubna je neděle? ● **Ne, 30. 4. je pondělí.**

3. a) *Poslouchejte:* ○ Kdy se vrátíte? ● Vrátím se za tři čtvrtě hodiny.

b) *Odpovězte:*

○ Kdy se vrátíte? ● **Vrátím se za tři čtvrtě hodiny.**
○ Kdy přijde profesor Černý? ● **Přijde za tři čtvrtě hodiny.**
○ Za jak dlouho jede autobus? ● **Jede za tři čtvrtě hodiny.**
○ Za jak dlouho musíš odejít? ● **Musím odejít za tři čtvrtě hodiny.**

4. a) *Poslouchejte:* ○ Už je čtvrt na šest? Nejdou mi hodinky. ● Za pět minut bude čtvrt na šest.

b) *Odpovězte:*

○ Už je čtvrt na šest? Nejdou mi hodinky. ● **Za pět minut bude čtvrt na šest.**
○ Už je půl šesté? Nejdou mi hodinky. ● **Za pět minut bude půl šesté.**
○ Už je tři čtvrtě na šest? Nejdou mi hodinky. ● **Za pět minut bude tři čtvrtě na šest.**
○ Už je šest? Nejdou mi hodinky. ● **Za pět minut bude šest.**

5. a) *Poslouchejte*: ○ Ještě není pozdě. Jsou čtyři hodiny. ● Je pozdě, už jsou 4 hodiny a deset minut.

b) *Reagujte:*

○ Ještě není pozdě. Jsou čtyři hodiny. ● **Je pozdě, už jsou 4 hodiny a deset minut.**
○ Ještě není pozdě. Je čtvrt na pět. ● **Je pozdě, už je čtvrt na 5 a deset minut.**
○ Ještě není pozdě. Je půl páté. ● **Je pozdě, už je půl páté a deset minut.**
○ Ještě není pozdě. Je tři čtvrtě na pět. ● **Je pozdě, už je tři čtvrtě na 5 a deset minut.**

6. a) *Poslouchejte:* ○ Za kým jdeš tak „brzo“? ptá se mě matka.
● „Za panem Černým,“ odpovídám.

b) *Odpovězte:*

○ Za kým jdeš tak „brzo“? ptá se mě matka. ● **„Za panem Černým,“ odpovídám.**

○ Za kým jdete? ptají se mě v recepci hotelu. ● **„Za panem Černým,“ odpovídám.**

○ Za kým jdete? ptají se mě v kanceláři firmy. ● **„Za panem Černým,“ odpovídám.**

7. a) *Poslouchejte:* ○ Kdy jste tady byl naposledy? Minulé úterý?
● Ano, byl jsem tady, myslím, minulé úterý.

b) *Odpovězte:*

○ Kdy jste tady byl naposledy? Minulé úterý? ● **Ano, byl jsem tady, myslím, minulé úterý.**

○ Kdy jste byli u nás naposledy? Minulý měsíc? ● **Ano, byli jsme u vás, myslím, minulý měsíc.**

○ Kdy jste si to koupil? Minulou středu? ● **Ano, koupil jsem si to, myslím, minulou středu.**

8. a) *Poslouchejte:* ○ Kde jste byli vloni o dovolené? V Itálii?
● Ano. A letos do Itálie pojedeme zase.

b) *Odpovězte:*

○ Kde jste byli vloni o dovolené? V Itálii? ● **Ano. A letos do Itálie pojedeme zase.**

○ Kde jste byli vloni v létě? V Americe? ● **Ano. A letos do Ameriky pojedeme zase.**

○ Kde jste byli vloni v zimě o dovolené? Ve Francii? ● **Ano. A letos do Francie pojedeme zase.**

9. a) *Poslouchejte:* ○ Kolikrát za týden chodíš plavat?
● Chodím plavat dvakrát za týden.

b) *Odpovězte:*

○ Kolikrát za týden chodíš plavat? ● **Chodím plavat dvakrát za týden.**

○ Jak často chodíš ke své matce na návštěvu? ● **Chodím k ní dvakrát za týden.**

○ Kolikrát za týden chodíš na češtinu? ● **Chodím na ni dvakrát za týden.**

10. a) *Poslouchejte:* ○ Půjdeme plavat? ● Nechci, plavu nerad.

b) *Odpovězte:*

○ Půjdeme plavat? ● **Nechci, plavu nerad.**

○ Půjdeme se opalovat? ● **Nechci, opaluju se nerad.**

○ Pojedeme lyžovat? ● **Nechci, lyžuju nerad.**

RESTAURACE
OBČERSTVENÍ
WC
zavřeno

Topic:

POST OFFICES.
LETTERS AND POSTCARDS.
TELEPHONES. COMPUTERS.

You will learn how to

- make requests and give orders in Czech
- use the correct forms of address
- send items by post
- use the most important phrases in letters
- give your best wishes for Christmas or birthdays
- send greetings from your holiday
- have phone conversations with the authorities and pass on messages
- use basic Czech computing terminology

Imperative (p. 259) • Negative imperative (p. 261) • Let ...! (Ať ...!) – Imperative form for the 3rd person sg (p. 261) • Vocative case – Calling, addressing (p. 263) • Personal pronouns in the instrumental (p. 264)

adresa F	*address*
adresát M	*addressee*
balík M	*parcel*
blanket M	*form*
cizina F	*foreign country*
doplňovat, -uju impf	*to complete, to fill in*
doplnit, -ím pf	*to complete*
doporučeně	*by registered post*
formulář M	*form*
házet, -ím impf	*to throw*
hodit, -ím pf	*to throw*
hovor M	*talk; call*
internet M	*Internet, web*
internetový, -á, -é	*(adj)*
kvůli +Dat	*because of*
laskavý, -á, -é	*kind*
buď(te) tak laskav, laskava	*will you be so kind (as to) ...*
letecky	*by airmail*
nahlas	*loudly*
nalepit, -ím pf	*to stick on*
lepit, -ím impf	*to stick*
nápad M	*idea*
normálně	*by ordinary post; normally*
obálka F	*envelope*
je **obsazeno**	*it's busy*
obyčejně	*by ordinary post*
odesílatel M	*sender*
omyl M	*error, mistake*
počítač M	*computer*
podepisovat +Acc/**(se)**	*to sign*
impf, **-uju (se)**	*I sign*
podepsat (se) pf	*to sign*
podepíšu (se)	*I will sign*
pohled M = **pohlednice** F	*postcard*
posílat, -ám +Acc impf	*to send*
poslat, pošlu pf	*to send*
	I will send
poštovní	*post(al) (adj)*
poštovní schránka F	*letter box*
potichu	*still, quietly*

poukázka F	*postal (money) order; token*
pozdrav M	*greeting*
pozdravovat, -uju impf +Acc **od** +Gen	*to greet; to give regards*
pozdravit, -ím pf	*to greet*
pozor	*attention*
přání N	*wish, desire*
půjčit, -ím pf +Dat **(si)** +Acc	*to lend; to borrow*
půjčovat, -uju impf	*to lend; to b.*
ředitel M	*director*
seznam M	*list*
telefonní seznam	*phone directory*
spoléhat se, -ám impf	*to rely on*
spolehnout se na +Acc	*to rely on*
spolehnu se pf	*I will rely on*
srdečný, -á, -é	*cordial*
stát se pf	*to happen; to become*
stane se	*it will happen*
štěstí N	*happiness, luck*
taxislužba F	*cab / taxi service*
tečka F	*point*
telefonát M	*(phone) call*
telefonní	*phone (adj)*
úřední	*official*
úspěch M	*success*
vážený, -á, -é	*dear, esteemed*
vážit, -ím +Acc impf	*to weigh*
zvážit, -ím pf	*to weigh*
vyplňovat, -uju +Acc impf	*to fill in*
vyplnit, -ím pf	*to fill in*
vyřídit +Dat +Acc pf **-ím** (vzkaz)	*to give sb (a message)*
vyřizovat, -uju impf	*to give a m.*
zajímat, -á +Acc impf	*to interest*
zalepovat, -uju +Acc impf	*to seal*
zalepit, -ím pf	*to seal*
změnit, -ím +Acc pf	*to change*
měnit impf	*to change*
známka F	*stamp*
znovu	*again*
zpráva F	*message; report*

Gr

IMPERATIVE (IMPERATIV)

In Czech the imperative has its own endings. It is used only in the 2nd person of the singular and plural (you sg + pl) and in the 1st person of the plural (we).

Imperative — formed from the 3rd person plural present (impf + pf) – the ending drops out (kupují – they buy)
— formed for: **you** (ty, vy) – **we** (my)

1. **oni kupují** — *they buy*

The stem ends in **one consonant**

(ty)	kupuj!	**without ending**	*buy!*
(vy)	kupuj**te**!	ending **-te**	*buy!*
(my)	kupuj**me**!	ending **-me**	*let's buy!*

2. **oni vezmou** — *they take*

The stem ends in **two consonants**

(ty)	vezm**i**!	ending **-i**	*take!*
(vy)	vezm**ěte**!	ending **-ěte/-ete**	*take!*
(my)	vezm**ěme**!	ending **-ěme/-eme**	*let's take!*

3. **oni dělají** — instead of -ají: (-ejí/-ějí:) — *they make, do*

(ty)	děl**ej**!	ending **-ej**	*make, do!*
(vy)	děl**ejte**!	ending **-ejte**	*make, do!*
(my)	děl**ejme**!	ending **-ejme**	*let's make, do!*

! The stem ends in **d – t – n → ď – ť – ň**

je**d**ou	– je**ď**, je**ď**te, je**ď**me!	*go! (by vehicle)*
vrá**t**í se	– vra**ť** se, vra**ť**te se, vra**ť**me se!	*come back!*
vsta**n**ou	– vsta**ň**, vsta**ň**te, vsta**ň**me!	*get up!*

! The vowels are shortened: **í – ou – á → i – u – a**

p**í**šou	– p**i**š, p**i**šte, p**i**šme!	(**í** > **i**)	*write!*
k**ou**pí	– k**u**p, k**u**pte, k**u**pme!	(**ou** > **u**)	*buy!*
vr**á**tí se	– vr**a**ť se, vr**a**ťte se, vr**a**ťme se!	(**á** > **a**)	*come back!*

IRREGULAR IMPERATIVE (NEPRAVIDELNÝ IMPERATIV)

Inf	(ty)	(vy)	(my)	
být	**buď!**	**buďte!**	**buďme!**	*be! be! let's be!*
stát	**stůj!**	**stůjte!**	**stůjme!**	*stand! stand! let's stand!*
jíst	**jez!**	**jezte!**	**jezme!**	*eat! eat! let's eat!*
sníst	**sněz!**	**snězte!**	**snězme!**	*eat (up)! eat (up)! let's eat (up)!*
odpovědět	**odpověz!**	**odpovězte!**	**odpovězme!**	*answer! answer! let's answer!*
mít	**měj!**	**mějte!**	**mějme!**	*have! have! let's have!*

JÍT *(to go)*

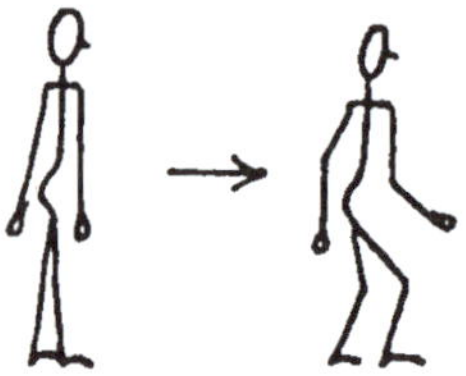

jdi! jděte!
(go!)

pojď! pojďte!
(come!)

PŘIJÍT *(to come)*

přijď! přijďte!
pojď sem! pojďte sem!
(come here!)

Also: **jeď! – pojeď!, běž! – poběž!** *(come along (ie running))*

Frequently used phrases:

Měj se dobře.	*Have a nice time.*
Nedělej si starosti.	*Don't worry.*
Dávej pozor!	*Look out! Take care!*
Buď ticho! Psst!	*Be quiet! Shhh!*
Nech toho!	*Stop it!*
Promiň.	*Sorry.*
Pozdravuj ode mě manžela.	*Give my regards to your husband.*

Vrať se brzo!	*Come back soon!*
Řekni jim to!	*Tell them it!*
Prosím tě, **otevři** okno!	*Will you open the window, please.*
Buď večer doma!	*Be at home in the evening!*
Stůjte, jede auto!	*Stop, a car is coming!*
Kup mi minerálku!	*Buy me mineral water!*
Jdi dnes do kina sám.	*Go to the cinema alone today.*
Pojď tam se mnou!	*Come with me!*
Přijďte, prosím, v 8 hodin.	*Will you come at eight o'clock, please.*
Jeďte se podívat do Karlových Varů.	*Go to visit Karlovy Vary.*

NEGATIVE IMPERATIVE

= is in the **imperfective form** usually ! but **"nezapomeň!"** – pf *(don't forget!)*

Impf – pf verb	Imperative	Negative imperative
psát – napsat:	piš! napiš!	NEPIŠ!
dělat – udělat:	dělej! udělej!	NEDĚLEJ!
kupovat – koupit:	kupuj! kup!	NEKUPUJ!
vracet se – vrátit se:	vracej se! vrať se!	NEVRACEJ SE!
dávat – dát:	dávej! dej!	NEDÁVEJ!
brát – vzít:	ber! vezmi!	NEBER!
podepisovat se – podepsat se:	podepisuj se! podepiš se!	NEPODEPISUJ SE!
! jít, chodit – přijít:	jdi! pojď! choď! přijď!	NECHOĎ!
jet, jezdit – přijet:	jeď! pojeď! jezdi! přijeď!	NEJEZDI!

LET ...! IMPERATIVE FORM FOR THE THIRD PERSON SG + PL
(AŤ ...! IMPERATIV 3. OSOBY SG. + PL.)

AŤ + present tense or future perfective of the verb

Ať přijde Petr!	*Let Peter come!*
Ať mi **zavolá**.	*Let him/her call me.*
Ať Tomáš **koupí** chleba.	*Let Tom buy bread.*
Ať už **píše** ten úkol.	*Let him / her write the homework.*

Cv

❒ 1. Rozlišujte imperativy **„pojď!"** (oslovený půjde s vámi) a **„jdi!"** (půjde jen oslovený). Říkejte věty. *(Note the difference between the imperatives "pojď!" (the person that has been addressed will go with you) and "jdi!" (only the person that has been addressed will go). Say the sentences.)*

● POJĎ / POJĎTE ● JDI / JDĚTE

ke mně domů! tudy doprava.
tady do kina! se najíst! už. Je pozdě.
se projít. Je hezky. stále rovně! se podívat! To jste ještě neviděli.
ven. Venku je krásně. na návštěvu k Martinovi!
pomalu a dávejte pozor na auta!

❐ 2. Říkejte věty s imperativem. *(Say the sentences with the imperative.)*

➠ ● Lenk**o**, uděl**ej** to hned!
● Lenk**o** a Tomáš**i**, uděl**ejte** to hned!

● Lenk**o**
Tomáš**i**

uděl**ejte**
dáv**ejte**
nem**ěj**
m**ějte** se
počk**ej**
nehled**ej**
zept**ej** se
podív**ej** se
nezůstáv**ejte**
naobědv**ejte** se
nezačín**ejte**

to hned
na to rodičů
to už
pozor
na návštěvě dlouho
na to, jestli to je dobře
špatnou náladu
na mě před školou
dobře
někde ve městě
beze mě

❐ 3. Řekněte Aleně a Michalovi. *(Say to Alena and Michal.)*

➠ ● Alen**o** (Michal**e**), vrať se brzo! (vrátit se → vrať se – imperative without ending)

● Aleno,

(vrátit se) ______________ brzo.
(zaplatit) ______________ u pokladny.
(prominout) ______________ mi to.
(posadit se) ______________ sem.
(přijít) ______________ dneska večer.
(mluvit) ______________ nahlas.
(naučit se) ______________ to.
(napít se) ______________ vody.

● Michale,

(zkontrolovat) ______________ ten úkol.
(poděkovat) ______________ za dárek.
(zaparkovat) ______________ za domem.
(nepracovat) ______________ dlouho do noci.
(opakovat si) ______________ 10. lekci.
(zorganizovat) ______________ nějaký výlet na sobotu.
(zatelefonovat) ______________ mi, až budeš hotový.

❐ 4. Řekněte, ať Lucie a Pavel něco udělají.
(Say that Lucie and Pavel should do something.)

➠ Lucie má **koupit** něco k večeři. ● **Ať** Lucie **koupí** něco k večeři.

Lucie / Pavel

má **objednat** lístky do divadla.
má **jít** zítra k doktorovi.
má **zavolat** Lence.
má **přinést** láhev vína.
nemá **si brát** oblek.
má **si vzít** kabát. Je zima.

Lucie a Pavel

mají **přijít** v neděli na oběd.
mají **vystoupit** na stanici Anděl.
mají to **říct** Monice.
mají **sníst** ty sendviče.
nemají **čekat** s večeří.
mají **si prohlédnout** fotografie z dovolené.

Gr

VOCATIVE CASE – CALLING, ADDRESSING
(VOKATIV – OSLOVENÍ)

! These forms exist only for masculine + feminine nouns in singular.

Ma	hard + some neutral	**-E**	Pan**e**! Filip**e**!
	soft + some neutral	**-I**	Tomáš**i**! Thomas**i**!
	after g, h, ch, k	**-U**	Mirk**u**! Pane Čech**u**!
	ending -a	**-O**	Koleg**o**! Honz**o**!
F	ending -a	**-O**	Slečn**o**! Jan**o**!
	ending -e =	**-E**	Marie!
	ending -ová =	**-OVÁ**	Paní Dvořáková!

!! **-tr** → Pet**ře**!
-dr → Alexan**dře**!
-ec → chlap**če**!

(chlapec M – *lad, boy*)

! **Ma:** Bo**be**, Jose**fe**, Micha**le** – ! Danie**li**, Klau**si**

! **F** ending in a consonant, -i, -y – does not change: Jeniffer! Mary! also: paní!

– The nominative case is used for calling (addressing) in the plural.

Můj milý příte**li**!
Vážený pan**e** ředite**li**!
Milá Zuzan**o**!

Vážené dámy, vážení pánové!
Milé kolegyně, milí kolegové!
Milé děti!

● Ahoj, Katko. Jak se máš?
○ Ahoj, Martine. Mám se dobře.

● Hano, počkej na mě, půjdu s tebou!
○ Počkám, Davide, ale dělej, pospíchám.

Note: *coll* dělej! = pospíchej!

Cv

❐ 5. Zavolejte na přátele. *(Call your friends.)*

➠ ● **Jakube**, pojď sem!

● Jakub, Adam, Filip, John, Bill, Dan
Pavel, Karel, Havel
Marek, František, Vašek, Martínek
Lukáš, Matěj, Daniel, Charles, Chris
Honza, Jirka, Pepa, Franta, Kuba
Jitka, Martina, Dana, Alena, Tereza
Lucie, Klaudie, Viktorie, Valerie

	Endings:
, pojď sem!	(-e)
, počkej!	(-e)
, stůj!	(-u)
, měj se dobře!	(-i)
, pozdravuj rodinu!	(-o)
, dávej pozor!	(-o)
, promiň!	(=)

6. Oslovte vaše české známé. *(Address your Czech acquaintances.)*

● **Pane Nováku**, jsem rád, že vás vidím.
Pane Novotný, paní Novotná (does not change)

● Pan Pospíšil, pan Zeman, pan Fišer
Pan Dvořák, pan Čech, pan Čapek
Pan Bartoš, pan Kuchař, pan Kraus
Pan Svoboda, pan Procházka, pan Vávra
Pan Novotný, pan Kopecký, pan Veselý
Paní Dvořáková, paní Kučerová, paní Mašková

, jsem rád / ráda, že jsem vás poznal(a).

, jsem rád / ráda, že vás vidím.

7. Řekněte podle vzoru ve správném tvaru vokativu a imperativu. *(Say according to the model in the correct form of the vocative and the imperative.)*

○ Řekněte Martině, ať udělá čaj. **(-ej)** ● Martin**o**, uděl**ej** čaj!

○ Řekněte

Anně, ať zavře okno. (-i) ● ______!
Filipovi, ať otevře dveře. (-i) ● ______!
Viktorovi, ať vás dneska navštíví. (–) ● ______!
Lence, ať vám ukáže nové šaty. (–) ● ______!
Jitce, ať k vám večer přijde. (-ď) ● ______!
Robertovi, ať nemluví tak nahlas. (–) ● ______!
Matějovi, ať si nedělá starosti. (-ej) ● ______!
Heleně, ať si koupí něco hezkého. (-u-) ● ______!
Martínkovi, ať vám dá ten balon. (-ej) ● ______!
Markétě, ať nechodí ven. (-ď) ● ______!
Karlovi, ať si zkusí ty kalhoty. (–) ● ______!

Gr

PERSONAL PRONOUNS IN THE INSTRUMENTAL CASE (OSOBNÍ ZÁJMENA V INSTRUMENTÁLU)

JÁ	TY	ON (ONO)	ONA	MY	VY	ONI, ONY, ONA
(se) mnou	**(s) tebou**	**jím** **s ním**	**jí** **s ní**	**(s) námi**	**(s) vámi**	**jimi** **s nimi**
with me	*with you*	*with him, it*	*with her*	*with us*	*with you*	*with them*

Půjdeš **se mnou** do kina? *Will you come to the cinema with me?*

Ne, dneska **s tebou** nepůjdu.	*No, I will not go with you today.*
Před námi stojí Petr.	*Peter is standing in front of us.*
Někdo **za vámi** přišel.	*Somebody has come round to see you / has called on you.*
Půjdeš taky **s nimi?**	*Will you go with them too?*
Tady je škola a **za ní** je park.	*Here is a school and behind it there is a park.*

Cv

8. Řekněte ve správném tvaru a odpovězte. *(Say in the correct form and answer.)*

○ Rozloučíš se **s Michalem**? ● Už jsem se **s ním** rozloučil.

○ Rozloučíš se s(e)	Marta Petr a Jan tvůj kolega pan Novák moje sestra	?	● Už jsem se s	ní ním nimi	rozloučil.

9. V reakci vyberte správné zájmeno v instrumentálu.
(In the reaction choose the correct pronoun in the instrumental.)

○ Pověs ten obraz nad televizi. ○ Dej ten balík pod postel. ○ Dej tu tašku pod křeslo. ○ Sedni si před Petra. ○ Sedni si za Karla s Irenou.	● Ale ne, nad pod před za	ní ním nimi	už není místo.

10. Zeptejte se a odpovězte. Zájmeno řekněte v instrumentálu.
(Ask and answer. Say the pronoun in the instrumental.)

○ Přišel jste za mnou? ● Ano, **za vámi**.

○ Přišel jste ○ Přišla jste ○ Přišel jsi ○ Přišla jsi ○ Jdete	za mnou? za paní Bílou? za synem? za Danielem? za dcerou?	● Ano, za ______ *(vy)*. ● Ano, za ______ *(ty)*. ● Ano, za ______ *(ona)*. ● Ano, za ______ *(on)*.

● Jirko, přijdeš odpoledne za námi do parku?
○ Nemůžu. Uvidíme se až večer doma.

- ● Petře, jak jsi spokojený se svým novým bytem?
- ○ Ne, vůbec s ním nejsem spokojený, je moc malý.

- ● Aleno, nevidíš tady někde Honzu? Hledám ho.
- ○ Stojí tamhle před námi. Vidíš ho?

- ● Pane kolego, buďte tak laskav, řekněte inženýru Kubátovi, ať přijde ke mně do kanceláře, až se vrátí.
- ○ Ano, spolehněte se, vyřídím mu to.

- ● Pane, tady se musíte ještě podepsat.
- ○ Aha, zapomněl jsem. Promiňte.

- ● Martino, zavolej Tomášovi, ať k nám přijde zítra s manželkou.
- ○ Nebylo by to lepší až příští týden? Zítra mám moc práce.
- ● Tak dobře, jak chceš.

- ● Můžeš zaparkovat před naším domem.
- ○ Ale před ním už není žádné místo!

- ● Byly testy těžké? Jak jsi je napsal?
- ○ Doufám, že dobře. Jsem rád, že už je to za mnou.

POŠTA – POŠTOVNÍ ZÁSILKY
(THE POST OFFICE – POSTAL ARTICLES)

Můžeme poslat dopis	*We can send a letter*
– normálně, obyčejně	– *as an ordinary letter*
– doporučeně	– *as a registered letter*
– expres	– *express*
– letecky	– *by airmail*
– poste restante	– *poste restante*

poštovné (N) — *postage*

Musíme vyplnit – podací lístek na doporučený dopis — *We must fill in – a registered letter form*

– poukázku na peníze — *– a postal (money) order*

– průvodku na balík — *– a package registration form*

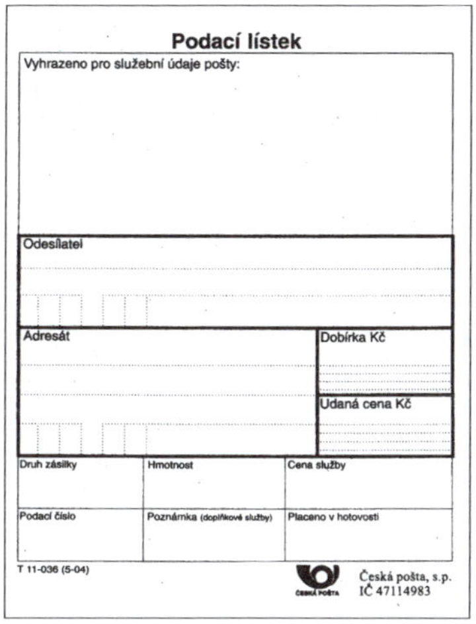

Podací lístek

Vyhrazeno pro služební údaje pošty:

Odesílatel

Adresát

Dobírka Kč

Udaná cena Kč

Druh zásilky | Hmotnost | Cena služby

Podací číslo | Poznámka (doplňkové služby) | Placeno v hotovosti

T 11-036 (5-04)

Česká pošta, s.p.
IČ 47114983

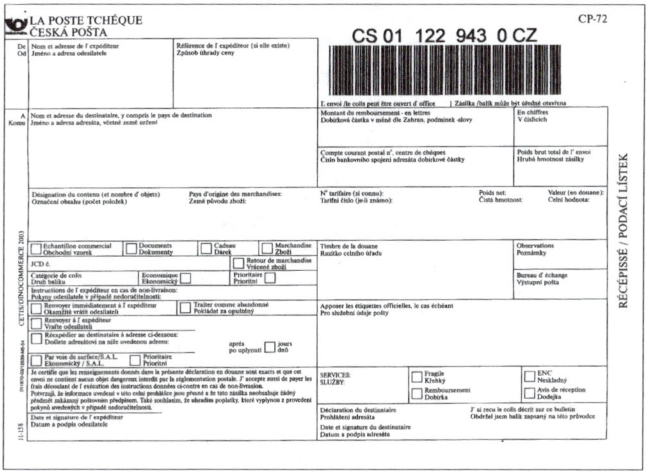

LA POSTE TCHÉQUE
ČESKÁ POŠTA

CP-72

CS 01 122 943 0 CZ

De / Od — Nom et adresse de l' expéditeur / Jméno a adresa odesilatele

Référence de l' expéditeur (si elle existe) / Způsob úhrady ceny

L' envoi /le colis peut être ouvert d' office | Zásilka /balík může být úředně otevřena

A / Komu — Nom et adresse du destinataire, y compris le pays de destination / Jméno a adresa adresáta, včetně země určení

Montant du remboursement - en lettres / Dobírková částka v měně dle Zahran. podmínek -slovy

En chiffres / V číslicích

Compte courant postal n°, centre de chèques / Číslo bankovního spojení adresáta dobírkové částky

Poids brut total de l' envoi / Hrubá hmotnost zásilky

Désignation du contenu (et nombre d' objets) / Označení obsahu (počet položek)

Pays d'origine des marchandises: / Země původu zboží:

N° tarifaire (si connu): / Tarifní číslo (je-li známo):

Poids net: / Čistá hmotnost:

Valeur (en douane): / Celní hodnota:

☐ Echantillon commercial / Obchodní vzorek ☐ Documents / Dokumenty ☐ Cadeau / Dárek ☐ Marchandise / Zboží

JCD č. ☐ Retour de marchandise / Vrácené zboží

Catégorie de colis / Druh balíku — Economique / Ekonomický ☐ Prioritaire / Prioritní ☐

Instructions de l' expéditeur en cas de non-livraison: / Pokyny odesilatele v případě nedoručitelnosti:

☐ Renvoyer immédiatement à l' expéditeur / Okamžitě vrátit odesilateli ☐ Traiter comme abandonné / Pokládat za opuštěný

☐ Renvoyer à l' expéditeur / Vrafte odesilateli

☐ Réexpédier au destinataire à adresse ci-dessous: / Došlete adresátovi na níže uvedenou adresu:

après / po uplynutí ☐ jours / dnů

☐ Par voie de surface/S.A.L. / Ekonomický / S.A.L. ☐ Prioritaire / Prioritní

Je certifie que les renseignements donnés dans la présente déclaration en douane sont exacts et que cet envoi ne contient aucun objet dangereux interdit par la réglementation postale. J' accepte aussi de payer les frais découlant de l' exécution des instructions données ci-contre en cas de non-livraison.
Potvrzuji, že informace uvedené v této celní prohlášce jsou přesné a že tato zásilka neobsahuje žádný předmět zakázaný poštovním předpisem. Také souhlasím, že uhradím poplatky, které vyplynou z provedení pokynů uvedených v případě nedoručitelnosti.

Date et signature de l' expéditeur / Datum a podpis odesilatele

Timbre de la douane / Razítko celního úřadu

Observations / Poznámky

Bureau d' échange / Výstupní pošta

Apposer les étiquettes officielles, le cas échéant / Pro služební údaje pošty

SERVICES: / SLUŽBY: ☐ Fragile / Křehký ☐ Remboursement / Dobírka ☐ ENC / Neskladný ☐ Avis de réception / Dodejka

Déclaration du destinataire / Prohlášení adresáta — J' ai reçu le colis décrit sur ce bulletin / Obdržel jsem balík zapsaný na této průvodce

Date et signature du destinataire / Datum a podpis adresáta

RÉCÉPISSÉ / PODACÍ LÍSTEK

CETIS/DINOCOMMERCE 2003

11-158

DOPIS, POHLED *(LETTER, POSTCARD)*

Dopis začínáme:

Příteli — **Milý Petře,** **Ahoj Petře,** — **Milá Ireno!** **Ahoj Ireno!**

Úřední osobě — **Vážený pane doktore!** **Vážená paní doktorko,**

Dopis končíme:

Příteli — **Ahoj! Michal**
Loučí se Michal.
Ahoj a měj se hezky! Tvůj Michal

Úřední osobě — **S (přátelským) pozdravem Michal Šíma.**

Posíláme pohled

z výletu:

Srdečný pozdrav z Prahy Vám posílá Karel. — *Best regards from Prague from Karel.*

Krásný pozdrav z dovolené Vám posílá Karel. — *Kind regards from my holiday Karel.*

Posíláme pohled

na Vánoce:	**Přejeme Vám i Vaší rodině veselé Vánoce a šťastný nový rok. Karel s rodinou**	*A Merry Christmas and a Happy New Year to both you and your family. Karel with family*
	Přeju celé Vaší rodině veselé Vánoce a hodně štěstí a zdraví v novém roce. Karel s manželkou	*A Merry Christmas and much happiness and good health in the New Year to all your family. Karel with wife*
	Přeju Vám do nového roku hodně úspěchů v práci i osobním životě. Karel	*Much success in your work and personal life in the New Year. Karel*
k svátku:	**Přeju Ti všechno nejlepší k svátku. Karel**	*All the best on your name day. Karel*
	K Tvému svátku Ti přeju hodně štěstí, lásky a úspěchů. Karel	*Much happiness, love and success on your name day. Karel*

! k narozenin**ám** = (on) birthday
Dat pl
(narozeniny F pl)

! When writing, in Czech letters it is usual to begin personal and possessive pronouns (relating to the person to whom we write) with a capital letter.

Cv

❒ 11. Spojte sloveso se substantivem ve správném tvaru.
(Match the verbs with the nouns in the correct form.)

zalepit	*adresa*	nalepit	*propiska*
napsat	*do (schránka)*	vyplnit	*známka*
zvážit	*obálka*	poslat	*poukázka*
hodit	*balík*	psát	*peníze*

❒ 12. Vyberte, co se hodí k sobě. *(Match the expressions.)*

jít na poštu → poslat balík	za dopis do ciziny	dát fotografii	normálně
psát dopis	na balík	poslat dopis	letecky
nalepit známku	na obáku	koupit známky	do dopisu
napsat adresu	poslat balík	poslat balík	pro peníze
zaplatit 9 Kč	na dopisní papír	jít do banky	za 50 Kč

DOPISNÍ PAPÍR
OBÁLKA
ZNÁMKA
PROPISKA
DÁT DOPIS DO OBÁLKY
ZALEPIT OBÁLKU
NAPSAT ADRESU
NAPSAT ADRESU ODESÍLATELE
NALEPIT ZNÁMKU
HODIT DOPIS DO SCHRÁNKY

Cv

13. Doplňte vhodná slova. *(Fill in suitable words.)*

Ahoj ___________,
posílám ti ____________ pozdrav z ____________. Je tady moc ____________. Jsem tady už týden, domů přijedu za ____________.
Jana

Posílám ____________ srdečný ____________ z dovolené. ____________ teplo, chodíme ____________, poznali jsme hodně nových přátel. Pozdravuj také ____________.
Jana

Přejeme celé Vaší rodině ____________ Vánoce a ____________ nový rok. Na Vánoce jedeme ____________, zůstaneme tam i na Nový ____________. Pozdravujte od nás ____________ a brzo napište.
Loučí se Petr a Jana

14. Napište pohled. *(Write a picture postcard.)*

- Pozdravujte rodiče z Prahy, kam jste odjel(a) na několik dní, a napište, kdy se vrátíte domů.
- Napište pozdrav z dovolené. Napište, jak se máte u moře, že je teplo a že pozdravy posílají také vaši známí.
- Píšete rodině pozdrav ze služební cesty, vrátíte se už v pátek dopoledne a v sobotu chcete jet s celou rodinou na chatu.
- Vaše stará teta má narozeniny. Napište jí přání.
- Váš přítel Filip, který studuje v cizině, má 26. května svátek. Co mu popřejete?

15. Řekněte kolegovi, co musí udělat. *(Tell the colleague what he must do.)*

- Musí sem na obálku napsat adresu.
- Musí vyplnit podací lístek.
- Musí zaplatit tamhle u pokladny.
- Musí poslat dopis expres.
- Musí hodit dopis do schránky.
- Musí zvážit ten balík, jestli váží víc než jedno kilo.

- Napište ____________.
- Vyplňte ____________.
- Zaplaťte ____________.
- Pošlete ____________.
- Hoďte ____________.
- Zvažte ____________.

- Kolik stojí dopis do ciziny?
- Letecky do Evropy 9 korun, ostatní 12 korun.
- A stačí na tenhle dopis známka za 9 korun? Můžete mi ho zvážit?
- Váží víc, musíte ještě zaplatit 3 koruny.

- Chtěl bych poslat dopis doporučeně.
- Tady si prosím vyplňte podací lístek.
- Odesílatel jsem já?
- Ano. A tady vzadu na obálku napište svou adresu.

- Můžu tu knihu poslat jako dopis?
- Ne, váží víc než jedno kilo. Musíte ji poslat jako balík. Chcete to expres?
- Ne, stačí normálně. Za jak dlouho to tam bude?
- Za tři dny. Tady si vyplňte průvodku na balík.

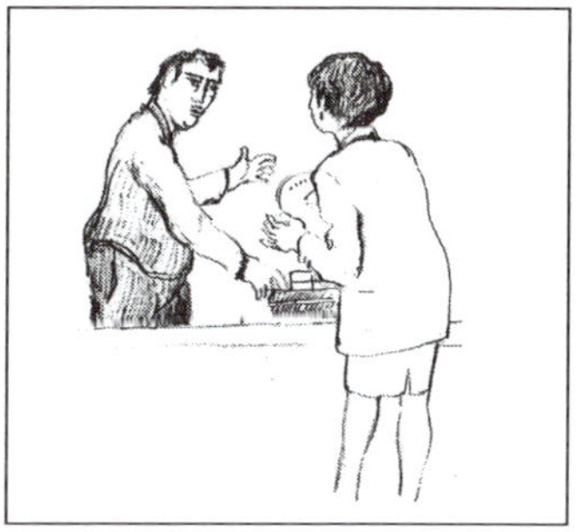

- Chci dopis poslat expres.
- Tady vám chybí poštovní směrovací číslo.
- Ale já ho neznám.
- Seznam poštovních směrovacích čísel visí tamhle u dveří.
- Děkuju.

poštovní směrovací číslo (PSČ)
Praha 1 – 110 00

Jak píšeme adresu?	Vážený pan Petr Dvořák Husinecká 22 130 00 Praha 3 – Žižkov	Vážená paní Eva Veselá Nám. Dr. Beneše 12 460 01 Liberec

TELEFON *(TELEPHONE)*

mobilní telefon = mobil	*mobile (phone) / cellphone*
telefon = telefonát = telefonický hovor	*telephone call*
telefonní číslo	*telephone number*
telefonní seznam	*telephone directory*
telefonní karta	*telephone card*
meziměstský hovor	*trunk (long-distance) call*
mezistátní hovor	*international call*
místní hovor	*local call*
za/telefonovat někomu = za/volat někomu	*to call somebody*

○ Víte, na jakou tísňovou linku zavolat v České republice?
Tísňové linky: *(Emergency phone numbers:)*

HASIČI 150

ZÁCHRANNÁ SLUŽBA 155

MĚSTSKÁ POLICIE 156

POLICIE 158

○ Co řeknu, když jsem se zmýlil(a)? Přečtěte si na s. 355 a 358 (Omlouváme se. Omyl.). *(What should I say if I was mistaken? Read on pp. 355 and 358. – We apologize. Mistake.)*

● **Svobodová. Prosím?**
○ **Promiňte, to není kancelář pana Dvořáka?**
● **Ne, to je soukromý byt.**
○ **Promiňte, to je omyl. Chtěl jsem číslo 251 62 35 96.**
● **Moje číslo končí 95. Nic se nestalo.**

- ● Prosím?
- ○ Dobrý den. Tady je Martin. Mohl bych mluvit s Pavlem?
- ● Pavel není doma. Mám mu něco vyřídit?
- ○ Ne, děkuju. Nechci nic důležitého. Zavolám večer.

- ● Dobrý den. Realitní kancelář Dohoda.
- ○ Volám taxislužbu, spletl jsem si číslo. Promiňte.
- ● To je v pořádku. Na shledanou.

- ● Haló!
- ○ Ahoj, Dano!
- ● Ahoj, Honzo! Tady je Tereza. Dana si u mě zapomněla mobil, ale uvidím ji za hodinu.
- ○ Buď tak hodná, řekni jí, ať mi hned zavolá.
- ● Spolehni se, vyřídím jí to. Ahoj!

Je obsazeno.
It's busy.
Also: Pan Kučera **má** obsazeno.

- ● Městský úřad. Dobrý den.
- ○ Dobrý den. Chtěla bych linku 114, pana Kučeru.
- ● Moment. Má obsazeno. Počkáte si?
- ○ Ne, děkuju, zavolám později.

Zpráva SMS („esemeska")

Ahoj! Ve ctyri budu s Honzou v kavarne Vltava. Prijd taky! Hana

❐ 16. Doplňte rozhovor. *(Complete the conversation.)*

- ○ To jsi ty, Davide? Tady je Jirka. Ahoj!
- ● ______________________________
- ○ Volám z města a potřebuju se s tebou sejít. Máš čas?
- ● ______________________________
- ○ Jsem na Hlavním náměstí. Kdy sem asi můžeš přijít?
- ● ______________________________
- ○ Tak fajn. Počkám na tebe v kavárně U Týna. Víš, kde to je?
- ● ______________________________
- ○ Ahoj!

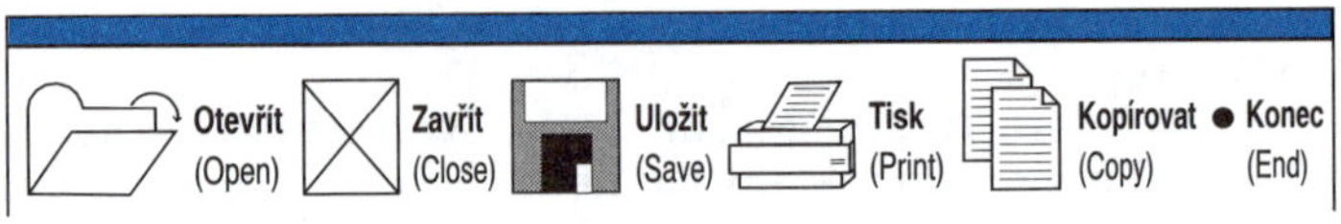

U POČÍTAČE

- ● Ahoj, Dane! Můžeš mluvit? Nejsi ještě v práci?
- ○ Ahoj! Ne, už jsem doma. Mám čas.
- ● Volám ti kvůli internetu. Chci si objednat nějaké knihy a nemůžu najít ten internetový obchod, o kterém jsi mluvil.
- ○ Jmenuje se Vltava.
- ● Takže píšu www.vltava.cz (vé vé vé tečka vltava tečka cé zet). Výborně, už ho mám. Dík.
- ○ Které knihy tě zajímají?
- ● Chci koupit knihu jako dárek pro bratra, pro Michala a pro Hanu. Všichni mají teď v květnu narozeniny.
- ○ To je dobrý nápad. Já budu kupovat dárky určitě na poslední chvíli.
- ● Pošlu ti e-mail, jaké knihy jsem vybrala.
- ○ Mám jinou adresu: janacek tečka dan zavináč seznam tečka cé zet.
- ● Takže nová adresa je: janacek.dan@seznam.cz
- ○ Když už jsi na internetu, podívej se na nové webové stránky mojí firmy. Napiš mi do e-mailu, co jim říkáš.
- ● Dobře, napíšu. Ještě jednou dík. Zavolám ti zítra. Ahoj!

Už víte, jak číst internetovou adresu?
(Do you already know how to read a web address?)

@	zavináč
.	tečka
cz	cé zet

Cv

❒ 17. Musíte napsat e-mail svému kolegovi. Situace, které musíte řešit, jsou následující. *(You must write an e-mail to your colleague. The situations you must solve are the following.)*

1. Váš kolega je na návštěvě v Brně. Víte, že tam chce být jeden týden. Teď ale šéf vás i vašeho kolegu posílá na služební cestu. Napište mu, proč a kdy se musí vrátit.
2. Váš přítel přijel z Londýna do Prahy a přivezl nějaké důležité dokumenty pro vašeho kolegu, který pracuje v Brně. Musíte proto kolegovi napsat, že dokumenty jsou u vás. Napište také, kdy a kde vás v Praze najde.
3. Dohodl(a) jste se s kolegou, že na pondělí připravíte nějaké informace a že se

spolu zúčastníte jednání. Změnil se vám ale program a vy v pondělí nebudete v práci. Informace mu proto posíláte e-mailem a omlouváte se, že v pondělí nepřijdete.

❒ 18. Přišel vám e-mail v češtině bez háčků a čárek. Doplňte je. *(You have received an e-mail in Czech without the inverted circumflexes (ˇ) and long-signs (´). Fill them in.)*

➡ pisu – **píšu**

Ahoj Marketo,
uz je tady kveten a Tvoje narozeniny. Preju Ti vsechno nejlepsi, hodne stesti, zdravi a spokojenou rodinu. Je mi lito, ze jsem pred tydnem nemohla prijit k Zuzane. Zuzana me urcite omluvila, takze vis, ze jsem mela nemocne deti. Doma jsem zustala cely tyden, ted uz chodim do prace.

Pristi tyden se musime nekde sejit. Hodi se Ti streda odpoledne? V pet hodin uz muzu byt nekde v centru. Napis mi nebo zavolej. Pozdravuju Tvou rodinu a preju hezky vikend.

Ahoj, Katerina

❒ 19. Na kterou otázku vám odpověděli? *(Which question of yours have they answered?)*

- ● ______________? ○ Ne, tady žádný Petr nebydlí, to bude omyl.
- ● ______________? ○ Doktor Dvořák před chvílí odešel.
- ● ______________? ○ Zavolejte za půl hodiny, teď tu inženýr Kubát není.
- ● ______________? ○ Ano, Karel je doma. Hned ho zavolám.
- ● ______________? ○ Zavolejte v 11 hodin, teď pan doktor nemůže přijít k telefonu.
- ● ______________? ○ Ne, není doma a vrátí se až večer.
- ● ______________? ○ Ano, řeknu mu, že volal Adam a že přijde zítra.
- ● ______________? ○ Ano, můžete k panu doktorovi přijít dneska odpoledne ve tři.

❒ 20. Co řeknete, nebo jak se zeptáte na poště? *(How do you say or ask at the post office?)*

- ○ where you can borrow a telephone directory
- ○ whether your packet weighs more than fifteen kilogram(me)s
- ○ how much postage to foreign countries costs
- ○ that you would like to send a registered letter
- ○ that you don't know how to send money

❒ 21. Říkejte krátké rozhovory. *(Say short dialogues.)*

● Nevadí ti, když
- si od tebe zatelefonuju?
- si prohlédnu tyhle fotografie?
- si vezmu tvůj dopisní papír?
- u tebe počkám?

○ Vůbec ne, buď tu jako doma.
- Zatelefonuj si, kam chceš.
- Prohlédni si, co chceš.
- Vezmi si, co chceš.
- Počkej, jak dlouho chceš.

❐ 22. Řekněte ve správném tvaru instrumentálu.
(Say in the correct form of the instrumental.)

1. Přijdete dnes s *(manželka)*? – Ne, dnes s *(ona)* nepřijdu, přijdu sám.
2. Jste spokojený s *(nové auto)*? – Ano, jsem s *(ono)* velmi spokojený.
3. Nechtěl byste si se *(já)* zahrát tenis? – Bohužel si s *(vy)* nezahraju, neumím to.
4. Jdu za *(Michal)*. – Proč za *(on)* jdeš?
5. Nákupní centrum je až za *(naše škola)*. – Já myslel, že za *(ona)* je park.
6. Viděl jsi dokument Modrá planeta, který dávali včera večer před *(film Patriot)*? – Před *(on)* žádný dokument nedávali.
7. Půjdeme *(tahle ulice)*? – Ne, tady zahneme doprava a půjdeme *(park)*.

❐ 23. Zeptejte se na zvýrazněné výrazy.
(Form questions to ask about the underlined expressions.)

➡ ○ Jdu **s Karlem** do kina. ● **S kým** jdeš do kina?

○ Odpoledne jsem se sešla **s jednou známou**. ● ________________ ses sešla?
○ Do práce jezdím **tramvají**. ● ________________ jezdíš do práce?
○ Nejsem spokojený **s tou učebnicí**. ● ________________ nejsi spokojený?
○ Mluvil **s nějakou slečnou**. ● ________________ mluvil?
○ Dneska **za ním** nechoď. ● ________________ nemám chodit?
○ Jdi **za nimi**! ● ________________ mám jít?
○ Stanice tramvaje je tamhle **před tím velkým domem**.
● ________________ je stanice tramvaje?
○ Nesmíme psát **tužkou**. ● ________________ nesmíme psát?

❐ 24. Říkejte opozitum. *(Say the opposite.)*

➡ Jdu **do obchodu**. – On jde **z obchodu.**

1. Pospíchá **k doktorovi**. – Já už jdu ________________.
2. Auto stojí určitě **před domem**. – Ne, stojí ________________.
3. Dneska přijdu **se svojí novou přítelkyní**. – Nevěřím. Určitě přijdeš ________________.
4. Tomáš přijde **za hodinu**. – Petr už přišel ________________.
5. **Před obědem** musím uklidit. – ________________ už chci odpočívat.
6. **Před měsícem** byl u mne Jakub. – ________________ přijede Jirka.
7. Jdu **k našemu lektorovi**. – Pavel se vrací ________________.
8. Jak to, že moje taška není **na stole**? – Někdo ji dal ________________.
(kam? Acc)
9. **Nikdo** nepřišel? – Ale ano, přišli ________________. Jsou vedle ve třídě.
10. Já si myslím, že **vždycky** říká pravdu. – Podle mě ________________ nemluví pravdu.

❒ 25. Doplňte prepozice, kde je to nutné. *(Fill in the prepositions where necessary.)*

1. Proč jedeš __________ taxíkem? – Mám auto __________ servisu.
2. Dopis jsem hodil __________ schránky ještě __________ obědem.
3. Dneska musím zajít __________ učitelkou svého syna.
4. Zítra přijede Alena __________ Lucií.
5. Vrátím se __________ pátou a šestou hodinou.
6. David přijede až __________ měsíc.
7. Může přijít __________ každou chvíli.
8. __________ chvílí tady byl Honza.
9. __________ stole máš talíř __________ polévkou a chleba __________ sýrem.
10. __________ oknem a postelí stojí malý stůl.

MLUVNÍ CVIČENÍ

1. a) *Poslouchejte:* ○ Kdy mám přijít? Zítra večer? ● Ano, přijď zítra večer.

b) *Odpovězte:*

○ Kdy mám přijít? Zítra večer? ● **Ano, přijď zítra večer.**
○ Kdy mám přijít? V neděli odpoledne? ● **Ano, přijď v neděli odpoledne.**
○ Kdy mám přijít? V sobotu dopoledne? ● **Ano, přijď v sobotu dopoledne.**

2. a) *Poslouchejte:* ○ Nevím, jestli mám jít s tebou do kina. ● Pojď se mnou, budu rád.

b) *Odpovězte:*

○ Nevím, jestli mám jít s tebou do kina. ● **Pojď se mnou, budu rád.**
○ Nevím, jestli mám jít s vámi na oběd. ● **Pojďte se mnou, budu rád.**
○ Nevím, jestli mám jít s vámi na ten koncert. ● **Pojďte se mnou, budu rád.**

3. a) *Poslouchejte:* ○ Chceš už vrátit tu knihu? ● Ano, vrať mi ji už.

b) *Odpovězte:*

○ Chceš už vrátit tu knihu? ● **Ano, vrať mi ji už.**
○ Chceš už vrátit ten deštník? ● **Ano, vrať mi ho už.**
○ Chceš už vrátit těch sto korun? ● **Ano, vrať mi je už.**
○ Chceš už vrátit ty hodinky? ● **Ano, vrať mi je už.**

4. a) *Poslouchejte:* ○ Chceš to poslat ještě dneska, nebo až zítra? ● Pošli to, prosím tě, ještě dneska.

b) *Odpovězte:*

○ Chceš to poslat ještě dneska, nebo až zítra? ● **Pošli to, prosím tě, ještě dneska.**
○ Chceš to poslat expres, nebo normálně? ● **Pošli to, prosím tě, expres.**

○ Chcete to poslat poštou, nebo si pro to přijdete? ● **Pošlete to, prosím vás, poštou.**

5. a) *Poslouchejte:* ○ Co mám říct Karlovi? Že přijedeš v pondělí?
● Ano, řekni mu, že přijedu v pondělí.

b) *Odpovězte:*
○ Co mám říct Karlovi? Že přijedeš v pondělí? ● **Ano, řekni mu, že přijedu v pondělí.**
○ Co mám říct doktorovi? Že k němu dneska nepřijdeš? ● **Ano, řekni mu, že k němu dneska nepřijdu.**
○ Co mám říct tvé manželce? Že se dneska vrátíš později? ● **Ano, řekni jí, že se dneska vrátím později.**
○ Co mám říct Ireně? Že jí všechno vysvětlíš později? ● **Ano, řekni jí, že jí všechno vysvětlím později.**

6. a) *Poslouchejte:* ○ Manželka musela bohužel zůstat doma. ● Pozdravujte ji od nás.

b) *Reagujte:*
○ Manželka musela bohužel zůstat doma. ● **Pozdravujte ji od nás.**
○ Profesor Kučera nemohl bohužel přijít. ● **Pozdravujte ho od nás.**
○ Pojedu příští týden do Tábora k Mirkovi. ● **Pozdravujte ho od nás.**
○ Moje děti leží doma nemocné. ● **Pozdravujte je od nás.**

7. a) *Poslouchejte:* ○ V kině dávají film 9 a 1/2 týdne. Půjdeš se mnou?
● Špatně slyším, zopakuj mi to.

b) *Reagujte:*
○ V kině dávají film 9 a 1/2 týdne. Půjdeš se mnou? ● **Špatně slyším, zopakuj mi to.**
○ Večer si jdeme sednout do baru. Půjdeš s námi? ● **Špatně slyším, zopakuj mi to.**
○ Máme lístky do Národního divadla. Půjdeš s námi? ● **Špatně slyším, zopakuj mi to.**

8. a) *Poslouchejte:* ○ Už jsi zavolal domů? ● Ne, je tam stále obsazeno.

b) *Odpovězte:*
○ Už jsi zavolal domů? ● **Ne, je tam stále obsazeno.**
○ Už jste zavolal inženýru Novákovi? ● **Ne, je tam stále obsazeno.**
○ Už jsi zavolala doktorovi? ● **Ne, je tam stále obsazeno.**

9. a) *Poslouchejte:* ○ Bartošovi mají stále obsazeno. ● Ty jsi s nimi ještě nemluvil?

b) *Reagujte:*
○ Bartošovi mají stále obsazeno. ● **Ty jsi s nimi ještě nemluvil?**
○ Michal má stále obsazeno. ● **Ty jsi s ním ještě nemluvil?**
○ Profesorka Veselá má stále obsazeno. ● **Ty jsi s ní ještě nemluvil?**

LEKCE 12

Topic:

HOLIDAYS / VACATIONS. TRAVEL. IN THE HOTEL.

You will learn how to

- ask about the subject of something (what is this film about?)
- express various spatial relationships
- give direction to verbs of motion, using prefixes
- reserve a room in a hotel
- plan your holiday
- talk about your holiday

Locative case in singular (p. 281) • Functions of the locative (p. 282) • Prepositions which take the locative (p. 282) • Personal pronouns in the locative (p. 285) • Prefixes of direction for verbs of motion (p. 286)

cestovat, -uju impf	*to travel*
procestovat +Acc pf	*to tour through*
další	*next*
diskutovat o +Loc impf **-uju**	*to discuss something*
dojít pro +Acc pf **dojdu**	*to go and fetch*
donést +Acc, **donesu** pf	*to bring*
Dunaj M	*the Danube*
dvoulůžkový	*double room*
Evropa F	*Europe*
garáž F	*garage*
havárie F	*accident*
hovořit o +Loc impf	*to speak about*
jednoduchý, -á, -é	*simple*
jednolůžkový	*single room*
jih M	*south*
jižní	*southern*
jo (= *coll* **ano**)	*yeah (= yes)*
klíč M	*key*
kulturní	*cultural*
kufr M	*suitcase*
letadlo N	*plane*
letět, -ím impf	*to fly*
poletím fut	*I will fly*
loď F, **lodí**	*ship, by ship*
Maďarsko N	*Hungary*
mluvit o +Loc impf	*to speak about*
myslet si něco **o** +Loc **-ím si** impf	*to think st about (have an opinion)*
o +Loc	*about*
oba M, **obě** F+N	*both*
obcházet, -ím impf	*to go round*
obejít +Acc, **obejdu** pf	*to go round*
odjíždět, -ím impf	*to leave*
odjet, -jedu pf	*(by vehicle)*
odletět, -ím pf	*to fly away*
okolí N	*surroundings*
organizovaný, -á, -é	*organized*
památka F	*monument*
pas M	*passport*
plán M	*plan*
po +Loc	*after*
pokračovat v +Loc **-uju** impf	*to go on, to continue*
poschodí N	*floor*
potkávat +Acc **(se)** impf, **-ám**	*to meet I meet*
potkat (se), -ám pf	*to meet*
povídat o +Loc impf	*to talk about*
projít +Instr, **-jdu** pf	*to pass through*
procházet, -ím impf	*to pass through*
pryč	*away, off*
přejít +Acc, **přejdu** pf	*to pass by, ove*
přecházet, -ím impf	*to pass by, over*
přespat, přespím pf	*to spend the night*
při +Loc	*at, near, close to*
přinášet, -ím +Acc impf	*to bring*
přinést, přinesu pf	*to bring, I'll bring*
Rakousko N	*Austria*
recepce F	*reception*
recepční M+F	*receptionist*
rozbít se, -ije pf	*to break*
rozcházet se impf	*to part company*
rozejít se (**s** +Instr) pf **rozejdeme se**	*(with), to break up (with)*
rychlík M	*fast train*
sever M	*north*
severní	*northern*
situace F	*situation*
správný, -á, -é	*correct*
střední	*middle (adj)*
ticho N	*silence*
tu = tady = zde	*here*
vchod M	*entrance*
Vídeň F	*Vienna*
východ M	*exit; east*
východní	*eastern*
vyjet si, vyjedu pf	*to go for a ride*
vyjíždět, -ím impf	*to go for a ride*
vyprávět, -ím impf **o** +Loc =	*to tell (story), I tell about*
vypravovat, -uju	*to tell (story)*
výtah M	*lift*
zájezd M	*package holiday*
záležet na +Loc impf	*to depend on*
záleží mi na tom	*I care about it*
západ M	*west*
západní	*western*
zavazadlo N	*luggage*
země F	*land, country*
zlý, -á, -é	*bad, nasty, evil*

Gr

LOCATIVE CASE IN SINGULAR (LOKÁL SINGULÁRU)

O KOM?
O ČEM?

ABOUT WHOM?
ABOUT WHAT?

(Repeat the locative sg of nouns on p. 41)

	M, N		F	
Adjectives and pronouns	o tom, jednom	-OM	o té, jedné	-É
	o vašem, našem	-EM	o naší, vaší,	-Í
	o novém, mém, tvém, svém	-ÉM	o nové, mé, tvé, své	-É
	o moderním, jejím	-ÍM	o moderní, její, svojí, mojí	-Í
nouns ending in soft consonants, "-tel", some nouns in "-l"	o muži, příteli, Tomášovi o moři ! o nádraží		o židli, skříni, místnosti ! o paní	
	(-OVI) / -I			
nouns ending in hard or neutral consonants	o pánovi, kolegovi o Karlu Novákovi	-OVI (-U)	o ženě ! **Dat = Loc**	-E -Ě
	o stolu / stole o městu / městě	-U/-E -Ě		

M + N

-U ≠ -E
- **KDE?** → **-E/Ě:** **ve** městě, **v** dopise
- **O ČEM?** → **-U, -E/Ě:** **o** městu, **o** městě
- **M + N ending in "-h, -ch, -k, -r"** → **-U**

! **-h** > **- hu** — na jihu
-ch > **- chu** — v tichu
-k > **- ku** — v parku
-r > **- ru** — na severu

!! **rok – v roce**

! **in loanwords:** v hotelu, v rádiu, v programu

! **months:** v lednu, v únoru, v listopadu, ...

abstract nouns: původ *(origin)* – o původu
původab *(grace)* – o půvabu

F

! **-ha** > **-ze** — o Praze
-ka > **-ce** — o matce
-ra > **-ře** — o sestře
-cha > **-še** — o soše

(socha = *statue*)
(see pp. 43, 158)

b d f m n p t v + **-ě** = **bě dě fě mě ně pě tě vě** (na obědě, v domě, na mostě)

l s z + **-e** = **le se ze** (na stole, v lese)

FUNCTIONS OF THE LOCATIVE (FUNKCE LOKÁLU)

! The locative (also called prepositional) is always used with prepositions.

- Its main function is **to express PLACE with the prepositions** "V, VE" (most frequently) – "NA – PO". Repeat the preposition "na" + the locative on p. 106.

Pracuju **v bance**.	Parkuju **na náměstí**.	Prošli jsme se **po městě**.
(I work in a bank.)	*(I park on the square.)*	*(We walked around town.)*

- **Prepositions** "V – O – PO – PŘI" **+ nouns in the locative express TIME.** Repeat on pp. 240–241.

v květnu, v zimě	**o víkendu**	**po snídani**	**při obědě**
(in May, in winter)	*(during the weekend)*	*(after breakfast)*	*(during lunch)*

- **OBJECT OF SOME VERBS** (verbs + prepositions "o, na, po, v" + noun in the locative)

mluvit o	tomto hotelu	*to speak about this hotel*
povídat (si) o	zajímavém filmu	*to talk, to chat about an interesting film*
vypravovat o	hezké dovolené	*to talk about a nice holiday*
hovořit o	politické situaci	*to speak about the political situation*
diskutovat o	problému	*to discuss a problem*
slyšet o	nové knize	*to hear about a new book*
číst o	obchodním centru	*to read about the shopping centre*
ptát se po	kolegovi	*to ask about the colleague*
pokračovat v	práci	*to continue work*
záležet na	záleží mi na tom	*I care about it (to care about, to depend)*

PREPOSITIONS WHICH TAKE THE LOCATIVE (PREPOZICE S LOKÁLEM)

V, VE + Loc		*in, at*
Auto už je **v garáži**. **v hotelu, v kostele, v Itálii**	kde?	*The car is already in the garage.* *at the hotel, at church, in Italy*
v létě, v zimě, v srpnu	kdy?	*in summer, in winter, in August*
NA + Loc		*on, at*
Dole **na ulici** je jeho auto.	kde?	*His car is down the street.*
na koncertě, na ambasádě, na obědě		*at a concert, at the embassy, at lunch*

O + Loc		*about, during*
Vyprávím mu **o naší dovolené.** kniha **o Praze, o Pablu Picassovi**	o čem?	*I'm telling him about our holiday. a book about Prague, about Pablo Picasso*
o víkendu, o dovolené	kdy?	*during the weekend, the holiday*
PO + Loc		*along, round, after*
Po ulici jede autobus. Celý den jsem chodil **po Praze.**	kde?	*The bus goes along the street. I spent all day walking round Prague.*
Po práci jsme šli do kavárny. Přišel jsem až **po Pavlovi.**	kdy?	*We went to the café after work. I arrived only after Paul did.*
PŘI + Loc		*during, while*
Mluvili jsme spolu **při obědě. Při práci** chci mít ticho.	kdy?	*We talked together during lunch. I want silence while working.*

● Kde parkuješ?
○ Na parkovišti dole u řeky.

● Uvidíš někdy Filipa?
○ Ano, uvidíme se zítra při obědě.

● Moc se nám tady líbilo. Přijedeme zase v zimě, asi v lednu.
○ Budeme se těšit.

● Co si myslíš o mém příteli?
○ Je sympatický.

● Jak jste se měli v létě?
○ Dobře. Cestovali jsme po jižní Evropě.

● O čem jste si tak dlouho povídali?
○ To víš ... O fotbale, o tenise, o mém novém autě ...

● Slyšel jsi o Janě a Michalovi?
○ Ne. Co se stalo?
● Rozešli se.

● Víš něco o Martinovi?
○ Už nepracuje v bance. Odešel do jedné softwarové firmy.

12

● Všechno nejlepší v novém roce!
○ Děkuju, přeju taky tobě všechno nejlepší.

● Jak je stará Karlova univerzita?
○ Zeptej se Adama, ví toho hodně o české historii.

Cv

❒ 1. Říkejte věty. *(Say the sentences.)*

○ VÍ HODNĚ O ○ POVÍDÁME SI ○ MŮJ ZNÁMÝ BYDLÍ

○ SLYŠEL(A) JSEM ○ ČETL(A) JSEM

o staré Praze
v Českém Krumlově
ve Skotsku
o Zuzaně a Jakubovi
o nové knize Václava Havla
o české historii
o jednom levném hotelu u moře
o filmu, který dávali včera večer v televizi
o festivalu Pražské jaro
o velké havárii

❒ 2. Ve které zemi jste byl(a)?

➡ v Německ**u**, v Kanad**ě**, v Česk**é** republi**ce**, ve Velk**é** Británi**i** ...

❒ 3. Řekněte ve správném tvaru lokálu. *(Say in the correct form of the locative.)*

○ Čteme o
○ Mluvíme o
○ Slyšeli jsme o

vaše město
váš nový program
nový český film
jižní Slovensko
příští týden
minulý pátek
naše nová televize
pražská univerzita
jedna známá restaurace
severní Morava
minulá středa
velká zima

❒ 4. Doplňte ve správném tvaru. *(Fill in with the correct form.)*

1. Dovolenou mám v ______________ *(červen, červenec, září).*
2. Na hory pojedeme v ______________ *(prosinec, leden, zima).*
3. Můj bratr žije v(e) ______________ *(Chicago, Washington, Dublin).*
4. Váš pokoj je v ______________ *(první, druhé, třetí poschodí).*

5. Auto mám v / na ________________ *(garáž, ulice, parkoviště).*
6. Tomáš je ve / na ________________ *(„svůj" pokoj, fakulta, město).*
7. Tvůj dopis jsem si přečetl až v(e) ________________ *(vlak, autobus, metro).*
8. Ten film dávají v / na ________________ *(televize, kino Pasáž, čtvrtý kanál).*
9. Budeme cestovat po ________________ *(celá Evropa, Jižní Amerika, Anglie).*
10. Sejdeme se v baru hned po ________________ *(práce, škola, oběd).*
11. Mluvíme o ________________ *(Alena a Petr, jeho rodina, Monika).*

Gr

PERSONAL PRONOUNS IN THE LOCATIVE
(OSOBNÍ ZÁJMENA V LOKÁLU)

JÁ	TY	ON, ONO	ONA	MY	VY	ONI, ONY, ONA
o mně	**o tobě**	**o něm**	**o ní**	**o nás**	**o vás**	**o nich**
about me	*about you*	*about him, it*	*about her*	*about us*	*about you*	*about them*

The locative form always has a preposition.

Cv

❒ 5. Zeptejte se a odpovězte. *(Ask and answer.)*

○ Slyšel(a) jsi | o mně, že odcházím z firmy? | ● Ano, slyšel(a) jsem to | o tobě.
o Jitce, že je nemocná? — o ní
o nás, že strávíme celé léto v Itálii? — o vás
o Daně a Jirkovi, že se rozešli? — o nich
o Karlovi, že skončil studium? — o něm

❒ 6. Zeptejte se a odpovězte. Řekněte ve správném tvaru lokálu.
(Ask and answer. Say in the correct form of the locative.)

○ Víte něco o | *Národní divadlo* / *pan Mareš* / *náš lektor* / *česká literatura* / *česká historie* / *Eva a její přítel* | ?

● Ne, nevím o | něm / ní / nich | nic.

Gr

PREFIXES OF DIRECTION FOR VERBS OF MOTION
(PREFIXY SMĚRU U SLOVES POHYBU)

PŘI-

přichází, přijíždí (domů) *impf*
přijde, přijede *pf*

přicházet / přijít přijíždět / přijet	*to come, to arrive* *(by vehicle)*

OD-
ODE-

odchází, odjíždí (ven) *impf*
odejde, odjede *pf*

odcházet / odejít odjíždět / odjet	*to leave, to go away* *(by vehicle)*

VY-

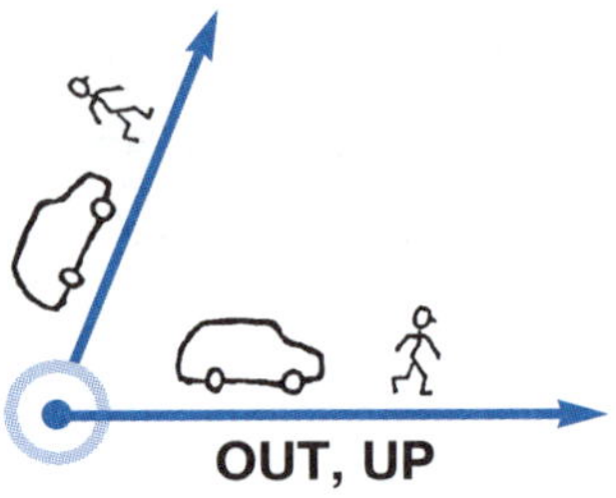

vychází, vyjíždí *impf*
vyjde, vyjede — nahoru / z garáže *pf*

vycházet / vyjít vyjíždět / vyjet	*to go up, out* *(by vehicle)*

S-
SE-

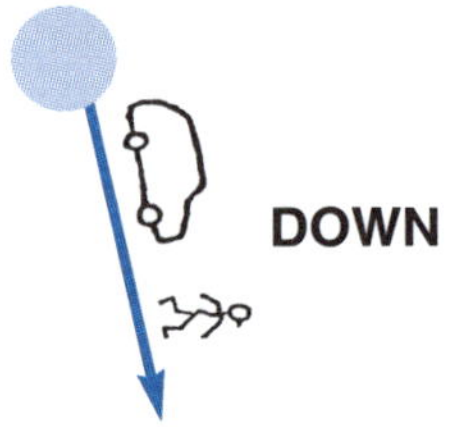

schází, sjíždí (dolů) *impf*
sejde, sjede *pf*

scházet / sejít sjíždět / sjet	*to go down* *(by vehicle)*

V-
VE-

vchází, vjíždí (do garáže) *impf*
vejde, vjede *pf*

vcházet / vejít vjíždět / vjet	*to enter, to go in* *(by vehicle)*

PRO-

THROUGH = skrz + Acc

prochází, projíždí *impf*
projde, projede — městem (kudy? +Instr) / skrz město *pf*

procházet / projít projíždět / projet	*to go through* *(by vehicle)*

PŘE-

ACROSS, OVER

přechází, přejíždí (ulici) *impf*
přejde, přejede *pf*

přecházet / přejít	*to cross, to go across, over*
přejíždět / přejet	*(by vehicle)*

OB-
OBE-

AROUND, ABOUT

obchází, objíždí (náměstí) *impf*
obejde, objede *pf*

obcházet / obejít	*to go round*
objíždět / objet	*(by vehicle)*

DO-

INTO

dochází, dojíždí *impf*
dojde, dojede *pf*

docházet / dojít	*to get to, to go to get, to reach (somewhere)*
dojíždět / dojet	*(by vehicle)*

S-
SE-

! REFLEXIVE

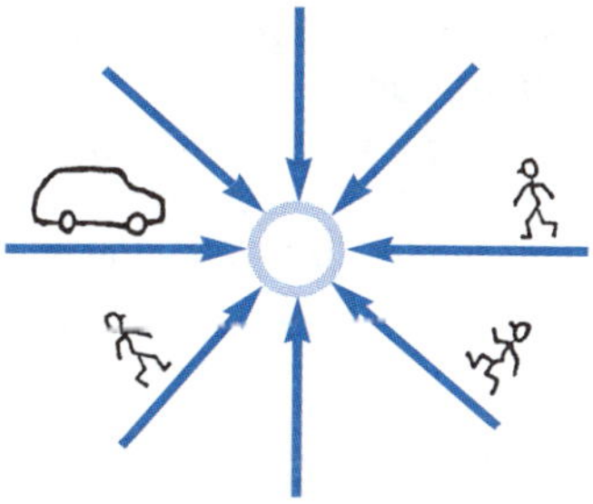

COMING TOGETHER

scházejí se, sjíždějí se *impf*
sejdou se, sjedou se *pf*

scházet se / sejít se	*to meet, to come together*
sjíždět se / sjet se	*(by vehicle)*

ROZ-
ROZE-

! REFLEXIVE

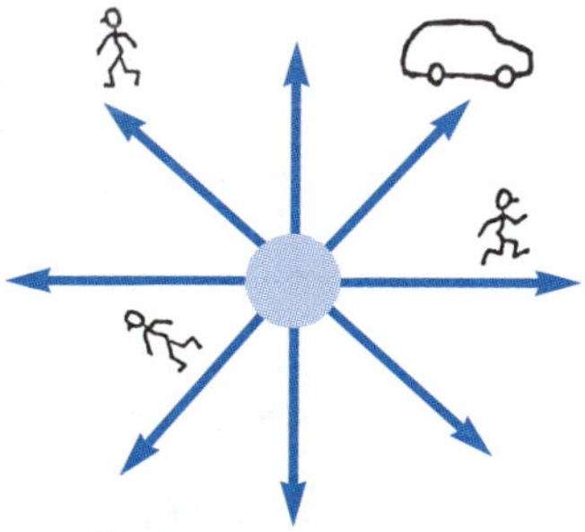

MOVING APART

rozcházejí se, rozjíždějí se *impf*
rozejdou se, rozjedou se *pf*

rozcházet se / rozejít se	*to separate, to disperse, to break up with,to part company*
rozjíždět se / rozjet se	*(by vehicle)*

Rodiče k nám **přijedou** v sobotu.	*Our parents will come to our place on Saturday.*
Přijď už v pět!	*Come as early as five!*
Manžel **odjede** na služební cestu.	*My husband will leave for a business trip.*
Kdy musíš **odejít**?	*When do you have to leave?*
Vyjedu nahoru výtahem.	*I will go up by lift.*
Už **jsme vyjeli** z Prahy.	*We have already gone out of Prague.*
Vyšel z obchodu na ulici.	*He came out of the shop into the street.*
Musíš **vyjít** do třetího poschodí.	*You have to go up to the third floor.*
Sejdeme se zítra u divadla.	*We will meet at the theatre tomorrow.*
Delegáti **se sjeli** z celého světa.	*The delegates came from all over the world.*
Do obchodu **vešla** nějaká paní.	*A lady entered the shop.*
Auto **vjelo** do garáže.	*The car went into the garage.*
Auto **přejelo** most.	*The car went across the bridge.*
Přešli jsme ulici na druhou stranu.	*We crossed over to the opposite side of the street.*
Auto **objelo** náměstí.	*The car went round the square.*
Obešli jsme všechny obchody.	*We went round all the shops.*
Sejdu dolů pěšky.	*I will go down on foot.*
Výtah **sjede** za chvíli do přízemí.	*The lift will go down to the ground floor in a moment.*
Kdy **dojde** ten dopis do Anglie?	*When will the letter get to England?*
Máme málo benzínu, s tím **nedojedeme** domů.	*We do not have much petrol, we will not get home on it.*
S Pavlem **jsme se rozešli** až v metru.	*We did not part company with Paul until we were in the subway.*
Delegáti **se rozjeli** domů.	*The delegates went home.*

Repeat the verbs of motion on p. 237.

We can also express the verbs "**letět, nést, vézt ...**" with various prefixes of direction:

LETĚT – pf	**při**letět do Prahy, **od**letět z Prahy, v pořádku **do**letět *to fly to Prague, to fly from Prague, to fly in OK* **vy**letět nahoru, **pře**letět nad městem *to take off, to fly over the town*
NÉST – pf	**při**nést domů, **od**nést pryč, **do**nést na poštu, **vy**nést ven *to bring home, to take away, to take to the p.o., to take outside* **s**nést dolů, **roz**nést dopisy *to take down, to distribute letters*
VÉZT – pf	**při**vézt zboží, **od**vézt na chatu, **do**vézt nákup *to bring goods, to take away to the cottage, to take the shopping*

NOTE: Verbs "při**létat** *impf* / při**letět** *pf*", "při**nášet** *impf* / při**nést** *pf*", "při**vážet** *impf* / při**vézt** *pf*" – see p. 370.

Cv

□ 7. Doplňte prefixy. *(Add the prefixes.)*

a) **vy-** 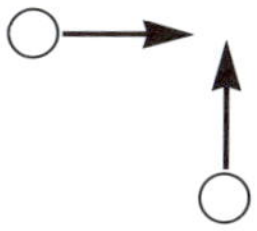

__jeli jsme ven z města.
__šli jsme z hotelu a začalo pršet.
__nesli vám už kufry z hotelu ven?
__jeli jsme až nahoru do 12. poschodí.

b) **od(e)-** 

__jdeme v osm, vlak jede v půl deváté.
__jedete s manželem, nebo v Praze ještě zůstanete?
__letíme do Montrealu ještě dneska.
__nesu ten dopis na poštu až zítra.

c) **při-** 

__nesl jsem ti kafe.
__letěl jsem už včera večer.
__píšu taky něco do dopisu tvé matce, dej mi ho.
__šla k tobě včera večer Tereza?

d) **do-** 

__neseme vám zavazadla až do pokoje.
__jeli jsme do Prahy přesně podle plánu.
__jdeš, prosím tě, do obchodu pro cigarety?
__šel jsem na poštu pro balík.

□ 8. Říkejte. *(Say.)*

○ **Vyjedeme**	brzo ráno 10. 6. ráno 5. 6. 16. 6. 24. 6.	,	Brnem Bratislavou Vídní Mnichovem	jen **projedeme**	
		a	do Rakouska do Maďarska do Itálie do Francie	**dojedeme** už	11. 6. 6. 6. 17. 6. 25. 6.

Mnichov M *(Munich)*

□ 9. Vyberte správné sloveso. *(Choose the correct verb.)*

1. (Vyšli – přešli) jsme ven na ulici.
2. Po konferenci se všichni delegáti (odešli – rozešli).
3. Autobus Brnem jen (projel – vyjel).
4. Do Bratislavy jsme (dojeli – přijeli) až v devět.
5. Na poštu půjdu, až (přepíšu – dopíšu) dopis.
6. Auto (vyjelo – přejelo) náměstí a zaparkovalo před hotelem.

7. Nad naší vesnicí (vyletělo – přeletělo) letadlo.
8. (Vešla – vyšla) jsem do obchodu a uviděla jsem Janu.
9. Musel jsem čekat, protože letadlo (vletělo – přiletělo) o půl hodiny později.
10. Vlak (vjel – přejel) do stanice.
11. Tamhle (vchází – přichází) Lenka!

❐ 10. Řekněte věty v minulém čase s perfektivním slovesem.
(Say the sentences in the past tense with perfective aspect.)

➨ Ze třídy **vychází** Ivana. → Ze třídy **vyšla** Ivana. (vycházet / vyjít)

1. Jana právě **odchází**.
2. Autobus do Liberce právě **odjíždí**.
3. **Procházíme se** po historickém centru.
4. **Projíždíme se** v novém autě.
5. Taxík už **přijíždí**.
6. Někdo **přichází**.
7. **Vyjíždíme** z města ven.
8. Ráno **vycházím** z domu v osm.
9. **Vcházím** do hotelu a jdu k recepčnímu.
10. **Vjíždíme** na náměstí a hledáme volné místo k parkování.

❐ 11. Vyberte správný význam. Všímejte si významu prefixů u slovesa „nést".
(Choose the correct meaning. Note the meanings of the prefixes for the verb "nést".)

donesu		něco ven z pokoje
přinesu		něco dolů na ulici z třetího poschodí
vynesu	=	ti něco k jídlu
odnesu	?	dopisy na různá místa (různý – *various*)
roznesu		ti tu knihu domů
snesu		ten kufr nahoru do třetího poschodí

❐ 12. Řekněte o sobě. *(Say about yourself.)*

- Bydlíte rád(a) v hotelu?
- Kde bydlíte v České republice?
- Když nemůžete najít svůj hotel, koho se zeptáte na cestu?
- Co napíšete domů o Praze, o Brnu, ...?
- Pojedete někam tento víkend?
- Jezdíte vždycky na dovolenou autem?
- Kam jezdíte o dovolené nejraději?
- Cestujete rád(a) sám / sama, nebo s cestovní kanceláří?
- Líbil by se vám zájezd do západních Čech?

V HOTELU

- Už vidím náš hotel. Líbí se mi.
- ○ Počkej, jen zaparkuju a pak si ho prohlédnu. Taky se mi líbí, není ani velký ani malý.
- A za ním je park! Doufám, že naše okna povedou do parku.
- ○ Je tu hezky. Hotel má krásné okolí.
- Jsem ráda, že jsme jeli. Budeme pryč jen týden a děti se budou mít u babičky dobře.
- ○ Všichni si odpočineme. Myslím, že jsme si vybrali dobrý hotel. A vidíš, ty jsi chtěla jet na nějaký organizovaný zájezd, na kterém by nám pořád někdo říkal, co máme dělat.
- Tak zlé by to nebylo. Ale máš pravdu. Bez problému jsme si objednali hotel a teď můžeme jezdit a chodit, kam chceme. A když se nám nakonec v hotelu nebude líbit, najdeme si jiný.

Host: Dobrý den. Mám tu rezervovaný dvoulůžkový pokoj na jméno Černý.
Recepční: Ano, mám tu na vaše jméno jeden pokoj. Je ve třetím poschodí – číslo 311. Tady jsou klíče od pokoje.
Host: Kolik stojí pokoj na jeden den?
Recepční: 1 450 korun za jednu noc. Vyplňte prosím tento formulář. Zavazadla chcete odnést do pokoje?
Host: Ano, jsou ještě v autě.
Recepční: Zaparkujte si ho prosím v naší garáži. Potom vám doneseme zavazadla.
Host: My si vyjedeme výtahem do třetího poschodí a hned potom se vrátím k autu.
Recepční: Děkujeme.

Cv

❐ 13. Doplňte prepozice, kde je to nutné. *(Add prepositions where necessary.)*

- ○ mám rezervaci ______ jméno Dvořák
- ○ cena ______ jeden dvoulůžkový pokoj
- ○ doneseme kufr ______ pokoje
- ○ klíče ______ auta
- ○ cena pokoje ______ jednu noc
- ○ auto stojí ______ vchodem
- ○ vyjedeme nahoru ______ výtahem
- ○ vyjedeme ______ čtvrtého poschodí
- ○ zavazadla jsou ______ východu
- ○ ______ hotelem je park

V RECEPCI

- ● Dobrý den. Chtěl bych dvoulůžkový pokoj.
- ○ Na jak dlouho?
- ● Na dva nebo tři dny.
- ○ Mám volný jeden dvoulůžkový pokoj ve čtvrtém poschodí.
- ● Je do ulice, nebo do parku?
- ○ Do ulice, do parku nemáme žádný volný.
- ● Dobře, vezmu si ho. Tady je můj pas.
- ○ Prosím, tady jsou klíče. Zavazadla vám doneseme do pokoje.

❐ 14. Vytvořte rozhovory. *(Construct dialogues.)*

● Dobrý den. Chtěl bych | jednolůžkový pokoj. / dvoulůžkový pokoj. / dva dvoulůžkové pokoje.

○ Na jak dlouho?
Na kolik dní?

● Jen do zítra.
Na čtyři dny.
Na jeden týden.

○ Bohužel, mám volný pokoj jen na 3 dny.
Mám volný pokoj (volné pokoje) ve 4. poschodí.

● Je do ulice, nebo do parku?
Chtěl bych pokoj do parku.

○ Můžete dostat pokoj, jaký chcete.
Bohužel, pokoje do parku jsou všechny obsazené.

● Kolik stojí pokoj na 1 den?
Jaká je cena pokoje za 1 den?

○ Jednolůžkový stojí 950 Kč na den.
Dvoulůžkový stojí 1 500 Kč za noc.

● Dobře, vezmu si ho.

○ Můžete vyplnit tenhle formulář? Děkuju. Tady jsou klíče od pokoje. Chcete odnést zavazadla do pokoje?

DOVOLENÁ

Paní Dvořáková potká v kavárně paní Černou. Začíná léto a tak spolu mluví o dovolené.

„Kam letos pojedete na dovolenou?“ zeptá se jako první paní Dvořáková.

„Letos to vůbec není jednoduché. Už příští týden začne manželovi dovolená a včera se nám rozbilo auto. Manžel měl malou havárii, ale nic se mu nestalo. Musíme změnit plány na dovolenou.“

„Kam jste chtěli jet?“

„Chtěli jsme cestovat po střední Evropě, ale nakonec pojedeme jen do Rakouska a Maďarska. V sobotu odjedeme rychlíkem do Bratislavy, tam přespíme v hotelu a hned další den pojedeme lodí po Dunaji do Vídně. Tam chceme strávit několik dní, vyjedeme si i ven za město podívat se na okolí, obejdeme kulturní památky. Z Vídně odjedeme autobusem do Maďarska. Manželovi potom už končí dovolená, 10. července už musí být v kanceláři. Já a děti se s manželem rozejdeme – on odletí zpátky do Prahy a já a děti pojedeme na jižní Slovensko k jedné mé kamarádce. Na jižním Slovensku zůstaneme asi týden.“

Na konci července se obě paní zase potkají. O čem si asi budou vyprávět?

„Dobrý den, paní Černá. Tak jaká byla dovolená? A jaké jste měli počasí?“

A teď pokračujte vy, co vyprávěla paní Černá o své dovolené.

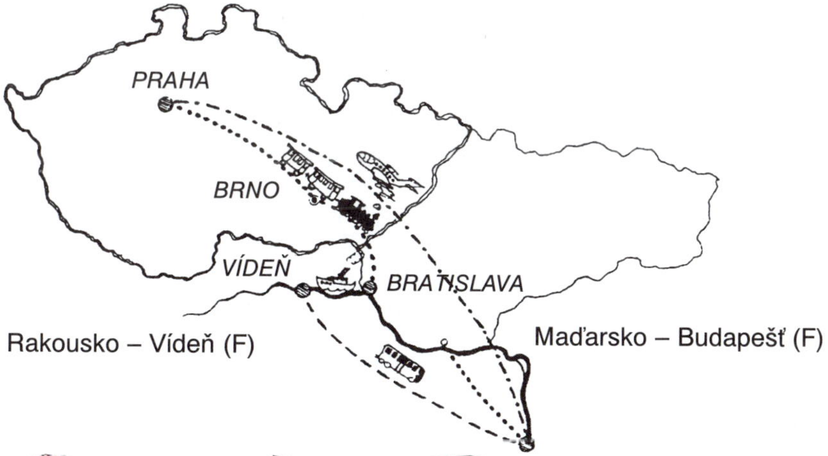

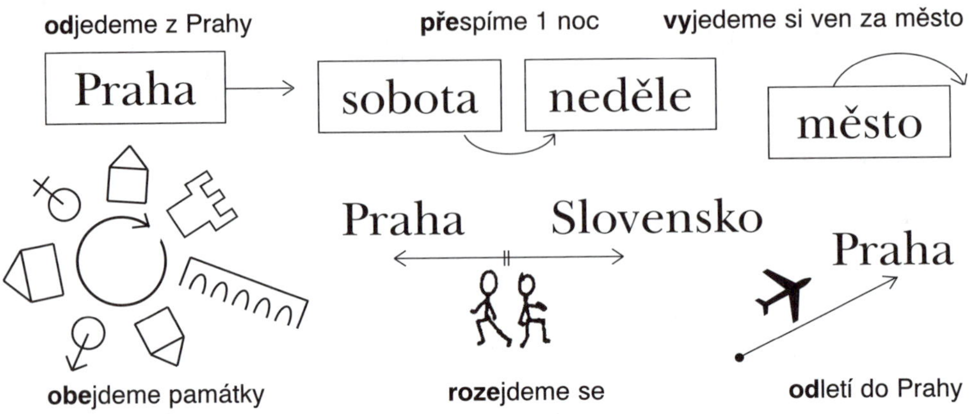

Cv

❐ 15. Řekněte podle textu, která informace je správná a která ne.
(Say which information is true and which isn't according to the text.)

1. Paní Dvořáková uviděla na ulici paní Černou. ❑
2. Paní Černá nemá chuť mluvit s paní Dvořákovou. ❑
3. Obě se spolu potkají v kavárně. ❑
4. Začnou mluvit o dovolené. ❑
5. Paní Černá se ptá a paní Dvořáková odpovídá. ❑
6. Paní Černá už má příští týden dovolenou. ❑
7. Pojede s manželem na dovolenou autem. ❑
8. Bohužel autem nepojedou, protože se včera rozbilo. ❑
9. Manžel měl havárii a teď leží v nemocnici. ❑
10. Havárie skončila dobře, manželovi se nic nestalo. ❑
11. Paní Černá s manželem chtěli cestovat po celé Evropě. ❑
12. Chtěli si prohlédnout střední Evropu. ❑
13. Navštíví Rakousko a Maďarsko. ❑
14. Domů se vrátí spolu. ❑
15. Pan Černý se vrátí už 9. července, manželka a děti ještě ne. ❑
16. Zůstanou ještě na Slovensku 14 dní. ❑

❐ 16. Odpovězte podle textu. *(Answer according to the text.)*

- ○ Kam chtěla jet paní Černá s rodinou o dovolené?
- ○ Proč nemohli jet autem? Co se stalo manželovi?
- ○ Čím nakonec jeli na dovolenou?
- ○ Jak byli dlouho v Bratislavě?
- ○ Co dělali ve Vídni?

○ Kam odjeli z Vídně?
○ Proč se paní Černá rozešla v Maďarsku s manželem?
○ Jak se vrátil pan Černý do Prahy?
○ Kam odjela paní Černá a děti?

❐ 17. Vyberte, jaké měli podle vás manželé Černí počasí.
(Choose what kind of weather Mr and Mrs Černý had, in your opinion.)

○ Měli špatné počasí, každý den pršelo.
○ Neměli špatné počasí, ale nebylo moc teplo.
○ Měli dobré počasí, ale několikrát pršelo.
○ Měli hezké počasí, ani jeden den nepršelo.
○ Měli krásné počasí, stále svítilo slunce a bylo teplo.

❐ 18. Vypravujte sám / sama o dovolené. *(Talk about the holiday.)*

havárie auta – změna plánů – cesta do Rakouska a Maďarska – rychlíkem do Bratislavy – noc v hotelu – lodí do Vídně – návštěva okolí města a kulturních památek – autobusem do Maďarska – konec dovolené manžela – letadlem do Prahy – paní Černá a děti týden na jižním Slovensku u kamarádky

❐ 19. Požádejte kolegu, ať vám řekne něco o tom, kde byl, co viděl ...
(Ask your colleague to tell you something about where he's been, what he's seen...)

➠ ○ Manželka měla malou **havárii**. ● Řekněte mi něco **o havárii**.

○ Byl jsem s rodinou na **Slovensku**.	● Řekněte mi něco **o** ________
○ V srpnu jsem strávil několik dní **v Bratislavě**.	● Řekněte mi něco **o** ________
○ V červnu jsem navštívila **Brno**.	● Řekněte mi něco **o** ________
○ Prohlédla jsem si **staré město**.	● Řekněte mi něco **o** ________
○ Bydlela jsem **v hotelu Hvězda**.	● Řekněte mi něco **o** ________
○ Už jsme se vrátili, **dovolená** nám skončila.	● Řekněte mi něco **o** ________
○ Jeli jsme na výlet i do **okolí města**.	● Řekněte mi něco **o** ________

❐ 20. Řekněte ve správném tvaru. *(Say in the correct form.)*

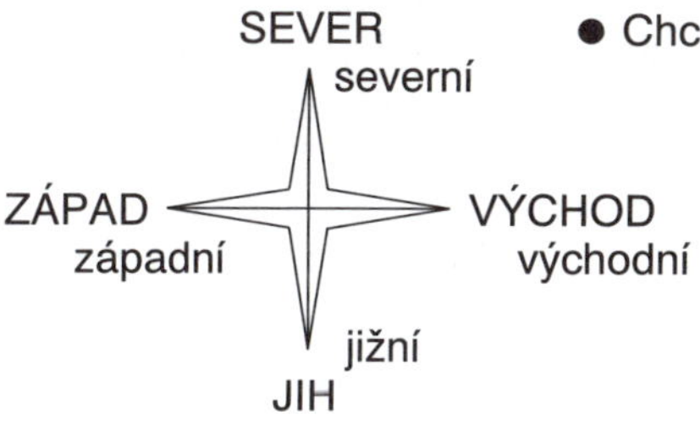

● Chceme cestovat po severní
jižní
východní
západním

Evropa
Amerika
Morava
Slovensko

❐ 21. Doplňte ve správném tvaru. *(Fill in with the correct form.)*

○ **Komu** končí dovolená a **komu** začíná?

➠ ● **Martině** končí dovolená a **Filipovi** začíná.

● *Alena*	končí dovolená a	*Pavel*	začíná.
Ty		*já*	
On		*ona*	
Kolega		*šéf*	

❐ 22. Opovězte negativně. *(Reply in the negative.)*

○ Líbí se vám to?	● Vůbec	se mi to **ne**líbí.
○ Hodí se vám to?		se mi to **ne**hodí.
○ Je to jednoduché?		to **není** jednoduché.
○ Je to těžké?		to **není** těžké.
○ Stalo se něco manželce?		se jí **nic ne**stalo.

❐ 23. Dejte do správného tvaru. *(Put into the correct form.)*

● Ahoj, *(Petr)*! Jak ses měl v *(sobota a neděle)*?

○ Měl jsem se dobře. V *(sobota)* jsem nic *(zajímavý)* nedělal. Dopoledne jsem došel do *(obchodní dům)* pro *(káva a cigarety)*. Tam jsem potkal *(jedna stará přítelkyně)*, kterou jsem viděl naposledy před *(rok)*. Byla s *(manžel)* v *(cizina)*. Vrátila se už *(1. květen)*, ale nezavolala *(já)*. Bohužel měla málo *(čas)*, takže jsem se s *(ona)* dohodl, že zítra spolu někam půjdeme, ale že *(ona)* mám večer ještě zavolat. Číslo *(telefon)* se nezměnilo. Odpoledne jsem začal číst *(ta nová kniha)*, kterou mám od *(ty)*. Moc se *(já)* líbí. A večer, jak víš, jsem šel do *(kino)*.

● No jo, to vím, ale zapomněl jsem jméno *(film)*.

○ Valmont od *(Miloš Forman)*.

● Ještě jsem *(on)* neviděl, musíš mi o *(on)* vyprávět. Mám na *(on)* jít?

○ Určitě. *(Já)* se moc líbil.

❐ 24. Doplňte prepozice, kde je to nutné. *(Add prepositions where necessary.)*

● A co _____ neděli? Kam jste nakonec šli?

○ Sešel jsem se _____ přítelkyní _____ metra Anděl. Nejdřív jsme šli spolu _____ kávu. Alena hodně vyprávěla _____ Mexiku, kde byla _____ manželem dva roky. Hodně cestovali _____ celé Americe. Dostal jsem _____ ní hodně pozdravů _____ cest. Dala mi malý dárek, měl jsem _____ něho radost. A co jsi dělal ty?

● Já jsem se byl podívat _____ muzeu W. A. Mozarta Bertramka.

○ Vím, že ho _____ rekonstrukci otevřeli _____ týdnem, ale nebyl jsem tam ještě. Je _____ Praze 5, viď?

● Ano. Nejlépe se tam jede _____ tramvají číslo 9 _____ Václavského náměstí nebo číslem 6 _____ Národního divadla.

25. Odpovězte ve správném tvaru. Doplňte prepozice.
(Reply in the correct form. Add prepositions.)

○ Odkud vyjelo to auto? ● *hotelová garáž*
● Vyjelo **z hotelové garáže**.

1. Odkud vyšla ta slečna?	● *tamten obchod*
2. Vyjdeme nahoru pěšky?	● *ne, výtah*
3. Kdy se delegáti rozjeli?	● *středa – 1 hodina*
4. Kdy budete mít dovolenou?	● *červenec a srpen*
5. Kam odjel ředitel?	● *služební cesta – New York*
6. O kom jste mluvili?	● *nová kolegyně*
7. O čem byste chtěli diskutovat?	● *situace – naše firma*
8. O čem jste si povídali?	● *můj nový počítač*
9. Kde jste byl o dovolené?	● *moře – severní Itálie*
10. Kde je moje zavazadlo?	● *váš dvoulůžkový pokoj*
11. Co objelo to auto?	● *celé město*
12. Po kom se ptal ten pán?	● *náš lektor*
13. Kdy došel ten dopis?	● *úterý 14. 5.*

MLUVNÍ CVIČENÍ

1. a) *Poslouchejte:* ○ Stalo se něco manželovi při havárii? ● Ne, nic se mu nestalo.

b) *Odpovězte:*
○ Stalo se něco manželovi při havárii? ● **Ne, nic se mu nestalo.**
○ Stalo se něco manželce při havárii? ● **Ne, nic se jí nestalo.**
○ Stalo se něco Janě a Tomášovi při havárii? ● **Ne, nic se jim nestalo.**

2. a) *Poslouchejte:* ○ O čem ti tak dlouho vyprávěl? O svém plánu na léto?
● Ano, vyprávěl mi o něm dlouho.

b) *Odpovězte:*
○ O čem ti tak dlouho vyprávěl? O svém plánu na léto? ● **Ano, vyprávěl mi o něm dlouho.**
○ O čem ti tak dlouho vyprávěl? O své dovolené? ● **Ano, vyprávěl mi o ní dlouho.**
○ O čem ti tak dlouho vyprávěl? O havárii svého bratra? ● **Ano, vyprávěl mi o ní dlouho.**

3. a) *Poslouchejte:* ○ Víte, že do Brna pojedeme už příští týden? ● Ano, vím o tom.

b) *Odpovězte:*
○ Víte, že do Brna pojedeme už příští týden? ● **Ano, vím o tom.**

○ Víte, že do Berlína nepojedeme vlakem, ale poletíme? ● **Ano, vím o tom.**
○ Víte, že náš rychlík odjíždí už v osm? ● **Ano, vím o tom.**

4. a) *Poslouchejte:* ○ Nedojdeš nakoupit? ● Dojdu, ale až po obědě.

b) *Reagujte:*

○ Nedojdeš nakoupit? ● **Dojdu, ale až po obědě.**
○ Nedojedeš pro pití? ● **Dojedu, ale až po obědě.**
○ Nedovezeš ten balík na poštu? ● **Dovezu, ale až po obědě.**

5. a) *Poslouchejte:* ○ Byli jsme tři týdny v Itálii. Počasí bylo nádherné.
● To jste ale měli štěstí! Tady tři týdny pršelo.

b) *Reagujte:*

○ Byli jsme tři týdny v Itálii. Počasí bylo nádherné. ● **To jste ale měli štěstí! Tady tři týdny pršelo.**
○ Byli jsme měsíc v Americe. Počasí bylo nádherné. ● **To jste ale měli štěstí! Tady měsíc pršelo.**
○ Byli jsme čtrnáct dní v jižní Francii. Počasí bylo nádherné. ● **To jste ale měli štěstí! Tady čtrnáct dní pršelo.**

6. a) *Poslouchejte:* ○ Zpátky z Berlína jste letěl?
● Ne, neletěl jsem, přijel jsem vlakem.

b) *Odpovězte:*

○ Zpátky z Berlína jste letěl? ● **Ne, neletěl jsem, přijel jsem vlakem.**
○ Zpátky z Vídně jste letěl? ● **Ne, neletěl jsem, přijel jsem vlakem.**
○ Zpátky z Francie jste letěl? ● **Ne, neletěl jsem, přijel jsem vlakem.**

7. a) *Poslouchejte:* ○ Kolega Fišer už přiletěl?
● Přiletěl v pondělí a dneska ráno už odletěl.

b) *Odpovězte:*

○ Kolega Fišer už přiletěl? ● **Přiletěl v pondělí a dneska ráno už odletěl.**
○ Kolega Fišer už přijel? ● **Přijel v pondělí a dneska ráno už odjel.**
○ Kolega Fišer už přišel? ● **Přišel v pondělí a dneska ráno už odešel.**
○ Kolega Fišer to už přinesl? ● **Přinesl to v pondělí a dneska ráno to už odnesl.**

8. a) *Poslouchejte:* ○ Zůstanete několik dní v Bratislavě?
● Ne, jen tam přespíme a hned další den pojedeme do Vídně.

b) *Odpovězte:*

○ Zůstanete několik dní v Bratislavě? ● **Ne, jen tam přespíme a hned další den pojedeme do Vídně.**
○ Zůstanete několik dní v Brně? ● **Ne, jen tam přespíme a hned další den pojedeme do Vídně.**
○ Zůstanete několik dní v Maďarsku? ● **Ne, jen tam přespíme a hned další den pojedeme do Vídně.**

Topic:

THE HUMAN BODY. AT THE DOCTOR'S.
WHAT DO WE LOOK LIKE?
HAPPINESS AND SADNESS.

You will learn how to

- distinguish between verbs of motion and verbs of rest
- express purpose, make requests and seek advice
- say what is hurting you and how you are
- express happiness and sadness
- say what people look like and what sort of people they are

Locative case in plural (p. 301) • Verbs of motion ≠ verbs of state (p. 303) • Revision of expressions of place and direction (p. 305) • Conjunction "aby" – "so that, in order to" (p. 307) • Time adverbs "denně, týdně …" (p. 314)

aby	*so that, in order to*	**pojištění zdravotní** N	*health insurance*
alkohol M	*alcohol*	**prohlídka** F	*inspection, examination*
bazén M	*swimming pool*	**předepsat** +Dat +Acc **-píšu** pf	*to prescribe I will prescribe*
běhat, -ám impf	*to run, I run*	**předepisovat -uju** impf	*to prescribe I prescribe*
bolest F (Gen **-i**)	*pain, hurt, ache*	**převléknout se, -nu** pf	*to change*
bolet, bolí impf	*to hurt, it hurts*	**převlékat se, -ám** impf	*clothes*
brýle F pl	*glasses*	**recept** M	*prescription, recipe*
břicho N	*stomach*	**ručník** M	*towel*
cítit se, -ím se impf	*to feel, I feel*	**rýma** F	*cold*
čekárna F	*waiting room*	**řídit (auto)** impf	*to drive*
donutit +Acc **k** +Dat **-ím** pf	*to force sb to*	**řídím**	*I drive (a car)*
nutit, -ím impf	*to force sb to*	**sestřička, zdravotní sestra** F	*nurse*
duch M	*spirit*	**smůla** F	*bad luck*
hlava F	*head*	**smutný, -á, -é**	*sad*
horečka F	*fever*	**sportovat, -uju** impf	*to do sports*
hra F	*game*	**strom** M	*tree*
chřipka F	*influenza*	**středisko** N	*centre*
chřipkový, -á, -é	*(noun, adj)*	**štíhlý, -á, -é**	*slim*
chudák! M	*poor man!*	**tableta** F = **prášek** M	*pill*
chudáček!	*poor thing!*	**tělo** N	*body*
chybět, -ím impf	*to be missing*	**teplota** F	*temperature*
injekce F	*injection*	**usnout, usnu** pf	*to fall asleep*
kapesník M	*handkerchief*	**uzdravit se, -ím se** pf	*to get well*
kašlat, kašlu impf	*to cough*	**vlasy** M pl	*hair*
zakašlat pf	*to cough*	**vypadat, -ám** (jak?) impf	*to look (like)*
klidný, -á, -é	*calm*	**vysoký, -á, -é**	*tall, high*
kolo jízdní N	*bicycle*	**vyspat se, -ím** pf	*to get sleep*
na kole	*(ride) a bike*	**vzduch** M	*air*
kontrola F	*control, check*	**záda** N pl	*back*
krev F (Gen **krve**)	*blood*	**zahrada** F	*garden*
krk M	*throat*	**zahrát si** +Acc pf	*to have a game of*
lék M	*medicine*	**hrát, hraju** impf	*to play, I play*
lékárna F	*chemist's*	**změřit, -ím** pf, **měřit** impf	*to measure*
lékař M	*doctor*	**zub** M	*tooth*
líný, -á, -é	*lazy*	**zubař** M	*dentist*
navrhovat +Dat +Acc **-uju** impf	*to propose, to suggest*	**zvědavý, -á, -é**	*curious*
navrhnout, -nu pf	*to propose, s.*		
noha F	*leg, foot*		
nutný, -á, -é	*necessary*		
oko N, pl F **oči**	*eye, eyes*		
pacient M	*patient*		
pacientka F	*patient*		
papírový, -á, -é	*paper (adj)*		
plavky F pl	*swimming costume*		

Nechce se mi nikam jít. = Nechci nikam jít.
Chce se mi spát. = Chci spát.

Gr

LOCATIVE CASE IN PLURAL (LOKÁL PLURÁLU)

O KOM? O ČEM? *ABOUT WHOM? ABOUT WHAT?*

Adjectives, pronouns

the same forms for all genders			
o t**ěch** vš**ech**	naš**ich** vaš**ich**	nov**ých** m**ých**, tv**ých**	modern**ích** jej**ích**
-ECH **-ĚCH**	**-ICH**	**-ÝCH**	**-ÍCH**

Nouns

	hard + neutr cons.		soft cons., "-tel"	
M	pán**ech** stol**ech**	**-ECH**	muž**ích** pokoj**ích**	**-ÍCH**
N	měst**ech** (jablkách)	**-ECH**	moř**ích** nádraž**ích**	**-ÍCH**
F	! místnost**ech**	**-ECH**	židl**ích** skřín**ích**	**-ÍCH**
F	žen**ách**	**-ÁCH**		

Čechy (F pl) – **v Čechách** *(in Bohemia)*
Spojené státy americké (USA) (M pl) – **ve Spojených státech amerických** *(in USA)*
Mariánské Lázně (F pl) – **v Mariánských Lázních**
Karlovy Vary (M pl) – **v Karlových Varech**
Pardubice (F pl) – **v Pardubicích**
Vánoce (F pl), prázdniny (F pl) – **o Vánocích** *(at Christmas)*, ***o prázdninách*** *(during the holidays)*
hory (F pl) – **na horách** *(in the mountains)*
v Alpách (Alpy), **v Andách** (Andy), **v Krkonoších** (Krkonoše F pl)

! **M hard** ending in

-k	+ **ích**	> **-cích**
-g, -h	+ **ích**	> **-zích**
-ch	+ **ích**	> **-ších**

(= softening of hard consonants like in Nom pl Ma and in Loc sg F – see pp. 135 and 158)

vla**k** – ve vla**cích**	**k**	>	**c**	Slová**k** – Slová**c**i
kole**g**a – o kole**zích**	**h**	>	**z**	Pra**h**a – Pra**z**e
Če**ch** – o Če**ších**	**ch**	>	**š**	Če**ch** – Če**š**i)

! hotel – v hotel**ích**, v hotel**ech** (**-l**, **-s** are sometimes soft endings)
les – v les**ích**

! **N hard** ending in **-ko, -go, -ho, -cho + -ách > -kách, -hách, -chách**

středisko – ve středisk**ách** (also: ve středis**cích**)
jablko – o jablk**ách** (also: o jabl**cích**)

- **Co si myslíš o mých přátelích?** – *What do you think of my friends?*
- **Jsou moc fajn.** – *They're really great.*

Cv

1. Říkejte věty. *(Say the sentences.)*

○ BYL(A) JSEM TÝDEN ○ JE TO TA PANÍ ○ JE TO TEN PÁN

○ JE TO KNIHA ○ NIKDO NEVÍ

v Krkonoších
v zelených šatech
ve světlých kalhotách
v černých brýlích
o zahradách Pražského hradu
o moravských hradech
o našich problémech
v červených plavkách
o těch novinách
v Karlových Varech

2. Řekněte v singuláru. *(Say in the singular.)*

○ Vyprávěl mi **o svých plánech**. ● Vyprávěl mi **o svém plánu**.

○ Vyprávěl(a) mi | o svých plánech. ● Vyprávěl(a) mi o ______
o svých bratrech.
o těch Češích.
o nových filmech.
o českých městech.
o pražských náměstích.

○ Mluvil(a) jsem s nimi | o svých sestrách. ● Mluvil(a) jsem s nimi o ______
o svých cestách.
o nových knihách.
o svých přítelkyních.
o těch haváriích.

3. Řekněte ve správném tvaru lokálu plurálu.
(Say in the correct form of the locative plural.)

V rádiu jsem slyšel **o pražských divadlech**.

○ V rádiu jsem slyšel(a) o | Slyšel(a) jste **o nich** taky?
nové tramvaje
pražská divadla
soukromé penziony
naše řeky
vaše problémy
České Budějovice
Spojené státy americké (USA)
pražské kulturní památky
Češi, Irové, Angličané a Američané

4. Řekněte ve správném tvaru, vyberte vhodné spojení.
(Say in the correct form using appropiate time expression.)

○ Tablety musíte brát	po šest**i**	*minuty (F pl)*
○ Přijede znovu	po sedm**i**	*hodiny (F pl)*
○ Vrátila se do práce	po osm**i**	*dny (M pl)*
○ Do Čech se vrátil	po deset**i**	*měsíce (M pl)*
○ Znovu telefonoval		*léta (N pl)*

(Je mi 30 **let**.)

(see p. 324)

Gr

VERBS OF MOTION (WHERE? - DIRECTION) ≠ VERBS OF STATE (WHERE? - LOCATION)
(SLOVESA POHYBU - KAM? ≠ SLOVESA STAVU - KDE?)

KAM? ≠ **KDE?**

SEDNOUT SI pf
SEDAT SI impf
to sit down

Jana **si sedne (sedá) na židli.**
Jane will sit down (is sitting down) on the chair.

LEHNOUT SI pf
LEHAT SI impf
to lie down

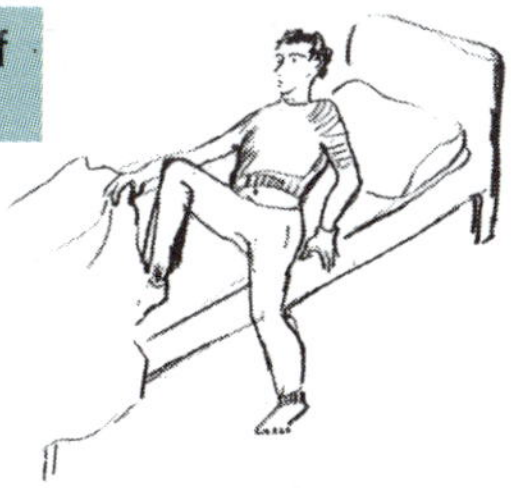

Tomáš **si lehne (lehá) do postele.**
Tom will lie down (is lying down) in bed.

SEDĚT impf
to sit

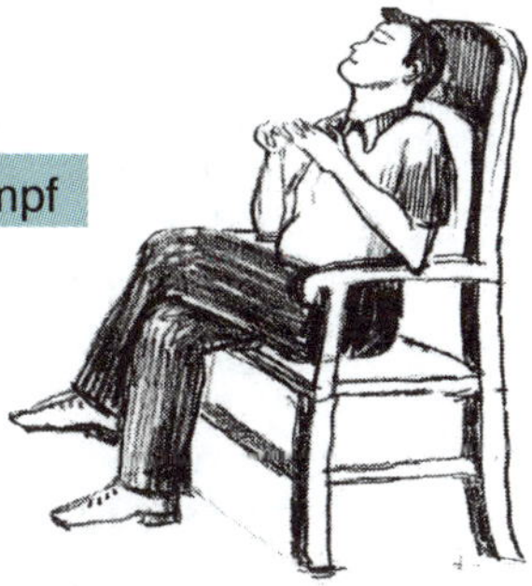

Petr **sedí na židli.**
Peter is sitting on the chair.

LEŽET impf
to lie

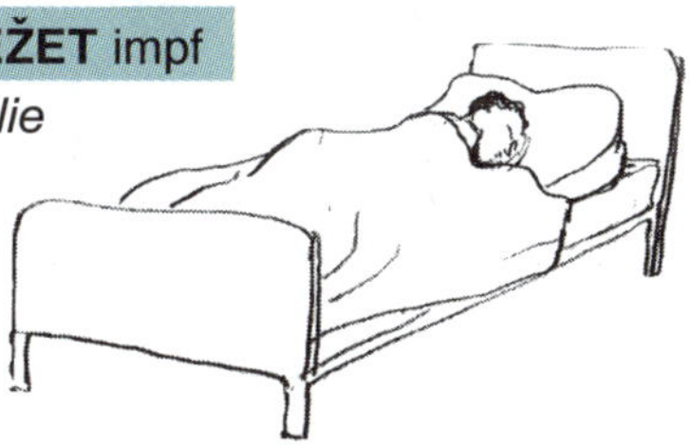

Tomáš **leží v posteli.**
Tom is lying in bed.

POLOŽIT pf
POKLÁDAT impf

to put (to lay)

Položím (pokládám) knihu **na stůl.**

I will put (I'm putting) the book on the table. / I will lay (I'm laying) ...

POSTAVIT pf
STAVĚT impf

to put

Postavím (stavím) kufr **pod lavici.**

I will put (I'm putting) the suitcase under the bench.

POVĚSIT pf
VĚŠET impf

to hang

Pověsím (věším) obraz **na stěnu.**

I will hang (I'm hanging) the picture on the wall.

LEŽET impf

to lie

Kniha **leží na stole.**

The book is (lying) on the table.

STÁT impf

to stand

Kufr **stojí pod lavicí.**

The suitcase is (standing) under the bench.

VISET impf

to hang

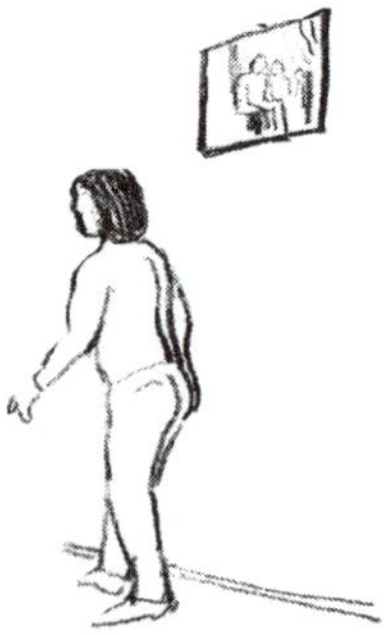

Obraz **visí na stěně.**

The picture is hanging on the wall.

Let's revise how to express **PLACE** and **DIRECTION** in Czech.

KDE?	**KAM?**

- **Adverbs** (repeat on pp. 71 and 109)

KDE?	KAM?
tady, tam, doma vzadu, vepředu, nahoře, dole uprostřed, vlevo, vpravo, venku uvnitř	sem, tam, domů dozadu, dopředu, nahoru, dolů doprostřed, doleva, doprava, ven dovnitř

- **Prepositions + nouns**

KDE?		KAM?	
v + Loc	v domě	**do + Gen**	do domu
na + Loc	na domě	**na + Acc**	na dům
u + Gen	u domu	**k + Dat**	k domu
nad + Instr	nad domem	**nad + Acc**	nad dům
pod + Instr	pod domem	**pod + Acc**	pod dům
před + Instr	před domem	**před + Acc**	před dům
za + Instr	za domem	**za + Acc**	za dům
mezi + Instr	mezi domem a ulicí	**mezi + Acc**	mezi dům a ulici

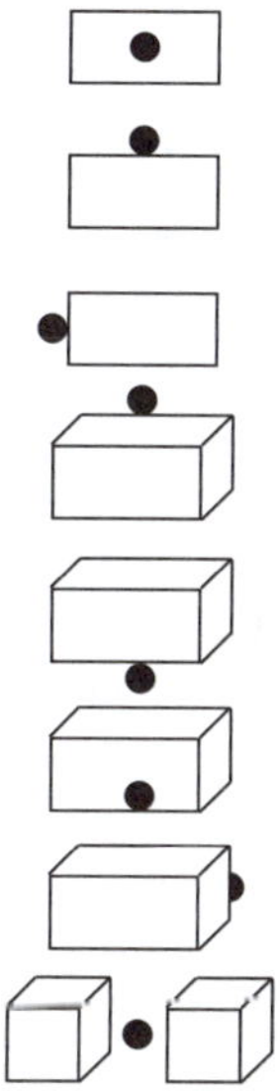
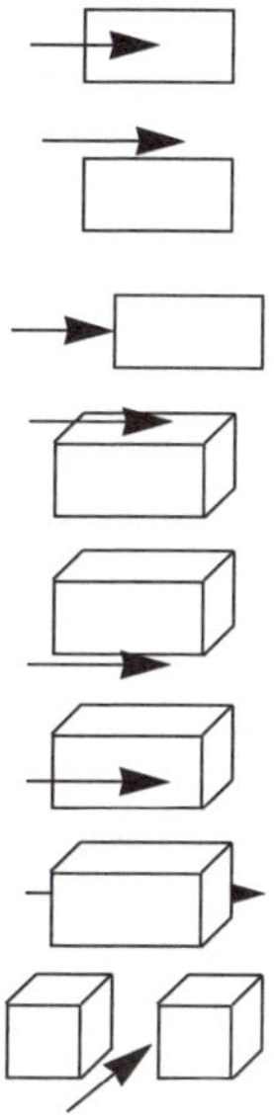

○ **KDE TO JE?** (Say with different prepositions.)

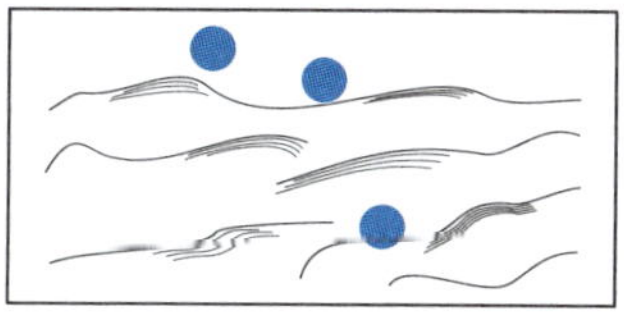
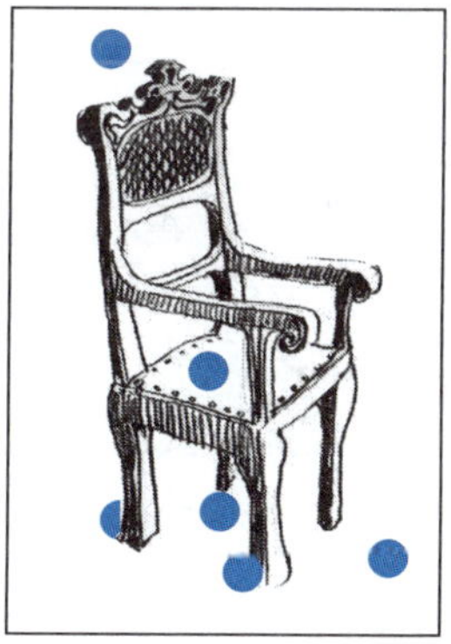

Cv

5. Říkejte věty se slovesem pohybu a stavu.
(Say the sentences with the verb of motion and state.)

➡ Sedl(a) jsem si **na lavičku**. (kam?) – Sedím **na lavičce**. (kde?)

SEDL(A) JSEM SI – SEDÍM
POLOŽIL(A) JSEM BRÝLE – BRÝLE LEŽÍ
LEHL(A) JSEM SI – LEŽÍM
POSTAVIL(A) JSEM KOLO – KOLO STOJÍ

v garáži – do garáže
na sedačce – na sedačku
na koberec – na koberci
na postel – na posteli
na okno – na okně
na počítači – na počítač
ke stěně – u stěny
v křesle – do křesla

6. Odpovězte. *(Answer.)*

- ○ Postavila jsem květiny na okno. Kde jsou květiny? ● na okně
- ○ Matka posadila dítě na židli. Kde sedí dítě? ● na židli
- ○ Pověsil jsem kabát do skříně. Kde visí kabát? ● ve skříni
- ○ Tu tašku položím na stolek. Kde bude taška ležet? ● na stolku
- ○ Tomáš postavil svoje kolo před garáž. Kde stojí jeho kolo? ● před garáží
- ○ Paní Nová pokládá talíře na stůl. Kde jsou talíře? ● na stole
- ○ Helena si sedne sem na lavičku. Kde bude sedět? ● na lavičce
- ○ Pověsíme lampu nad stůl. Kde bude lampa viset? ● nad stolem
- ○ Honza si lehl do postele. Kde leží? ● v posteli
- ○ Postavím se tady za Hanu. Kde budu stát? ● za Hanou
- ○ Ty se posadíš na židli a Jana do křesla. Kde budete sedět? ● na židli, v křesle
- ○ Postavil bys tu židli do rohu vedle okna? Kde bude židle stát? ● v rohu
- ○ Položil bys ten sešit tam k té knize? Kde bude sešit ležet? ● u té knihy

7. Dokončete větu. *(Complete the sentences.)*

1. Můžeš si sednout ____________________?
2. Chci pověsit tu fotografii ____________________.
3. Musíte se postavit sem za ____________________.
4. Martin sedí mezi ____________________.
5. Zuzana si sedla ____________________.
6. Mohl bych se posadit sem ____________________?
7. Položil jsem tašku ____________________.
8. Pes leží ____________________.
9. Studenti stojí ____________________.
10. Svoje kufry si můžete postavit ____________________.

Gr

CONJUNCTION "ABY" – SO THAT, IN ORDER TO (SPOJKA „ABY")

- **Proč** sportuju? **Abych byl** zdravý. *Why do I do sports? In order to be healthy. (So that I'm healthy.)*

↓ expresses purpose

a + bych byl = **abych byl** *(I)* **a + conditional**

a + bys = **abys** *(you)*, a + by = **aby** *(he, she, it)*, a + bychom = **abychom** *(we)*, a + byste = **abyste** *(you pl)*, a + by = **aby** *(they)*

já	– **abych** byl(a)	*so that*	*I am – M (F)*
ty	– **abys** byl(a)		*you are – M (F)*
on	– **aby** byl		*he* } *is*
ona	– **aby** byla		*she* } *is*
ono	– **aby** bylo		*it* } *is*
my	– **abychom** byli(-y, -a)		*we are – Ma (Mi/F, N)*
vy	– **abyste** byli(-y, -a)		*you are – (pl) Ma (Mi/F, N)*
	abyste byl(a)		*you are – (sg) M (F)* (see p. 213)
oni	– **aby** byli	}	*they are*
ony	– **aby** byly	}	*they are*
ona	– **aby** byla	}	*they are*

aby + "-l" form of the verbs ≠ so that/in order to + present tense

Učím se česky, **abych mohl** mluvit se svým kolegou. *I'm learning Czech so that I can speak to my colleague.*

Beru si dovolenou, **abych si odpočinul.** *I'm taking a holiday in order to relax.*

Vzal jsem si aspirin, **aby** mě **nebolela** hlava. *I took an aspirin to stop my headache.*

Reflexive verbs:				
	vrátit se	**ty** –	**aby ses vrátil**	*(so that you come back)*
	koupit si		**aby sis koupil**	*(so that you buy)*

- **Co** chceš? – Chci, **abys** mi **pomohl.** *What do you want? – I want you to help me.*

↓ expresses request, advice

Přeju si, aby se otec uzdravil. *I hope my father gets better.*
Poprosila jsem ho, **aby** to opravil. *I asked him to correct it.*
Radím ti, abys tam šla ještě jednou. *I advise you to go there once more.*
Je důležité, abyste tomu rozuměl. *It's important to understand this.*

chtít, aby ...	*to want (sb) to ...*
přát si, aby ...	*to hope, to wish (sb) ..., would like ...*
prosit / poprosit někoho, **aby** ...	*to ask (sb) to ...*
radit / poradit někomu, **aby** ...	*to advise (sb) to ...*
říkat / říct někomu, **aby** ...	*to tell (sb) to ...*
je nutné, aby ...	*it is necessary (for) ...*

Cv

❒ 8. Říkejte věty. *(Say the sentences.)*

○ NECHCI, ○ CHTĚL(A) BYCH, ○ ŘEKL(A) JSEM MU, ○ RODIČE SI PŘEJÍ,

○ PORADIL(A) JSEM JÍ, ○ POPROSIL(A) MĚ,

abychom se všichni sešli
abys jim to říkal
aby se šla zeptat do lékárny
aby dneska nechodil
abych mu půjčila svůj velký kufr
aby zítra nepršelo
aby mi to přinesl zítra
abychom k nim přijeli na víkend

❒ 9. Řekněte sloveso ve správném tvaru. *(Say the verbs in the correct form.)*

a) ➡ Řekni mu, **aby přinesl** zítra fotografie.

Řekni mu, Řekněte mu,	**aby**	**přijít** zítra večer **přinést** zítra slovník **napsat** bratrovi **nekupovat** alkohol **koupit** něco k jídlu dobře **se vyspat**, protože zítra bude mít těžký den

2nd 3rd (position)

b) ➡ Chtěl(a) bych, **abys to udělal** brzo.

Chtěl(a) bych,	**abys** **abyste**	**udělat to** ještě dneska **vysvětlit mi** tento problém **uvařit mi** čaj **podívat se** na tenhle e-mail **vrátit se** brzo **přečíst si** tenhle dopis

c) Učím se česky,	**abych**	**moct číst** české noviny **rozumět** své kolegyni **moct cestovat** v Čechách bez problémů **umět napsat** česky jednoduchý dopis

❐ 10. Říkejte ve správném tvaru a sami potom pokračujte.
(Say in the correct form and then continue with your own ideas.)

○ Rodiče **si přejí, aby** jejich děti ➡ **byly** spokojené.

– být zdravé, být chytré, učit se dobře, studovat na dobré škole, mít hodného partnera, mít šťastnou rodinu, ...

○ **Chtěl(a) bych, aby** můj přítel, moje přítelkyně / můj partner, moje partnerka ➡ **nekouřil(a)**.

– být hodný(-á), dobře vypadat, být optimista, být sympatický(-á), být vysoký(-á), být štíhlý(-á), mít tmavé vlasy, mít modré oči, rád(a) sportovat, hrát na kytaru, chodit se mnou často ven, žít zdravě, umět dobře vařit, nepít alkohol, ...

TĚLO *(BODY)*

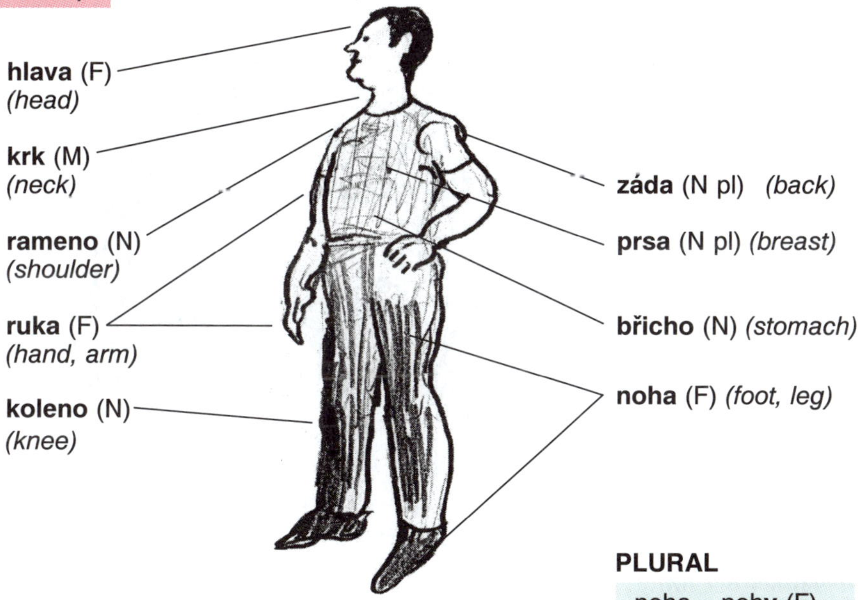

PLURAL

noha – noh**y** (F)
ruka – ru**ce** (F)
oko (N) – **oči** (F)
ucho (N) – **uši** (F)

● Co tě bolí?
○ Bolí mě hlav**a** a **v krku.**

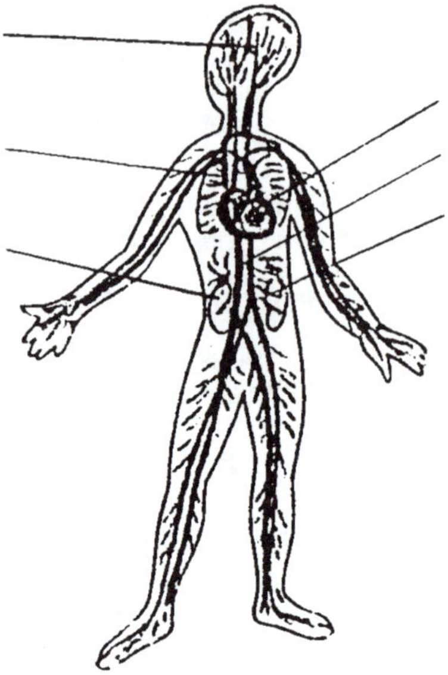
mozek (M) *(brain)*
plíce (F pl) *(lungs)*
ledviny (F pl) *(kidneys)*
srdce (N) *(heart)*
krev (F) *(blood)*
žaludek (M) *(stomach)*

HLAVA *(HEAD)*

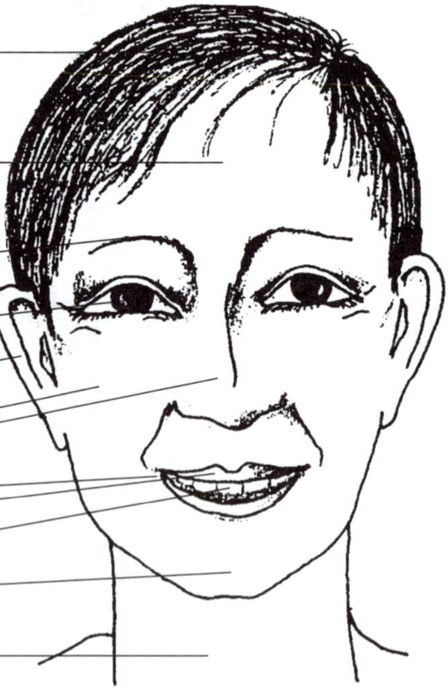
obličej (M) *(face)*
vlasy (M pl)
čelo (N)
obočí (N)
oko, oči
ucho, uši
tvář (F)
nos (M)
ústa (N pl)
ret, rty (M)
zub, zuby (M)
brada (F)
krk (M)

Cv

❐ 11. Říkejte o Petrovi. *(Say about Peter.)*

Petra každý den něco bolí.

○ V pondělí	ho bolí	v krku,	proto nemůže	jíst zmrzlinu.
○ V úterý		noha,		sportovat.
○ Ve středu		pravá ruka,		nic psát.
○ Ve čtvrtek		hlava,		učit **se**.
○ V pátek		obě nohy,		hrát fotbal.
○ V sobotu		zub,		jít do kina.
○ V neděli		oči,		číst.

❐ 12. Přečtěte si rozhovor a obměňujte ho. *(Read the conversation and modify it.)*

○ Chceš **kafe**?
● Ne, nechci.
○ Proč?
● **Musím jít dneska brzo spát a po kafi neusnu.**
○ A **čaj** si dáš?
● Ano, dám.

Obměňujte:
(Modify:)

pivo – budu řídit – džus
zmrzlina – bolí mě v krku – čokoláda
víno – je mi špatně – čaj
dort – vážím víc kilogramů (= ztloustnout) – ovoce
minerálka – je mi špatně, když ji piju po jídle – pivo

❐ 13. Vyberte, co se hodí. *(Choose the appropriate words.)*

○ Abych byl(a) zdravý(-á),
- jím hodně ovoce a zeleniny.
- piju hodně kávy a vína.
- jím málo sladkého.

(cukr – sladký)

○ Aby mě nebolela hlava,
- jdu se dívat na televizi.
- vezmu si prášek.
- jdu si na chvíli lehnout.
- jdu ven na procházku.

○ Abych dobře spal(a),
- otevřu si na noc okno.
- přečtu si v noci něco hezkého.
- hodně se najím a napiju.

○ Abych nedostal(a) chřipku,
- vypiju horký čaj s citronem.
- vezmu si aspirin.
- půjdu si zahrát tenis.

JAK TI JE?

○ Ahoj!	● Ahoj!
○ Ty ale nevypadáš dobře! Co ti je?	● Ale, bolí mě zuby.
○ Už jsi byl u zubaře?	● Teď tam právě jdu a bojím se.
○ Neboj se, určitě tě to bude bolet méně než teď. Večer se na tebe přijdu podívat.	● Raději nechoď. Mám určitě taky horečku, a až se vrátím od zubaře, půjdu si hned lehnout.

○ **Jak ti je?** ○ **Jak je ti?** ○ **Jak vám je?**	● Je mi špatně. ● Není mi ještě dobře. ● Není mi nějak dobře, budu asi nemocný. ● Jsem nemocný.	≠	● Je mi už dobře. ● Jsem už zdravý.
○ **Jak se cítíš?** ○ **Jak se cítíte?**	● Cítím se špatně.	≠	● Cítím se dobře.
○ **Co ti je?** ○ **Co je ti?** ○ **Co vám je?**	○ Vypadáš špatně. ○ Nevypadáš dobře.		● Nic mi není. ● Bolí mě hlava. zub. záda. v krku. ● Mám horečku (teplotu). ● Mám chřipku. ● Mám rýmu. ● Kašlu. Mám kašel.

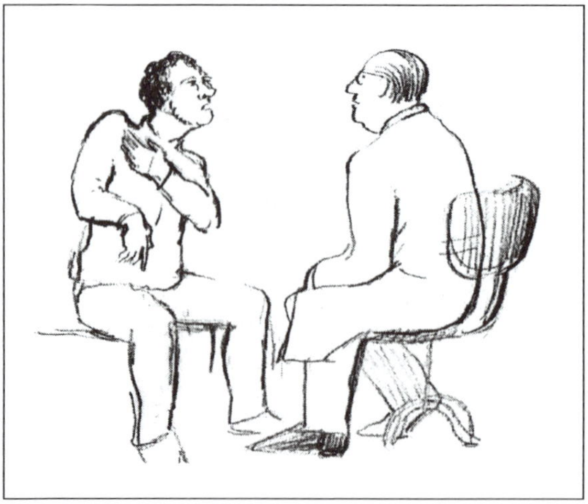

○ Co říká pacient lékaři?

uhodit se pf – *to bump*
boule F – *bump*
rameno N – *shoulder*
na rameně, -i – *on the shoulder*

LEKCE 13

U LÉKAŘE

V čekárně sedí několik lidí.

MUDr. Alena Smutná
praktický lékař

- ● Kolik let je synovi?
- ○ Pět a půl.
- ● Je velký, myslela jsem si, že už chodí do školy. Není mu moc dobře, viďte?
- ○ To není. Jdeme po týdnu na kontrolu; bral antibiotika, ale stále ho bolí v krku a je unavený.
- ● Chudáček.
- ○ Určitě s ním budu muset zůstat doma další týden. Doufám, že mu doktorka nepředepíše další antibiotika.
- ● Bojí se paní doktorky? Vypadá tak.
- ○ Bojí se, že mu bude brát krev. Injekce nemá rád.

- ● Dobrý den. Dlouho jsem vás neviděla. Jak se máte?
- ○ Teď už dobře. Právě jdu od pana doktora.
- ● Moc vám to sluší. Jste hezky štíhlá.
- ○ Aby ne! Několik týdnů mi bylo špatně a nemohla jsem skoro nic jíst. Doktor mi předepsal dietu a ta mi pomohla.
- ● Já si myslím, že každý by mohl jíst zdravěji.
- ○ Teď už to vím také. Nejím řízky, hranolky, salámy, jím málo sladkého a nechybí mi to.
- ● Vypadáte opravdu dobře!
- ○ Děkuju. Ještě jdu do lékárny, musím se už rozloučit. Na shledanou.
- ● Na shledanou.

MUDr. Miloslav Vrána
praktický lékař

- ● Jdete taky k paní doktorce Smutné?
- ○ Ne, já jdu k doktoru Vránovi.
- ● Ptám se, abych věděla, jak dlouho budu čekat.
- ○ Myslím, že dlouho ne.
- ● To jsem ráda. Potřebuju jen napsat recept.
- ○ To se máte. Já mám už tři dny vysokou horečku a nic mi nepomáhá.
- ● Asi budete mít chřipku. Hodně mých známých teď leží doma s chřipkou. To víte, je leden, asi už začala chřipková epidemie. Přeju vám, ať se brzo uzdravíte.
- ○ Děkuju a na shledanou. Už mě volá sestřička.

- ● Dobrý den. Sestřičko, můj přítel je cizinec. Má velké bolesti břicha a vysokou teplotu. Před chvílí se měřil a měl přes 39 stupňů.
- ○ Má zdravotní pojištění?
- ● Nemá, zaplatí prohlídku hotově.
- ○ Za chvíli ho pan doktor přijme. Počkejte prosím tady v čekárně.

Kolik lidí je v čekárně? Kdo právě vychází z ordinace a kdo jde dovnitř?

Co chcete koupit v lékárně?

What would you like to buy at the chemist's?

Volný prodej léků

Non-prescription medicines

prášky (tablety) proti bolení hlavy
na spaní

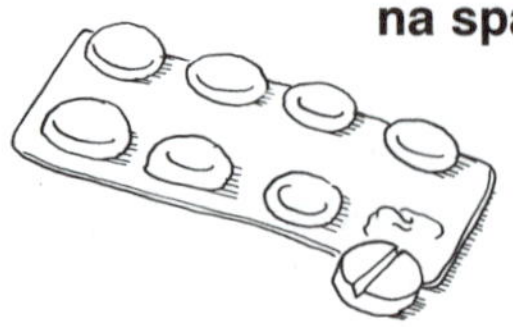

mast

kapky

teploměr
thermometer

papírové kapesníky
tissues

náplast
sticking plaster

Gr

1x denně	=	jednou **za den**	*once a day*
2x týdně		dvakrát **za týden**	*twice a week*
3x měsíčně		třikrát **za měsíc**	*three times a month*
4x ročně		čtyřikrát **za rok**	*four times a year*

Berte **třikrát denně** dvě tablety. — *Take two pills three times a day.*
Chodím **dvakrát týdně** na češtinu. — *I attend a Czech course twice a week.*
Jezdím **jednou měsíčně** za matkou. — *I go to my mother's once a month.*
Přijíždí **dvakrát ročně** do Prahy. — *He comes to Prague twice a year.*

VE ZDRAVÉM TĚLE ZDRAVÝ DUCH

On: Dobré ráno. Kolik je hodin?
Ona: Už na tebe čekám. Je jedenáct. Já jsem vstávala v devět – venku je tak krásně, byla jsem na zahradě. Vyspal ses dobře?
On: Vůbec ne. Cítím se unavený a bolí mě hlava.
Ona: Spal jsi moc dlouho, to není zdravé. Rychle se nasnídej, ať můžeme jít.
On: Kam? Mně se nikam nechce. Lehnu si pod strom do stínu a přečtu si noviny.
Ona: Ale prosím tě, nebuď líný. Necítíš se dobře a máš špatnou náladu právě proto, že nic neděláš – nesportuješ, nikam nechodíš. Navrhuju jít hrát tenis nebo jít plavat do bazénu. Co si vybereš?

On: Raději půjdu do bazénu než na tenis.
Ona: Tak jo. Ale nemysli si, že budeš ve vodě odpočívat. Donutím tě, abys plaval. Teď pospíchej. Jdi se obléknout a nezapomeň si dát do tašky plavky a ručník s mýdlem. Já se jdu zatím převléknout.

Cv

❐ 14. Vyberte podle textu. *(Choose according to the text.)*

○ **Jak se cítí nebo co chce ON a ONA?**

Není mu (jí) dobře.	Cítí se výborně.
Vstává brzo, protože venku je krásně.	Vstane pozdě a cítí se unavený(-á).
Nikam se mu (jí) nechce jít.	Chce jít hned sportovat.
Je líný(-á).	Rád(a) sportuje.
Má dobrou náladu.	Má špatnou náladu.
Chce jít plavat do bazénu.	Nechce, ale nakonec musí souhlasit.
Musí se nejdřív rychle nasnídat a potom obléknout.	Jde se převléknout a dát si do tašky plavky a ručník.

❐ 15. Odpovězte. *(Answer.)*

○ Půjdeme do kina?

● **Ne, mně se chce** | spát. / jít na procházku. / zůstat doma.

● **Ne, nechce se mi** | nikam jít. / jít do kina. / nic dělat.

❐ 16. Zeptejte se a odpovězte. *(Ask and answer.)*

○ Měli bychom sportovat. Chceš jít | hrát tenis / běhat | nebo | volejbal? / plavat?

● Raději půjdu | hrát volejbal / plavat | než | tenis. / běhat.

❐ 17. Říkejte ve správném tvaru. *(Say in the correct form.)*

- Hraju volejbal | v teplácích. (*coll* v teplákách) v šortkách. ve sportovních botách. v plavkách. v brýlích.

tepláky (M pl)

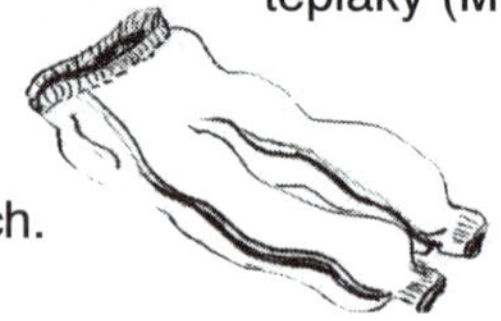

šortky (F pl)

- Jdu si obléknout / vzít ______________.
- Jdu se převléknout do ______________.

sportovní boty (F pl)

brýle (F pl)

❐ 18. Doplňte vhodná slovesa do vět ve správném tvaru.
(Put suitable verbs in their correct form into the sentences.)

pokračovat (v něčem) **jezdit** (na čem) **navštívit** (něco) **brát** (něco)
vrátit se (někam) **nepřijít** (někam) **cestovat** (někde)
vyprávět (někomu o něčem) **hrát** (něco) **říct** (někomu něco)
myslet si (něco o někom) **říkat** (něco) **dozvědět se** (o něčem)

1. Tablety musíte ____________ třikrát denně po jídle.
2. Musím zavolat Daně, abych jí to ____________.
3. V rádiu ____________ něco o zdravotních sestrách.
4. Rád ____________ na kole a ____________ golf.
5. Moji známí ____________ několik hradů v jižních Čechách.
6. Už neprší, můžeme ____________ ve hře.
7. Co ____________ o tvých rodičích? Jsou moc fajn.
8. V létě ____________ po severoamerických městech.
9. Do Evropy ____________ až po deseti letech.
10. Teprve z novin ____________ o novém zdravotním středisku v našem městě.
11. Pojďme rychleji, abychom ____________ pozdě.
12. ____________ mi o tom, jak se měla v Krkonoších.

❐ 19. Jak poradíte?

Spojte A, B, C s 1, 2, 3. *(Match A, B, C with 1, 2, 3.)*

A Už dlouho mě bolí v krku. Bral jsem penicilín, ale nepomohl mi. Co mám dělat?

B Hodně kašlu, nejvíc ráno. Poslední měsíc jsem měl hodně práce, cítím se unavený. Jsem kuřák.

C Je mi často špatně od žaludku. Jsem většinou nervózní a v noci nemůžu spát. Doktor mi doporučil, abych víc odpočíval a méně pracoval. Je to správné?

1. Kašlete, protože určitě hodně kouříte. Dáte si cigaretu, hned jak vstanete. Musíte přestat kouřit, odpočinout si a chodit do přírody na zdravý vzduch.

2. Myslím si, že jste neležel, když jste bral penicilin. Určitě jste nebyl stále v teple. Nechoďte ven, nepijte nic studeného a pijte čaj.

3. Doktor má pravdu. Vaše problémy jsou nervové. Nesmíte myslet na problémy, musíte chodit hodně na procházky, odpočívat. Nekuřte, nepijte kafe ani alkohol a jezte ovoce. Nejlepší by pro vás bylo odjet na dovolenou.

○ Vaše chata je v lese u jezera *(by the lake)*. Máte jeden týden volno a chcete ho na chatě aktivně strávit. Co budete dělat?

❒ 20. Řekněte o svém příteli nebo přítelkyni, jak vypadá a jaký / jaká je.
(Say what your friend looks / is like.)

VLASY

světlé
hnědé
černé
krátké
dlouhé

OČI

modré
zelené
šedé
hnědé
černé

POSTAVA
(FIGURE)

vysoká
střední
malá
štíhlá
plnoštíhlá

VLASTNOSTI *(QUALITIES)*

milý(-á) hodný(-á) laskavý(-á) chytrý(-á) přesný(-á)
veselý(-á) smutný(-á) zvědavý(-á) klidný(-á)
pomalý(-á) energický(-á) líný(-á) pasivní nervózní
inteligentní temperamentní přátelský(-á) *(friendly)*

CO ŘÍKÁME? (WHAT DO WE SAY?)

RADOST — *PLEASURE, JOY*

○ **Už je zdravý.** — *He is healthy now.*

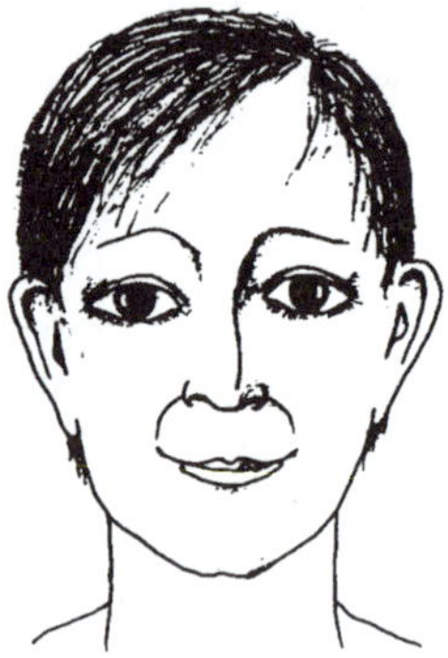

- To jsem rád(a). — *I'm glad.*
- Mám radost. — *I'm delighted.*
- To je fajn. — *That's great.*
- To mě těší. — *It pleases me.*
- Udělalo mi to velkou radost. — *It gave me a great pleasure.*

SMUTEK — *SADNESS, SORROW*

○ **Je velmi nemocný.** — *He is very ill.*

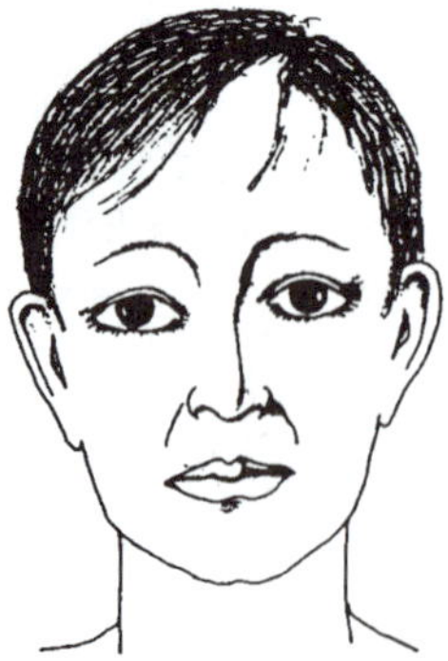

- To je mi líto. — *I'm sorry.*
- Je mi ho líto. — *I'm sorry for him.*
- To mě mrzí. — *I'm very sorry.*
- Chudák! — *Poor man!*

- To je škoda. — *It's a pity.*
- To je smůla. — *That's bad luck.*

Topic:

CURRICULUM VITAE.
ON THE MOTORWAY / HIGHWAY.

You will learn how to

- say between what hours something is open
- say how much bigger or more expensive something is
- relate the course of an event
- write or describe to someone your CV
- say what has happened in your life and when
- how to say that you are a driver, that you have broken down ...
- what to say when you have to pay a fine to the traffic police

Dative case in plural (p. 321) • Declension of numerals: "1, 2, 3, 4, několik". Declension of "všichni, všechno" (p. 324) • Comparison – How much more? (p. 327) • Revision of expressions of time: prepositions + nouns (p. 328) • Time conjunctions (p. 332)

(auto)servis M	*car service*
bavit +Acc, **-í** impf	*to enjoy*
baví mě to	*I enjoy it*
bavit se, -ím se impf **(dobře)**	*to enjoy; I have a good time*
během +Gen	*during*
benzin M	*petrol*
benzinová pumpa F	*petrol station*
blíž(e)	*closer*
dál(e)	*further*
dálnice F	*highway / motorway (noun, adj)*
dálniční	
déle	*longer (adv)*
delší	*longer (adj)*
dojít, dojde pf	*to run out of*
došel mi benzín	*I ran out of petrol*
dolít, doleju +Acc pf	*to fill up*
lít, leju impf	*to pour*
doprava F	*traffic, transport*
dopravní policie F	*traffic police*
dovolený, -á, -é	*permitted*
kraj M	*side, edge*
na kraji +Gen	*on the side, edge*
materiál M	*material*
maturita F	*leaving exam*
mávat +Dat, **na** +Acc **-ám** impf, **zamávat** pf	*to wave (at) I wave, to wave*
motor M	*engine, motor*
motorest M	*road house*
je to **možné**	*it is possible*
nádrž F	*tank*
natankovat, -uju pf	*to fill up*
nejvyšší	*highest*
odtahová služba F	*(car) tow service*
olej M	*oil*
opravdu	*really*
plný, -á, -é	*full*
pokuta F	*fine, penalty*
policie F	*police*
policista M	*policeman*
porucha F	*breakdown*
pořádek M	*order*
v pořádku	*in order*
prázdný, -á, -é	*empty*
pronajmout si +Acc pf	*to rent*
pronajmu, pronajal	*I'll rent, (he) rented*
průkaz M	*licence, card*
předem	*in advance*
přední sklo N	*windscreen*
předpokládat, -ám impf	*to suppose*
přestěhovat se, -uju pf	*to move (house)*
stěhovat se impf	*to move (house)*
rande N	*date*
rychlost F (Gen **-i**)	*speed*
řidič M	*driver*
řidičský průkaz M	*driving licence*
silnice F	*road*
sklo N	*glass*
společný, -á, -é	*common*
stavit se (kde), -ím pf	*to drop in*
stáž F	*research fellowship*
stejný, -á, -é	*same*
stihnout, -nu pf	*to catch (on time)*
stopař(ka) M (F)	*hitchhiker*
stopovat, -uju impf	*to hitchhike*
střední škola F	*secondary school*
svatba F	*wedding*
svobodný, -á	*single*
tancovat, -uju impf	*to dance*
zatancovat si pf	*to dance*
technika F	*technology*
technický, -á, -é	*technical*
vdávat se, -ám impf	*to get married*
vdát se pf	*(about a woman)*
vysoká škola F	*university*
začátek M	*beginning, start*
na začátku +Gen	*at the beginning*
zakázat +Dat +Acc pf	*to forbid sb st*
zakážu	*I'll forbid*
zakazovat, -uju impf	*to forbid sb st*
základní škola F	*basic school*
zastavit (se), -ím pf	*to stop*
zdát se (+Dat) impf	*to seem*
zdá se mi	*it seems to me*
zkontrolovat, -uju pf	*to check*
kontrolovat impf	*to check*
ženit se, -ím impf	*to get married*
oženit se pf	*(about a man)*

Co se dá dělat?	*What is there to be done?*
Nedalo se nic dělat.	*There was nothing to be done.*
Udělalo se mi špatně.	*I did not feel well.*

Gr

DATIVE CASE IN PLURAL (DATIV PLURÁLU)

KOMU? ČEMU? *TO WHOM? TO WHAT?*

Adjectives, pronouns

the same forms for all genders			
t**ěm** vš**em**	naš**im** vaš**im**	nov**ým** m**ým**, tv**ým**	modern**ím** jej**ím**
-EM **-ĚM**	**-IM**	**-ÝM**	**-ÍM**

Nouns

	hard + neutr consonants		soft consonants, "-tel"	
M	pán**ům** stol**ům**		muž**ům** pokoj**ům**	**-ŮM**
F	žen**ám**	**-ÁM**	židl**ím** ! místnost**em**	**-ÍM** **(! -EM)**
N	měst**ům**	**-ŮM**	moř**ím** nádraž**ím**	

! **F** ending in suffix "**-ost**": **-EM** místnost – místnost**em**, rychlost – rychlost**em**

\+ **some F** – in Gen sg ending in "**-i**": **-EM** věc (Gen: věci) – věc**em**, nemoc (Gen: nemoci) – nemoc**em**, nemoc**ím**

X **-ÍM** ! noc (Gen: noci) – noc**ím**

! **lidi** / **děti** KOMU? LID**EM** / DĚT**EM** *TO WHOM?* – *to people* / *to children*

Pomůžu **vám**.	*I will help you.*
Poradil **rodičům**, aby to koupili.	*He advised his parents to buy it.*
Zakázal jsem **dětem**, aby tam chodily.	*I forbade my children to go there.*
Navrhl jsem **svým kolegům**, abychom šli hned.	*I proposed to my colleagues that we go at once.*
Tramvaj jede až k **těm vysokým budovám**.	*The tram goes as far as those high buildings.*
Ten časopis jsem půjčil **manželům Dvořákovým**.	*I lent the magazine to Mr and Mrs Dvořák.*
Svým sourozencům věřím.	*I believe my brothers and sisters.*
Co pořád máš **proti mým známým**?	*What do you constantly have against my acquaintances?*

14

Cv

❒ 1. Říkejte věty. *(Say the sentences.)*

○ TEN BÉŽOVÝ SVETR SE HODÍ ○ CHUTNAL TEN SALÁT
○ NA VÍKEND POJEDEME ○ NEROZUMĚL(A) JSEM ○ ZATELEFONUJ

k rodičům manželky
k mým hnědým kalhotám
kolegům?
svým kamarádkám!
textům, které nám dal lektor
k novým džínám
k našim známým do Krkonoš
jejím slovům
manželům Čechovým
kolegyním?

❒ 2. Řekněte ve správném tvaru dativu plurálu.
(Say in the correct form of the dative plural.)

➠ Co je tam vzadu **naproti těm starým budovám**?

○ Co je tam vzadu naproti	*ty moderní domy* *obchody* *ta zaparkovaná auta* *stromy* *naše kanceláře*	?

○ Co máš proti	*ti lidi* *ti cizinci* *ty děti* *kolegové* *návštěvy*	?

❒ 3. Říkejte věty. *(Say the sentences.)*

a) Jak Pomohl Zaplatil Poslal Rezervoval Poradil Bylo	mu jí jim nám	to chutnalo? hodně. dovolenou v Itálii. pohled z Prahy. čtyři místa v hotelu. správnou metodu. dobře.

b)

Byl k	nám	milý.
Přijde k	nim	až večer.
Naproti	němu	stál nějaký pán.
Má stále něco proti	ní	•
Přišla k	vám	na návštěvu.

❒ 4. Řekněte ve správném tvaru. *(Say in the correct form.)*

➡ Poslal jsem **rodičům fotografie**.

	KOMU	CO
○ Napsal jsem	*rodiče*	*dopis*
○ Objednám	*děti*	*zmrzlina*
○ Řekl jsem	*přítelkyně*	*pravda*
○ Dal jsem	*prodavačka*	*stokoruna*
○ Přinesl jsem	*manželka*	*malý dárek*
○ Půjčím	*studenti*	*videokazeta*
○ Uvařila jsem	*naši přátelé*	*dobrá večeře*
○ Ukážeme	*cizinci*	*cesta do hotelu*
○ Vyberu	*známí z Brna*	*dobrý hotel v centru*
○ Ukázal jsem	*policisté*	*řidičský průkaz*
○ Pošlu	*tvoje kamarádky*	*bonbony*

❒ 5. Říkejte rozhovory. *(Say the dialogues.)*

○ Doktor mi zakázal,	abych kouřil(a).
poradil,	abych pil(a) alkohol.
doporučil,	abych sportoval(a).
	abych každý den chodil(a) plavat.
	abych změnil(a) svůj denní program.

● Mému manželovi	to zakázal taky.
Mému otci	to poradil taky.
Mojí manželce	to doporučil taky.
Mé matce	
Mým rodičům	

○ **Tenhle modrý svetr mi je malý. Nehodí se ti k něčemu?**

● ______________________

○ **Nemůžu najít plán Prahy. Nepůjčil jsi ho někomu?**

● ______________________

○ **Stavíme se ještě někde nebo hned pojedeme k těm tvým známým?**

● ______________________

Gr

DECLENSION OF NUMERALS (DEKLINACE ČÍSLOVEK)

1 **JEDEN, JEDNA, JEDNO** – declension like "ten, ta, to"

2 **DVA** (M), **DVĚ** (F, N)
OBA (M), **OBĚ** (F, N) *(both)* — **3 TŘI** — **4 ČTYŘI** — **5 – 99**

	2	3	4	5 – 99
Nom	dva (M), dvě (F, N) oba (M), obě (F, N)	tři	čtyři	pět, devět
Gen	dv**ou**, ob**ou**	tř**í**	čtyř	pět**i**, devít**i**
Dat	dv**ěma**, ob**ěma**	tř**em**	čtyř**em**	pět**i**, devít**i**
Acc	dva, dvě, oba, obě (= Nom)	tři	čtyři	pět, devět
Loc	o dv**ou**, ob**ou**	o tř**ech**	o čtyř**ech**	o pět**i**, devít**i**
Instr	dv**ěma**, ob**ěma**	tř**emi**	čtyř**mi**	pět**i**, devít**i**

100 **sto** – declension like "město" (repeat on p. 105 – dvě st**ě**, tři st**a**)
1 000 **tisíc** – declension like "pokoj" **!** Gen pl 5 000 – pět tisí**c**
1 000 000 **milion** – declension like "stůl"

KOLIK? — **několik** — **tolik** — **mnoho**

Nom, Acc	kolik	několik	tolik	mnoho
Gen, Dat, Loc, Instr	kolik**a**	několik**a**	tolik**a**	mnoh**a**

VŠICHNI, všechny, všechna

Nom	všichni **(Ma)** všechny **(Mi, F)** všechna **(N)**
Gen	**všech**
Dat	**všem**
Acc	všechny **(M, F)** všechna **(N)**
Loc	o **všech**
Instr	**všemi**

VŠECHNO – declension like "CO"

Nom	všechno	co
Gen	**všeho**	**čeho**
Dat	**všemu**	**čemu**
Acc	všechno	co
Loc	o **všem**	o **čem**
Instr	**vším**	**čím**

Je otevřeno **od devíti do čtyř** hodin odpoledne.	*It is open from nine to four o'clock in the afternoon.*
Studenti bydleli **po dvou**.	*The students lived in twos.*
U dvou aut zjistili chybu v motoru.	*They discovered a defect in the engine of two cars.*
Pozval jsem **oba** hosty.	*I invited both guests.*
K těmto **třem** problémům se ještě vrátíme později.	*We will return to those three problems later.*
Pražský hrad navštívily **dva miliony** lidí.	*Prague castle was visited by two million people.*
Na náměstí byly **tisíce** lidí.	*There were thousands of people on the square.*
Byl jsem tady **před několika** lety.	*I visited this place several years ago.*
Před mnoha lety žil jeden král.	*Once upon a time there lived a king.*
Na jednání přišli **všichni** a přinesli **všechny** materiály.	*Everybody came to the negotiation and brought all the documents.*
Číšník podal **všem** skleničku.	*The waiter gave a glass to everybody.*
Podívala jsem se **do všech** skříní.	*I looked into all the cupboards.*
Všemu rozumím. (! + Dat)	*I understand everything.*
O všem vím, **všechno** znám.	*I know about everything, I know everything.*

NÁKUPNÍ CENTRUM
„ZLATÝ ANDĚL“
otevřeno denně
7–24 hodin

MUDr. Alena SMUTNÁ
ordinační hodiny
Po, St 8 – 13 hodin
Út, Čt 12 – 17 hodin
Pá 7 – 10 hodin

Cv

❐ 6. Říkejte věty. *(Say the sentences.)*

○ ZNÁM
○ ZEPTAL(A) JSEM SE NA

oba muže
ty dvě ženy
ty tři cizince
pět dobrých restaurací
tady všechny

○ PODĚKOVAL(A) JSEM
○ DAL(A) JSEM TO

oběma kolegům
těm dvěma prodavačkám
třem známým
pěti dětem
všem ve třídě

○ VYPRÁVĚLI JSME SI
○ POVÍDALI JSME SI

o dvou filmech
o obou našich partnerech
o čtyřech týdnech dovolené
o všem, co nás zajímalo
o všech hostech

○ PŘIŠEL MI POZDRAV
○ TEN DÁREK JE

od obou rodičů
od dvou kolegů z dovolené
od tří známých
od mých čtyř přítelkyň
od nás všech

❒ 7. Řekněte číslovky ve správném tvaru. *(Say the numbers in the correct form.)*

○ Čeština bude zítra od	1 2 3	do	3 4 5
○ Koncert trvá od	8 7 6	do	10 9 8
○ Přišel v 9, ale po	10 15 20 25	minutách musel odejít.	

❒ 8. Doplňte správný tvar. *(Fill in with the correct form.)*

➠ Vím **o všem**, nemusíš mi nic říkat.

všechno **všemu** **všem** **vším**

všechny **všem** **všech**

1. Mluvili jsme spolu o *(všechno)*.
2. Neboj se, vzal jsem *(všechno)*.
3. Rozumím skoro *(všechno)*.
4. Se *(všechno)* jsem spokojený.
5. *(Všichni)* věci už jsou tady.
6. Viděl jsem *(všichni kolegové)*.
7. Řekl jsem to *(všichni kolegové)*.
8. Vím o *(všechny problémy)*.

❒ 9. Přečtěte číslovky. *(Read the numbers.)*

1. Vrátí se asi v 8 hodin.
2. Prezident odjel na 2 návštěvy.
3. Poslal jsem přání 2 přátelům.
4. Vrátil se po 2 měsících.
5. Ve městě žijou 2 miliony obyvatel.
6. Co víš o těch 2 mladých cizinkách?
7. V pokladně jsou jen do 3 hodin.
8. Poděkoval jsem všem 3 kolegům.
9. Po 3 letech ho už nepoznal.
10. Zeptali jsme se 4 cizinců.
11. Diskutovali jsme stále o 1 problému.
12. Jednali o 5 problémech.
13. Už 15 let žije v Praze.
14. Jednání trvalo od 12 do 14 hodin.
15. Slovník má asi 45 000 slov.

Gr

COMPARISON – HOW MUCH MORE?
(SROVNÁNÍ – O KOLIK?)

- **O kolik je větší, menší, starší, mladší, delší ...?**
  How much bigger, smaller, older, younger, longer ... is it?
- **O kolik víc(e), méně, déle, dřív(e), blíž(e), dál(e) ...?**
  How much more, less, longer, earlier, closer, further ...?

O KOLIK?

O + Acc
+ adjective, adverb in comparison

NOTE:

dlouhý – **delší**	*long – longer (adj)*	daleko – **dál(e)**	*far – further*
dlouho – **déle**	*long – longer (adv)*	blízko – **blíž(e)**	*near – closer*

○ **O kolik je větší?** – **o** jeden centimetr, **o** dva centimetry, **o** deset centimetrů

○ **O kolik let jsi starší?** – **o** 1 rok, **o** 2 roky, **o** 5 let

Cv

❐ 10. Řekněte ve správném tvaru. *(Say in the correct form.)*

○ Zůstali jsme na horách **o** | *jeden den / dva dny / pět dní* | **déle**, než jsme plánovali.

○ Známí přišli **o** | *hodina / půl hodiny / 10 minut* | **dřív**, než jsme se dohodli.

○ Bydlí **o** | *1 ulice / 1 blok / 2 domy* | **dál**.

○ V restauraci mi vrátili **o** | *10 korun / 25 korun / 36 korun* | **méně. / více.**

○ **Vloni jste si vzal(a) v létě 15 dní dovolené. Letos máte dovolenou jen 10 dní. O kolik dní jste ji měl(a) vloni delší než letos?**

● ________________________________

○ **Máte dva sourozence. Sestra je o čtyři roky starší, bratr je o dva roky mladší. Vám je 29 let. Kolik let je sestře a bratrovi?**

● ________________________________

○ **Dřív jste studoval(a) 100 kilometrů od města, kde bydlí vaši rodiče. Teď pracujete 300 kilometrů od nich. O kolik kilometrů jste dál od rodičů než dřív?**

● ________________________________

Gr

REVISION OF EXPRESSIONS OF TIME: PREPOSITIONS + NOUNS
(SHRNUTÍ VYJÁDŘENÍ ČASU: PREPOZICE + SUBSTANTIVA)

V + Acc; + Loc
kdy?
v sobotu; **v** lednu
on Saturday; in January

OD + Gen – DO + Gen
od kdy do kdy?
od pondělí **do** středy
from Monday to Wednesday

ZA + Acc
za jak dlouho?
za hodinu
in an hour

NA + Acc
na jak dlouho?
na týden
for one week

PŘED + Instr
před jak dlouhou dobou?
před rok**em**
a year ago

PO + Loc
po jak dlouhé době?
po osmi hodin**ách**
8 hours later

NA ZAČÁTKU + Gen
na začátku filmu
at the start of the film

BĚHEM + Gen
během filmu
during the film

NA KONCI + Gen
na konci filmu
at the end of the film

Cv

❒ 11. Vyprávějte o dovolené / o prázdninách. Řekněte, co jste dělal(a) na začátku, co na konci ... *(Talk about your holidays. Say what you did at the beginning, at the end ...)*

➠ Během prázdnin **jsem hodně cestoval**.

○ **Na začátku** dovolené / prázdnin ______________________

vyspat se dobře, uklidit celý byt, nakoupit na cestu, navštívit rodiče, odjet autem na chatu, odletět s rodinou k moři, ...

○ **Během** dovolené / prázdnin ______________________

chodit na výlety, hodně sportovat, hrát tenis, volejbal, ...
koupat se v moři, hodně si číst, bavit se dobře, být hezké počasí, ...

○ **Na konci** dovolené / prázdnin ______________________

pršet, být zima, být už v městě, přijet k nám bratranec s rodinou, hodně pracovat na zahradě, nakupovat dětem do školy, ...

CO CHCETE O MNĚ VĚDĚT?

Jmenuju se Václav Kubeš a je mi 28 let. Narodil jsem se v Mladé Boleslavi 3. dubna. Matka je zdravotní sestra na neurologii, otec je manažerem jedné menší firmy. Mám o tři roky starší sestru Petru.

Do základní školy v Mladé Boleslavi jsem začal chodit v šesti letech. Učil jsem se výborně, bavila mě matematika a technika. Od patnácti do devatenácti let jsem studoval střední školu v Mladé Boleslavi. Tam už jsem tak výborný student nebyl. Víc mě zajímal basketbal, počítač a hudba. Technika a auta mě bavily stále, ale víc a víc času jsem seděl u počítače. Na školu jsem měl málo času. Musel jsem taky chodit tancovat, na rande ... Školu jsem ukončil maturitou.

Ve studiu jsem pokračoval na Technické univerzitě v Liberci. Studoval jsem informatiku. Během studia jsem byl na stáži na několika vysokých školách.

Po škole jsem se nechtěl vrátit k rodičům do Mladé Boleslavi. Moje přítelkyně Veronika ještě studovala, a tak jsem zůstal v Liberci a začal jsem pracovat jako programátor. S Veronikou jsme si pronajali malý byt a tam jsme bydleli asi dva roky. Rodiče se už těšili na svatbu, ale já jsem se po třech letech s Veronikou rozešel. To léto se vdala moje sestra Petra a přestěhovala se k manželovi do Prahy. Já jsem do Prahy odešel taky. Protože Petra s manželem mají velký dům, nabídli mi, abych u nich bydlel. Rád jsem souhlasil.

Teď mám zajímavou práci, pracuju v jedné soukromé televizní stanici. Sestře se před rokem narodil malý Richard. Stále u ní bydlím, jsou to už dva roky. Malého synovce mám moc rád a Petře s ním pomáhám, když její manžel není v Praze. Brzo se už ale přestěhuju do svého bytu. Myslím na to, že bych na rok nebo na dva odjel pracovat do ciziny.

Ještě něco vás zajímá? No ano, přítelkyni mám, je o pět let mladší než já a na svatbu zatím nemyslí. Jestliže však odjedu do ciziny, chce jet se mnou. Uvidíme. Zatím plánujeme společnou dovolenou; na konci léta chceme jet na sever do Skandinávie.

Zkusíte napsat životopis Václava Kubeše?
(Try to write a curriculum vitae of Václav Kubeš.)

Jméno a příjmení: *(Name and surname:)*	Václav Kubeš
Datum narození: *(Date of birth:)*	3. 4. 1977 v Mladé Boleslavi
Národnost: *(Nationality:)*	česká
Rodinný stav: *(Marital status:)*	svobodný
Vzdělání: *(Education:)*	1983–1992 – základní škola ...

Cv

❐ 12. Podle textu říkejte krátké věty.
(According to the text say short sentences.)

➨ Přestěhuju se **do nového bytu**.

○ Začal jsem chodit ________________. ○ Zajímal(a) mě ________________.
○ Pokračoval jsem ________________. ○ Baví mě ________________.
○ Nevrátil jsem se ________________. ○ Pronajal jsem si ________________.
○ Rozešel jsem se ________________.
○ Přestěhoval jsem se ________________.
○ Bydlím ________________. ○ Pomáhám ________________.
○ Pracuju ________________. ○ Myslím ________________.
○ Odjedu pracovat ________________. ○ Budu cestovat ________________.

❐ 13. Řekněte o Václavu Kubešovi. *(Say about Václav Kubeš.)*

➨ Do základní školy chodil **od šesti do patnácti let.**
od roku 1983 do roku 1992.

1. Střední školu navštěvoval **od** ________________ **do** ________________.
2. Vysokou školu studoval **od** ________________ **do** ________________.
3. Veroniku poznal ještě **během** ________________.
4. S přítelkyní se rozešel **po** ________________.
5. Sestra Petra se vdala **v** ________________.
6. Petře se narodil syn **před** ________________.
7. Do ciziny by chtěl jet **na** ________________.
8. Pojede s přítelkyní na dovolenou **na konci** ________________.
9. Jeho přítelkyně je mladší **o** ________________.

Řekněte o sobě. *(Say about yourself.)*

○ Kdy jste chodil(a) do základní školy? ○ Kdy jste studoval(a) střední školu?
○ Co jste dělal(a) po střední škole? ○ Jak dlouho pracujete v ________?

❐ 14. Řekněte ve správném tvaru. *(Say in the correct form.)*

	před + Instr		**po + Loc**	
Stavím se u tebe před u vás	*oběd* *banket* *jednání* *večeře*	, protože po	*oběd* *banket* *jednání* *večeře*	nebudu mít čas.

NA DÁLNICI

Dva kolegové jedou po dálnici.

Jakub: Nejsi unavený, Mirku? Řídíš už víc než dvě hodiny. Stihneme se ještě stavit v motorestu, abychom si odpočinuli?
Mirek: To je dobrý nápad, máme dost času. Za dva kilometry je benzínová pumpa s motorestem, zastavíme tam. Musím vzít benzín, nádrž už je skoro prázdná.

Za dva kilometry auto zastavuje na parkovišti u pumpy.

Mirek: Jakube, můžeš jít zatím do motorestu, než natankuju. Ještě taky musím zkontrolovat olej a doleju vodu, takže to bude chvíli trvat.
Jakub: Tak jo, půjdu zatím dovnitř. Chceš objednat něco k pití nebo k jídlu?
Mirek: Ne, děkuju, objednám si sám.

Jakub už sedí u stolku a pije minerálku, když po deseti minutách vchází do motorestu Mirek.

Jakub: Všechno v pořádku?
Mirek: Ano, dolil jsem jen trochu vody. Tak co sis dal?
Jakub: Zatím jen minerálku, měl jsem velkou žízeň. S jídlem čekám na tebe.
Mirek: Dám si taky minerálku, nechci nic sladkého. Jídlo vyber ty, dám si to stejné. Po jídle si dám kávu.
Jakub: Je půl druhé. Když za půl hodiny vyjedeme, ve tři už určitě budeme v Praze. Jednání začíná v půl čtvrté, krásně to stihneme. Až jednání skončí, pojedeme hned zpátky?
Mirek: Myslím, že ne. Šéf něco říkal o pracovní večeři.
Jakub: Předpokládám, že jednání neskončí dřív než v půl šesté. Než se dostaneme do restaurace, bude půl sedmé. Vyjedeme nejdřív před devátou, doma snad budeme před půlnocí.
Mirek: Zítra ráno musím brzo vstávat, abych odvezl auto do servisu. Už aby byl víkend!

Rozumíte?

○ Policisté mu dali „botičku“.
(botička = malá bota)

Zamkli jeho autu kolo.

Gr

TIME CONJUNCTIONS (ČASOVÉ SPOJKY)

KDYŽ AŽ	DŘÍV(E) NEŽ NEŽ	JAKMILE HNED JAK	KDYKOLI(V) VŽDYCKY KDYŽ	ZATÍMCO	DOKUD
when	*before*	*as soon as*	*whenever*	*while*	*until*

(repeat on p. 142)

Stalo se to, **když** jsem nebyl doma.	*It happened when I wasn't at home.*
Až se vrátíš, hned mi zavolej.	*When you come back, call me at once.*
Skončíme jednání **dřív, než** začne banket.	*We will finish our negotiations before the banquet begins.*
(Dřív) než přijdeš, bude oběd hotový.	*The lunch will be ready before you come.*
Přijedu domů, **jakmile** skončíme.	*I will come home as soon as we finish.*
Budu mít radost, **kdykoliv** přijdeš.	*I will be pleased whenever you come.*
Zatímco ty budeš v kanceláři, já půjdu nakoupit.	*While you are in the office, I will go to shop.*
Dokud nedostanu pozvání, nepůjdu.	*Until I receive an invitation, I won't go.*

Cv

❐ 15. Vyberte odpověď. *(Choose the answer.)*

1. Kde jste zastavili? → Na parkovišti u benzinové pumpy.
2. Kde jste se stavili?
3. Kterou cestu jsi mu poradil?
4. Co ještě potřebujete?
5. Kdy vyjedete?
6. Jak se dostaneme do Brna?

- ○ Umýt přední sklo u auta.
- ○ Pojedete po dálnici D1.
- ○ Na parkovišti u benzinové pumpy.
- ○ Cestu po dálnici do Brna a potom po silnici do Jihlavy.
- ○ V motorestu, abychom se něčeho napili.
- ○ Až skončíme; myslím, že nejdřív v devět.

❐ 16. Spojte věty konjunkcí „dřív než“.
(Connect the clauses with the conjunction "dřív než".)

➠ Udělám to, **dřív než** se vrátíš domů.

○ Objednám kávu,	**dřív(e) než**	přijdeš.
○ Jednání skončí,	**než**	začne banket.
○ Převléknu se,		přijde návštěva.
○ Musím se napít,		půjdu ven.
○ Musím zkontrolovat olej,		pojedeme.

○ Musím vzít benzin, ○ Stavíme se v obchodě,		vjedeme na dálnici. pojedeme domů.

❐ 17. Spojte věty konjunkcemi „jakmile, hned jak“.
(Connect the clauses with the conjunctions ”jakmile, hned jak“.)

Jakmile se vrátíš, budeme večeřet.
Hned jak se vrátíš, budeme večeřet.

○ Začneme jednání, ○ Pojedeme, ○ Skončíme jednání, ○ Napíšu tu zprávu, ○ Zatelefonuju vám, ○ Neboj se, stihneme to. Půjdeme,	**jakmile** **hned jak**	přijde pan Fišer. zaplatím za benzin. se dohodneme. přijdu domů. se dozvím, kdy přijede. se převléknu.

❐ 18. Doplňte konjunkce „kdykoliv, vždycky když“ a „zatímco“.
(Add the conjunctions ”kdykoliv, vždycky když“ and ”zatímco“.)

Vždycky když mám dovolenou, prší.
Kdykoliv mám dovolenou, prší.

○ **Vždycky když** ○ **Kdykoliv**	přijedu do Prahy, bydlím v hotelu Evropa. mě přišel navštívit, přinesl mi růže. jí telefonuju, má obsazeno. jsme s nimi jednali, nikdy jsme se nedohodli bez problémů.
○ **Zatímco**	jsi spal, byla jsem nakoupit. on ty testy napsal dobře, ty ne. jemu chutná všechno, tobě skoro nic. já chodím ráda mezi lidi, manžel je nejraději doma.

❐ 19. Doplňte konjunkce „když“, nebo „až“. *(Add the conjunctions ”když“ or ”až“.)*

○ **Když** ○ **Až**	skončí jednání, vezmu vás na večeři. přišel kolega Kubát, mohli jsme konečně začít jednání. uvidíme motorest, zastavíme a uděláme si přestávku. jsem zastavil u benzinové pumpy, neměl jsem už skoro žádný benzin. budeš vědět, jestli pojedeš do Brna, zavolej mi. mě zastavila policie, bál jsem se, že jsem jel moc rychle.

❐ 20. Řekněte partnerovi, ať se nebojí, že to určitě stihnete.
(Tell your partner not to worry, that you'll definitely make it in time.)

○ To nemůžeme stihnout, už je půl osmé. ○ Určitě to nestihneme, začne to za pět minut. ○ Už musíš jít, nestihneš přijít včas do práce. ○ Bojím se, že nestihnu vlak do Prahy. ○ Stihneme ještě odpoledne nakoupit?	● Neboj se, určitě to stihneme. stihneš. stihnu.

CO JE VÁM, PANE ŘIDIČI?

Dopravní policie zastavila u auta, které stojí na kraji silnice.

○ Pane řidiči, máte poruchu?
● Ne, auto je v pořádku.
○ Tak vám došel benzin?
● Ne, mám plnou nádrž.
○ Tak co se vám stalo? Proč jste tady zastavil?
● Udělalo se mi najednou špatně. Ale už je to lepší, hned pojedu dál.
○ Za dva kilometry je motorest, odpočiňte si tam. Chcete, abychom jeli s vámi?
● Ne, děkuju, už je mi opravdu dobře.

❒ 21. Co uděláte?

○ Na dálnici vám došel benzin.
– Zastavíte jiné auto a benzin si od něho koupíte.
– Půjdete pěšky k benzinové pumpě.

○ Už řídíte velmi dlouho a jste unavený(-á).
– Zastavíte na parkovišti, abyste si odpočinul(a).
– Nezastavíte, chcete si odpočinout až doma.

○ V autě se vám udělalo špatně.
– Víte, že na dálnici nesmíte zastavit, a proto jedete až na parkoviště.
– Hned zastavíte, nečekáte na parkoviště.

○ Na dálnici máte poruchu.
– Opravíte si auto sám.
– Zavoláte mobilem odtahovou službu.

○ Nemáte dálniční známku.
– Nepojedete proto po dálnici, i když cesta bude delší.
– Vjedete na dálnici a dálniční známku si koupíte u nejbližší pumpy.

○ U silnice stopuje mladá žena.
– Neberete stopaře, proto nezastavíte a jedete dál.
– Žena se vám líbí, a proto jí zastavíte.

POKUTA

Bydlím dost daleko od centra, a proto jsem se rozhodl, že svého přítele Martina, který je u mě na návštěvě, vezmu večer na koncert autem. Koncert byl od osmi.

Vyjeli jsme pozdě; pořád se nám zdálo, že máme dost času, takže jsme museli pospíchat. Věděl jsem, že jedu rychleji, než je dovoleno, ale nečekal jsem, že budu mít smůlu a potkám dopravní policii. Ale to už jsem viděl na kraji silnice policistu, který mával, abych zastavil.

„Dobrý den, váš řidičský průkaz prosím.“ Podal jsem mu ho.

„Pane řidiči, jakou rychlostí jste jel?“

„No, možná jsem jel trochu rychleji, ale ne o moc.“

„ Ve městě je nejvyšší dovolená rychlost padesát kilometrů za hodinu, vy jste ale jel osmdesátkou.“

„To není možné. O tolik víc jsem nemohl jet.“

„ Ale je to možné. Zaplatíte pokutu. A nebude malá.“

Pokutu jsem zaplatil, nedalo se nic dělat. Začátek koncertu jsme samozřejmě nestihli. Přijeli jsme pět minut po začátku.

stopařka

stopovat auto
jet, jezdit stopem

policista (M)

Jakou rychlostí jezdíte? *(What speed do you drive at?)*

a) Nejvyšší dovolená rychlost ve městě je 50 km/h **(padesát kilometrů za hodinu)**
na dálnici je 130 km/h
na silnici je 90 km/h

Já jezdím většinou rychlostí **o** 10 kilometrů **menší**.

b)

○ **Jak rychle** jezdíte?	● Jezdím stovk**ou**.	(100 km/h = stovka)
○ **Jakou rychlostí** jezdíte? (jezdit + Instr)	● Jezdím devadesátk**ou**.	(90 km/h = devadesátka)
	● Jezdím padesátk**ou**.	(50 km/h = padesátka)

Cv

22. Dokončete větu. *(Complete the sentences.)*

1. Podal jsem policistovi ________
2. Rozhodl jsem se, že na koncert pojedu ________
3. Vezmu na služební cestu ________
4. Zdálo se mi, že máme ještě ________
5. Když jsem odcházel, manželka mi mávala ________
6. Předpokládám, že budu hotový ________
7. Nestihl jsem ti zavolat ________

dost času
svou manželku
řidičský průkaz
z okna
za hodinu
autem
před začátkem jednání

23. Co asi volá ten pán?

- Stalo se vám něco s autem?

Potřebuju vyměnit olej.
Něco se stalo s motorem.
Píchl jsem. Potřebuju vyměnit pneumatiku.
Nemůžu nastartovat.
Brzdy nefungujou dobře.
Ukradli mi stěrače.
Vykradli mi auto.
Můžete mě odtáhnout do servisu?
Kde je nejbližší autoopravna?

- *Has anything happened to your car?*

I need to change the oil.
There is something wrong with the engine.
I had a puncture. I need to change my tyre.

I can't start.
The brakes do not work well.
The windscreen wipers have been stolen.
My car has been burgled.
Can you tow me to the car service?

Where is the nearest car service?

Topic:

WORK. BUSINESS NEGOTIATIONS. AT THE AIRPORT.

You will learn how to

- construct sentences with "kdyby": if I had time, I would go ...
- recognise when colloquial Czech is being used
- talk about your work, or looking for a summer job
- conduct a business meeting
- deal with customs at the airport

Instrumental case in plural (p. 339) • Declension "kolega" (p. 342) • Declension "centrum, muzeum" (p. 342) • Conditional sentences (p. 344) • Colloquial Czech (p. 347)

agentura F	*agency*
brigáda F	*temporary work*
celní	*customs (adj)*
celnice F	*customs office*
celník M	*customs official*
cestovní kancelář F	*travel agency*
clo N	*customs*
čtvrť F	*district, quarter*
detail M	*detail*
hala F	*hall*
i když	*even though*
jazyk M	*language;*
	tongue
kdyby	*if, in case*
letenka F	*flight ticket*
letiště N	*airport*
nastoupit (do práce)	*to enter (a job)*
-ím pf	*I'll enter*
návrh M	*proposal*
nudit se, -ím impf	*to be bored*
obchodovat s +Instr	*to do business*
-uju impf	*I do business*
obývací pokoj M	*living room*
odvážet, -ím +Acc impf	*to take away*
odvézt, odvezu pf	*(by vehicle)*
oprava F	*repair*
osobně	*personally*
osobní	*personal*
pár; pár M	*a few; couple*
pasový, -á, -é	*passport (adj)*
právnický, -á, -é	*legal*
právník M	*lawyer*
praxe F	*work*
	experience
proclení N	*customs-clear-*
	ance
prodej M	*sale, selling*
projednat, -ám +Acc pf	*to discuss*
jednat o +Loc impf	*to discuss*
prostudovat +Acc	*to study*
-uju pf	*I'll study*
studovat impf	*to study*
průvodce M	*guide,*
	guidebook

průvodkyně F	*guide*
přímo	*directly*
případ M	*case*
v tom případě	*in this case,*
	event
příště	*next time*
reklamovat impf	*to make*
-uju	*a complaint*
rezervace F	*reservation*
rozvážet, -ím +Acc impf	*to deliver*
rozvézt, -vezu pf	*to deliver*
různý, -á, -é	*various*
seznámit se s +Instr pf	*to make the*
-ím se	*acquaintance*
seznamovat se impf	*of*
smlouva F	*contract*
soused M	*neighbour*
sousední	*neighbouring*
stát M	*state, country*
stát se +Instr pf	*to become*
stanu se	*I'll become*
stejně	*just as, in the*
	same way
stěžovat si na +Acc impf	*to complain*
-uju si	*about*
strana F	*side, page*
stroj M	*machine*
technik M	*technician*
termín M	*deadline*
trafika F	*kiosk*
vizitka F	*(business)*
	card
vízum N (Gen sg, pl **víza**)	*visa*
výroba F	*production*
výrobek M	*product*
zabývat se +Instr impf	*to be*
-ám se	*engaged in*
zajistit, -ím +Acc pf	*to guarantee,*
zajišťovat, -uju impf	*to ensure*
záruční doba F	*guarantee*
	period
zástupce M	*representat-*
	ive
zkouška F	*exam*

Gr

INSTRUMENTAL CASE IN PLURAL
(INSTRUMENTÁL PLURÁLU)

S KÝM? (S) ČÍM? *WITH WHOM? WITH WHAT?*

Adjectives, pronouns

the same forms for all genders			
t**ěmi** vš**emi**	naš**imi** vaš**imi**	nov**ými** m**ými**, tv**ými**	modern**ími** jej**ími**
-EMI **-ĚMI**	**-IMI**	**-ÝMI**	**-ÍMI**

Nouns

	hard + neutr consonants		soft consonants, "-tel"	
M	pán**y** stol**y**	**-Y**	muž**i** pokoj**i**	**-I**
N	měst**y**	**-Y**	moř**i** ! nádraž**ími**	**-I**
F	žen**ami**	**-AMI**	židl**emi** ! místnost**mi**	**-EMI** **(-MI)**

! **F** ending in Gen sg in "**-i**": → **-MI** místn**ost** – místnost**mi**
věc – věc**mi**

X **some F** → **-EMI** noc – noc**emi**, nemoc – nemoc**emi**

! **LIDI** S KÝM? **S LIDMI** (declension of "lidi, děti" – see p. 364)
DĚTI **S DĚTMI**

Repeat the functions of the instrumental on p. 233.

- **Verbs, adjectives + the instrumental:**

být lékař**em**	*to be a doctor*
být známý výrobky ze skla	*to be well-known for glass production*
stávat se / stát se dobr**ými** přáteli	*to become friends*
zabývat se import**em**	*to be engaged in import*

- **Verbs, adjectives + the preposition "s" + the instrumental:**

být hotový s prací	*to be ready with the work*
být nespokojený s chyb**ami**	*to be unsatisfied with the mistakes*
loučit se / rozloučit se s hosty	*to say good-bye to the guests*
mluvit s rodiči	*to speak with one's parents*
povídat si s kolegy	*to chat with colleagues*
obchodovat s česk**ými** firm**ami**	*to do business with Czech companies*
pracovat s mal**ými** dět**mi**	*to work with small children*
radit se / poradit se s doktor**em**	*to be advised by the doctor*

seznamovat se / seznámit se s nov**ými** koleg**y**	*to make the acquaintance of new colleagues*
scházet se / sejít se se znám**ými**	*to meet acquaintances*
souhlasit s námi	*to agree with us*
sousedit s Německ**em**	*to neighbour Germany*
rozcházet se / rozejít se s přítel**em**	*to break up with one's boyfriend*
rozumět si s bratr**em**	*to get on with one's brother*

Dům **se sedmi místnostmi.**	*A house with seven rooms.*
Byl jsem tam **se svými dvěma dětmi.**	*I was there with my two children.*
Mluvil jsem **s několika lidmi.**	*I spoke to several people.*
Nejsem spokojený **s pražskými obchody.**	*I am not satisfied with Prague shops.*
Sedí tamhle **mezi dvěma přáteli.**	*He is sitting there between two friends.*
Zabývám se **mnoha sporty.**	*I am engaged in many sports.*
Praha je známá **svými historickými památkami.**	*Prague is known for its historical monuments.*
Odešla už **před třemi hodinami.**	*She already left, three hours ago.*

Cv

1. Říkejte věty. *(Say the sentences.)*

○ NEJSEM SPOKOJENÝ(-Á) ○ NAPOSLEDY JSME SE VIDĚLI ○ HLEDÁM BYT
○ MLUVIL(A) JSEM UŽ ○ NA DOVOLENÉ JSEM SE SEZNÁMIL(A)

před pěti lety · se zajímavými lidmi · s pěti místnostmi · se svými drahými brýlemi · s dvěma kolegy · s dvěma Čechy · s třemi pokoji · před dvěma roky · s novými botami · s několika známými

2. Říkejte věty. *(Say the sentences.)*

a) Ne, Jana	tady není.	Odešel před	5	minutami.
lektor		Odešla	10	
inženýr Dvořák			15	
pan doktor			20	

b)

O Pavlovi	nic nevím.	Naposledy mi napsal před	5	dny.
O Petru Marešovi		napsala	10	dny.
O doktoru Královi			2	týdny.
O Heleně			3	týdny.
			3	měsíci.
			4	měsíci.

❒ 3. Řekněte ve správném tvaru instrumentálu plurálu. *(Say in the correct form of the instrumental plural.)*

a)

Tady je nějaká taška s	*knihy*	*jablka*	*pomeranče*
	brambory	*vajíčka*	*vejce*
	minerálky	*chlebíčky*	
	housky	*časopisy*	

b)

Mluvil jsem	s vašimi	*rodiče*	*hosté*
	s těmi	*cizinci*	*lidi*
	s několika	*přátelé*	*děti*
	se dvěma	*kolegové*	*doktoři*

❒ 4. Řekněte ve správném tvaru. *(Say in the correct form.)*

a)

Naše firma se zabývá	*výroba dveří a oken*
	distribuce potravin
	import textilních výrobků
	prodej strojů

b)

Naše firma obchoduje s(e)	*čeští partneři*
	různí zákazníci
	sousední státy
většinou	*pražské firmy*

❒ 5. Spojte vhodnými prepozicemi. *(Connect with suitable prepositions.)*

➡ ○ viděl to _____ dvěma dny – ○ viděl to **před** dvěma dny

○ povídala si _____ ním
○ vyprávěl mi _____ prázdninách
○ zůstanu _____ pondělí _____ středy
○ balík přišel až _____ 10 dní
○ _____ prázdnin jsem pracoval
○ to je návštěva _____ ciziny
○ pojedeme _____ dálnici
○ stavíme se _____ hotelu
○ stavíme se _____ Petra

○ vrátil se _____ týdnem
○ _____ dovolené jsem onemocněl
○ seznámil jsem se _____ přáteli Mirka
○ rodiče jsou _____ dovolené
○ _____ firmě jsou problémy
○ bydlím 20 km _____ Prahy
○ přijde _____ nám v pět
○ sejdeme se _____ nás
○ tenhle pokoj je _____ 2 m delší

Gr

DECLENSION "KOLEGA": Ma ending in "-a"

sg

Nom	kolega
Gen	kolegy
Dat	kolegovi
Acc	kolegu
Loc	o kolegovi
Instr	kolegou

Dat, Loc – like "pán"
Gen, Acc, Instr – like "žena"

pl

Nom	kolegové	! turisté
Gen	kolegů	turistů
Dat	kolegům	turistům
Acc	kolegy	turisty
Loc	! o kolezích	o turistech
Instr	kolegy	turisty

like pl "pán" — Ma ending in **"-ista"**

Pane kolego! Páni kolegové!

Tamhle vidím **kolegu.**
Večer se sejdu **s Honzou.**
Kolego, pojďte sem!
Ahoj, **Jirko!**
Tamtoho **turistu** jsem už jednou potkal.
Schůzi začne **předseda.**
Četl jsem román Milana **Kundery**.

I can see my colleague over there.
In the evening I will meet John.
Come here, colleague!
Hello, George!
I have already met that tourist before.
The chairman will open the meeting.
I read a novel by Milan Kundera.

DECLENSION "CENTRUM", "MUZEUM" (foreign words in Czech)

sg

Nom	centrum	muzeum
Gen	centra	muzea
Dat	centru	muzeu
Acc	centrum	muzeum
Loc	o centru	o muzeu
Instr	centrem	muzeem

like "město"
"-um" only in the Nom, Acc

pl

Nom	centra	=	muzea
Gen	center	x	muzeí
Dat	centrům	x	muzeím
Acc	centra	=	muzea
Loc	o centrech	x	o muzeích
Instr	centry	x	muzei

like pl "město" x like pl "moře" in the Gen, Dat, Loc, Instr

Tramvaj jede **do centra.**
V Národním muzeu je nová výstava.

Praha se stala **kulturním centrem** Evropy.

The tram goes to the centre.
There is a new exhibition in the National Museum.
Prague became a cultural centre of Europe.

Czech	English
Vyprávěl mi **o muzeích** v Praze.	*He told me about the museums in Prague.*
Výrobky prodáváme **do** všech **průmyslových center.**	*We sell the products to all the industrial centres.*
Do České republiky už jezdíme **bez víza.**	*We can go to the Czech Republic without a visa now.*
Vízum nepotřebujete.	*You do not need a visa.*
Pojď odpoledne **do Muzea** hudby.	*Come to the Museum of Music in the afternoon.*

Cv

❒ 6. Doplňte slovesa do vět. *(Put the verbs into the sentences.)*

představuju **myslíš si** **nabídl jsem**

jsou **pozval** **seznámil jsem se**

1. ________________ vám nového kolegu.
2. Už ________________ s novým kolegou.
3. Nový kolega mě ________________ na večeři.
4. Co ________________ o novém kolegovi?
5. To ________________ materiály nového kolegy.
6. ________________ novému kolegovi tykání.

❒ 7. Doplňte správný tvar jména Jirka.
(Fill in with the correct form of the name "Jirka".)

○ Viděl jsem ______________. ○ Dal jsem to ______________.
○ Půjdu tam s ______________. ○ Dana sedí vedle ______________.
○ Vzpomínám si na ______________. ○ Tamhle jde ______________!
○ Víš o ______________, že je bez práce?

❒ 8. Doplňte ve správném tvaru. *(Fill in with the correct form.)*

	Viděl jsem tam	Řekl jsem to	Šel jsem tam s	Zeptal jsem se
Martin	→ Martina			
Lukáš				
Honza				
Tereza				
Lucie				

Gr

CONDITIONAL SENTENCES (PODMÍNKOVÉ VĚTY)

Kdybych měl čas, **šel bych** s tebou.
If I had time, I would go with you.

conjunction **KDYBY** *(if)*

Kdy + conditional

Kdy + bych měl *(I)*, šel bych ...

! conditional in both clauses

já	–	**kdybych** měl(a) čas	*if I had time*
ty	–	**kdybys** měl(a) čas	*if you had time*
on	–	**kdyby** měl čas	*he*
ona	–	**kdyby** měla čas	*if she had time*
ono	–	**kdyby** mělo čas	*it*
my	–	**kdybychom** měli(-y) čas	*if we had time*
vy	–	**kdybyste** měl(a), měli(-y) čas	*if you had time (sg, pl)*
oni	–	**kdyby** měli čas	
ony	–	**kdyby** měly čas	*if they had time*
ona	–	**kdyby** měla čas	

Reflexive verbs:

vrátit se	ty	–	kdyby	**ses**	vrátil	*(if you came back)*
koupit si			kdyby	**sis**	vzal	*(if you took)*

Kdyby bylo o víkendu hezky, **jeli bychom** na chatu. — *If the weekend's nice, we'll go to the cottage.*
Kdybys to **stihl**, **koupil bys** lístky? — *If you have time, will you buy tickets?*
Kdybyste nám **poslali** informace ještě dneska, zítra **by byla** zpráva hotová. — *If you send us the information today, the report will be ready tomorrow.*
Kdybych to **věděla**, **nešla bych** tam. — *If I'd known it, I wouldn't have gone there.*

Cv

❐ 9. Zeptejte se a odpovězte. *(Ask and answer.)*

○ Co byste dělal(a), kdybyste měl(a) čas? ○ Co bys dělal(a), kdybys měl(a) čas?

● Kdybych měl(a) čas, | šel / šla bych do divadla.
přečetl(a) bych si noviny.
naobědval(a) bych se v restauraci.

zahrál(a) bych si s tebou tenis.
zůstal(a) bych doma a odpočíval(a) bych.
napsal(a) bych to ještě dneska.

10. Vyberte, co se hodí. *(Choose the suitable completion.)*

1. Kdyby už v divadle neměli lístky,	○ měli bychom velkou radost.
2. Kdyby mě už nebolela hlava,	○ řekli bychom jim to.
3. Kdybys přijel na návštěvu,	○ sedli bychom si do divadelní kavárny.
4. Kdyby pršelo,	○ změnili bychom náš plán na víkend.
5. Kdybys mi to poslal poštou,	○ šla bych taky do kina.
6. Kdyby se nás zeptali,	○ mohla by pracovat s dětmi v Londýně.
7. Kdyby Lenka uměla dobře anglicky,	○ dostal bych to za dva dny.

11. Dokončete podmínku. *(Complete the condition.)*

Kdybych měl / měla volno, šla bych se projít.

○ **Kdybych měl(a) volno,** ○ **Kdybych mohl(a),** ○ **Kdyby bylo teplo,**

○ **Kdybych dneska nemusel(a) do práce,** ○ **Kdybych se nebál(a),**

jet se koupat
jít nakupovat
strávit celé dopoledne v posteli
řídit sám / sama
dát do pořádku zahradu
sníst celý dort sám / sama
jet stopem
uvařit něco dobrého
zahrát si squash
jít s tebou

12. Odpovězte. *(Answer.)*

- ○ Co byste dělal(a), kdybyste měl(a) celý den volno?
- ○ Co by se stalo, kdybyste bez omluvy nepřišel(a) dva dny do práce?
- ○ Co byste dělal(a), kdyby se vám v noci daleko od města rozbilo auto?
- ○ Co byste dělal(a), kdybyste ztratil(a) v cizině pas?
- ○ Co byste dělal(a), kdybyste dostal(a) horečku před důležitým jednáním?
- ○ Co byste dělal(a), kdybyste zapomněl(a) cestou na letiště v taxíku letenku?
- ○ Co byste dělal(a), kdyby k vám přijeli na víkend známí, a vy jste o tom předem nevěděl(a)?

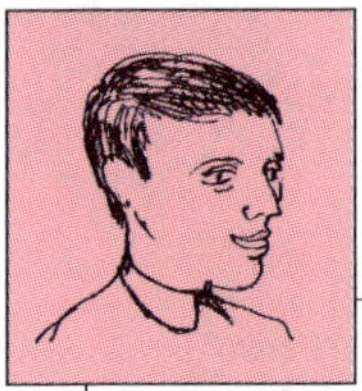

HLEDÁM BRIGÁDU

Udělal jsem poslední zkoušku a začaly mi prázdniny. Neměl jsem přesný plán, co budu o prázdninách dělat. S přáteli jsme chtěli jet někam na hory, ale ještě jsme se nedohodli na termínu. Kromě toho jsem chtěl jít na brigádu. Protože už však byl červenec a já si žádné místo ještě nenašel, věděl jsem, že to nebude tak jednoduché.

Nejdříve jsem začal hledat mezi známými. Nejlepší bylo jít do studentské hospody. „Gratuluju ke zkouškám. Měj se hezky. Na shledanou na konci srpna. Nepojedeš taky?" slyšel jsem ze všech stran.

„Hledám brigádu. Nevíte o něčem?" zeptal jsem se u stolu.
„Já jdu pracovat do obchodu svého strýce. Budu prodávat kola. – A já budu průvodkyně na hradu Křivoklát. – Já budu pracovat na poště, možná budu nosit dopisy. – Já budu pomáhat otci v právnické firmě. Za rok už budu hotový právník a nastoupím u něho. – Já nepůjdu nikam. Vloni jsem pracoval celé léto, letos budu raději cestovat a nudit se. – Já budu pomáhat při opravě jednoho kostela. Přijedou i studenti z ciziny."

„Já si taky teprve něco hledám. Už jsi byl v nějaké studentské agentuře?" zeptala se mě jedna studentka, která se představila jako Martina.
„Ještě ne."
„Já jsem tam byla. Asi budu nakonec pomáhat celé léto jedné rodině s třemi dětmi. O jakou práci se zajímáš?"
„Nejraději bych dělal něco s počítačem. Vloni jsem pracoval v jedné bance, ale letos mě nepotřebujou. Je to škoda. Studuju ekonomii a hodila by se mi další praxe."
„Vždycky jsi chtěl být ekonomem?"
„Abych pravdu řekl, vždycky jsem se chtěl stát architektem. Ale na architekturu mě nevzali, a tak jsem šel studovat ekonomii."
„Máš řidičák?"
„Mám. Proč se ptáš? Ty o něčem víš?"
„Vím. Mohl bys rozvážet pizzu, kdybys chtěl. Tady máš vizitku, zavolej tam hned zítra. Jsou to moji známí. Pro mě to není, neumím řídit."
„Děkuju. Nedáš mi taky svůj telefon?"

Takže jsem nakonec brigádu našel. A seznámil jsem se s Martinou.

Rozumíte?

Long names for things are shortened in spoken (colloquial) Czech:
řidičák (= řidičský průkaz), **obývák** (= obývací pokoj),
Václavák (= Václavské náměstí)

If you had heard the students in the pub, you would have heard these things:

Nemám přesn**ej** plán.
Nevím **v**o žádn**ým** místě.
Půjdu pracovat ke sv**ýmu** **strejdovi**.
Není to tak jednoduch**ý**.
Byl **sem** tam cel**ý** léto.
Chtěl **sem** b**ej**t architektem.
Hledal **sem** mezi znám**ejma**.
Sešel **sem** se se student**ama**.
Už **si** byl v nějak**ý** agentuře?
Nevíte **v**o něčem?

The students speak colloquial Czech:
- instead of "**-ý**" they say "**-ej**"
- instead of "**-é**" they say "**-ý**"
- instead of "**o-**" they say "**vo-**" at the beginning of words
- they shorten groups of consonants: "**s**em" instead of "**js**em"
- in Instr pl all nouns have the suffix "**-ama**"

NA LETIŠTI

Do Prahy jsme přiletěli v půl třetí. Cesta z Frankfurtu nebyla dlouhá, trvala jen hodinu. Když jsme vystoupili z letadla, autobus nás odvezl do haly. U pasové kontroly bylo hodně lidí.

Pasová kontrola:

- ● Váš pas, prosím. Přijíždíte jako turista?
- ○ Ano.
- ● V pořádku, vízum nepotřebujete. Můžete jít na celní prohlídku. Ať se vám u nás líbí.

Celní kontrola:

Celník: Dobrý den. Máte něco k proclení?
● Ne, mám jen osobní věci.
Celník: Přijíždíte na dlouho?
● Ne, jen na pár dní ke známým. Mám otevřít kufr?
Celník: Ne, nemusíte, to je v pořádku. Můžete jít.

Konečně jsem byl po půl hodině venku. V hale mě nikdo nečekal. Zavolal jsem svým známým, že už jsem v Praze, vzal jsem si taxi a odjel k nim domů.

Cv

13. Odpovězte. *(Answer.)*

Co to je?

Letiště	1. Jízdenka, která platí pro letadla.
Letenka	2. Žena, která nám v letadle nabízí jídlo a pití.
Letuška	3. Místo, kam přilétávají a odkud odlétávají letadla.
Letový řád	4. Stroj, ve kterém můžeme létat ve vzduchu.
Letadlo	5. Seznam, kde se dozvíme, kdy a kam můžeme letět.

Repeat:	**letět** – 1x	**přiletět** (pf) – **přilétávat** (impf)
(see p. 237)	**létat** – mnohokrát	**odletět** (pf) – **odlétávat** (impf)

○ Bojíte se létat?
○ Létáte často?
○ Které země jste navštívil(a)?
Kde se vám líbilo nejvíc?
○ Kdybyste měl(a) dovolenou
celý rok, kde byste ji chtěl(a) strávit?

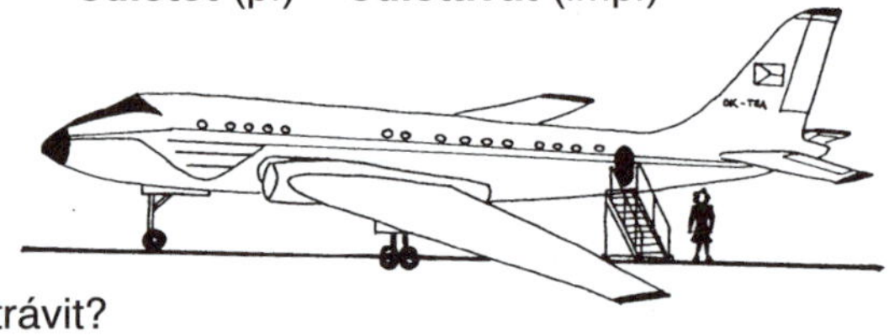

14. Říkejte krátké rozhovory. *(Say short dialogues.)*

● Myslím, že už **přijíždí**	náš vlak. náš autobus. naše tramvaj.	○ Ale ne, **přijede** až	za čtvrt hodiny. za 10 minut. za 5 minut.
● Myslím, že už **přichází**	kolega Král. pan doktor. Petr.	○ Ale ne, říkal, že **přijde** až	za hodinu. za půl hodiny. v noci.

15. Říkejte krátké rozhovory. *(Say short dialogues.)*

● Mám problém. Potřebuju	**přivézt** domů jednu skříň. **odvézt** domů knihy. **odnést** dopis na poštu. **přinést** něco k jídlu. **vynést** nahoru tenhle stůl.	○ Já ti to	**přivezu**. **odvezu**. **odnesu**. **přinesu**. **vynesu**.

16. Doplňte co nejvíce slovy. Udělejte si mezi sebou soutěž.
(Add as many words as possible. Have a competition amongst yourselves.)

➡ STUDOVAL(A) JSEM – **ekonomii, na univerzitě,** ...

ZKOUŠKA – **těžká, důležitá, z matematiky,** ...

OPRAVIL(A) JSEM – ____________________

SITUACE – ____________________

SEZNÁMIL(A) JSEM SE S(E) – ____________________

BYT – ____________________

BOJÍM SE – ____________________

JEDNÁNÍ

Pan Kubát a pan Fisher se vítají v kanceláři.

K: Vítám vás u nás v Praze. Jsem Petr Kubát, obchodní ředitel naší firmy.
F: Těší mě. Já jsem John Fisher. Jsem rád, že vás poznávám osobně; zatím jsme spolu mluvili jen telefonicky.
K: Jakou jste měl cestu?
F: Cesta byla příjemná, i když trvala dlouho.
K: Posaďte se prosím. Můžu vám nabídnout kávu?
F: Děkuju, rád si vezmu.
K: A teď k věci. Máme ještě nějaké otázky k návrhu smlouvy.
F: Prosím. Také bychom chtěli s vámi projednat některé detaily.
K: Jak dlouhou záruční dobu mají vaše výrobky?
F: Dva roky. Reklamovat je můžete přímo u nás nebo u našeho zástupce tady v Praze.
K: Naši zákazníci si stěžují na špatný servis. Opravy trvají dlouho.
F: Situace teď bude lepší. Otevíráme v České republice dva nové servisy a naši technici zajistí rychlou opravu přímo na místě.
K: V tom případě se smlouvou souhlasíme. Ale ještě jednou si ji prostuduju. Sejdeme se zítra?
F: Ano. Podívejte se na naše otázky, tady jsem je pro vás připravil. Budeme o nich jednat zítra.
K: Samozřejmě. Která hodina se vám zítra hodí?
F: Přijdu stejně jako dneska, v deset. Kdybych nemohl přijít, zavolám vám.
K: Chcete, abychom pro vás poslali do hotelu auto?
F: Ne, děkuju.

17. Říkejte věty se slovesem. Doplňte prepozice, kde je to nutné.
(Say sentences with the verbs given. Add prepositions where necessary.)

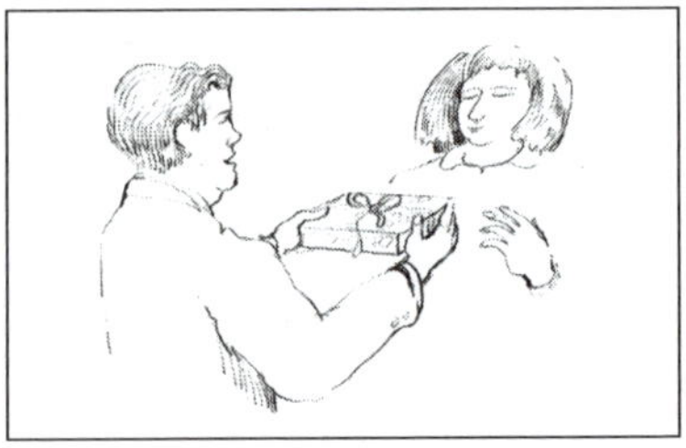

DĚKOVAT (někomu za něco) — vy, hezký dárek

• **Děkuju vám za hezký dárek.**

ČEKAT (na někoho jak dlouho) — přítel, hodina

DOJÍT (pro něco někam) — noviny, trafika

ROZLOUČIT SE (s někým někdy) — Petr, včera

VZÍT SI (něco od někoho) — ty, bonbony

DOZVĚDĚT SE (něco od někoho) — zajímavé informace, Tomáš

MUSET MYSLET (na něco) — naše cesta – Austrálie

PRACOVAT (s někým na něčem) — kolega, nový úkol

ZAPLATIT (kolik za něco) — 1000 Kč, košile

POMÁHAT (někomu v něčem) — syn, matematika

POZDRAVOVAT (někoho od někoho) — manžel, já

VYPRÁVĚT (někomu o něčem) — rodiče, naše dovolená

CESTOVAT (po něčem někdy) — střední Evropa, léto

BLAHOPŘÁT (někomu k něčemu) — Filip, narozeniny

ZAJISTIT (někomu něco) — oni, hotel v centru

VRÁTIT SE (odněkud někdy) — práce, 7.30 hod.

❐ 18. Vypravujte, jak podle vás situace pokračovala.
(Tell the story of how the situation continued, using your own ideas.)

Manželka přichází radostně domů. Volá na manžela a ukazuje nové kalhoty:
- ● Podívej, co jsem si koupila! Hned si je zkusím, uvidíš, jak mi sluší!
- ○ Nejsou ti malé?
- ● Jak je to možné? V obchodě mi byly dobře.

Co udělá manželka s kalhotami?

Přijeli jste do hotelu, kde jste si předem rezervovali dvoulůžkový pokoj. Celý den jste strávili na cestě a jste unavení. V recepci však na vaše jméno žádnou rezervaci nemají. Rozzlobíte se.
- ● Jak je to možné? Pokoj jsem objednával telefonicky před měsícem. Řekli jste mi, že v tomto termínu ještě máte volné pokoje a že mi jeden dvoulůžkový pokoj rezervujete.
- ○ Omlouvám se; nevím, jak se to mohlo stát. Bohužel však nemáme žádný volný dvoulůžkový pokoj, jen dva jednolůžkové.

Co budete dělat?

Chcete si pronajmout malý byt. Nechcete byt v centru, protože by byl moc drahý, ale nechcete také bydlet daleko od centra. Teď si přicházíte prohlédnout jeden byt ve čtvrti na kraji města. Podle mapy se vám zdálo, že není daleko od metra. Jdete však už čtvrt hodiny a stále tam nejste. Čtvrť se vám také moc nelíbí. Nakonec dojdete k domu, vyjedete výtahem do šestého poschodí a zazvoníte.
- ● Dobrý den. Mluvili jsme spolu včera telefonicky. Jdu si prohlédnout byt.
- ● Je světlý, má dost velký obývací pokoj. Ložnice je sice malá, ale z oken vidím do přírody.

Pronajmete si tento byt nebo ne?

Vaše kolegyně s někým telefonuje. Skončí hovor, nic neříká a jen se dívá smutně z okna. Když se dívá už pět minut, poznáte, že něco není v pořádku. Chcete jí pomoct. Přijdete k ní.
- ● Jitko, není ti dobře? Stalo se něco? Pojď, půjdeme na chvíli ven.

Venku vám Jitka začne vyprávět, že se stalo něco s přítelem. Co?

Ve městě jste potkal(a) svou přítelkyni. Před dvěma dny měla odletět s rodinou na dva týdny k moři. Jste zvědavý(-á), co se stalo, že neodletěla.

- ● Ahoj, Jano! Jak to, že jsi doma? Co se stalo?
- ○ Ahoj! Nám se nestalo nic. Ale představ si! Přijeli jsme na letiště, kde nám zástupce cestovní kanceláře měl dát letenky. Čekalo nás tam asi dvacet, odletět jsme měli v jedenáct. V deset jsme už byli všichni nervózní, protože zástupce nepřišel. Stále jsme telefonovali do cestovní kanceláře, ale nikdo to nebral.

Jak to skončilo? Pojede nakonec Jana s rodinou na dovolenou?

❐ 19. Řekněte o sobě. *(Say about yourself.)*

- ○ Jak se jmenujete?
- ○ Jaké je vaše jméno a příjmení?
- ○ Kdy a kde jste se narodil(a)?
- ○ Kolik je vám let?
- ○ Kde bydlíte? Jaká je vaše přesná adresa?
- ○ Jaké máte telefonní číslo?
- ○ Jste svobodný, nebo ženatý? (svobodný – *single* x ženatý – *married)*
  Jste svobodná, nebo vdaná? (svobodná – *single* x vdaná – *married*)
- ○ Kolik máte dětí? Kolik jim je let?
- ○ Kde pracujete?
- ○ Kde jste studoval(a)?
- ○ Které jazyky znáte?
- ○ Proč se učíte česky?
- ○ Která česká a moravská města jste už navštívil(a)?
- ○ Co si myslíte o Češích? A o češtině?

Oficiální jména států *(Official names of states)*

Spojené státy americké (USA)
Kanada
Austrálie
Spojené království Velké Británie a Severního Irska
Irská republika (Irsko)
Nizozemské království (Nizozemsko)
Belgické království (Belgie)
Dánské království (Dánsko)
Švédské království (Švédsko)
Spolková republika Německo

CO ŘÍKÁME?	WHAT DO WE SAY?
ZDRAVÍME	***WE GREET***
Dobré ráno!	*Good morning.*
Dobrý den!	*Good morning/afternoon.*
Dobrý večer!	*Good evening.*
Ahoj!	*Hello. Hi.*
Na shledanou!	*Good-bye.*
Na shledanou zítra.	*See you tomorrow.*
Na shledanou v neděli.	*See you on Sunday.*
Dobrou noc!	*Good night.*
Ahoj!	*Bye.*
Za chvíli ahoj.	*See you later (in a short while).*
JAK SE MÁTE?	***HOW ARE YOU?***
Jak se máte?	*How are you?*
Děkuju, dobře.	*I am fine, thank you.*
Děkuju, jde to.	*Quite well, thank you.*
Jak se má manžel? Jak se daří manželovi?	*How is your husband?*
Má se dobře. ≠ Má se špatně.	*He is well. X He is not well.*
Cítí se dobře. ≠ Vůbec se necítí dobře.	*He feels well. X He does not feel at all well.*
Je spokojený.	*He is satisfied.*
Je šťastný. ≠ Je nešťastný.	*He is happy. X He is unhappy.*
Je přepracovaný.	*He is overworked.*
Jak se má váš otec?	*How is your father?*
Je vážně nemocný.	*He is seriously ill.*
To je mi líto.	*I am sorry to hear that.*
Pozdravujte ho ode mne.	*Give him my (best) regards.*
Děkuju, vyřídím to.	*Yes, I will, thank you.*
OSLOVUJEME	***WE ADDRESS***
Pane Kubáte! Paní Kubátová!	*Mr Kubát. Mrs Kubát.*
Slečno!	*Miss.*
Pane doktore! Paní doktorko!	*Doctor.*
Dámy a pánové.	*Ladies and gentlemen.*
Vážení přátelé.	*Dear friends.*
Milí kolegové a kolegyně.	*Dear colleagues.*
v dopise: Milý Pavle	*in a letter: Dear Paul*
Milá Jano	*Dear Jane*
Vážený pane	*Dear Sir*
Vážená paní	*Dear Madam*

WHAT DO WE SAY?

PŘEJEME	***WE WISH***
Šťastnou cestu!	*Pleasant journey.*
Hezký víkend!	*Have a nice weekend.*
Hezkou dovolenou!	*Have a nice holiday.*
Mějte se hezky!	*Have a nice time.*
Dobře se bavte!	*Enjoy it.*
Hodně štěstí!	*Much luck.*
Na zdraví!	*Cheers.*
Blahopřeju! Gratuluju!	*Congratulations.*
Všechno nejlepší!	*Best wishes.*
Všechno nejlepší k svátku/ k narozeninám.	*Happy name day/ birthday.*
Veselé Vánoce a šťastný nový rok.	*Merry Christmas and a Happy New Year.*
Všechno nejlepší v novém roce.	*Best wishes for the New Year.*

SOUHLASÍME	***WE AGREE***
Ano.	*Yes.*
Jistě. Určitě.	*Certainly. Surely.*
Samozřejmě.	*Of course.*
Máte pravdu.	*You are right.*
To je pravda.	*That's true.*
Je to tak.	*Quite true.*
Souhlasím.	*I agree.*
Taky si to myslím.	*I think the same.*
To si myslím!	
Dobrá.	*Good. OK.*
Správně.	*Right.*
Ano, to se mi hodí.	*Yes, it suits me.*
To je dobrý nápad.	*That's a good idea.*

NESOUHLASÍME	***WE DISAGREE***
Ne.	*No.*
Vůbec ne.	*Not at all.*
V žádném případě.	*On no account.*
To není možné.	*That's not possible.*
Mýlíte se.	*You are mistaken.*
To není pravda.	*It's not true.*
Nemáte pravdu.	*You are not right.*
Ne, nesouhlasím.	*No, I disagree.*
Ne, je to jinak.	*No, it is otherwise.*

WHAT DO WE SAY?

NEVÍTE

Nevím.
Možná.
Snad.
Je to možné.
Asi máte pravdu.
Asi ano, ale nevím to určitě.
Pravděpodobně ano.
Půjdeš tam?
Ještě nevím.
Asi ano.
Možná.
To se uvidí.
Platí.
To je jedno.

YOU DON'T KNOW

I don't know.
Maybe.
Perhaps.
It's possible.
Maybe you are right.
Maybe, but I am not quite sure about it.
Probably yes.
Are you going to go there?
I don't know yet.
Maybe I am.
Maybe.
We will see.
Agreed.
It makes no difference.

DĚKUJEME

Děkuju.
Mockrát děkuju. – Není zač.
Rádo se stalo.
Prosím.
Předem vám děkujeme.
Za všechno vám děkujeme.
Ale to je samozřejmé.
To nestálo za řeč.
To je od vás milé.

WE THANK

Thank you.
Thank you very much. – That's all right.
It was a pleasure.
You are welcome.
We thank you in advance.
Thank you for all you have done for us.
It's the least I could do.
It was a trifle.
It's very nice of you.

OMLOUVÁME SE

Promiňte. – To nevadí.
Nic se nestalo.
To je v pořádku.
Pardon.
Promiňte, nechtěl jsem.
Omlouvám se, že jsem přišel pozdě, ale není to moje vina.
Chci se vám omluvit, byla to moje chyba.
Nezlobte se.
Omluvte mě na okamžik.
Promiňte, nemůžu za to.

WE APOLOGIZE

Excuse me. – It doesn't matter.
No harm done.
It's OK.
Pardon.
Sorry, I didn't mean to.
I am sorry I am late but I am not to blame for it.
I want to apologize to you, I was to blame for it.
Don't be angry.
Excuse me for a moment.
I am sorry I am not to blame for it.

WHAT DO WE SAY?

POZVÁNÍ	***INVITATION***
Přijďte k nám někdy.	*Come to visit us sometime.*
Přijdu rád.	*It will be a pleasure.*
S radostí.	*With pleasure.*
Proč ne?	*Why not?*
Rád(a). Velmi rád(a).	*Gladly. Very gladly.*
To je dobrý nápad.	*That's a good idea.*
Děkuju za pozvání.	*Thank you for your invitiation.*
Chtěl bych vás pozvat dneska na večeři.	*I'd like to invite you for supper today.*
Bohužel, dneska nemůžu.	*I'm sorry I can't today.*
Škoda, nehodí se mi to.	*That's a pity, it doesn't suit me.*
Opravdu nemůžu, mám moc práce.	*I really can't, I am very busy.*
A zítra byste měl čas?	*And what about tomorrow?*
Ano, zítra se mi to hodí.	*Yes, it suits me tomorrow.*
Zítra přijdu velmi rád.	*It will be a pleasure for me to come tomorrow.*
Přijdu vám naproti.	*I will come to meet you.*
Smím prosit? (o tanec)	*May I ask you? (to dance)*
Omluvte mě, netančím.	*Excuse me, I don't dance.*
Je mi líto, jsem moc unavená.	*I am sorry, I am very tired.*

PŘEDSTAVUJEME SE	***WE INTRODUCE OURSELVES TO EACH OTHER***
Jsem ...	*I am ...*
Jmenuju se ...	*My name is ...*
Dovolte, abych se představil.	*Let me introduce myself.*
To je můj přítel ...	*This is my friend ...*
Chci vám představit svého přítele.	*I'd like to introduce my friend to you.*
Těší mě.	*It's nice to meet you.*
Těší mě, že vás poznávám.	
Jsem rád, že vás poznávám.	*I am glad that I get to know you.*
že jsem vás poznal.	*that I got to know you.*
Znáte se?	*Do you know each other?*
Představím vás. To je ...	*I will introduce you. This is ...*
Mohl byste mě seznámit s ...?	*Could you introduce me to ...?*
Rád bych se s ní(m) seznámil.	*I would like to meet her/him.*
Promiňte, nejste pan ...?	*Excuse me, are you Mr ...?*
Rád bych se s vámi (s tebou) rozloučil.	*I'd like to say good-bye.*
Je mi líto, musím se rozloučit.	*I'm sorry I've got to say good-bye.*
Bohužel už musím jít.	*I'm sorry I have to be off.*
Rád bych zůstal, ale nemůžu.	*I'd like to stay but I can't.*

WHAT DO WE SAY?

Czech	English
Děkuju za krásný večer.	*Thank you for the nice evening.*
Děkuju za návštěvu.	*Thank you for your visit.*
Kdy se zase uvidíme?	*When shall we see each other again?*
Přijďte zase brzo.	*Come again soon.*
Škoda, že nemůžete zůstat déle.	*It's a pity that you can't stay longer.*
Pozdravujte doma.	*Give my best regards at home.*

Czech	English
LÍBILO SE VÁM TO?	***DID YOU LIKE IT?***
Líbil se vám ten film?	*Did you like the film?*
Co říkáte tomu filmu?	*What's your opinion of this film?*
Líbil se mi.	*I liked it.*
Je to dobrý film.	*It is a good film.*
Je zajímavý.	*It is interesting.*
Je to vynikající film.	*It is an outstanding film.*
Moc se mi nelíbil.	*I didn't like it much.*
Je to průměrný film.	*This is an average film.*
Je to slabé.	*Nothing much.*
Nudí mě to.	*It is boring.*
Nestál za nic. / Za moc to nestálo.	*It was not much.*
Zklamalo mě to.	*It was disappointing to me.*
Je to fantastické.	*It is fantastic.*
Je to senzační.	*It is great.*

Czech	English
NEROZUMÍM	***I DON'T UNDERSTAND***
Promiňte, co jste říkal?	*Excuse me, what did you say?*
Prosím?	*Pardon?*
Můžete mi to zopakovat?	*Can you repeat it to me?*
Bohužel jsem nerozuměl.	*I'm sorry I didn't understand.*
Můžete mi to říct ještě jednou?	*Can you tell me it once more?*
Nerozumím slovu „...“.	*I don't understand the word "...“.*
Nevím, co znamená „...“.	*I don't know what "...“ means.*
Můžete, prosím vás, mluvit pomaleji?	*Can you speak more slowly, please?*
Mohl byste mluvit hlasitěji?	*Could you speak more loudly?*
Můžete mi to říct anglicky?	*Can you say it to me in English?*
Česky tomu nerozumím.	*I don't understand it in Czech.*

Czech	English
PROSÍME, ŽÁDÁME	***WE ASK (FOR)***
Prosím vás, řekněte nám ...	*Please, tell us ...*
podejte mi ...	*pass me ...*
Mohl byste mi říct, ...?	*Could you tell me ...?*
Můžete mi podat ...?	*Can you pass me ...?*

WHAT DO WE SAY?

Mohl bych vás o něco poprosit?	*Could I ask you for something?*
Můžu vás poprosit o ty noviny?	*Can I ask you for the newspaper?*
Neměl byste drobné za stovku?	*Would you have change for a one-hundred crown note?*
Byl byste tak hodný a sedl si sem dopředu?	*Would you be so kind as to sit down there to the front.*
Buďte tak hodný a ...	*Be so kind as to ...*
Dovolíte, abych otevřel okno?	*May I open the window?*
Dovolte, abych vám pomohl.	*Let me help you.*
Můžu vám nějak pomoct?	*May I help you in any way?*
Děkuju, jste moc hodný.	*Thank you, it's very nice of you.*
Ne, děkuju.	*No, thank you.*

CO BUDEME DĚLAT?	***WHAT ARE WE GOING TO DO?***
Mám nápad. Půjdeme na koncert.	*I have an idea. Let's go to a concert.*
Nechtěli byste se trochu projít?	*Would you like to take a walk?*
Nechcete jít ke mně?	*Would you like to come to my place?*
Já bych šel do bazénu. Kdo půjde se mnou?	*I would like to go to the swimming pool. Who will join me?*

OMYL	***MISTAKE***
To je omyl.	*It's a mistake.*
Mýlíte se.	*You are mistaken.*
Spletl jsem se.	*I made a mistake.*
Spletl jsem si číslo.	*I dialled a wrong number.*
směr.	*I took the wrong direction.*
Zmýlil jsem se.	*I made a mistake.*

MÁM STRACH	***I AM AFRAID (HAVE FEAR)***
Bojím se, že se mu něco stalo.	*I am afraid that something happened to him.*
Bojím se o něho (o ni).	*I am anxious about him (her).*
Nemějte strach.	*Do not worry.*
Nebojte se.	*Do not be afraid.*
Nedělejte si žádné starosti.	*Do not let it trouble you.*

PŘEKVAPENÍ	***SURPRISE***
Neříkejte!	*You don't say!*
To je ale překvapení! / No tohle!	*What a surprise!*

To není možné!	*It is not possible!*
Vy si děláte legraci!	*You are joking!*
To nemůže být pravda!	*It can't be true!*
To je dobrý nápad!	*That's a good idea!*
Cože? Jak to?	*What? How is it possible?*
ZKLAMÁNÍ	***DISAPPOINTMENT***
To je škoda.	*It's a pity.*
Co se dá dělat.	*What can you do.*
Proč? Co se stalo?	*Why? What happened?*
Ale to nejde. Přece ...	*But it's not possible.*
PROTESTUJEME	***WE PROTEST***
To není možné!	*It is not possible!*
To musí být nějaký omyl.	*There must be a mistake.*
To nemůžete!	*You can't do this!*
Na to nemáte právo!	*You have no right to!*
To není spravedlivé.	*It is not right.*
Budu si stěžovat na ambasádě!	*I will complain at our embassy.*
Jak tě něco takového mohlo napadnout!	*How could you think such a thing!*
JSEM NESPOKOJENÝ	***I AM NOT SATISFIED***
Už toho mám dost.	*I am sick of it.*
Už to víc nevydržím.	*I can't bear it any more.*
Nudím se.	*I am bored.*
To je ostuda!	*What a shame!*
skandál!	*scandal!*
To je drzost!	*What arrogance!*
Nechte toho!	*Stop it!*
Přestaňte.	*Stop it!*
Dejte mi pokoj.	*Let me be.*
POCHYBY	***DOUBTS***
O tom pochybuju.	*I have doubts about it.*
Nevěřím.	*I do not believe it.*
To sotva.	*Hardly.*
Pravděpodobně ne.	*Probably not.*
Třeba.	*Maybe. Possibly.*
Patrně.	*Maybe. Probably.*
Spíš(e) ne.	*Rather not.*
Nejspíš(e) ano.	*Rather.*
Prý ano.	*Supposedly yes.*

PUBLIC NOTICES

VEŘEJNÉ NÁPISY (PUBLIC NOTICES)

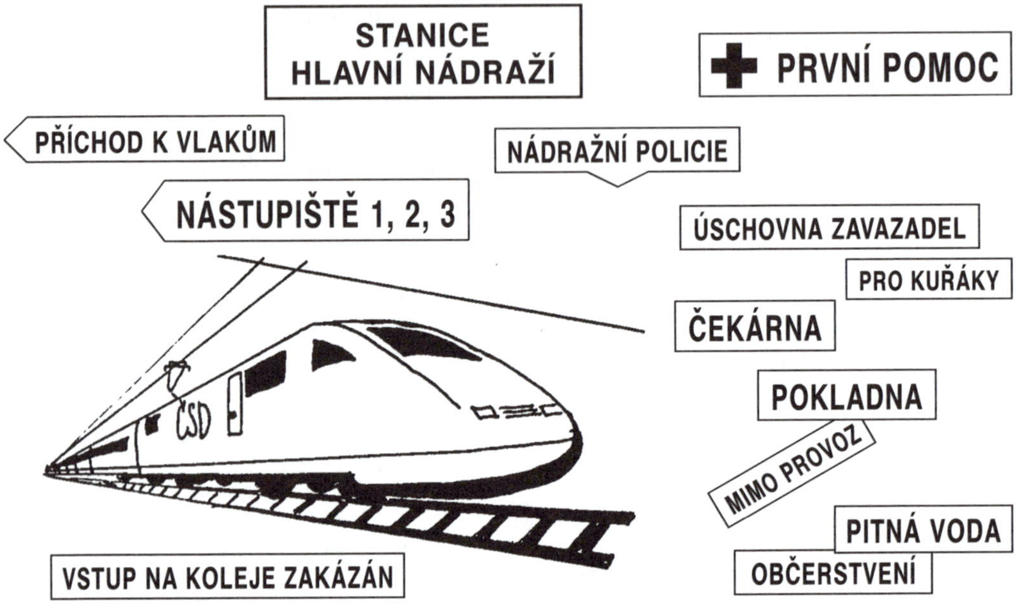

Stanice Hlavní nádraží	*Main railway station*
Příchod k vlakům	*Entrance to the trains*
Nástupiště 1, 2, 3	*Platform number 1, 2, 3*
První pomoc	*First Aid*
Nádražní policie	*Railway station police*
Úschovna zavazadel	*Left luggage office*
Čekárna pro kuřáky	*Waiting room for smokers*
(pro matky s dětmi)	*(for mothers and children)*
Pokladna	*Booking office*
Mimo provoz	*Out of work*
Pitná voda	*Drinking water*
Občerstvení	*Refreshments*
Vstup na koleje zakázán	*Entering the line is prohibited*
Zastávka na znamení	*Request stop*

METRO:	***METRO, SUBWAY:***
Ukončete výstup a nástup, dveře se zavírají	*Stop getting on and off, the door is closing.*
Příští stanice ...	*Next station ...*
Konečná stanice	*Terminus*

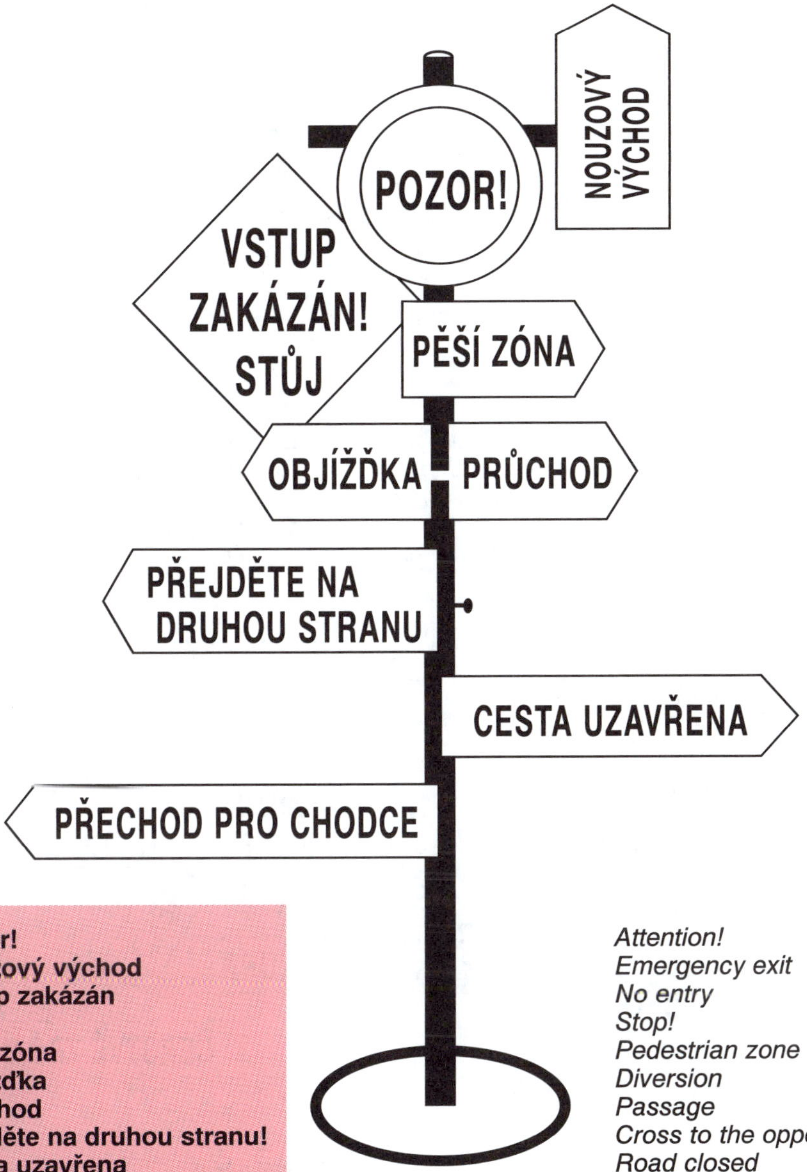

Pozor!	*Attention!*
Nouzový východ	*Emergency exit*
Vstup zakázán	*No entry*
Stůj!	*Stop!*
Pěší zóna	*Pedestrian zone*
Objížďka	*Diversion*
Průchod	*Passage*
Přejděte na druhou stranu!	*Cross to the opposite side!*
Cesta uzavřena	*Road closed*
Přechod pro chodce	*Pedestrian crossing*
Hlavní, vedlejší silnice	*Side, main road*
Dopravní značka	*Traffic sign*
Hlídané parkoviště	*Car park*
Zákaz parkování	*No parking*

PUBLIC NOTICES

PRO NEPLAVCE

KOUPÁNÍ ZAKÁZÁNO

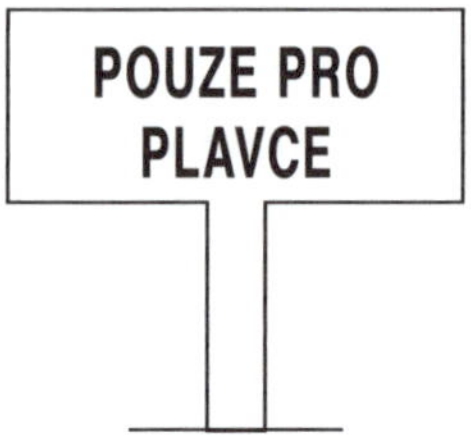

Koupaliště	*Swimming pool*
Pro neplavce	*Non-swimmers*
Pouze pro plavce	*Swimmers only*
Koupání zakázáno	*Swimming forbidden*
Na trávník vstup zakázán	*Keep off the grass*

Ztráty a nálezy	*Lost and found*
Půjčovna aut	*Car hire*
Vrátnice	*Porter's lodge*
Okružní jízda městem	*Sightseeing tour*

KOUŘENÍ ZAKÁZÁNO

NEDOTÝKEJTE SE!

POKLADNA

VYPRODÁNO

OTEVŘENO

ZAVŘENO

INVENTURA

POZOR SCHOD!

ČERSTVÉ ZBOŽÍ

OBSAZENO

VSTUP VOLNÝ

Potraviny	*Grocery*
Kouření zakázáno	*No smoking*
Nedotýkejte se!	*Do not touch!*
Pokladna	*Cash register*
Otevřeno	*Open*
Zavřeno	*Closed*

Vyprodáno	*Sold out*
Inventura	*Stock-taking*
Čerstvé zboží	*Fresh goods*
Pozor, schod!	*Mind the step!*
Obsazeno	*Occupied*
Vstup volný	*Free entrance*

DECLENSION OF THE SINGULAR OF NOUNS AND ADJECTIVES
(DEKLINACE SINGULÁRU SUBSTANTIV A ADJEKTIV)

Ma

	MASCULINE			FEMININE			NEUTER		
Nom	mladý moderní	pán	muž	mladá moderní	žena	židle	nové moderní	město	moře
Gen	mlad**ého** modern**ího**	pán**a**	muž**e**	mlad**é** moderní	žen**y**	židle	nov**ého** modern**ího**	měst**a**	moře
Dat	mlad**ému** modern**ímu**	pán**ovi**	muž**i** **(-ovi)**	mlad**é** moderní	žen**ě**	židl**i**	nov**ému** modern**ímu**	měst**u**	moř**i**
Acc	mlad**ého** modern**ího**	pán**a**	muž**e**	mlad**ou** moderní	žen**u**	židl**i**	nov**é** moderní	město	moře
Loc	o mlad**ém** o modern**ím**	pán**ovi**	muž**i** **(-ovi)**	o mlad**é** o moderní	žen**ě**	židl**i**	o nov**ém** o modern**ím**	měst**u/ě**	moř**i**
Instr	mlad**ým** modern**ím**	pán**em**	muž**em**	mlad**ou** moderní	žen**ou**	židl**í**	nov**ým** modern**ím**	měst**em**	moř**em**

Mi

Nom	nový	stůl	pokoj
Gen	nov**ého**	stol**u**	pokoj**e**
Dat	nov**ému**	stol**u**	pokoj**i**
Acc	nov**ý**	stůl	pokoj
Loc	o nov**ém**	stol**u/e**	pokoj**i**
Instr	nov**ým**	stol**em**	pokoj**em**

F (Gen -i)

místnost
místnost**i**
místnost**i**
místnost
o místnost**i**
místnost**í**

nádraží
nádraží
nádraží
nádraží
o nádraží
nádraž**ím**

DECLENSION OF THE PLURAL OF NOUNS AND ADJECTIVES

	MASCULINE			FEMININE			NEUTER		
Nom	mlad**í** Ma nov**é** Mi	pán**i** stol**y**	muž**i** pokoj**e**	mlad**é** moderní	žen**y**	židle	nov**á** moderní	měst**a**	moře
Gen	mlad**ých** modern**ích**	pán**ů** stol**ů**	muž**ů** pokoj**ů**	mlad**ých** modern**ích**	žen	židl**í**	nov**ých** modern**ích**	měst	moř**í**
Dat	mlad**ým** modern**ím**	pán**ům** stol**ům**	muž**ům** pokoj**ům**	mlad**ým** modern**ím**	žen**ám**	židl**ím**	nov**ým** modern**ím**	měst**ům**	moř**ím**
Acc	mlad**é** moderní	pán**y** stol**y**	muž**e** pokoj**e**	mlad**é** moderní	žen**y**	židle	nov**á** moderní	měst**a**	moře
Loc	o mlad**ých** o modern**ích**	pán**ech** stol**ech**	muž**ích** pokoj**ích**	o mlad**ých** o modern**ích**	žen**ách**	židl**ích**	o nov**ých** o modern**ích**	měst**ech**	moř**ích**
Instr	mlad**ými** modern**ími**	pán**y** stol**y**	muž**i** pokoj**i**	mlad**ými** modern**ími**	žen**ami**	židl**emi**	nov**ými** modern**ími**	měst**y**	moř**i**

	M	F
Nom	lid**i**, lid**é**	dět**i**
Gen	lid**í**	dět**í**
Dat	lid**em**	dět**em**
Acc	lidi	děti
Loc	o lid**ech**	o dět**ech**
Instr	lid**mi**	dět**mi**

=

F	N
místnost**i**	nádraží
místnost**í**	nádraží
místnost**em**	nádraž**ím**
místnost**i**	nádraží
o místnost**ech**	o nádraž**ích**
místnost**mi**	nádraž**ími**

IRREGULAR DECLENSIONS (VÝJIMKY DEKLINACE)

M „KOLEGA“

Nom	kolega **sg**	**pl** kolegové
Gen	koleg**y**	kolegů
Dat	kolegovi	kolegům
Acc	koleg**u**	kolegy
Loc	o kolegovi	o kole**zích**
Instr	koleg**ou**	kolegy

➡ turista (Loc pl: o turis**tech**)
předseda *(chairperson)*
žurnalista *(journalist)*
fotbalista *(football player)*

N „KUŘE“ *(chicken)*

Non	kuře **sg**	**pl** kuř**ata**
Gen	kuř**ete**	kuř**at**
Dat	kuř**eti**	kuř**atům**
Acc	kuř**e**	kuř**ata**
Loc	o kuř**eti**	o kuř**atech**
Instr	kuř**etem**	kuř**aty**

➡ zvíře *(animal)*
děvče *(girl)*
kotě *(kitten)*
dítě sg N *(child)* x pl F děti

N „-UM“

	sg	pl	
Nom	centr**um**, muze**um**	centra	muze**a**
Gen	centra, muzea	center	muze**í**
Dat	centru, muzeu	centrům	muze**ím**
Acc	centr**um**, muze**um**	centra	muze**a**
Loc	o centru, muzeu	o centrech	o muze**ích**
Instr	centrem, muzeem	centry	muze**i**

DECLENSION OF NUMERALS (DEKLINACE ČÍSLOVEK)

1
- JEDEN – like “ten” (Gen: **toho** – jedn**oho**, …)
- JEDNA – like “ta” (Acc: **tu** – jedn**u**, …)
- JEDNO – like “to” (Dat: to**mu** – jedno**mu**, …) (see p. 366)

	2		3	4	5
Nom	**DVA** (M)	**DVĚ** (F, N)	**TŘI**	**ČTYŘI**	**PĚT**
Gen	dvou		tří	čtyř	pěti
Dat	dvěma		třem	čtyřem	pěti
Acc	dva (M)	dvě (F, N)	tři	čtyři	pět
Loc	o dvou		třech	čtyřech	pěti
Instr	dvěma		třemi	čtyřmi	pěti

Nom	**RUCE** *(HANDS)*	**NOHY** *(LEGS)*	**OČI** *(EYES)*	**UŠI** *(EARS)*
Gen	rukou	nohou, noh	očí	uší
Dat	rukám	nohám	očím	ušim
Acc	ruce	nohy	oči	uši
Loc	o rukou	o nohou	o očích	o uších
	o rukách	o nohách		
Instr	rukama	nohama	očima	ušima

DECLENSION OF PRONOUNS (DEKLINACE ZÁJMEN)

	WHO	*WHAT*	*EVERYTHING*
Nom	**KDO**	**CO**	**VŠECHNO**
Gen	koho	čeho	všeho
Dat	komu	čemu	všemu
Acc	koho	co	všechno
Loc	o kom	o čem	o všem
Instr	kým	čím	vším

sg	*THE* M	*THE* N	*THE* F
Nom	**TEN**	**TO**	**TA**
Gen	toho	toho	té
Dat	tomu	tomu	té
Acc	toho **(Ma)** ten **(Mi)**	to	tu
Loc	o tom	o tom	o té
Instr	tím	tím	tou

pl	*THE, ALL* M	N	F
Nom	**TI, všichni (Ma) TY, všechny (Mi)**	**TA všechna**	**TY všechny**
Gen	těch, všech		
Dat	těm, všem		
Acc	ty všechny	ta všechna	ty všechny
Loc	o těch, všech		
Instr	těmi, všemi		

	I	*YOU*	*WE*	*YOU*	*HE, IT*	*SHE*	*THEY*	*ONESELF*
Nom	**JÁ**	**TY**	**MY**	**VY**	**ON, ONO**	**ONA**	**ONI, ONY, ONA**	**SE, SI**
Gen	mě, mne	tě, (bez) tebe	nás	vás	ho (jeho), bez něho, něj	jí, bez ní	jich, bez nich	sebe
Dat	mi, (ke) mně	ti, (k) tobě	nám	vám	mu, jemu, k němu	jí, k ní	jim, k nim	sobě, si
Acc	mě, mne	tě, (pro) tebe	nás	vás	ho, jeho pro něj (Ma, Mi, N) pro něho (Ma)	ji, pro ni	je, pro ně	sebe, se
Loc	o mně	o tobě	o nás	o vás	o něm	o ní	o nich	o sobě
Instr	mnou	tebou	námi	vámi	jím, s ním	jí, s ní	jimi, s nimi	sebou

DECLENSION OF POSSESSIVE PRONOUNS
(DEKLINACE POSESIVNÍCH ZÁJMEN)

sg

	MY, MINE			*OURS*			*HERS*	
	M	**F**	**N**	**M**	**F**	**N**	**M, N**	**F**
Nom	**MŮJ**	**MOJE, MÁ**	**MOJE, MÉ**	**NÁŠ**	**NAŠE**	**NAŠE**	**JEJÍ**	**JEJÍ**
Gen	mého	mojí, mé	mého	našeho	naší	našeho	jejího	její
Dat	mému	mojí, mé	mému	našemu	naší	našemu	jejímu	její
Acc	mého **(Ma)** můj **(Mi)**	moji, mou	moje, mé	našeho **(Ma)** náš **(Mi)**	naši	naše	jejího **(Ma)** její **(Mi)**	její
Loc	o mém	o mojí, mé	o mém	o našem	o naší	o našem	o jejím	o její
Instr	mým	mojí, mou	mým	naším	naší	naším	jejím	její

HIS, THEIRS

JEHO, JEJICH

(does not change)

YOURS (sg)

M TVŮJ – like "můj" (Gen: m**ého** – tv**ého**, …)
F TVOJE, TVÁ – like "moje, má" (Acc: moj**i** – tvoj**i**, …)
N TVOJE, TVÉ – like "moje, mé" (Instr: m**ým** – tv**ým**, …)

YOURS (pl)

M VÁŠ – like "náš" (naš**eho** – vaš**eho**)
F VAŠE – like "naše" (naš**i** – vaš**i**)
N VAŠE – like "naše" (naš**ím** – vaš**ím**)

pl

Nom	**MOJI, MÍ (Ma) MOJE, MÉ (Mi)**	**MOJE, MÉ (F)**	**MOJE, MÁ (N)**
Gen	mých		
Dat	mým		
Acc	moje, mé	moje, mé	moje, má
Loc	o mých		
Instr	mými		

NAŠI (Ma) NAŠE (Mi)	**NAŠE (F)**	**NAŠE (N)**
našich		
našim		
naše		
našich		
našimi		

JEJÍ (M, F, N)
jejích
jejím
její
o jejích
jejími

M TVOJI, TVÍ – like "moji, mí," (Gen: m**ých** – tv**ých**, …)
F TVOJE, TVÉ – like "moje, mé," (Dat: m**ým** – tv**ým**, …)
N TVOJE, TVÁ – like "moje, má," (Instr: m**ými** – tv**ými**, …)

VAŠI, VAŠE – like "naši, naše"
(Gen: naš**ich** – vaš**ich**, …)
(Dat: naš**im** – vaš**im**, …)

VERBS (SLOVESA)

	Infinitive	Present tense		Future tense	Past tense	Conditional	Imperative
1.	**DĚLAT** (impf)	děl**ám**	-ám, -áš, -á -áme, -áte, -ají	budu děl**at**	děl**al**(a) **jsem**	děl**al**(a) **bych**	děl**ej**! děl**ejte**!
	UDĚLAT (pf)	X		udělám	udělal(a) jsem	udělal(a) bych	udělej! udělejte!
2.	**MLUVIT** (impf) **ROZUMĚT** (impf)	mluv**ím** rozum**ím**	-ím, -íš, -í -íme, -íte, -í/-ějí	budu mluv**it** budu rozum**ět**	mluv**il**(a) jsem rozum**ěl**(a) jsem	mluv**il**(a) bych rozum**ěl**(a) bych	mluv! mluv**te**! rozuměj! rozuměj(te)!
	KOUPIT (pf)	X		koupím	koupil(a) jsem	koupil(a) bych	kup! kup**te**!
3.	NAKUP**OVAT** (impf)	nakup**uju**	-uju (uji), -uješ, -uje -ujeme, -ujete, -ujou (ují)	budu nakup**ovat**	nakup**oval**(a) jsem	nakup**oval**(a) bych	nakup**uj**! nakup**ujte**!
Irregular verbs	**ČÍST** (impf)	**čtu**	-u, -eš, -e -eme, -ete, -ou	budu **číst**	**četl**(a) jsem	četl(a) bych	**čti**! **čtěte**!
	PŘEČÍST (pf)	X		přečtu	přečetl(a) jsem	přečetl(a) bych	přečti! přečtěte!
	PSÁT (impf)	**píšu**		budu **psát**	ps**al**(a) jsem	psal(a) bych	**piš**! **pište**!
	NAPSAT (pf)	x		napíšu	napsal(a) jsem	napsal(a) bych	napiš! napište!
	JET (impf)	**jedu**		**! pojedu**	**jel**(a) jsem	jel(a) bych	**jeď**! **jeďte**!
	PŘIJET (pf)	X		přijedu	přijel(a) jsem	přijel(a) bych	přijeď! přijeďte!
	JÍT (impf)	**jdu**		**! půjdu**	**! šel** jsem, **šla** jsem	šel, šla bych	**jdi! pojď!** **jděte! pojďte!**
	PŘIJÍT (pf)	X		přijdu	přišel, přišla jsem	přišel, přišla bych	**přijď! přijďte!**

TABLE OF DIFFICULT VERBS
(PŘEHLED OBTÍŽNĚJŠÍCH SLOVES)

INFINITIVE	ASPECT	PRESENT TENSE 1st pers sg	PRESENT TENSE 3rd pers pl	IMPERATIVE 2nd pers sg	PAST TENSE 3rd pers sg	TRANSLATION
bát se	impf	bojím se	bojí se	boj se!	bál se	*to be afraid*
brát	impf	beru	berou	ber!	bral	*to take*
být	impf	jsem	jsou	buď!	byl	*to be*
česat se	impf	češu se	češou se	češ se!	česal se	*to comb*
číst	impf	čtu	čtou	čti!	četl	*to read*
dostat	pf	dostanu	dostanou	dostaň!	dostal	*to get*
hrát	impf	hraju (hraji)	hrajou (hrají)	hraj!	hrál	*to play*
chtít	impf	chci	chtějí	chtěj!	chtěl	*to want*
jet	impf	jedu	jedou	jeď!	jel	*to go (by vehicle)*
jíst	impf	jím	jedí	jez!	jedl	*to eat*
jít	impf	jdu	jdou	jdi!	šel, šla	*to go (on foot)*
kašlat	impf	kašlu	kašlou	kašli!	kašlal	*to cough*
klást	impf	kladu	kladou	klaď!	kladl	*to put*
lhát	impf	lžu	lžou	lži!	lhal	*to lie*
lít	impf	leju	lejou	lej!	lil	*to pour*
mít	impf	mám	mají	měj!	měl	*to have*
mýt	impf	myju (myji)	myjou (myjí)	myj!	myl	*to wash*
moct	impf	můžu (mohu)	můžou (mohou)	(po)moz!	mohl	*can, to be able*
najíst se	pf	najím se	najedí se	najez se!	najedl se	*to eat up*
najít	pf	najdu	najdou	najdi!	našel	*to find*
nalézt	pf	naleznu	naleznou	nalezni!	nalezl	*to find*
nést	impf	nesu	nesou	nes!	nesl	*to carry*
obléknout se	pf	obléknu se	obléknou se	oblékni se!	oblékl se	*to dress*
obout se	pf	obuju se	obujou se	obuj se!	obul se	*to put shoes on*
otevřít	pf	otevřu	otevřou	otevři!	otevřel	*to open*
péct	impf	peču	pečou	peč!	pekl	*to bake*
pít	impf	piju (piji)	pijou (pijí)	pij!	pil	*to drink*
plakat	impf	pláču	pláčou	plač!	plakal	*to cry*
plavat	impf	plavu	plavou	plav!	plaval	*to swim*
poslat	pf	pošlu	pošlou	pošli!	poslal	*to send*
prát	impf	peru	perou	per!	pral	*to wash*
přát si	impf	přeju si (přeji)	přejou si (přejí)	přej si!	přál si	*to wish*
přijmout	pf	přijmu	přijmou	přijmi!	přijal	*to accept*
psát	impf	píšu	píšou	piš!	psal	*to write*
růst	impf	rostu	rostou	–	rostl	*to grow*
říct	pf	řeknu	řeknou	řekni!	řekl	*to say*
smát se	impf	směju se	smějou se	směj se!	smál se	*to laugh*
smět	impf	smím	smějí	–	směl	*may*
sníst	pf	sním	snědí	sněz!	snědl	*to eat up*
spát	impf	spím	spí	spi!	spal	*to sleep*
stát	impf	stojím	stojí	stůj!	stál	*to stand*
stát se	pf	stanu se	stanou se	staň se!	stal se	*to happen*
stonat	impf	stůňu	stůňou	stonej!	stonal	*to be ill*
téct	impf	teču	tečou	teč!	tekl	*to flow*
ukázat	pf	ukážu	ukážou	ukaž!	ukázal	*to show*
umřít	pf	umřu	umřou	umři!	umřel	*to die*
vědět	impf	vím	vědí	věz!	věděl	*to know*
vést	impf	vedu	vedou	veď!	vedl	*to lead*

INFINITIVE	ASPECT	PRESENT TENSE 1st pers sg	3rd pers pl	IMPERATIVE 2nd pers sg	PAST TENSE 3nd pers sg	TRANSLATION
vézt	impf	vezu	vezou	vez!	vezl	*to carry*
vstát	pf	vstanu	vstanou	vstaň!	vstal	*to get up*
vzít	pf	vezmu	vezmou	vezmi!	vzal	*to take*
začít	pf	začnu	začnou	začni!	začal	*to begin*
zapnout	pf	zapnu	zapnou	zapni!	zapnul	*to switch on*
zavřít	pf	zavřu	zavřou	zavři!	zavřel	*to shut*
zvát	impf	zvu	zvou	zvi!	zval	*to invite*
žít	impf	žiju (žiji)	žijou (žijí)	žij!	žil	*to live*

INFINITIVE	ASPECT	PRESENT TENSE	PAST TENSE	FUTURE TENSE
JÍT	impf	jde	šel, šla, šli	půjde
PŘIJÍT	pf	–	přišel, -šla, -šli	přijde
CHODIT	impf	chodí	chodil	bude chodit
PŘICHÁZET	impf	přichází	přicházel	bude přicházet
JET	impf	jede	jel	pojede
PŘIJET	pf	–	přijel	přijede
JEZDIT	impf	jezdí	jezdil	bude jezdit
PŘIJÍŽDET	impf	přijíždí	přijížděl	bude přijíždět
LETĚT	impf	letí	letěl	poletí
PŘILETĚT	pf	–	přiletěl	přiletí
LÉTAT	impf	létá	létal	bude létat
PŘILÉTAT	impf	přilétá	přilétal	bude přilétat
NÉST	impf	nese	nesl	ponese
PŘINÉST	pf	–	přinesl	přinese
NOSIT	impf	nosí	nosil	bude nosit
PŘINÁŠET	impf	přináší	přinášel	bude přinášet
VÉST	impf	vede	vedl	povede
PŘIVÉST	pf	–	přivedl	přivede
VODIT	impf	vodí	vodil	bude vodit
PŘIVÁDĚT	impf	přivádí	přiváděl	bude přivádět
VÉZT	impf	veze	vezl	poveze
PŘIVÉZT	pf	–	přivezl	přiveze
VOZIT	impf	vozí	vozil	bude vozit
PŘIVÁŽET	impf	přiváží	přivážel	bude přivážet

běžet (impf) – běží – běžel – poběží *(to run)*
přiběhnout (pf) – přiběhl – přiběhne

běhat (impf) – běhá – běhal – bude běhat
přibíhat (impf) – přibíhá – přibíhal – bude přibíhat

PREPOSITIONS WITH DIFFERENT CASES

Preposition	Case	Question	Meaning	Examples
MEZI *between, among*	Instr	kde? *(where?)*	place – in the middle	Obraz visí **mezi okny**. *The picture hangs between the windows.*
	Acc	kam? *(to where?)*	place – in the middle	Pověsím obraz **mezi okna**. *I will hang the picture between the windows.*
	Instr	kdy? *(when?)*	time – between, till	Přijde **mezi druhou a třetí hodinou**. *He will come between two and three o'clock.*
NA *on, in, at for, to*	Loc	kde?	place	Obraz visí **na stěně**. *The picture hangs on the wall.*
		kdy?	time	**na jaře, na konci, na začátku** *in spring, at the end, at the beginning*
	Acc	kam?	place	Obraz pověsím **na stěnu**. *I will hang the picture on the wall.* **na nádraží, na letiště, na hory** *to the station, to the airport, to the mountains* **na koncert, na poštu** *to the concert, to the post office*
		kdy?	time	čtvrt **na jednu, na podzim** *at a quarter past twelve, in autumn*
NAD *above, over*	Instr	kde?	place – higher	Obraz visí **nad stolem**. *The picture hangs above the table.*
	Acc	kam?	place – higher	Pověsil obraz **nad stůl**. *He hung the picture above the table.*
O *about, in during*	Loc	kdy?	time	**o prázdninách** – *during the holidays* **o dovolené** – *during the holiday* **o Vánocích** – *at Christmas*
		o čem?	theme	**o filmu** – *about the film*
	Acc	o kolik?	comparative	Je **o tři roky mladší**. *He is three years younger than me.*
PO *round after*	Loc	kde?	place	Chodil **po městě, po parku**. *He walked round the town, in the park.*
		kdy?	time – then	**Po obědě** měl kávu. *He had coffee after lunch.*
	Acc	kdy? (během)	time – during	**po celý týden** = celý týden *throughout the week*
POD *under*	Instr	kde?	place – under	Kniha byla **pod stolem**. *The book was under the table.*
	Acc	kam?	place – under	Dej tašku **pod stůl**. *Put the bag under the table.*

GRAMMATICAL TABLES

PŘED *in front of, before*	Instr	kde?	place – in front	Auto je **před domem**. *The car is in front of the house.*
	Acc	kam?	place – in front	Auto jede **před dům**. *The car goes in front of the house.*
	Instr	kdy?	time – before	Přišel **před obědem**, **před druhou**. *He came before lunch, before two o'clock.*
V, VE *in, at, on*	Loc	kde?	place	Byl **ve městě**. *He was in the town.*
		kdy?	time	**v roce 2002**, **v zimě**, **v létě**, **v lednu**, ... *in the year, in winter, in summer, in January, ...*
	Acc	kdy?	time	**v sobotu**, **v neděli**, **v jednu hodinu** *on Saturday, on Sunday, at one o'clock*
ZA *behind, in, for*	Instr	kde?	place – behind	**Za domem** stojí auto. *A car stands behind the house.*
	Acc	kam?	place – behind	Postav auto **za dům**. *Park the car behind the house.*
		kdy?	time – how often?	**jednou za týden, (1x) za hodinu, (1x) za rok** *once a week, once an hour, once a year*
			time – then	Přijdu **za hodinu, za dva dny, za pět minut pět.** *I will come in one hour, in two days, at five minutes to five.*
		za kolik?	price	Televize **za 20 000 korun**. *A TV set for 20 000 crowns.*

PREPOSITIONS WITH ONE CASE

GENITIVE

BEZ	OD	DO	Z	U	VEDLE	BLÍZKO	KOLEM, OKOLO
without	*from, since*	*till, by, to*	*from*	*at, near*	*next to*	*near*	*round, about*

PODLE	POMOCÍ	BĚHEM	KROMĚ	VČETNĚ	MÍSTO
according to	*with the help of*	*during*	*except, besides*	*including*	*instead of*

DATIVE

K, KE	PROTI, NAPROTI	DÍKY	KVŮLI	VŮČI
to	*against*	*thanks to*	*for the sake of, because of*	*towards*

ACCUSATIVE

PRO	PŘES	MIMO	SKRZ	OB DEN
for	*across, over*	*except, outside*	*through*	*every other day*

LOCATIVE

PŘI
at, by

INSTRUM.

S, SE
with

LEKCE 1

2. 1. jsem; 2. jsou; 3. je; 4. jste; 5. jsme; 6. je; 7. jsi/seš; 8. je; 9. jsi/seš

3. Ne, to není čaj. - Ne, to není rum. - Ne, to není jogurt. - Ne, to není džus. - Ne, to není koktejl. - Ne, to není pizza.

5. 1. My jsme tady, my nejsme tam. 2. Ona je Češka, ona není cizinka. 3. Ty jsi student, ty nejsi profesor. 4. Vy jste profesor, vy nejste student. 5. Já jsem cizinec, já nejsem Čech. 6. On je Petr, on není Tomáš.

7. Ne, lampa není nahoře, je dole. - Ne, okno není vepředu, je vzadu. - Ne, rádio není dole, je nahoře. - Ne, televize není vlevo, je vpravo. - Ne, postel není vzadu, je vepředu. - Ne, skříň není napravo, je nalevo.

8. ta skříň - ten stůl, ta kniha - ten hotel - ta židle - ta Praha, ten hrad, to město - ten obraz - ta postel - ten chleba (ten chléb), ten rohlík - to křeslo, ta lampa - ten pán, ten muž (ten kufr) - ta paní, ta žena

10. nový hotel - velký park - stará kniha - mladá žena - mladý Angličan - malé město - starý pán - dobrá učitelka - mladá Češka - ošklivý film - hezký pokoj - bílé okno

12. Nahoře je obraz (lampa). - Postel je nalevo. - Skříň je vzadu. - To je jeden student (Tomáš). - Ve skříni leží kniha a slovník. - Napravo stojí malý stůl. - Tam je jeden mladý muž. - Student sedí na židli. - Rádio stojí na skříni. - Dítě tam není. - Na stole je televize. - Vzadu je skříň a lampa. - Vepředu sedí mladý muž. - Lampa visí nahoře. - Ten pokoj je velký.

13. ten jeden cizinec - ta jedna lampa - ta jedna skříň - to jedno okno - ta jedna studentka - ta jedna postel - ta jedna židle - to jedno rádio - ten jeden Čech - ten jeden slovník - ta jedna kniha - ta jedna televize - ten jeden stůl - to jedno křeslo - ta jedna Češka - ten jeden pán - ta jedna paní - ten jeden obraz - ten jeden muž - to jedno dítě - ta jedna žena

14. 1. mladý; 2. starý; 3. bílá; 4. nová; 5. malý; 6. hezká; 7. mladý; 8. velké; 9. staré; 10. moderní; 11. velký; 12. malé; 13. nová; 14. hezký

15. To křeslo je zelené. - Nalevo stojí velká postel. - Vepředu stojí hnědý stůl. - Na stole leží velká kniha. - Na skříni stojí černé rádio. - Visí tam moderní obraz. - Ten cizinec je mladý. - To je dobrý učitel. - To je hezké dítě. - To je velký pokoj.

16. 1. Ne, ten stůl není hnědý, je bílý. 2. Ne, ta televize není nová, je stará. 3. Ne, ta postel není modrá, je zelená. 4. Ne, to dítě není malé, je velké. 5. Ne, ten profesor není mladý, je starý. 6. Ne, to okno není velké, je malé. 7. Ne, ta skříň není stará, je moderní. 8. Ne, ten film není ošklivý, je hezký.

17. 1. Kde je velký stůl? 2. Co leží na stole? 3. Co je ve skříni? 4. Jaká to je žena? 5. Jaká cizinka tam stojí? 6. Kde je černé rádio? 7. Kdo sedí na židli? 8. Jaký profesor sedí vzadu?

18. 1. Ne, lampa není nahoře, je dole. 2. Ne, profesor není tady, je tam. 3. Ne, to není muž, to je žena. 4. Ne, ta žena není mladá, je stará. 5. Ne, okno není vepředu, je vzadu. 6. Ne, rádio není dole, je nahoře. 7. Ne, to není cizinec, to je Čech. 8. Ne, to dítě není velké, je malé. 9. Ne, televize není napravo, je nalevo. 10. Ne, postel není vzadu, je vepředu. 11. Ne, ten pokoj není moderní, je starý. 12. Ne, ten profesor není starý, je mladý.

K p. 36
- I am not a Czech. I am an Englishman (American, Canadian, Australian). I am young and big. Here I am a student. He is also a student, but is a Czech.
- I am a (female) foreigner. I am young. That old gentleman is a professor and that woman is a student like me.

2 KEY (KLÍČ)

LEKCE 2

K p. 42

- ● Is the professor already in the classroom?
- ○ No, not yet.

- ● Is Jane at home yet?
- ○ No, she is still at school.

- ● Is your husband still in hospital?
- ○ He is no longer there. He is in bed at home.

- ● Where are Thomas and Susan?
- ○ They are in a restaurant.

- ● Is dad at home yet?
- ○ No, he is still at work.

- ● Where is that book?
- ○ Here on the table.

- ● Why is Peter not at home?
- ○ He is in the cinema.

- ● Where is the black sweater?
- ○ Here on the chair.

- ● Where is my sweater?
- ○ It is in the wardrobe.

3. nakupuju, nakupuješ, nakupuje, nakupujeme, nakupujete, nakupujou v obchodě
pracuju, pracuješ, pracuje, pracujeme, pracujete, pracujou dobře
nedělám, neděláš, nedělá, neděláme, neděláte, nedělají úkol
jsem, jsi/seš, je, jsme, jste, jsou ve škole
prodávám, prodáváš, prodává, prodáváme, prodáváte, prodávají v obchodě
nestuduju, nestuduješ, nestuduje, nestudujeme, nestudujete, nestudujou na fakultě
vysvětluju, vysvětluješ, vysvětluje, vysvětlujeme, vysvětlujete, vysvětlujou gramatiku
nejsem, nejsi/nejseš, není, nejsme, nejste, nejsou doma

4. Ano, kupuju obraz (jogurt, čaj, slovník ...). - Ne, nekupuju obraz (jogurt, čaj, slovník ...). Ano, dívám se na učitelku (na Petra, na Johna ...). - Ne, nedívám se na učitelku (na Petra, na Johna ...).

5. Mám (Petr má ... Mají ... Máme ...) malou dceru, novou televizi, velkou rodinu, hezkou kamarádku, moderní třídu, starou postel, bílou skříň, českou profesorku, milou maminku. Mám (Máme ... Máme ve třídě ...) malou dceru a hodného syna, novou profesorku a nového profesora, chytrou studentku a chytrého studenta, mladou cizinku a mladého cizince, starou maminku a starého tatínka. Mám nový svetr, starý slovník, zelený koberec, červené křeslo.

6. Mám rád(a) dědečka, babičku, (rodiče), strýce, otce, matku, tetu, bratra, syna, dceru, sestru, (sourozence).

K p. 52

- ● What does your brother do?
- ○ He studies economics.

- ● Is their son grown-up?
- ○ No, he is still small.

- ● Is your family in Prague, too?
- ○ No, they are in London.

- ● Are you looking at our (male) teacher?
- ○ No, I am looking at our (female) teacher.

- ● Does your mother still work?
- ○ No, she does not work any longer.

- ● Is their daughter a shop assistant?
- ○ No, she is a teacher.

- ● How is your husband?
- ○ He is ill now.
- ● I am sorry to hear that.

- ● Where does your wife work?
- ○ In hospital.

7.

- ● Is the professor already explaining the new grammar?
- ○ No, he is still explaining the old one.

- ● Where do you have the new book?
- ○ Here on the table.

- ● Are you still studying the old lesson?
- ○ No, I am studying the new one already.

- ● Does Dana like the cinema?
- ○ She likes the cinema but not television.

- ● Where do you work?
- ○ I work in a bank.

- ● Do you like football (= soccer)?
- ○ No, I don't.
- ● Do you like tennis?
- ○ I don't like it either.
- ● And what do you like?
- ○ Ballet.

- ● Are you free now?
- ○ I am but I'm watching TV.

- ● Where are they selling this book?
- ○ Here in the university shop.

- ● Do you have a family?
- ○ I have a wife, a son and a daughter.

8. 1. Mám barevnou televizi. 2. Máte chytrého syna. 3. Studuju češtinu. 4. Máte rád tu práci? 5. Mám ráda moderní divadlo. 6. Profesor vysvětluje novou gramatiku. 7. V pokoji máme bílou postel, hnědou skříň a černý stůl. 8. Poslouchám toho českého profesora a tu českou profesorku.

9. Cizinec je v Praze. - Rodina je v bytě. - Postel stojí v pokoji. - Prodavačka prodává v obchodě. - Matka pracuje v nemocnici. - Ten pán je ve městě. - Profesorka je na fakultě. - Student studuje na univerzitě.

10. My se díváme na pana Kubáta. - Vy se taky díváte? - Díváš se na televizi? - Petr se taky dívá?
Co děláte? - Co děláš? - Dělají to špatně.
Máte rád(a) divadlo? - Máš rád(a) kino? - Má rád fotbal. - Má ráda Kateřinu.
Dneska nemám, ... - Oni dneska nemají čas, ... - Oni mají volno odpoledne. - Máte taky volno?
Vzpomínáš na rodinu? - On vzpomíná na dceru.
Nakupuju večer. - Manželka nenakupuje, nakupuju já. - Syn a dcera nakupujou v obchodě.
Odpoledne studujeme češtinu. - Vy také studujete češtinu? - Jana studuje angličtinu.
Manželka pracuje v kanceláři. - Otec pracuje v nemocnici. - Syn a dcera ještě nepracujou. - Večer už nepracuju.
Vysvětluješ to špatně. - Profesor nevysvětluje gramatiku dobře.

11. Co teď děláte (děláš)? Studuju češtinu. - Kde nakupujete (nakupuješ)? Ve městě. - Kde pracuje vaše (tvoje) manželka? V obchodě v Praze. - Co vysvětluje profesor ve škole? Novou lekci. - Co studuje ten student? Českou gramatiku. - Co máte (máš) na stole? Knihu, slovník a pero. - Máte (máš) dneska večer čas? Bohužel ne. - Na koho se díváte (díváš)? Na jeho syna. - Co má rád pan Taylor? Svou práci.

LEKCE 3

K p. 63

- ● Do you understand Czech already?
- ○ No, I don't understand yet.

- ● Where do you live?
- ○ In Prague 6.

- ● Who is already in the classroom?
- ○ Only Thomas is sitting there.

- ● How long have you been studying?
- ○ For three hours, I will finish in a short while.

- ● What time does the Czech lesson begin?
- ○ I think it starts at 8 o'clock in the morning.

- ● Where do you like to sit in the cinema?
- ○ In the front because I have a poor sight.

- ● Is Peter already sleeping?
- ○ No, he is just lying in bed, he is tired.

- ● When do you get up in the morning?
- ○ At seven o'clock, it is very/too early.

K p. 66

- ● Do you understand Czech already?
- ○ No, I understand only little.

- ● What are you drinking?
- ○ I am so tired that I am drinking both tea and coffee.

- ● What is Martin doing here?
- ○ He is living here.

- ● Who does our teacher ask about?
- ○ About that new student.

- ● Have you been reading for a long time?
- ○ For about one hour.

- ● What are you reading?
- ○ An interesting book.

- ● I am overjoyed.
- ○ Why?
- ● My brother is in Prague today.
- ○ Where are you going together?
- ● We are going to see the sights of Prague.

- ● Are you getting dressed?
- ○ The cinema begins in a short while.
- ● Oh no, it begins at eight and now it is only seven o'clock.

- ● What does father ask about?
- ○ He asks how I am getting on and what is the school like.

- ● Where are you going?
- ○ For a walk.

2. Díváš se na český film? Ne, nedívám se na český film. - Myslíte na školu? Ne, nemyslím na školu. - Ptáš se na její práci? Ne, neptám se na její práci. - Díváš se rád na televizi? Ne, nedívám se rád na televizi. - Odpovídáš na moji otázku? Ne, neodpovídám na tvoji otázku.

3. ... (já a manželka) začínáme pracovat - obědváme v restauraci - vstáváme - odpočíváme doma a posloucháme magnetofon - pospícháme domů - si prohlížíme Prahu - už ležíme v posteli - ještě sedíme v práci - končíme a jdeme domů.
... (syn a dcera) začínají pracovat - obědvají v restauraci - vstávají - odpočívají doma a poslouchají magnetofon - pospíchají domů - si prohlížejí Prahu - už leží v posteli - ještě sedí v práci - končí a jdou domů.

4. Jdu domů. - Jdeš na procházku? - Jdou obědvat domů. - Jdou pěšky na poštu.
Čteme noviny. - Čtete tu knihu? - Čtou dlouho.
Piju kávu. - Pijete čaj? - Pije coca-colu.
Píšu dobře česky. - Píše, že se má dobře. - Píšeme jedno cvičení.

5. ... on jde taky nakupovat. - ... on jde taky telefonovat. - ... on jde taky pracovat.
... on se začíná taky dívat. ... on začíná taky poslouchat. - ... on si jde taky oblékat svetr.
... on začíná taky rozumět česky. - ... on si to začíná taky myslet. - ... on začíná taky mluvit anglicky.
... on taky začíná být unavený. - ... on jde taky psát úkol. - ... on jde taky spát. - ... on začíná taky číst knihu.
... on jde taky odpočívat. - ... ona si taky začíná knihu prohlížet. - ... vy jdete taky studovat? - ... Vy jdete taky snídat a pít čaj?

K p. 70

- ● Are you going for that book?
- ○ Yes, I am going for it.

- ● Look, Peter is walking over there. Can you see him?
- ○ Yes, I can. He is wearing a green sweater.

- ● Are you also going to see the new film?
- ○ Yes, we are going to see it, too.

- ● Do you know Susan?
- ○ Yes, I know her well.

- ● Why are they viewing us in this way?
- ○ Because they don't know us yet.

- ● Jane, do you have the dictionary for me?
- ○ I'm afraid I have it at home.

6. ... na profesora, na syna. - Ptám se na něho, na něj.
... profesora, syna, magnetofon. - Vidím ho.
... na televizi, na manželku, na tu ženu. - Dívám se na ni.
... televizi, manželku, tu ženu. - Prohlížím si ji.

7. 1. Vidí mě (tě, vás, nás, ho, ji). 2. Znají mě (tě, vás, nás, ho, ji). 3. Myslí na mě (na tebe, na vás, na nás, na něho, na ni). 4. Vzpomíná na mě (na tebe, na vás, na nás, na něho, na ni). 5. Ptá se na mě (na tebe, na vás, na nás, na něho, na ni). 6. Zdraví mě (tě, vás, nás, ho, ji). 7. Prohlíží si mě (tě, vás, nás, ho, ji). 8. Má pro mě (pro tebe, pro vás, pro nás, pro něho, pro ni) noviny.

8. … na rodinu? Ano, myslím na ni stále. - … Martina a Alenu? Ne, nevidím je. - … Prahu? Ano, prohlížím si ji. - … auto? Ne, nemyje ho. - … mého bratra? Ne, neznám ho. - … čas? Ano, mám ho pro vás. - … pro vás čeština těžká? Ano, je pro mě těžká. - … pro mě? Ano, kupuju to pro tebe.

12. Taky večer dlouho pracuješ? - Taky jsi už ráno v osm ve firmě? - Taky večer odpočíváš? - Taky začíná tvůj den v sedm hodin? - Taky obědváš v jednu hodinu?
Taky mluvíš v práci česky? - Taky rád piješ kávu? - Taky čteš zajímavou knihu? - Taky ráno pospícháš? - Taky píšeš ve třídě dlouhé cvičení? - Taky vstáváš ráno v osm hodin? - Taky jdeš domů? - Taky jsi doma? - Taky už spíš ve dvanáct hodin?

14. 1. ho; 2. ji; 3. je; 4. ji; 5. vás; 6. na ni; 7. tě; 8. pro něho (pro něj); 9. pro nás; 10. ji; 11. pro mě; 12. na tebe; 13. na ni;14. na ni; 15. na ně; 16. mě

LEKCE 4

K p. 83

- ● Will you go to Prague on Saturday?
- ○ No, I won't, I am not free.

- ● When will you go to Prague?
- ○ Not until Friday afternoon.

- ● Will you go alone?
- ○ No. Thomas will go too.

- ● Will you go by train there?
- ○ No, by bus.

- ● When will Jane arrive?
- ○ Tomorrow morning at 8 o'clock.

- ● Will you return not until today?
- ○ No, not until tomorrow at one.

- ● When are you coming back?
- ○ I will not probably return until Sunday evening.

- ● When will you arrive? On Saturday or on Sunday?
- ○ On Saturday. On Sunday I already have something (= some programme).

- ● Where is the programme? I'll have a look at what's on television.
- ○ It's over there on the table.

- ● Will you go to the cinema tonight?
- ○ No I won't, unfortunately I'm not free.

- ● Who else will go to the cinema?
- ○ I think Peter will go, too.

- ● Who will pay for it?
- ○ I will.

- ● Will anybody else come?
- ○ Probably Paul.

- ● Will you go, too?
- ○ Yes, I'll be glad to.

- ● What time does the train leave?
- ○ At eight o'clock in the evening.

- ● Will you buy the tickets?
- ○ Yes I will. In a short while I'll go to the station.

- ● You are going already?
- ○ Not yet. I'll leave only in a short while.

K p. 85

- ● Where do you come from?
- ○ I am from Australia, from Sydney. And where do you come from?
- ● From Canada, from Montreal.

- ● Where are you coming back so late from?
- ○ It is not so late yet. I'm coming from the cinema.

- ● When will you leave for England?
- ○ I'll probably leave on Saturday.

- ● What are you doing tomorrow?
- ○ I'm going for a trip.
- ● Where to?
- ○ To Moravia.

- ● Where are you from?
- ○ From Ostrava. And you?
- ● From Olomouc.

- ● Why are you going to the station?
- ○ I'm going to buy a seat-reservation ticket to Prague.

- ● Where does the bus for Plzeň leave from?
- ○ From platform 11 I think .

- ● When will Peter return from Brno?
- ○ Probably on Wednesday.

- ● Will you go to the cinema, too?
- ○ No, I will take a walk.

- ● Hallo! Where are you going?
- ○ For a coffee to the café Slavia. Will you go too?

- ● When will you return from work?
- ○ Not until the evening.

- ● Good morning/afternoon/evening. Excuse me, does this bus go to the square?
- ○ No, this is bus No 5 and to the square goes bus No 6.
- ● Thank you.

- ● Good morning/afternoon/evening. Excuse me, is this the right way to the station?
- ○ Yes, you can already see it ahead.

1. Jsem v nemocnici, v kavárně, v kině, na koncertě, na nádraží, v parku, v hotelu, na univerzitě, v obchodě, v Praze, na poště, v Anglii, na Moravě.
Jdu, jedu do nemocnice, do kavárny, do kina, na koncert, na nádraží, do parku, do hotelu, na univerzitu, do obchodu, do Prahy, na poštu, do Anglie, na Moravu.
Vracím se z nemocnice, z kavárny, z kina, z koncertu, z nádraží, z parku, z hotelu, z univerzity, z obchodu, z Prahy, z pošty, z Anglie, z Moravy.

K p. 90

- ● Do you want to learn Czech?
- ○ Yes, I do.

- ● Can you speak English, too?
- ○ Only a little.

- ● You are going already? I'm still taking my lunch.
- ○ At one o'clock I must be at work; a client will come.

- ● Thomas, you must get up already. It is seven o'clock.
- ○ Already seven? So I must hurry up. I don't want to be late.

- ● Do you want anything in the shop?
- ○ No, thank you, I don't want anything.

- ● May I smoke here?
- ○ No, you mustn't smoke here.

- ● Am I to go to the theatre by car?
- ○ You can walk, it is not far off.

- ● I don't want to go there alone. Will you go too?
- ○ I can't I'm afraid .

- ● Can you come as late as ten o'clock?
- ○ We can. So see you at ten.

4. Tomáši, musíš taky koupit lístky do divadla. - Tomáši, musíš už taky končit. - Tomáši, musíš taky hodně pracovat. - Tomáši, musíš taky nakupovat na víkend. - Tomáši, musíš taky obědvat v restauraci Lípa. - Tomáši, musíš taky psát úkol. - Tomáši, musíš taky pít čaj. - Tomáši, musíš taky jít večer brzo spát.

6. Pane Kubáte, můžete jít zítra v osm hodin na koncert? - umíte dobře anglicky? - můžete koupit jeden lístek? - můžete přijít do práce už v sedm hodin ráno? - umíte hrát fotbal? - můžete dneska večer večeřet v restauraci?

7. Mám už jít do školy nebo ne? - Mám už vařit kávu nebo ne? - Mám už vstávat nebo ne? - Nemám se už vrátit? - Nemám už být v práci?

8. 1. ..., ale chci koupit (noviny). 2. ..., ale můžu jít (zítra). 3. ..., ale můžu (pít alkohol). 4. ..., ale máme tam být (v pět). 5. ..., ale umím dobře (francouzsky). 6. ..., ale musím se učit (zítra). 7. ..., ale může přijít (jen někdo). 8. ..., ale musím odejít (v osm). 9. ..., ale chtějí to dělat (v sobotu).

9. 1. Musíme nakupovat na víkend. 2. Musíte tam jít? 3. Zuzana a Jana musí (musejí) odpovídat. 4. Už máme vystupovat? 5. Jako úkol mám napsat nějaký dopis. 6. Můžu dělat, co chci. 7. Můžeme se oblékat, jak chceme. 8. Může přijít, kdo chce. 9. Chci mít odpoledne volno. 10. Nechceme přijít pozdě. 11. Pan Kubát a paní Kubátová chtějí jet do Prahy. 12. Eva chce pracovat v obchodě. 13. Co chcete dělat večer?

10. 1. přítelkyně; 2. v Plzni; 3. pojedeme; 4. v sobotu; 5. vlakem; 6. ráno v 8; 7. ještě ve středu; 8. přijdu pozdě; 9. nesmím; 10. se uvidíme v pátek

12. Těšíš se na matku a otce? Ano, těším se na ně. - Těšíš se na Annu? na novou práci? Ano, těším se na ni. - Těšíš se na Františka? na přítele? Ano, těším se na něho (na něj). - Těšíš se na nový byt? na telefon z Anglie? Ano, těším se na něj. - Těšíš se na mě? Ano, těším se na tebe. - Těšíš se na nás? Ano, těším se na vás.

15. Jedu z Ostravy, z Ameriky, z Brna, z Austrálie, ze Skotska, z Irska, z Walesu, z Doveru, z Londýna, z New Yorku.
Jsem v Ostravě, v Americe, v Brně, v Austrálii, ve Skotsku, v Irsku, ve Walesu, v Doveru, v Londýně, v New Yorku.
Jedu do Ostravy, do Ameriky, do Brna, do Austrálie, do Skotska, do Irska, do Walesu, do Doveru, do Londýna, do New Yorku.

16. Nepojedu ani metrem ani tramvají, ale (autem). - Nekoupím si ani knihu ani noviny, ale (minerálku). - Nepřijdu ani s Tomášem ani s Petrem, ale (s Adamem). - Neumím ani německy ani francouzsky, ale (anglicky). - Ten pán není ani Skot ani Angličan, ale (Australan).

LEKCE 5

3. Myslím na (školu). - Ano, chci se na ni podívat. - Čekám na (Petra). - Ano, těším se na něho. - Ano, jdu tam. - Ano, jede. - Dneska půjdu / půjdeme (na Hradčany). - Tramvaj číslo 14 jede (na Václavské náměstí). - Je tam (moje taška). - Mám tam (učebnici). - Ptá se (na sobotu). - Platí (na metro). - To je automat na (čaj a kávu).

4. Kavárna Slavia je u divadla. - Parkoviště je vedle nádraží. - Obchod Baťa je vedle pošty. - Informační centrum je u nemocnice. - Restaurace Bílá růže je u školy. - Stanice metra je vedle obchodu. - Autobusové nádraží je vedle hotelu. - Pošta je vedle kina.

7. Kdo jste?- Kdo (Co) je tam? - Kdy přijdeš? - Kam (Odkud) jdeš? - Jak se máš? - Na koho (co) čekáš? - Kde jsou peníze? - Jaký je ten hotel? - Který den je dnes?

8. 1. Co čteš? 2. Na koho myslíš? 3. Jak se máš? 4. Jaká je tvoje práce? 5. Odkud mě znáš? 6. Kdo tam čeká? 7. Kdy to začíná? 8. Kdy pojedete do Itálie? Kam pojedete v neděli? 9. Kdy a kde se uvidíme? 10. Kdy to hrajou v divadle?

9. Vidíte tam někoho? - Ano, Janu, Petra, lektora, pana Kubáta.
Čekáš tady na ... Díváš se na ... Těšíš se na někoho? - Ano, na Janu, na Petra, na lektora, na pana Kubáta.
Je tam ... Sedí tady ... Přijde ještě někdo? - Ano, Jana, Petr, lektor, pan Kubát.

10. 1. Někdy v sobotu. 2. Někde tady. 3. Jen někdy. 4. Nějaká žena, neznám ji. 5. Jen něco na víkend. 6. Nějak nevím, co mám odpovědět. 7. Někdy v sobotu. 8. Ano, dám ti jeho telefon.

11. Nedělám nic. - Nepřijde už nikdo. - Nechci nic. - Nikdo (nic) tam není. - Není tam nic (nikdo). - Neuvidíme se už nikdy. - Nikde ho nevidím. - Nemá rád nikoho. - Nepůjdu nikam.

12. 1. Ne, nikdo. 2. Ne, na nikoho. 3. Ne, nic. 4. Ne, nikam. 5. Ne, nic. 6. Ne, nikde. 7. Ne, nikdy. 8. Ne, nemám žádný.

K p.118

- ● Do you want to read this book? It is very nice.
- ○ Yes, I'll be glad to read it.

- ● Will you have coffee?
- ○ Yes, (I will have it) with pleasure.

- ● When will you come?
- ○ Not until eleven in the night.
- ● Should I wait for you at the station?
- ○ No you needn't, I'll take a taxi.

- ● We're going to stay here longer. Why aren't you?
- ○ I must take my car to the service shop.

- ● I can't recall her phone number.
- ○ I don't know it either.

- ● What will you have? Coffee or tea?
- ○ I want coffee.

- ● Will you go to Prague tomorrow, too?
- ○ I don't know yet, I'll see tomorrow morning.

- ● When am I to phone tomorrow morning?
- ○ At about ten o'clock. I'll get up at nine, then I'll have breakfast and go shopping.

- ● What time will you finish at work tomorrow?
- ○ Not until six. Shall we then have dinner in a restaurant?
- ● As you want. You can choose an Italian one.

- ● Will you go already?
- ○ No, I will still stay here.

- ● I wonder how the film will end.
- ○ You'll see it will end well.

- ● Can you show me the blue sweater over there?
- ○ I'll be glad to show it to you.

- ● Where are you going?
- ○ To do shopping.
- ● I'll go too. Will you wait for me? I'll just get dressed.
- ○ I can't wait for you, I'm in a hurry.

- ● Are you looking for something?
- ○ I can't find the ticket slot machine. Do you know where it is, please.
- ● Over there, at the back.
- ○ Thank you, I can see it now.

13. 1. Už ho dělám/děláme. 2. Už telefonuju. 3. Už ji čtu/čteme. 4. Už si ji opakuju. 5. Už ho vařím. 6. Už ji piju. 7. Už obědvám. 8. Už odpočívám. 9. Už si ji prohlížím/prohlížíme. 10. Už je kupuju. 11. Už si vzpomínám. 12. Už začíná. 13. Už vystupuju. 14. Už si ji vybírám. 15. Už odpovídají. 16. Už to říkají. 17. Už vstávám. 18. Už si ji beru.

14. 1. Ne, zaplatím(e) až potom. 2. Ne, uvařím ho až potom. 3. Ne, podívám se až potom. 4. Ne, vypiju ho až potom. 5. Ne, sním ho až potom. 6. Ne, skončím až za chvíli. 7. Ne, začne až za chvíli. 8. Ne, zopakujou ji až večer. 9. Ne, nasnídám se až za chvíli. 10. Ne, navečeřím(e) se až potom. 11. Ne, naobědvá se až za chvíli. 12. Ne, obléknu se až za chvíli. 13. Ne, poslechnu si ho až večer. 14. Ne, prohlédnu si ho až potom. 15. Ne, vystoupím(e) za chvíli. 16. Ne, přestoupíme až za chvíli. 17. Ne, vrátím(e) se až zítra. 18. Ne, dozvím se to až večer. 19. Ne, vezmu si ho až potom.

15. Ano, jsem turista. - Ne, nepospíchám. - Ne, nesedím. - Ne, nevidím ho. - Ano, vidím ho. - Ano, chci si ho prohlédnout. - Ano, potřebuju mapu. - Ne, nemám ji teď. - Ano, ptám se na cestu. - Ano, ptám se česky. - Ano, dívka odpovídá česky, ale taky anglicky. - Ano, líbí se mi. - Ne, nejdeme. - Asi ano, jak chcete.

17. Petr sedí v kavárně a čeká na (Zuzanu). Uvidí kamarádku, právě jde do kavárny. Vstane a pozdraví ji: „Ahoj, Moniko! Jsem rád, že tě vidím. Posaď se tady. Čekám na (Zuzanu), ale ještě tady není." „Já tady hledám bratra, taky ho znáš. Vidím ale, že tady není. No nevadí. Ráda se posadím." „Co si dáš?" ptá se Petr. „(Minerálku)," odpovídá Monika. „Co stále děláš?" „Celý den jsem v práci. Práce se mi líbí, ale nemám na nic čas. Volno mám jen v sobotu a v neděli. A co ty?" „Stále studuju na univerzitě." „Myslím, že studuješ (ekonomii)?" „Ano." „Co chceš potom dělat?" „Chci zůstat na univerzitě jako asistent."

18. Kde jsi/jste? - Pospícháš/pospícháte? - Je muzeum dole? - Proč potřebuješ/potřebujete mapu? - Dáš si/dáte si kávu? - Mluvíš/mluvíte česky? - Líbí se ti/vám ta dívka? - Je orloj daleko? - Hledáš/hledáte něco? - Nechceš/nechcete jít taky?

20. 1. Už je vepředu. 2. Už je nahoře na skříni. 3. Už je v obchodě. 4. Už je uprostřed. 5. Už visí vlevo. 6. Už je na poště. 7. Už je na stole. 8. Už je vzadu. 9. Už je dole. 10. Už je ve škole.

21. Sníš ten jogurt? - Přečteš si tu knihu? - Zeptáš se na novou gramatiku? - Navečeříš se v restauraci? - Skončíš už práci? - Zopakuješ si starou gramatiku? - Počkáš na Petra? - Uvaříš kávu? - Nezapomeneš tu knihu? - Opravíš to cvičení? - Vystoupíš tady? - Oblékneš si dneska ten nový svetr? - Prohlédneš si zítra orloj? - Koupíš si něco v obchodě? - Vybereš si něco? - Zaplatíš v restauraci? - Přivítáš přítele v Praze?

22. 1. Nikdo nic neví. 2. Knihovna je u mostu. 3. Líbí se mi stará Praha. 4. Musím jít pěšky? 5. Kde je tady blízko nějaké parkoviště? - Musíte jet asi sto metrů. 6. Turista si prohlíží starý kostel. 7. Jděte stále rovně a potom zahněte doleva. 8. Mám jet tramvají, nebo metrem? - Jak chcete. 9. Jak se dostanu na nádraží? 10. Bydlíte v hotelu? 11. Nechci ani kávu ani čaj. 12. Děkuju, to stačí. 13. Vítám tě/vás v Londýně. 14. Rozumíte anglicky? 15. Tady není žádný student. 16. Potřebujete mapu? 17. Jak dlouho tady zůstanete?

LEKCE 6

1. 1. To je jeho učebnice. 2. Jeho svetr … 3. Její práce … 4. Můj přítel … 5. Váš učitel … 6. Naše město … 7. Tvoje rodina …

2. 1. … si prohlížím svého bratra a svoji (svou) sestru. 2. … poslouchám svého starého dědečka. 3. … představit svoji (svou) manželku. 4. Manželka má svoje a já mám taky svoje. 5. … otevřít svoji (svou) učebnici na straně 120. 6. Tu svoji (svou) mám tady na stole. 7. Nehledáš svůj mobil?

4. Koupím dva obrazy, slovníky, obědy, lístky, dárky, chlebíčky, čaje, sendviče.
Koupím dvě knihy, jízdenky, květiny, skleničky, mapy, učebnice, židle, kafe.
Na ulici vidím dva nové domy, velké obchody, modré autobusy, luxusní bary, známé hotely, supermarkety.
Na ulici vidím dvě červené tramvaje, moderní školy, staré věže, malá kina, bílá auta, velká parkoviště.

5. Ti studenti jsou Angličané (Angličani). Ti učitelé jsou Češi. Ti muži jsou Australané (Australani). Ti cizinci jsou Američané (Američani). Ti páni jsou Francouzi. Ti doktoři jsou Skotové (Skoti). Ty studentky jsou Angličanky. Ty učitelky jsou Češky. Ty žena jsou Australanky. Ty cizinky jsou Američanky. Ty paní jsou Francouzky. Ty doktorky jsou Skotky.

6. Znáš dobře 1. ty asistenty? 2. ty prezidenty? 3. ty ekonomy? 4. ty politiky? 5. ty doktory? 6. ty manažery? 7. ty ministry? 8. ty bankéře? 9. ty muže? 10. ty prodavače? 11. ty cizince? 12. ty učitele? 13. ty přátele?

K p.140

- ● When will you be at home tomorrow?
- ○ I'll be at home at five for sure.

- ● What will you be doing in the evening?
- ○ I will stay at home and watch TV.

- ● Are you going directly home from work?
- ○ No. My husband will wait for me and we'll go somewhere for dinner.

- ● Will you come tomorrow again?
- ○ I will if I can.

- ● I hear somebody coming.
- ○ That will probably be Jane.

- ● Will you have dinner?
- ○ No, I will eat later.

- ● Go for an airing!
- ○ I'll go only for a moment. Then I'll have to cook.

- ● I have a present for you. I hope you will like it.
- ○ What a beautiful watch! Thank you.

- ● Tomorrow evening I'll have visitors.
- ○ If your friends are here, I'll invite mine as well.

- ● Where will you go on holiday?
- ○ To Italy. We will stay at the seaside for a week and in Rome for another week.

- ● Shall we go to the theatre tonight?
- ○ Do you think they still have tickets?
- ● We can phone there.

7. Zítra budu odpočívat. Zítra budu pracovat. Zítra budu studovat materiály. Zítra se budu dívat na televizi. Zítra se budu procházet. Zítra si budu číst. Zítra se budu připravovat do práce.

9. Nebudu číst. Nebudu nic psát. Nebudu se dívat na ten film. Nebudu se učit. Nebudu uklízet. Nebudu vařit. Nebudu brát telefony.

11. 1. Každé ráno si budu kupovat noviny. 2. Celý večer si budu číst. 3. Co budeš dělat v sobotu večer? 4. Už budou čtyři. 5. Budu rád, když přijdete. 6. Nevím, jestli budu rozumět česky. 7. … budu to vědět až večer. 8. Zítra budu mít volno. 9. Už nebudu kouřit … 10. … budu to potřebovat zítra. 11. Zítra ještě budu muset koupit chlebíčky. 12. Budeš chtít zítra teplou večeři?

13. 1. Když jdu na návštěvu, mám dárek pro přítele … 2. Když jdu z práce domů, kupuju si nějaký dobrý zákusek. 3. Až přijdu domů, uvařím si nejdřív teplý čaj. 4. Když je syn doma sám, dívá se na video. 5. Až skončí čeština, musím se vrátit do práce. 6. Až vypijeme aperitiv, dáme si večeři. 7. Až děti řeknou, co chtějí obědvat, půjdu nakoupit. 8. Když si prohlížím tyhle fotografie, vzpomínám na svoje rodiče. 9. Až otevřou pokladnu, koupíme hned lístky.

Text p.145 Kubátovi jsou doma a čekají návštěvu. „Nemáš cigaretu?" ptá se pan Kubát. „To víš, že mám. Ale moc kouříš, to není zdravé," odpovídá paní Kubátová. „Když čekám, musím kouřit," říká pan Kubát.
Návštěva přichází. Je to pan Čapek z (Brna), kolega z práce. „Ahoj! Pojď dál!" vítá ho pan Kubát. Paní Kubátová ho ještě nezná, proto se představuje: „Dobrý den. Já jsem Petr Čapek." „Těší mě, jsem ráda, že vás poznávám," říká paní Kubátová. „A děkuju za květiny. Paní Kubátová nabízí kávu a dort. „Děkuju, vezmu si," děkuje pan Čapek. Pan Kubát nabízí cigaretu: „Kouříš?" „Ne, nekouřím, není to zdravé," říká pan Čapek.
„Už bude (šest) hodin, musím se rozloučit. V 7 hodin jede vlak. Pojedu taxíkem, už nemám čas," říká pan Čapek. „Tam dole stojí/je jedno taxi!" říká pan Kubát. „To je dobře. Nemusím se bát, že přijdu na nádraží pozdě."
„Děkujeme za milou návštěvu," loučí se paní Kubátová. „Kdy zase přijedeš?" ptá se pan Kubát. „Za tři měsíce budu mít dovolenou a myslím, že přijedu. Ale teď už musím pospíchat. Na shledanou!" loučí se pan Čapek. „Šťastnou cestu!" loučí se Kubátovi.

15. M: Dobrý večer. Můžu vám představit svého bratra Tomáše?
K: Dobrý večer, pane Milere. Těší mě, že poznávám vašeho bratra. Můj manžel ještě není doma, je v práci.
M: To nevadí. Jestli můžeme (smíme), počkáme na něho, paní Kubátová.
K: Samozřejmě, můžete (počkat). Můžu vám nabídnout kávu nebo víno (skleničku vína)?
M: Děkuju mockrát, dáme si rádi kávu.
K: Tady je káva a (nějaké) chlebíčky.

- ● Můžu vám nabídnout cigaretu?
- ○ Děkuju, nekouřím.

- ● Musím se už rozloučit. Můj vlak jede za hodinu. Děkuju za hezký večer.
- ○ Já děkuju za milou návštěvu. Zase vás rád(a) brzy uvidím. Na shledanou.

16. Někdo zvoní, jdu otevřít. ... Už otvírám láhev! - ... jen ještě musím připravit něco do práce. ... Už se na ni připravuješ? - ... představuje se nový kolega. „Chci vám představit svého bratra." - Navštěvuju rodiče každý pátek. Chci navštívit svého přítele. - Rodiče přicházejí na návštěvu každou neděli. Přijdou taky zítra - Budeme jíst v jednu. Najíme se někde ve městě. - „Za chvíli se už musím rozloučit ..." ... loučí se paní Nová. - ... vítá návštěvu paní Nová. ... Kdo ho přivítá?

17. Za dvě, tři, čtyři hodiny. - Za dva, tři, čtyři týdny. - Za dva, tři, čtyři měsíce.

18. Děkuju za hezký dárek – za krásné květiny – za milou návštěvu – za milý večer – za moderní tašku – za dobrou kávu.
Platíme za francouzské víno – za americké cigarety – za lístky na koncert – za večeři – za naše děti – za naše kamarády.

19. Odpoledne půjdu ... - Jedu do města. - Děti pojedou ... - Autobus už jede! - Ty jdeš ven? Slyším, že někdo přichází. - Každý den odcházím do práce ... - Každý den přicházím z práce ... - Každou sobotu přichází na návštěvu ... - Každé ráno syn a dcera odcházejí už v 7 ... Čekáme, až přijde ... - Až odejde návštěva ... - Dneska asi přijde Jana. - V 8 budu muset odejít. - Myslím, že už nikdo nepřijde.

K p.149 That's a nice room! - Do you think so? - Don't you like it? - Not much. I only like the fact that it's large.

20. Ne, není velký. - Kuchyň, dětský pokoj, obývací pokoj a ložnice. - Spíme v ložnici. - Jíme v kuchyni. - Myjeme se v koupelně. - Postele dáme do ložnice. - Jídelní stůl dáme do kuchyně. - Kabát si svlékáme na chodbě. - Když je hezky, můžeme být na balkoně. - Ne, byt nemá pracovnu.

LEKCE 7

1. Řeknu ti (vám, mu, jí) to zítra. - Děkuju ti (vám, mu, jí) moc. - Je ti (vám, mu, jí) teplo? - Půjdu k němu (k ní) na návštěvu. - Přijdu k tobě (k vám) v 8 hodin. - Napíšu ti (vám, mu, jí) až za týden. - Hned ti (vám, mu, jí) to vysvětlím. - Není ti (vám, mu, jí) zima? - Hodí se ti (vám, mu, jí) středa večer? - Líbí se ti (vám, mu, jí) ten obraz?

4. Telefonuju Martinovi - bratrovi - Adamovi - Jackovi - kolegovi - otci - příteli - učiteli - Tomášovi - Chrisovi.
Píšu rodině - Zuzaně - kamarádce - matce - sestře - přítelkyni.
Je naproti obchodu - parku - kostelu - hotelu - kinu - divadlu - orloji - restauraci - věži - parkovišti - nádraží.
Je naproti poště - kavárně - ambasádě - firmě - bance - Opeře.
Nerozumím matematice - fyzice - politice - ekonomii - chemii - filozofii.

5. 1. svému příteli 2. Haně a Filipovi 3. Pavlovi 4. tvojí (tvé) sestře 5. naproti tomu modernímu hotelu 6. proti vašemu lektorovi 7. mojí (mé) manželce a mně 8. k Monice? 9. mému kolegovi 10. k Jakubovi, mu 11. manželovi 12. svému známému z Prahy

6. **a)** Byl/Byla jsem ...(já) - Byl/Byla jsi ... (ty) - Pane kolego, byl jste ...? - Petr byl ... - My všichni jsme byli ... - Naši přátelé byli ...
b) Jana šla, nešla, přišla, odešla ... - Petr šel, nešel, přišel, odešel ... - Jana a Petr šli, nešli, přišli, odešli ... - Rodiče šli, nešli, přišli, odešli ...

7. Čekal/Čekala jsem na tebe dlouho. - Měl/Měla jsem velkou radost. - Vzal/Vzala jsem si tvoje pero. - Včera jsem pracoval/pracovala až do noci.
Hledal/Hledala jsi taky ve skříni? - Díval/Dívala ses dobře? - Viděl/Viděla jsi tam Jitku? - Co sis koupil/koupila?

Včera večer jsme měli návštěvu. - Pili jsme bílé víno. - Domů jsme se vrátili brzo. - Poznali jsme jejich přátele. - Prohlédli jsme si celé město.
Přišel/Přišla/Přišli jste včas do divadla? - Jak dlouho jste zůstal/zůstala/zůstali v restauraci? - Už jste skončil/skončila/skončili? - Co jste si prohlédl/prohlédla/prohlédli? - Ukázal/Ukázala/Ukázali jste jim cestu na náměstí?

8. a) Myslel/Myslela, že Lenka je ... - Byl rád/Byla ráda, že nás vidí. - Zeptal/Zeptala se, kde je ... - Doufal/Doufala, že Zuzana bude ... - Těšil/Těšila se, že pojede ... - Čekal/Čekala, až přijde ... - Bál/Bála se, že přijede ...

11. Tak fajn, sejdeme se ... - Zítra spolu strávíme ... - Zítra nebudu v práci, budu ... - Zůstanete tady v Praze ...? - ... budu moct přijít. - Co si objednáš? ... - ... budu odpočívat a budu si číst. - V prosinci si vezmu ... - Celé Vánoce budu lyžovat, ... - Počkám na manželku ... - ... budu potřebovat peníze. - ..., že se sestra bude zlobit. - ..., zdržím se v kanceláři.

12. 1. Odcházím jako poslední. - Odešel už někdo? 2. Přichází Martin! - Včera jsem přišel velmi pozdě. 3. Ráda se procházím v parku. - Nepůjdeme se projít? 4. Já a Dana se scházíme každou středu. - Sejdeme se spolu taky zítra. 5. Těším se, že se budu procházet, že budou přicházet návštěvy, že se budeme scházet já a moji přátelé.

13. Už jsem ho přečetl. - Už jsem si ji naplánoval. - Už jsem to udělal. - Už jsem mu poblahopřál. - Už jsem jí zatelefonoval. - Už jsem se naobědval. - Už jsem si ho vzal. - Už jsem přestoupil. - Už jsem si ji koupil. - Už jsem si ho prohlédl. - Už jsem jí to řekl. - Už jsem mu to nabídl. - Už jsem si připil. - Už jsem mu za něj poděkoval. - Už jsem mu pomohl.

14. 1. Ráno jsem odešel do práce v 7 hodin. 2. V 8 hodin přišel můj obchodní partner. 3. Naše jednání trvalo 2 hodiny. 4. Já a kolega jsme se naobědvali v restauraci. 5. Zatelefonoval jsem domů manželce. 6. Manželce bylo špatně, proto zůstala doma. 7. Synovi skončila škola ve 3 hodiny. (Syn skončil školu ve 3 hodiny.) 8. Jeli jsme autem domů. 9. Neměl jsem dárek pro manželku. 10. Koupil jsem jí květiny. 11. Pili jsme víno. 12. Doma bylo krásně.

15. 1. Psal jsem to ... - Napsal jsem mu ... 2. Četl jsem si ... - Přečetl jsem si ... 3. Díval jsem se ... - Podíval jsem se ... 4. Ptal jsem se a odpovídal jsem ... - Zeptal jsem se ... 5. Večeřeli jsme ... - Navečeřeli jsme se ... 6. Jedl jsem ... - Snědl jsem ... 7. Celý týden jsem vstával ... - Dneska jsem vstal ... 8. Říkal jsem mu ... - Řekl jsem mu ... 9. Připravoval jsem se ... - Připravil jsem se ... 10. Prohlížel jsem si ... - Prohlédl jsem si ... 11. Scházeli jsme se ... - Sešli jsme se ... 12. Když jsem se vracel ... - Vrátil jsem se ...

16. 1. Ve středu jsem přijel domů v jedenáct hodin. 2. Čekal jsem na svého přítele Pavla půl hodiny u banky. 3. V prosinci jsem byl dva týdny na služební cestě v Brně. 4. Včera jsem viděl v kině moc zajímavý český film.

17. V 7 hodin jsem vstal, potom jsem dlouho snídal. Četl jsem noviny, poslouchal jsem rádio. Potom jsem šel do města. Chtěl jsem koupit malý dárek pro jednu přítelkyni. Jako dárek jsem vybral skleničky. Prohlížel jsem si je dlouho. Nevěděl jsem, jestli se budou přítelkyni líbit. Mně se líbily. Nakonec jsem je koupil. Když jsem odešel z obchodu, bylo už 10 hodin. Měl jsem na něco chuť, proto jsem šel do kavárny. Prohlédl jsem si celou kavárnu, jestli tam není nikdo známý, ale nebyl. Musel jsem sedět u stolu sám. Ještě jsem nevypil kávu, když přišla Jana. Měl jsem radost, dlouho jsem Janu neviděl. Mluvili jsme spolu, ptali jsme se na přátele. Ve 12 hodin jsme zaplatili a odešli. Rozloučili jsme se: Ahoj!

18. ošklivý – hezký, krásný; ošklivě – hezky, krásně; teplo – zima; poslední – první; hodně – málo; zdravý – nemocný; nikdo – všichni; od Petra – k Petrovi; daleko od nádraží – blízko nádraží; přichází – odchází; odejdou – přijdou; prodat – koupit; prodávám – kupuju

19. (milá) návštěva (z Prahy) - objednal jsem (minerálku) - zůstal jsem (v Praze dlouho) - chtěl jsem (lyžovat) - líbil se mi (film) - bylo mi (dobře) - (dlouhá) cesta (do Prahy) - šel jsem (do města)

LEKCE 8

4. Chtěl/Chtěla bych jeden balíček čínského čaje - dvě láhve bílého vína - jednu láhev světlého piva - půlku černého chleba - deset deka ementálského sýra - sklenici studené vody - dvě sklenice vinného střiku - skleničku studeného džusu - šálek irské kávy - půl kila šunkového salámu - láhev francouzského koňaku.

5. Napil/Napila ses už teplého čaje, ovocného džusu? - Napil/Napila jsem se červeného vína, coca-coly. - Napiju se koňaku, studeného mléka. - Vypil/Vypila jsem sklenici studené minerálky.

7. Je vedle toho velkého domu - vedle toho moderního obchodu - vedle Hlavního nádraží - vedle tamté restaurace.
Jdu do Národního divadla - do nového multikina - do obchodního domu - do tvého pokoje.

8. od pondělí do středy - od úterý do soboty - od pátku do neděle - od oběda do večera - od rána do jedné hodiny - od jedné hodiny do večeře

9. Mám ho/ji od manžela - od manželky - od syna - od dcery - od mladší sestry - od staršího bratra - od svého přítele - od svojí (své) kamarádky.

10. kavárna U svatého Vojtěcha, U Týna, U staré paní, U Keplera, U svaté Ludmily, U Valentina, U Staré pošty, U Mostecké věže
restaurace U Aničky, U Benedikta, U České koruny, U divadla, U Jakuba, U Libuše, U Matouše, U koleje

11. 1. do banky; 2. vedle té mladé ženy; 3. bez Petra; 4. kolem našeho domu; 5. z práce; 6. od koho, od manžela; 7. bez cukru; 8. bez mléka; 9. do skříně; 10. u (vedle) lampy; 11. u sestry; 12. od Martiny; 13. z dovolené; 14. do jedné hodiny

12. Mám rád/ráda pomeranč, citron, jablko, hrušku. - Nechtěl/Nechtěla bys, Chceš pomeranč, citron, jablko, hrušku? - Dám ti jeden (pomeranč, citron), jedno (jablko), jednu (hrušku).
Ráno snídám rohlík, housku ... - Koupíš mi dva rohlíky, dva sendviče, dvě housky? - Chtěl/Chtěla bych ... jeden rohlík, jeden sendvič, jednu housku. - Máš raději rohlík, nebo housku?
K snídani mám rád/ráda chleba a máslo, sýr, džem, marmeládu, vajíčko, jitrnici, salám. - Je tady sýr, marmeláda a housky. - Chceš chleba se sýrem, nebo s džemem, marmeládou? - Máme ještě doma chleba, sýr, džem, marmeládu, máslo?

13. něco / nic zajímavého - nového - hezkého - dobrého - veselého - důležitého

17. b) boty: Nemáte nějaké menší? Bohužel, menší už nemáme. - košile: Nemáte nějakou větší? Bohužel, větší už nemáme. - tričko: Nemáte nějaké menší? Bohužel, menší už nemáme.

18. Tahle žena je veselejší - modernější - zajímavější - nervóznější - mladší - starší než tamta.

19. Chtěl/Chtěla bych něco novějšího - teplejšího - studenějšího - levnějšího - dražšího - hezčího.

20. 1. To je tvoje nejlepší kamarádka. 2. Je to moje nejhorší práce. 3. To je největší dort ... 4. To je nejmenší balíček ... 5. To je nejlevnější hotel ... 6. To je nejkrásnější obraz ... 7. Je to nejrychlejší auto ... 8. To je nejmodernější restaurace ... 9. Je to nejdražší rádio ...

21. nejlépe – nejhůř(e); nejvíc – nejméně; nejhůř – nejlépe; nejméně – nejvíc(e); nejvíc – nejméně; nejméně – nejvíc(e); nejchladněji – nejtepleji; nejrychleji – nejpomaleji

22. anglicky - česky a německy - dobře - rychle - špatně - krásně a moderně - zdravě - nervózně - často - volno - teplo - dlouho a pomalu

LEKCE 9

1. dva prodavači, pět prodavačů - dva rohlíky, pět rohlíků - dva čaje, pět čajů - dvě housky, pět housek - dvě restaurace, pět restaurací - dvě piva, pět piv - dvě eura, pět eur

3. Ale ne, je/bylo tam 5 cizinců, 5 doktorů, 5 Američanů. - 5 talířů, 5 hrníčků, 5 dárků. - 5 žen, 5 cizinek, 5 skleniček. - 5 divadel, 5 kin, 5 aut.

4. b) Několik kilogramů pomerančů, banánů, citronů, brambor, jablek, rajčat.
Několik paprik, okurek, baget, salátů, jogurtů, sýrů.

5. a) Budou asi tvých kolegů - našich přátel - mých kamarádů - těch cizinců - těch Angličanů - tvých sester - našich přítelkyň - mých kamarádek - těch cizinek - těch Angličanek.
b) Zeptám se těch lidí - těch prodavačů - tamtěch pánů - tamtěch starých žen - těch mladých prodavaček.

6. Ve městě je/bylo mnoho aut a autobusů, moderních divadel a kin, krásných starých domů, obchodních ulic, malých obchodů, nových bank, starých lidí, malých dětí, hezkých dívek, veselých studentů, turistů, úředníků.
Mám/Nemám dost bílých košil, zimních sak, moderních obleků, hnědých bot, minisukní, večerních šatů, učebnic češtiny, českých knih a časopisů, talířů a příborů, skleniček a hrníčků, černých triček, červených růží.

10. 1. bez něho, bez ní, bez nich; 2. k němu, k ní, k nim; 3. vedle něho, vedle ní, vedle nich; 4. mu, jí, jim; 5. ho, ji, je; 6. u něho, u ní, u nich; 7. mu, jí, jim; 8. od něho, od ní, od nich

11. Udělal bych to hned. - Měla bych radost. - Vzala bych si to žluté tričko.
Dali bychom si jen čaj. - Chtěli bychom něco k pití. - Šli bychom na procházku.
Jana by přišla v osm. - Filip by to asi věděl. - Jana a Filip by šli taky na koncert.

12. a) Neměl bys kouřit - pít tolik coly - tolik jíst - bydlet sám - na něj čekat. Neměl by ses dívat tak dlouho na video. Neměl by sis kupovat tak drahé boty.
b) Měla bys koupit otci dárek - zatelefonovat Martinovi - večer jít někam ven. Měla by ses vrátit brzo. Měla by ses podívat na ten film. Měla by ses nasnídat. Měla by sis zkusit tyhle kalhoty.

13. Nejraději bych šel/šla do kina - bych si četl/četla noviny - bych se najedl/najedla - bych se díval/dívala na televizi - bych jel/jela autem - bych se napil/napila vody - bych spal/spala v hotelu - bych si dal/dala zmrzlinu - bych vrátil/vrátila ten svetr - bych studoval/studovala matematiku.

14. koupil bych si to - napsal bych ti - studoval bych - udělal bych to pro vás - přišel bych brzo - odjel bych zítra - řekl bych vám to - čekal bych u školy - počkal bych na tebe - začal bych studovat - bydlel bych v Praze - četl bych si - měl bych radost - odešel bych ven - podíval bych se na to - zatelefonoval bych vám - byli bychom rádi - dal bych ti to - vypil bych celou láhev - vzal bych si to - přijel bych vlakem

22. 1. Jsem rád/ráda, že … 2. Mám rád/ráda kávu … 3. Jsem rád/ráda, že … 4. Rád/Ráda si prohlížím … 5. Mám rád/ráda své kolegy … 6. Rád/Ráda si objednává …

24. Ano, vezmu si ji / si ho. - Ano, dám si ji / si ho. - Ano, přeju si ji / si ho. - Ano, objednám si ji / si ho.

27. pomerančový džus - koupím pomeranče; máme ještě citron? - citronový čaj; žampionovou pizzu - žampiony nekupuju; tuňákový sendvič - tuňák mi chutná; čokoládu bych jedla - čokoládová zmrzlina; šunkový salám - pražská šunka; nové brambory - bramborový salát

29. 1. Mám ještě ... 2. Hned ho ... 3. Ano, je ... 4. Moment, ... 5. Bohužel ne, ...

33. 1. pomoct; 2. přinesu; 3. si vzít; 4. chutná; 5. si dáme; 6. umím; 7. objednám si; 8. doporučuju; 9. nesu; 10. jsme si povídali

34. Pan Král je v hotelu. Jde do restaurace. Chce sedět u stolu v rohu. Stůj je bohužel rezervovaný. Ale u dveří je ještě jeden volný stůl. Pan Král si objednává jídlo: polévku, řízek (steak) a pečené brambory a pivo. Později přichází nějaká paní. Pan Král je rád. Objednává si to stejné jídlo jako pan Král, ale bez piva. Potom si spolu dlouho povídají. V deset hodin jí pan Král děkuje za milý večer.

LEKCE 10

2. Sejdeme se před kinem, před metrem, před kavárnou, před restaurací. - Před hodinou, před měsícem, před týdnem. - Před obědem, před polednem, před snídaní, před večeří. - Leží tamhle pod stolem, pod křeslem, pod židlí, pod skříní.

5. Ano, a mluvil/mluvila jsem s Monikou - s Jitkou - s Janou - s Kateřinou - s Michalem - s Františkem - s Johnem dlouho.

6. Jím nožem, lžící, vidličkou. - Pojedu autem, autobusem, vlakem, tramvají. - Umyl jsem to teplou vodou, mýdlem, šamponem.

7. Chci být učitelem, pedagogem, ekonomem, politikem, doktorem, prodavačem, fotografem, ministrem, fotbalistou, známým atletem - učitelkou, pedagožkou, ekonomkou, političkou, doktorkou, prodavačkou, fotografkou, ministryní, fotbalistkou, známou atletkou.

9. 1. jdeš; 2. půjdeš; 3. chodíš; 4. půjdeme; 5. budeš chodit; 6. chodíš; 7. bych šel; 8. jít; 9. chodí

10. 1. pojedeš; 2. jezdíš; 3. pojedete; 4. jezdíme; 5. jezdím; 6. pojedeš; 7. jede - jet; 8. budu jezdit; 9. pojedeš - nepojedu

13. Přijel jsem před týdnem. - Musím odejít za dvě hodiny. - Přišel před hodinou. - Jede za čtvrt hodiny (za 15 minut). - Začal jsem se učit před rokem. - Končí mi za jeden a půl měsíce. - Zavírají za půl hodiny. - Vracím se za 14 dní (za dva týdny). - Odešel před chvílí.

14. 1. vloni; 2. brzo; 3. včera; 4. v noci; 5. pozítří; 6. letos; 7. nejdřív(e); 8. nikdy; 9. jednou za týden

19. Zítra pojedu s rodinou ... - ... jezdíme často ven za město nebo chodíme na dlouhé procházky. - ... chodí do kina. - ... já zítra nemůžu jet. - ... nemusíš jet. - ... večer nepůjdeš do kina ... - ... letos začala chodit do školy. - ... zítra na chatu pojede. - ... o dovolené jezdíme k moři. - ... k moři nepojedeme ... - Manželka a děti pojedou ... - ... bude chodit na nějaký kurz.

20. Dneska bylo hezky. Svítilo slunce, bylo asi 20 stupňů. Nebylo moc horko, proto jsem šel/šla do parku. V parku ale bylo hodně lidí, to se mi nelíbilo, proto jsem se vrátil/vrátila domů, vzal/vzala jsem si auto a jel/jela jsem ven. Měl/Měla jsem dobrou náladu. Díval/Dívala jsem se z auta, viděl/viděla jsem řeku, lesy a nakonec jsem zaparkoval/zaparkovala u řeky. Ležel/Ležela jsem, trochu jsem se opaloval/opalovala.
Plavat jsem ještě nechtěl/nechtěla, protože voda nebyla teplá. Asi za hodinu přišly mraky, bez slunce bylo najednou zima. Rychle jsem jel/jela domů, bál/bála jsem se, že bude pršet a bude bouřka. Pršet však začalo, když už jsem byl/byla doma.

21. na jaře - na jídlo než na přírodu - k jídlu z piknikového koše - v autě - pro něj - za chvíli - v koši - se šunkou - do koše - za sestrou - od srpna - o dovolené - na naši chatu - v Německu - v Anglii blízko Londýna - u sestry - v pondělí - za dva dny - k nám - na návštěvu - v pondělí - v osm - v šest - v baru - k nám - do příštího pátku - pro ten koš - před osmou hodinou - v osm - na příjemný večer - v kolik hodin - do půl jedenácté - za deset minut

22. Napsal ti Petr? 3. - V kolik hodin mají přijít? 4. - Kdy to musíš udělat? 3. - Kdy se asi vrátíš? 4. - Jak dlouho budeš dneska studovat? 2.

LEKCE 11

3. Aleno, vrať se - zaplať - promiň - posaď se - přijď - mluv - nauč se - napij se ... Michale, zkontroluj - poděkuj - zaparkuj - nepracuj - opakuj si - zorganizuj - zatelefonuj ...

4. Ať Lucie (Pavel) objedná ... - jde ... - zavolá ... - přinese ... Ať si Lucie nebere ... - vezme ... - Ať Lucie a Pavel přijdou ... - vystoupí ... - snědí ... - nečekají ... Ať to Lucie a Pavel řeknou ... Ať si Lucie a Pavel prohlédnou ...

5. Jakube - Adame - Filipe - Johne - Bille - Dane ...! Pavle - Karle - Havle ...! Marku - Františku - Vašku - Martínku ...! Lukáši - Matěji - Danieli - Charlesi - Chrisi ...! Honzo - Jirko - Pepo - Franto - Kubo ...! Jitko - Martino - Dano - Aleno - Terezo ...! Lucie - Klaudie - Viktorie - Valerie ...!

6. Pane Pospíšile - pane Zemane - pane Fišere ... Pane Dvořáku - pane Čechu - pane Čapku ... Pane Bartoši - pane Kuchaři - pane Krausi ... Pane Svobodo - pane Procházko - pane Vávro ... Pane Novotný - pane Kopecký - pane Veselý ... Paní Dvořáková - paní Kučerová - paní Mašková ...

7. Anno, zavři okno! - Filipe, otevři dveře! - Viktore, navštiv mě/nás dneska! - Lenko, ukaž mi/nám nové šaty! - Jitko, přijď ke mně/k nám večer! - Roberte, nemluv tak nahlas! - Matěji, nedělej si starosti! - Heleno, kup si něco hezkého! - Martínku, dej mi ten balon! - Markéto, nechoď ven! - Karle, zkus si ty kalhoty!

8. s Martou (s ní) - s Petrem a Janem (s nimi) - se svým kolegou (s ním) - s panem Novákem (s ním) - s mojí (mou) sestrou (s ní)

9. nad televizi - nad ní; pod postel - pod ní; pod křeslo - pod ním; před Petra - před ním; za Karla s Irenou - za nimi

10. Ano, za vámi - za tebou - za ní - za ním.

11. zalepit obálku - napsat adresu - zvážit balík - hodit do schránky - nalepit známku - vyplnit poukázku - poslat peníze - psát propiskou

12. jít na poštu poslat balík - psát dopis na dopisní papír - nalepit známku na obálku - zaplatit 9 Kč za dopis - dát fotografii do dopisu - poslat dopis letecky - koupit známky za 50 Kč - poslat balík normálně - jít do banky pro peníze

13. Ahoj (teto)! Posílám ti (hezký) pozdrav z (dovolené). Je tady moc (hezky). ... za (týden). Posílám (Ti) srdečný (pozdrav) z dovolené. (Je tady) teplo, chodíme (se koupat) ... Pozdravuj také (Michala).
Přejeme celé Vaší rodině (veselé) Vánoce a (šťastný) nový rok. Na Vánoce jedeme (na hory), zůstaneme tam i na Nový (rok). Pozdravujte od nás (Zuzanu) ...

16. Ahoj, Jirko! Odkud voláš? Potřebuješ něco? - Mám. Kde jsi teď? - Asi za půl hodiny. - Vím. Tak za chvíli ahoj!

18. Ahoj Markéto! Už je tady květen a Tvoje narozeniny! Přeju Ti všechno nejlepší! Hodně štěstí, zdraví a spokojenou rodinu. Je mi líto, že jsem před týdnem nemohla přijít k Zuzaně. Zuzana mě určitě omluvila, takže víš, že jsem měla nemocné děti. Doma jsem zůstala celý týden, teď už chodím do práce. Příští týden se musíme někde sejít. Hodí se Ti středa odpoledne? V pět hodin už můžu být někde v centru. Napiš mi nebo zavolej. Pozdravuju Tvou rodinu a přeju hezký víkend. Ahoj! Kateřina

19. Dobrý den. Mohl/Mohla bych mluvit s Petrem? - Dobrý den. Je tam, prosím, doktor Dvořák? - Dobrý den. Chtěl/Chtěla bych mluvit s inženýrem Kubátem. - Dobrý den. Je, prosím, Karel doma? - Dobrý den. Mohl/Mohla bych mluvit s panem doktorem? - Ahoj! Je doma Michal? - Můžeš říct Michalovi, že jsem volal a že přijdu zítra? - Dobrý den. Mohl/Mohla bych přijít dneska odpoledne k panu doktorovi?

20. Prosím vás, kde si můžu půjčit telefonní seznam? - Neváží můj balík víc než 15 kilogramů? - Kolik je poštovné do ciziny? - Chtěl/Chtěla bych ten dopis poslat doporučeně. - Prosím vás, jak mám poslat peníze?

22. 1. s manželkou - s ní; 2. s novým autem - s ním; 3. se mnou - s vámi; 4. za Michalem - za ním; 5. za naší školou - za ní; 6. před filmem Patriot - před ním; 7. touhle ulicí - parkem

23. S kým ses sešla? - Čím jezdíš do práce? - S čím nejsi spokojený? - S kým mluvil? - Za kým nemám chodit? - Za kým mám jít? - Před čím je stanice tramvaje? - Čím nesmíme psát?

24. 1. od doktora; 2. za domem; 3. bez svojí (své) nové přítelkyně; 4. před hodinou; 5. po obědě; 6. za měsíc; 7. od našeho lektora; 8. pod stůl; 9. všichni; 10. nikdy

25. 1. taxíkem - v servisu; 2. do schránky, před obědem; 3. za učitelkou; 4. s Lucií; 5. mezi pátou a šestou; 6. za měsíc; 7. každou chvíli; 8. před chvílí; 9. na stole, s polévkou, se sýrem; 10. mezi oknem a postelí

LEKCE 12

3. Čteme/Mluvíme o vašem městě - o vašem novém programu - o novém českém filmu - o jižním Slovensku - o příštím týdnu - o minulém pátku - o naší nové televizi - o pražské univerzitě - o jedné známé restauraci - o severní Moravě - o minulé středě - o velké zimě.

4. 1. v červnu, v červenci, v září; 2. v prosinci, v lednu, v zimě; 3. v Chicagu, ve Washingtonu, v Dublinu; 4. v prvním, druhém, třetím poschodí; 5. v garáži, na ulici, na parkovišti; 6. ve svém pokoji, na fakultě, ve městě; 7. ve vlaku, v autobuse (autobusu), v metru; 8. v televizi, v kině Pasáž, na čtvrtém kanálu; 9. po celé Evropě, po Jižní Americe, po Anglii; 10. po práci, po škole, po obědě; 11. o Aleně a Petrovi, o jeho rodině, o Monice

6. Víte něco o Národním divadle (divadlu) (o něm) - o panu Marešovi (o něm) - o našem lektorovi (o něm) - o české literatuře (o ní) - o české historii (o ní) - o Evě a jejím příteli (o nich)?

9. 1. vyšli; 2. se rozešli; 3. projel; 4. dojeli, přijeli; 5. dopíšu, přepíšu; 6. přejelo; 7. přeletělo; 8. vešla; 9. přiletělo; 10. vjel; 11. přichází

10. 1. odešla; 2. odjel; 3. prošli jsme se; 4. projeli jsme se; 5. přijel; 6. přišel; 7. vyjeli jsme; 8. jsem vyšel; 9. vešel jsem, šel jsem; 10. vjeli jsme a hledali jsme (našli jsme)

11. donesu ti něco k jídlu - přinesu ti tu knihu domů - vynesu ten kufr nahoru - odnesu něco ven z pokoje - roznesu dopisy na různá místa - snesu něco dolů na ulici

13. na jméno Dvořák - za jeden dvoulůžkový pokoj - do pokoje - od auta - na/za jednu noc - před vchodem - výtahem - do čtvrtého poschodí - u/vedle východu - za hotelem

15. 1. Ne; 2. Ne; 3. Ano; 4. Ano; 5. Ne; 6. Ano; 7. Ne; 8. Ano; 9. Ne; 10. Ano; 11. Ne; 12. Ano; 13. Ano; 14. Ne; 15. Ano; 16. Ne

19. o Slovensku - o Bratislavě - o Brně (Brnu) - o starém městě - o hotelu Hvězda - o dovolené - o okolí města

20. po severní Evropě - po jižní Americe - po východní Moravě - po západním Slovensku

21. Aleně - Tobě - Jemu - Kolegovi končí dovolená a Pavlovi - mně - jí - šéfovi začíná.

23. Ahoj, Petře! Jak ses měl v sobotu a neděli? - Měl jsem se dobře. V sobotu jsem nic zajímavého nedělal. Dopoledne jsem došel do obchodního domu pro kávu a cigarety. Tam jsem potkal jednu starou přítelkyni, kterou jsem viděl naposledy před rokem. Byla s manželem v cizině. Vrátila se už prvního května, ale nezavolala mi. Bohužel měla málo času, takže jsem se s ní dohodl, že zítra spolu někam půjdeme, ale že jí mám večer ještě zavolat. Číslo telefonu se nezměnilo. Odpoledne jsem začal číst tu novou knihu, kterou mám od tebe. Moc se mi líbí. A večer, jak víš, jsem šel do kina. - No jo, to vím, ale zapomněl jsem jméno filmu. - Valmont od Miloše Formana. - Ještě jsem ho neviděl, musíš mi o něm vyprávět. Mám na něj jít? - Určitě. Mně se moc líbil.

24. A co v neděli? Kam jste nakonec šli? - Sešel jsem se s přítelkyní u metra Anděl. Nejdřív jsme šli spolu na kávu. Alena hodně vyprávěla o Mexiku, kde byla s manželem dva roky. Hodně cestovali po celé Americe. Dostal jsem od ní hodně pozdravů z cest. Dala mi malý dárek, měl jsem z něho radost. A co jsi dělal ty? - Já jsem se byl podívat v muzeu W.A. Mozarta Bertramka. - Vím, že ho po rekonstrukci otevřeli před týdnem, ale nebyl jsem tam ještě. Je v Praze 5, viď? - Ano. Nejlépe se tam jede tramvají číslo 9 z Václavského náměstí nebo číslem 6 od Národního divadla.

25. 1. Vyšla z tamtoho obchodu. 2. Ne, vyjedeme tam výtahem. 3. Rozjeli se ve středu v jednu hodinu. 4. Budu ji mít v červenci a v srpnu. 5. Odjel na služební cestu do New Yorku. 6. Mluvili jsme o nové kolegyni. 7. Chtěli bychom diskutovat o situaci v naší firmě (naší firmy). 8. Povídali jsme si o mém novém počítači. 9. Byl jsem u moře v severní Itálii. 10. Je ve vašem dvoulůžkovém pokoji. 11. Auto objelo celé město. 12. Ptal se po našem lektorovi. 13. Došel v úterý čtrnáctého května.

LEKCE 13

2. o svém bratrovi - o tom Čechovi - o novém filmu - o českém městě - o pražském náměstí o svojí (své) sestře - o svojí (své) cestě - o nové knize - o svojí (své) přítelkyni - o té havárii

3. o nových tramvajích - o pražských divadlech - o soukromých penzionech - o našich řekách - o vašich problémech - o Českých Budějovicích - o Spojených státech amerických - o pražských kulturních památkách - o Češích, Irech, Angličanech a Američanech

4. po šesti minutách - po sedmi hodinách - po osmi dnech - po deseti měsících - po šesti letech

5. Sedl jsem si na sedačku / do křesla. Sedím na sedačce / v křesle. - Položil jsem brýle na okno / na počítač. Brýle leží na okně / na počítači. - Lehl jsem si na postel / na koberec. Ležím na posteli / na koberci. Postavil jsem kolo do garáže / ke stěně. Kolo stojí v garáži / u stěny.

9. **a)** aby přišel zítra večer - aby přinesl zítra slovník - aby napsal bratrovi - aby nekupoval alkohol - aby koupil něco k jídlu - aby se dobře vyspal
b) abys/abyste to udělal ještě dneska - abys/abyste mi vysvětlil tento problém - abys/abyste mi uvařil čaj - aby ses/abyste se podíval na tenhle e-mail - aby ses/abyste se vrátil brzo - aby sis/abyste si přečetl tenhle dopis
c) abych mohl číst české noviny - abych rozuměl své kolegyni - abych mohl cestovat v Čechách bez problémů - abych uměl napsat česky jednoduchý dopis

10. aby jejich děti byly zdravé - aby byly chytré - aby se dobře učily - aby studovaly na dobré škole - aby měly hodného partnera - aby měly šťastnou rodinu; aby můj přítel byl hodný - aby dobře vypadal - aby byl optimista - aby byl sympatický, vysoký, štíhlý - aby měl tmavé vlasy, modré oči - aby rád sportoval - aby hrál na kytaru - aby chodil se mnou často ven - aby žil zdravě - aby uměl dobře vařit - aby nepil alkohol

17. Jdu si obléknout tepláky, šortky, sportovní boty, plavky, jdu si vzít brýle, sportovní boty. - Jdu se převléknout do tepláků, do šortek, do plavek.

18. 1. brát; 2. řekl; 3. říkali; 4. jezdím na kole a hraju golf; 5. navštívili; 6. pokračovat; 7. si myslím; 8. jsme cestovali (budeme cestovat); 9. se vrátil; 10. jsem se dozvěděl; 11. nepřišli; 12. vyprávěla

LEKCE 14

2. naproti těm moderním domům - naproti obchodům - naproti těm zaparkovaným autům - naproti stromům - naproti našim kancelářím
proti těm lidem - proti těm cizincům - proti těm dětem - proti kolegům - proti návštěvám

4. Napsal jsem rodičům dopis. - Objednám dětem zmrzlinu. - Řekl jsem přítelkyni (přítelkyním) pravdu. - Dal jsem prodavačce stokorunu. - Přinesl jsem manželce malý dárek. - Půjčím studentům videokazetu. - Uvařila jsem našim přátelům dobrou večeři. - Ukážeme cizincům cestu do hotelu. - Vyberu známým z Brna dobrý hotel. - Ukázal jsem policistům řidičský průkaz. - Pošlu tvým kamarádkám bonbony.

7. od jedné do tří, od dvou do čtyř, od tří do pěti - od osmi do deseti, od sedmi do devíti, od šesti do osmi - po deseti, patnácti, dvaceti, dvaceti pěti minutách

8. 1. o všem; 2. všechno; 3. všemu; 4. se vším; 5. všechny věci; 6. všechny kolegy; 7. všem kolegům; 8. o všech problémech

9. 1. v osm; 2. na dvě; 3. dvěma; 4. po dvou; 5. dva; 6. o těch dvou; 7. do tří; 8. třem; 9. po třech; 10. čtyř; 11. o jednom; 12. o pěti; 13. patnáct; 14. od dvanácti do čtrnácti; 15. čtyřicet pět tisíc

10. o jeden den, o dva dny, o pět dní déle - o hodinu, o půl hodiny, o deset minut dřív - o jednu ulici, o jeden blok, o dva domy dál - o deset korun, o dvacet pět korun, o třicet šest korun
Vloni jsem měl/měla o 5 dní delší dovolenou. - Sestře je 33 let, bratrovi je 27 let. - Jsem o 200 (dvě stě) kilometrů dál od rodičů než dřív.

11. Na začátku dovolené/prázdnin jsem se dobře vyspal/vyspala - jsem uklidil/uklidila celý byt - jsem nakoupil/nakoupila na cestu - jsem navštívil/navštívila rodiče - jsem odjel/odjela autem na chatu - jsem odletěl/odletěla s rodinou k moři.
Během dovolené/prázdnin jsem chodil/chodila na výlety - jsem hodně sportoval/sportovala - jsem hrál/hrála tenis - jsem se koupal/koupala v moři - jsem si hodně četl/četla - jsem se dobře bavil/bavila - bylo hezké počasí.
Na konci dovolené/prázdnin pršelo - bylo zima - jsem už byl/byla ve městě - k nám přijel bratranec s rodinou - jsem hodně pracoval/pracovala na zahradě - jsem nakupoval/nakupovala dětem do školy.

13. 1. od patnácti do devatenácti let; 2. od devatenácti do dvaceti čtyř let; 3. během studia na univerzitě; 4. po třech letech; 5. v létě ve dvaceti devíti letech; 6. před rokem; 7. na jeden rok nebo na dva roky; 8. na konci léta; 9. o pět let mladší

14. před obědem, před banketem, před jednáním, před večeří - po obědě, po banketu, po jednání, po večeři

15. 1. Na parkovišti; 2. V motorestu; 3. Cestu po dálnici; 4. Umýt přední sklo; 5. Až skončíme; 6. Pojedete

19. Až skončí ... - Když přišel ... - Až uvidíme ... - Když jsem zastavil ... - Až budeš vědět ... - Když mě zastavila

22. 1. řidičský průkaz; 2. autem; 3. svou manželku; 4. dost času; 5. z okna; 6. za hodinu; 7. před začátkem

LEKCE 15

2. **a)** před pěti - před deseti - před patnácti - před dvaceti minutami
b) před pěti dny - před deseti dny - před dvěma týdny - před třemi týdny - před třemi měsíci - před čtyřmi měsíci

3. **a)** taška s knihami - s bramborami - s minerálkami - s houskami - s jablky - s vajíčky - s chlebíčky - s časopisy - s pomeranči - s vejci
b) s vašimi rodiči, hosty - s těmi cizinci, lidmi - s několika přáteli, dětmi - se dvěma kolegy, doktory

4. **a)** výrobou dveří a oken - distribucí potravin - importem textilních výrobků - prodejem strojů
b) s českými partnery - s různými zákazníky - se sousedními státy - většinou s pražskými firmami

5. s ním – o prázdninách – od pondělí do středy – za 10 dní – během prázdnin – z ciziny – po dálnici – v hotelu – u Petra – před týdnem – o (během) dovolené – s přáteli Mirka – na dovolené – ve firmě – od Prahy – k nám – u nás – o 2 metry delší

6. 1. představuju; 2. už jsem se seznámil; 3. pozval; 4. co si myslíš; 5. jsou; 6. nabídl jsem

7. Viděl jsem Jirku. - Dal jsem to Jirkovi. - Půjdu tam s Jirkou. - Dana sedí vedle Jirky. - Vzpomínám si na Jirku. - Tamhle jde Jirka! - Víš o Jirkovi ...

8. Viděl jsem tam Martina, Lukáše, Honzu, Terezu, Lucii. - Řekl jsem to Martinovi, Lukášovi, Honzovi, Tereze, Lucii. - Šel jsem tam s Martinem, Lukášem, Honzou, Terezou, Lucií. - Zeptal jsem se Martina, Lukáše, Honzy, Terezy, Lucie.

11. jel/jela bych se koupat - šel/šla bych nakupovat - strávil/strávila bych celé dopoledne ... - snědl/snědla bych celý dort ... - jel/jela bych stopem - dal/dala bych do pořádku ... - řídil bych sám/řídila bych sama - uvařil/uvařila bych něco ... - šel/šla bych s tebou - zahrál/zahrála bych si squash

13. 1. letenka; 2. letuška; 3. letiště; 4. letadlo; 5. letový řád

16. opravil/opravila jsem (úkol) - (dobrá) situace (naší firmy) - seznámil/seznámila jsem se se (zajímavými lidmi) - (velký) byt (v centru) - bojím se (psů, létat)

17. Čekal jsem na přítele hodinu. - Dojdu pro noviny do trafiky. - S Petrem jsem se rozloučil včera. - Vezmu si od tebe bonbony. - Dozvěděl jsem se zajímavé informace od Tomáše./Od Tomáše jsem se dozvěděl zajímavé informace. - Musím myslet na naši cestu do Austrálie. - Pracuju s kolegou na novém úkolu. - Zaplatil jsem tisíc korun za košili./Za košili jsem zaplatil tisíc korun. - Pomáhám synovi v matematice. - Pozdravujte ode mě/mne manžela. - Vyprávěl jsem rodičům o naší dovolené. - V létě budeme cestovat po střední Evropě. - Blahopřál jsem Filipovi k narozeninám. - Zajistil jsem jim hotel v centru. - Z práce jsem se vrátil v půl osmé/v sedm třicet.

CZECH-ENGLISH DICTIONARY

A

a 1	*and*
aby 13	*so that, in order to*
adresa F 11	*address*
adresát M 11	*addressee*
agentura F 15	*agency*
ahoj! 4	*hello! hi! bye!*
ale 1	*but*
alkohol M 13	*alcohol*
ambasáda F 7	*embassy*
anglicky 3	*English*
Angličan M 1	*Englishman*
Angličanka F 1	*Englishwoman*
angličtina F 2	*English*
Anglie F 2	*England*
ani – ani 4	*neither – nor*
ano 1	*yes*
asi 3	*maybe, probably*
atmosféra F 7	*atmosphere*
autobus M 4	*bus*
autobusový,-á,-é 4	*bus (adj)*
automat M 5	*vending machine*
(auto)servis M 14	*car service*
až 4	*(not) until, as far as*

B

balíček M 8	*packet*
balík M 11	*parcel*
banán M 8	*banana*
banka F 2	*bank*
barevný,-á,-é 1	*coloured*
barva F 8	*colour*
bát se +Gen impf 6	*to be afraid*
bojím se	*I'm afraid*
bavit +Acc impf 14	*to enjoy*
baví mě to	*I enjoy it*
bavit se (dobře) 14 **-ím se** impf	*to enjoy, I have a good time*
bazén M 13	*swimming pool*
běhat impf 13	*to run*
během +Gen 14	*during*
benzin M 14	*petrol*
benzinová pumpa F 14	*petrol station*
bez +Gen 8	*without*
biftek M 9	*beef (steak)*
bílý,-á,-é 1	*white*
blahopřát +Dat k +Dat, **-přeju** impf 7 **poblahopřát pf**	*to congratulate on*
blanket M 11	*form*
blízko (+Gen) 5	*near*
blíž(e) 14	*closer*
bohužel 2	*unfortunately*
bolest F (Gen **-i**) 13	*pain, hurt, ache*
bolet impf 13	*to hurt*
boty F pl 8	*shoes*
bouřka F 10	*storm*
bramborový,-á,-é 9	*potato (adj)*
brambory F pl 9	*potatoes*
brát +Acc, **beru** impf 5 **vzít, vezmu** pf	*to take, I take*
bratr M 2	*brother*
bratranec M 14	*cousin*
brigáda F 15	*temporary work*
brýle F pl 13	*glasses*
brzo = brzy 3	*soon, early*
březen M 10	*March*
břicho A 13	*stomach*
buď(te) tak laskav, laskava 11	*will you be so kind (as to) ...*
budík M 10	*alarm clock*
bydlet impf 3	*to live*
byt M 2	*flat*
být, jsem 1	*to be, I am*

C

celkem 8	*altogether*
celní 15	*customs (adj)*
celnice F 15	*customs office*
celník M 15	*customs official*
celý,-á,-é 3	*whole*
cena F 8	*price*
centrum (Gen **-a**) N 7	*centre*
cesta F 5	*way, road, journey*
cestovat impf 12	*to travel*
cestovní kancelář F 15	*travel agency*
cigareta F 6	*cigarette*
cítit se impf 13	*to feel*
citron M 8	*lemon*
citronový,-á,-é 9	*lemon (adj)*
cizina F 11	*foreign country*
cizinec M 1	*foreigner*
cizinka F 1	*foreigner (F)*

clo N 15	*customs*
co 1	*what*
cukr M 8	*sugar*
cvičení N 3	*exercise*

Č

čaj M 0	*tea*
čas M 2	*time*
časopis M 9	*magazine*
často 3	*often*
Čech M 1	*Czech (noun)*
Čechy F pl 2	*Bohemia*
čekárna F 13	*waiting room*
čekat na +Acc impf 4 **počkat** pf	*to wait for*
černý,-á,-é 1	*black*
červen M 10	*June*
červenec M 10	*July*
červený,-á,-é 1	*red*
Česká republika F 2	*Czech Republic*
česko-anglický 3	*Czech-English*
česky 3	*Czech (adv)*
český,-á,-é 2	*Czech (adj)*
Češka F 1	*Czech (noun)*
čeština F 2	*Czech language*
čí? 2	*whose?*
čím? 4	*by what?*
číslo N 4	*number*
číst +Acc, **čtu** impf **přečíst** pf	*to read, I read*
číšník M 9	*waiter*
člověk M 2	*man (= human being)*
čokoláda F 8	*chocolate*
čokoládový,-á,-é 9	*chocolate (adj)*
čtvrt F 10	*quarter*
čtvrť F 15	*district, quarter*
čtvrtek M 4	*Thursday*
čtyřikrát 9	*four times*

D

dál(e) 14	*further*
dál(e)! 6	*come in!*
daleko 3	*far*
dálnice F 14	*highway / motorway*
dálniční 14	*highway / motorway (adj)*
další 12	*next*
dárek M 6	*gift*
dát +Acc, **dej!** pf 5 **dávat** impf	*to give, give!*
dát si +Acc (kávu) pf 5 **dávat si** impf	*to have (coffee)*
datum N 10	*date*
datum narození N 14	*date of birth*
dcera F 2	*daughter*
děkovat +Dat **za** +Acc impf 7 **poděkovat** pf	*to thank for*
děkuju impf 1	*I thank, thanks*
dělat +Acc impf 2 **udělat** pf	*to do, to make*
déle 14	*longer (adv)*
delegát M 12	*delegate*
delší 14	*longer (adj)*
den M 1	*day*
denní 14	*daily*
denně 13	*a day*
deštník M 10	*umbrella*
detail M 15	*detail*
děvče N, pl **děvčata** 6	*girl*
dezert = **zákusek** M 9	*sweet*
dieta F 13	*diet*
dík! = **děkuju** 5	*thanks, thank you*
diktovat +Dat +Acc impf 7 **nadiktovat** pf	*to dictate*
diskutovat o +Loc impf 12	*to discuss st*
dítě N, pl **děti** F 1	*child*
divadlo N 2	*theatre*
dívat se na +Acc impf 2 **podívat se** pf	*to look at*
dívka F 2	*girl*
dlouho 3	*long (adv)*
dlouhý,-á,-é 3	*long (adj)*
dneska = **dnes** 2	*today*
do +Gen 4	*to, into*
dobrý,-á,-é 1	*good*
dobře 2	*well*
docela (hezký) 8	*quite (nice)*
dohodnout se s +Instr **na** +Loc pf 7	*to come to an agreement*
dohromady 9	*altogether*
dojít pro +Acc pf 12	*to go and fetch*

dojdu	*I'll go and fetch*
dojít, dojde pf 14	*to run out of*
docházet impf	
doktor M 6	*doctor*
doktorka F 1	*doctor (F)*
dole 1	*down*
doleva 5	*to the left*
dolít +Acc, **doleju** pf 14	*to fill up, I'll fill*
lít, leju impf	*to pour*
dolů *5*	*down*
doma 2	*at home*
domů 3	*(to) home*
donést +Acc pf 12	*to bring*
donesu	*I'll bring*
donášet impf	
donutit +Acc **k** +Dat pf 13	*to force*
nutit impf	
doplnit +Acc pf 11	*to complete,*
doplňovat impf	*to fill in*
dopis M 11	*letter*
dopisní 11	*letter (adj)*
dopoledne N 2	*morning, in the morning*
doporučeně 11	*by registered post*
doporučovat +Dat +Acc impf 9	*to recommend*
doporučit pf	
doprava 5	*to the right*
doprava F 14	*traffic,transport*
dopravní policie F 14	*traffic police*
doprostřed 5	*to the middle*
dopředu 5	*to the front*
dort M 6	*cake*
dost 9	*enough*
dostat +Acc pf 5	*to get*
dostanu	*I'll get*
dostávat impf	
dostat se pf (někam) 5	*to get (somewhere)*
doufat impf 6	*to hope*
dovolená F 6	*holiday*
dovolený,-á,-é 14	*permitted*
dozadu 5	*to the back*
do(z)vědět se pf 5	*to get to know*
do(z)vím se, oni se do(z)vědí	*I'll get to know*
do(z)vídat se impf	
drahý,-á,-é 8	*expensive*
drobné pl 8	*change (money)*
dřív(e) 7	*earlier, soon*
dřív(e) než 14	*before*
duben M 10	*April*
duch M 13	*spirit*
důležitý,-á,-é 7	*important*
dům M, pl **domy** 5	*house*
Dunaj M 12	*the Danube*
dvakrát 7	*twice*
dveře F pl 9	*door*
dvoulůžkový 12	*double (room)*
džem M 8	*jam*
džus M 1	*juice*

E

ekonomie F 2	*economics*
espreso N 7	*espresso*
Evropa F 12	*Europe*

F

fajn 7	*fine, great*
fakulta F 2	*faculty, college*
film M 1	*film*
filozofie F 7	*philosophy*
firma F 15	*firm, company*
formulář M 11	*form*
fotbal M 3	*football / soccer*
foukat impf 10	*to blow*
francouzsky 4	*French (adv)*
fronta F 8	*queue*

G

garáž F 12	*garage*
gramatika F 2	*grammar*

H

hala F 15	*hall*
haléř M 8	*heller*
havárie F 12	*traffic accident*
hezký,-á,-é 1	*nice, pretty*
historie F 12	*history*
hlad M 9	*hunger*
hlava F 13	*head*
hlavní 5	*chief, main*
hledat +Acc impf 5	*to seek/look for*
hned 5	*at once*

hnědý,-á,-é 1 — *brown*
hodina F 3 — *hour*
hodinky F pl 6 — *wrist watch*
hodit +Acc pf 11 — *to throw*
házet impf
hodit se impf 4 — *to suit*
hodně 3 — *many, much*
hodný,-á,-é 2 — *good (= nice,kind)*
horečka F 13 — *fever*
horko 10 — *hot (adv)*
horký,-á,-é 9 — *hot (adj)*
horší 8 — *worse*
hory F pl 10 — *mountains*
hospoda F 10 — *pub*
host M, pl **hosté, -i** 9 — *guest*
hotově 8 — *in cash*
hotový,-á,-é 9 — *ready*
houska F 0 — *(type of) roll*
hovor M 11 — *talk; call*
hovořit o +Loc impf 12 — *to speak about*
hra F 8 — *game*
hrad M 1 — *castle*
hranolky M pl 9 — *chips, french fries*
hrát +Acc, **na** +Acc — *to play*
hraju impf 4 — *I play*
zahrát si pf
hrníček M 9 — *mug*
hudba F 8 — *music*

CH

chata F 7 — *cottage*
chemie F 7 — *chemistry*
chléb, chleba M 8 — *bread*
chlebíček M 6 — *sandwich*
chodit impf 10 — *to go (on foot)*
chřipka F 13 — *influenza*
chřipkový,-á,-é 13 — *influenza (adj)*
chtít, chci impf 4 — *to want, I want*
chudák! M 13 — *poor man!*
chudáček! — *poor thing!*
chuť F 9 — *taste, appetite*
dobrou chuť! — *enjoy your meal*
chutnat +Dat impf 7 — *to taste/like*
chvíle F 3 — *moment*
chybět impf 13 — *to be missing*
chytrý,-á,-é 2 — *bright*

I

i = a taky 2 — *as well, and*
i když 15 — *even though*
informace F 4 — *information*
injekce F 13 — *injection*
internet M 11 — *Internet, web*
internetový,-á,-é 11 — *(adj)*
Irsko N 15 — *Ireland*

J

já 1 — *I*
jablečný,-á,-é 9 — *apple (adj)*
jablko N 8 — *apple*
jahodový,-á,-é 9 — *strawberry (adj)*
jak 3 — *how*
jakmile 14 — *as soon as*
jako 1 — *as, like*
jaký,-á,-é 1 — *what, what sort of*
jaro N, **na jaře** 10 — *spring, in spring*
jazyk M 15 — *language; tongue*
jednání N 7 — *negotiation(s)*
jednat s +Instr — *to negotiate with*
o +Acc impf 15 — *sb about*
jednoduchý,-á,-é 12 — *simple*
jednolůžkový (pokoj) 12 — *single (room)*
jednou 9 — *once*
ještě jednou — *once more*
jeho, její, jejich 2 — *his, her, their*
jen = jenom 2 — *only*
jestli 4 — *if, whether*
jestliže 5 — *if*
ještě, ještě ne 2 — *still, not yet*
jet, jedu impf 3 — *to go, I go, I'll*
fut **pojedu** — *go (by vehicle)*
jezdit impf 10 — *to go (by vehicle)*
jídelní lístek M 9 — *menu*
jídlo N 9 — *food, meal*
jih M 12 — *south*
jiný,-á,-é 8 — *other*
jíst, jím, oni jedí impf 5 — *to eat, I eat*
sníst, sním pf
jít, jdu impf 3 — *to go, I go (on foot)*
jízdenka F 4 — *ticket*
jižní 12 — *southern*
jméno N 14 — *name*

jmenovat se impf 1
jmenuju se — *my name is*
jo (= *coll* **ano**) 12 — *yeah (= yes)*

K

k, ke +Dat 7 — *to, towards*
kabát M 8 — *coat*
kabina F 8 — *cabin*
kafe N 6 — *coffee*
kalhoty F pl 8 — *trousers*
kam 3 — *where*
kamarád(ka) M (F) 2 — *friend*
kancelář F 2 — *office*
kapesník M 13 — *handkerchief*
karta platební F 8 — *credit card*
kartáček na zuby M 8 — *tooth-brush*
kašlat, kašlu impf 13 — *to cough*
zakašlat pf
káva F 2 — *coffee*
kavárna F 3 — *café*
každý,-á,-é 4 — *every, each*
kde 1 — *where*
kdo 1 — *who*
kdy 3 — *when*
kdyby 15 — *if, in case*
kdykoli(v) 14 — *whenever*
když 6 — *when, if*
kilometr M 9 — *kilometre*
kino N 2 — *cinema*
klíč M 12 — *key*
klidný,-á,-é 13 — *calm*
knedlík M 9 — *dumpling*
kniha F 1 — *book*
knihovna F 5 — *library*
koberec M 1 — *carpet*
kolega M 7 — *colleague*
kolegyně F 7 — *colleague F*
kolej F 5 — *student residence*
kolem (+Gen) 5 — *around, past*
kolik 3 — *how much/many*
kolo jízdní N 13 — *bicycle*
končit impf 3 — *to finish, to end*
skončit pf
konec M 10 — *end*
kontrola F 13 — *control, check*
kontrolovat +Acc impf 3 — *to check*
zkontrolovat pf
koruna F 8 — *crown*
kostel M 5 — *church*
koš M 10 — *basket*
košile F 8 — *shirt*
koupit +Acc pf 4 — *to buy*
kupovat impf
kouřit impf 4 — *to smoke*
kraj M 14 — *side, edge*
na kraji +Gen 14 — *on the side, edge*
krásně 7 — *beautifully*
krásný,-á,-é 5 — *beautiful*
krém M 8 — *cream*
krev F (Gen **krve**) 13 — *blood*
krk M 13 — *throat*
kromě +Gen — *except, besides*
křeslo N 1 — *armchair*
který,-á,-é 4 — *who, which*
kudy 5 — *which way?*
kufr M 12 — *suitcase*
kuchyň F 6 — *kitchen*
kulturní 12 — *cultural*
kupovat +Acc impf 2 — *to buy*
koupit pf
kurz M 9 — *course*
kuře N, pl **kuřata** 9 — *chicken(s)*
kuřecí 9 — *chicken (adj)*
květen M 10 — *May*
květina F 1 — *flower*
kvůli +Dat 11 — *because of*

L

laciný,-á,-é 8 — *cheap*
láhev F, pl **láhve** 6 — *bottle*
lampa F 1 — *lamp*
láska F 11 — *love*
laskavý,-á,-é 11 — *kind, nice*
lavička F 2 — *bench*
leden M 10 — *January*
lehnout si pf — *to lie down*
lehat si impf 13
lék M 13 — *medicine*
lékárna F 13 — *chemist's*
lékař M 13 — *doctor*
lekce F 2 — *lesson*
lektor(ka) M (F) 5 — *instructor, language teacher*
lépe 8 — *better (adv)*
lepší 8 — *better (adj)*
les M (Gen **lesa**) 10 — *forest, wood*
letadlo N 12 — *plane*
letecky 11 — *by airmail*

letenka F 15	*flight ticket*
letět, fut **poletím** impf 12	*to fly, I'll fly*
letiště N 15	*airport*
letní 8	*summer (adj)*
léto N 10	*summer*
letos 10	*this year*
levný,-á,-é 8	*cheap*
ležet impf 1	*to lie*
líbit se +Dat impf 5	*to please*
líbí se mi	*I like, it pleases me*
lidé, lidi M pl 5	*people*
líný,-á,-é 13	*lazy*
lístek M, pl **lístky** 5	*ticket*
listopad M 10	*November*
literatura F 12	*literature*
líto, je mi líto 2	*I'm sorry*
loď F 12	*ship*
loučit se s +Instr impf 6 **rozloučit se** pf	*to say good-bye (to)*
lyže F pl 7	*skis*
lyžovat impf 7	*to ski*
lžíce F 9	*spoon*
lžička F 9	*teaspoon*

M

Maďarsko N 12	*Hungary*
málo 3	*little, few*
malý,-á,-é 1	*small*
maminka F 2	*mum*
manžel M 2	*husband*
manželka F 2	*wife*
mapa F 5	*map*
máslo N 8	*butter*
maso N 8	*meat*
matematika F 7	*mathematics*
materiál M 14	*material*
matka F 2	*mother*
maturita F 14	*leaving exam*
mávat +Dat, **na** +Acc impf 14 **zamávat** pf	*to wave (at)*
méně 8	*less, fewer*
měnit +Acc impf 8 **vyměnit** pf	*to exchange*
menší 8	*smaller*
měsíc M 6	*month; moon*
měsíčně 13	*a month*
město N 0	*town*
metr M 5	*metre*
mezi +Instr, Acc 10	*between, among*
milion M 6	*million*
milý,-á,-é 2	*dear*
minerálka F 8	*mineral water*
minulý,-á,-é 7	*last (week)*
minuta F 9	*minute*
místenka F 4	*seat-reservation ticket*
místnost F (Gen **-i**) 6	*room*
místo N 4	*place*
mít +Acc, **mám** 2	*to have, I have*
mít rád +Acc 2	*to like*
mladý,-á,-é 1	*young*
mléko N 7	*milk*
mluvit s +Instr **o** +Loc impf 3,12	*to speak with sb about*
mnoho 7	*much, many*
mobil M 11	*mobile (phone)/ cellphone*
moc 3	*many, much*
mockrát 8	*many times*
moct, můžu impf 4	*to be able, I can*
moderní 1	*modern*
modrý,-á,-é 1	*blue*
moře N 2	*sea*
most M 5	*bridge*
motor M 14	*engine, motor*
motorest M 14	*road house*
je to **možné** 14	*it is possible*
mrak M 10	*cloud*
můj, moje (má, mé) 2	*my, mine*
muset, musím impf 4	*to have to,I must*
muzeum N 5	*museum*
muž M 1	*man*
my 1	*we*
mýdlo N 8	*soap*
myslet na +Acc impf 3	*to think about*
myslet si něco **o** +Loc impf 12	*to think st about (have an opinion)*
mýt se/si +Acc impf 3	*to wash oneself*
myju se	*I wash myself*
umýt se pf	

N

na +Acc, Loc 2	*at, on*
na konci +Gen 5	*at the end*
na shledanou 0	*good-by*

na začátku +Gen 14	*at the beginning*
nabízet +Dat +Acc impf 6	*to offer*
nabídnout pf	
nad, nade +Instr, Acc 10	*over, above*
nádherný,-á,-é 6	*wonderful*
nadiktovat +Dat +Acc pf 7	*to dictate*
diktovat impf	
nádobí N 9	*dishes*
nádraží N 4	*station*
nádrž F 14	*tank*
nahlas 11	*loudly*
nahoru 5	*up(wards)*
nahoře 1	*up*
najednou 6	*suddenly*
najíst se, najím se pf 6	*to eat, I'll eat*
najít, najdu +Acc pf 5	*to find, I'll find*
nakonec 7	*in the end*
nákupní centrum N 8	*shopping centre*
nakupovat impf 2	*to shop around*
nakoupit pf	
nálada F 10	*mood*
nalepit +Acc pf 11	*to stick on*
lepit impf	
náměstí N 4	*square*
naobědvat se pf 5	*to have lunch*
nápad M 11	*idea*
napít se +Gen pf 8	*to have a drink*
-piju se	*I'll have a drink*
naplánovat +Acc pf 7	*to plan*
plánovat impf	
nápoj M 9	*beverage, drink*
naposledy 10	*for the last time*
naproti 5	*opposite*
napsat +Acc pf 5	*to write*
napíšu	*I'll write*
impf **psát, píšu**	
narodit se pf 10	*to be born*
národní 5	*national*
narozeniny F pl 10	*birthday*
nastoupit pf 15 **(do práce)**	*to enter (a job)*
nástupiště N 4	*platform*
nastupovat impf 4	*to get in/on*
nastoupit pf	
náš, naše 2	*our*
natankovat pf 14	*to fill up*
navečeřet se pf 5	*to have supper*

návrh M 15	*proposal*
navrhovat +Dat +Acc impf 13	*to propose, to suggest*
navrhnout pf	
návštěva F 6	*visit*
navštěvovat +Acc impf 6	*to visit*
navštívit pf	
ne 1	*no*
nebe N 10	*heaven*
nebo 2	*or*
něco 3	*something*
neděle F 4	*Sunday*
nech(te) si chutnat 9	*enjoy your meal*
nějak 5	*somehow*
nějaký,-á,-é 3	*some*
nejdřív(e) 4	*first of all*
nejvyšší 14	*highest*
někam 5	*somewhere*
někde 5	*somewhere*
někdo 4	*somebody*
někdy 5	*sometimes*
některý,-á,-é 5	*some*
Německo N 4	*Germany*
německy 4	*German (adv)*
nemocnice F 2	*hospital*
nemocný,-á,-é 2	*ill, sick*
nerad,-a,-o 3	*not gladly*
nervózní 7	*nervous, bad-tempered*
nést, nesu +Acc impf 9	*to carry, I carry*
než, dřív(e) než 8,14	*than, before*
nic 4	*nothing*
nijak 5	*in no way*
nikam 5	*nowhere*
nikde 5	*nowhere*
nikdo 5	*nobody*
nikdy 5	*never*
noc F (Gen **-i**) 3	*night*
noha F 13	*leg, foot*
normálně 11	*by ordinary post; normally*
noviny F pl 3	*newspaper*
nový,-á,-é 1	*new*
nudit se impf 15	*to be bored*
nula F 10	*nought, zero*
nutit +Acc **k** +Dat impf 13	*to force sb to st*
donutit pf	
nutný,-á,-é 13	*necessary*
nůž M, pl **nože** 9	*knife*

O

o +Loc 12	*about*
oba M, **obě** F+N 12	*both*
obálka F 11	*envelope*
období N 10	*period, season*
oběd M 10	*lunch*
obědvat impf 3	*to have lunch*
naobědvat se pf	
obejít +Acc pf 12	*to go round*
obejdu	*I'll go round*
obcházet impf	
obchod M 2	*shop, business*
obchodní 7	*business (adj)*
obchodní dům M 8	*department store*
obchodovat s +Instr impf 15	*to do business with*
objednávat +Acc impf 7	*to order*
objednat pf	
objednávka F 9	*order*
oblek M 8	*dress, suit*
oblékat se impf 3	*to dress*
obléknout se pf	
obraz M 1	*picture*
obsazeno 9,11	*busy, occupied*
obsazený,-á,-é 9	*occupied*
obvykle 9	*usually*
obyčejně 11	*by ordinary post*
obývací pokoj M 15	*living room*
obyvatel M, pl **-telé** 9	*inhabitant*
od, ode +Gen 8	*from, since*
odejít, odejdu pf 4	*to leave, I'll leave (on foot)*
odcházet impf 12	
odesílatel M 11	*sender*
oděvy M pl 8	*clothes*
odjet, odjedu pf 4	*to leave, I'll leave (by vehicle)*
odjíždět impf 12	
odkud 4	*from where*
odletět pf 12	*to fly away*
odlétat impf	
odněkud 5	*from somewhere*
odnikud 5	*from nowhere*
odpočívat impf 2	*to rest*
odpočinout si pf	
odpoledne N 2	*afternoon, in the a.*
odpovídat impf 3 +Dat **na** +Acc	*to answer*
odpovědět pf 7	
odtahová služba F 14	*(car) tow service*
odvézt +Acc pf 15	*to take away (by vehicle), I'll t.*
odvezu	
odvážet impf	
okno N 1	*window*
oko N, pl F **oči** 13	*eye*
okolí N 12	*surroundings*
olej M 14	*oil*
omeleta F 9	*omelette*
omlouvat se impf 7 +Dat **za** +Acc	*to apologize for*
omluvit se pf	
omyl M 11	*error, mistake*
on, ona, ono 1	*he, she, it*
onemocnět pf 7	*to fall ill*
opakovat impf 3	*to repeat*
zopakovat pf	
opalovat se impf 10	*to sunbathe*
oprava F 15	*repair*
opravdu 14	*really*
opravovat +Acc impf 5	*to correct*
opravit pf	
organizovaný,-á,-é 12	*organized*
organizovat +Acc impf	*to organize*
zorganizovat pf	
orloj M 5	*astronomical clock*
osoba F 9	*person*
osobně 15	*personally*
osobní 15	*personal*
ošklivý,-á,-é 1	*ugly*
otázka F 3	*question*
otec M 2	*father*
otevřeno 10	*open*
otevřít +Acc pf 6	*to open*
otevřu	*I'll open*
ot(e)vírat impf	
ovoce N 8	*fruit*
ovocný,-á,-é 8	*fruit (adj)*
ovšem 8	*of course*

P

pacient(ka) M (F) 13	*patient*
památka F 12	*monument*
pán M 1	*Mr, gentleman*
paní F 1	*Mrs, lady*
papírový,-á,-é 13	*paper (adj)*
(**papír** M)	*paper*
pár; pár M 15	*a few; couple*

parkovat impf 10 — *to park*
zaparkovat pf
parkoviště N 5 — *car park*
partner(ka) M (F) 7 — *partner*
pas M 12 — *passport*
pasový,-á,-é 15 — *passport (adj)*
pátek M 4 — *Friday*
patřit +Dat impf 7 — *to belong*
pečeně F 9 — *roast*
pečený,-á,-é 9 — *roast (adj)*
pečivo N 9 — *pastry (incl bread, rolls)*
peněženka F 8 — *purse, wallet*
peníze M pl 4 (Gen **peněz**) — *money*
pero N 1 — *pen*
pes M 10 — *dog*
pěšky 3 — *on foot*
piknikový koš M 10 — *picnic basket*
pít +Acc, **piju** impf 3 — *to drink, I drink*
vypít pf
pití N 9 — *drink*
pivo N 8 — *beer*
plán M 12 — *plan*
plánovat +Acc impf 7 — *to plan*
naplánovat pf
platit +Acc, **za** +Acc impf 4 — *to pay (for)*
zaplatit pf
plavat, plavu impf 10 — *to swim, I swim*
plavky F pl 13 — *swimming costume*
pláž F 10 — *beach*
plný,-á,-é 14 — *full*
po +Loc 12 — *after*
poblahopřát, -přeju pf 7 +Dat **k** +Dat — *to congratulate on*
blahopřát impf
počasí N 10 — *weather*
počítač M 11 — *computer*
počítat impf 8 — *to count*
spočítat pf
počkat na +Acc pf 5 — *to wait for*
čekat impf
pod, pode +Instr, Acc 10 — *under*
poděkovat pf 7 +Dat **za** +Acc — *to thank for*
děkovat impf
podepisovat +Acc **(se)** impf 11 — *to sign*
podepsat, -píšu pf — *to sign, I'll s.*
podívat se na +Acc pf 4 — *to look at*
dívat se impf
podle +Gen 8 — *according to*
podzim M 10 — *autumn / fall*
na podzim — *in autumn*
pohled M, **pohlednice** F 11 — *postcard*
pojď! pojďte! 6 — *come!*
pojištění zdravotní N 13 — *health insurance*
pokladna F 4 — *cash desk*
pokoj M 1 — *room*
pokračovat v +Loc impf 12 — *to go on, to continue*
pokuta F 14 — *fine, penalty*
poledne N 3 — *noon*
polévka F 9 — *soup*
policie F 14 — *police*
policista M 14 — *policeman*
politik M 6 — *politician*
politika F 7 — *politics*
položit +Acc pf 13 — *to put*
pokládat impf
pomáhat +Dat impf 7 — *to help*
pomoct, pomůžu pf — *to help, I'll h.*
pomeranč M 8 — *orange*
pomerančový,-á,-é 9 — *orange (adj)*
pomoct +Dat pf 7 **pomůžu** — *to help, I'll help*
pomáhat impf
pondělí N 4 — *Monday*
poradit +Dat pf 9 — *to advise*
radit impf
porce F 8 — *portion*
porucha F 14 — *breakdown*
pořád 3 — *constantly, always*
pořádek M 14 — *order*
posadit se pf 5 — *to sit down*
poschodí N 12 — *floor*
posílat +Acc impf 11 — *to send*
poslat, pošlu pf — *to send, I'll s.*
poslední 7 — *last*
poslouchat +Acc impf 2 — *to listen to*
pospíchat impf 3 — *to hurry*
postavit +Acc pf 13 — *to put, to build*
stavět impf
postel F 1 — *bed*
pošta F 4 — *post office*
poštovní 11 — *post(al) (adj)*
poštovní schránka F 11 — *letter box*

potichu 11	*still, quietly*
potkat +Acc **(se)** pf 12	*to meet*
potkávat impf	
potom = **pak** 2	*then*
potraviny F pl 8	*groceries, food*
potrvat pf 7	*to last, to take*
trvat impf	*(some time)*
potřebovat +Acc impf 5	*to need*
poukázka F 11	*postal (money) order; token*
pověsit +Acc pf 5	*to hang*
věšet impf 13	
povídat (si) s +Instr **o** +Loc impf 9,12,15	*to talk, to chat with sb about*
pozdě 4	*late*
pozdrav M 11	*greeting*
pozdravit +Acc pf 3	*to greet*
zdravit impf	
pozdravovat impf 11 +Acc **od** +Gen	*to give regards (from), to greet*
pozdravit pf	
poznat +Acc pf 5	*to get to know*
znát +Acc impf	*to know*
poznávat +Acc impf 6	*to meet, to*
poznat pf 6	*become familiar*
pozor 11	*attention*
pozvat, pozvu +Acc pf 6	*to invite, I'll*
zvát, zvu impf	*invite*
práce F 2	*work, job*
pracovat impf 2	*to work*
pracovna F 6	*study*
pravda F 8	*truth*
právě (teď) 6	*just now*
právnický,-á,-é 15	*legal*
právník M 15	*lawyer*
praxe F 15	*work experience*
prázdniny F pl 7	*holidays*
prázdný,-á,-é 14	*empty*
pražský,-á,-é 9	*Prague (adj)*
pro +Acc 3	*for*
procestovat +Acc pf 12	*to tour through*
proclení N 15	*customs-clearance*
proč 3	*why*
prodavač(ka) M (F) 2	*shop-assistant*
prodávat +Acc impf 2	*to sell*
prodat pf	
prodej M 15	*sale, selling*
profesor(ka) M (F) 1	*professor*
program M 3	*programme*

prohlídka F 13	*inspection, examination*
prohlížet si +Acc impf 3	*to view, to see*
prohlédnout si pf 5	*the sights (of)*
procházet se impf 7	*to take a walk*
projít se, projdu se pf	*I'll take a walk*
procházka F 3	*walk*
projednat +Acc pf 15	*to discuss*
jednat o +Loc impf	
projít +Instr (kudy) pf 12	*to pass through*
projdu	*I'll pass through*
procházet +Instr impf	
projít se, projdu se pf 7	*to take a walk,*
procházet se impf	*I'll take a walk*
prominout pf 7	*to excuse, to*
+Dat +Acc	*forgive*
promiň(te)! 7	*excuse me*
pronajmout si +Acc	*to rent*
pronajal pf 14	*(he) rented*
propisovačka F 10	*ballpoint pen*
prosím 1	*please, you are welcome*
prosinec M 7	*December*
prosit +Acc **o** +Acc impf 13	*to ask sb for st*
poprosit pf	
prostudovat +Acc pf 15	*to study*
studovat impf	
proti +Dat 7	*against; opposite*
proto 4	*therefore, that is why*
protože 3	*because*
pršet impf 10	*to rain*
průkaz M 14	*licence, card*
průvodce M 15	*guide, guidebook*
průvodkyně F 15	*guide*
první 7	*first*
pryč 12	*away, off*
přání N 11	*wish, desire*
přát +Dat **(si)** +Acc	*to wish, to hope,*
přeju si impf 8	*I would like*
popřát, popřeju pf	
přečíst +Acc pf 5	*to read*
přečtu	*I'll read*
číst, čtu impf	
před, přede +Instr, Acc 10	*ago, before*
předem 14	*in advance*
předepsat +Dat +Acc	*to prescribe*
-píšu pf 13	*I'll prescribe*
předepisovat impf	

přední sklo N 14 — *windscreen*
předpokládat impf 14 — *to suppose*
představovat impf 6 +Acc **(se)** — *to introduce (oneself)*
představit (se) pf
přecházet +Acc impf 12 — *to pass by, over*
přejít, přejdu pf
přeložit +Acc pf 2 — *to translate*
překládat impf
přesně 10 — *exactly*
přespat, -spím pf 12 — *to spend the night*
přestávka F 3 — *pause, break*
přestěhovat se pf 14 — *to move (house)*
stěhovat se impf
přestupovat impf 5 — *to change (eg trains)*
přestoupit pf
převléknout se pf 13 — *to change clothes*
převlékat se impf
při +Loc 12 — *at, near, close to*
příbor M 9 — *cutlery*
přicházet impf 6 — *to arrive, to come (on foot)*
přijít, přijdu pf
příjemný,-á,-é 5 — *pleasant*
přijet, přijedu pf 4 — *to arrive (by vehicle)*
přijíždět impf
přijít, přijdu pf 4 — *to arrive (on foot)*
přicházet impf
příjmení N 14 — *surname*
přiletět pf 12 — *to fly in*
přilétat impf
přímo 15 — *directly*
přinést, -nesu +Acc pf 9 — *to bring, I'll bring*
přinášet impf 12
případ M 15 — *case*
připíjet si na +Acc impf 6 — *to toast s. o. to*
připít si, připiju si pf — *I'll toast*
připravený,-á,-é 9 — *prepared*
připravovat se impf 6 **na** +Acc — *to get ready*
připravit se pf
příroda F 10 — *nature*
příště 15 — *next time*
příští 10 — *next*
přítel M 2 — *friend*
přítelkyně F 2 — *friend (F)*
přivítat +Acc pf 5 — *to welcome*
vítat impf
přízemí N 8 — *ground floor*
psát +Acc, **píšu** impf 3 — *to write, I write*
napsat, napíšu pf — *to write, I'll write*
ptát se +Gen **na** +Acc impf 3 — *to ask about*
zeptat se pf
půjčovat impf 11 +Dat **(si)** +Acc — *to lend; to borrow*
půjčit (si) pf
půl hodiny 7 — *half an hour*
půl(ka) 8 — *half*
půlnoc F, **o půlnoci** 10 — *midnight, at midnight*

R

rád, ráda, rádo 2 — *gladly*
raději 5 — *rather*
rádio N 1 — *radio*
radit +Dat impf 9 — *to advise*
poradit pf
radost F (Gen **-i**) 3 — *pleasure*
Rakousko N 12 — *Austria*
rande N 14 — *date*
ráno N 3 — *(early) morning, in the early m.*
recepce F 12 — *reception*
recepční M+F 12 — *receptionist*
recept M 13 — *prescription, recipe*
reklamovat +Acc impf 15 — *to make a complaint*
restaurace F 0 — *restaurant*
rezervace F 15 — *reservation*
rezervovaný,-á,-é 9 — *reserved*
rezervovat +Acc impf 9 — *to reserve*
roční období N 10 — *season of the year*
rodiče M pl 7 — *parents*
rodina F 2 — *family*
roh M 5 — *corner*
rohlík M 1 — *(type of) roll*
rok M – **10 let** 9 — *year – ten years*
rovně 5 — *straight*
rozbít se, -ije pf 12 — *to break*
rozejít se (s +Instr), **-jdeme se** pf 12 — *to part company, to break up (with)*
rozcházet se impf
rozloučit se s +Instr pf 6 — *to say good-bye*
loučit se impf
rozměnit +Acc **na** +Acc pf 8 — *to change into*
měnit impf

rozumět +Dat impf 3	*to understand*
rozvážet +Acc impf 15	*to deliver*
rozvézt, -vezu pf	*I'll deliver*
rozzlobit se na +Acc pf 7	*to get angry at*
zlobit se impf	
ručník M 13	*towel*
ruka F, pl **ruce** 8	*hand*
různý,-á,-é 15	*various*
růže F 7	*rose*
rychle 6	*quickly*
rychlík M 12	*fast train*
rychlost F (Gen **-i**) 14	*speed*
rýma F 13	*cold*
rýže F 9	*rice*

Ř

ředitel M 11	*director*
řeka F	*river*
říct +Dat +Acc pf 5	*to say*
řeknu	*I'll say*
říkat impf	
řidič M 14	*driver*
řidičský průkaz M 14	*driving licence*
řídit (auto) impf 13	*to drive (a car)*
říjen M 10	*October*
říkat +Dat +Acc impf 4	*to say*
říct, řeknu pf	
řízek M 9	*steak, (Wiener) schnitzel*

S

s, se +Instr 10	*with*
sako N 8	*jacket*
salám M 8	*salami*
salát M 8	*salad, lettuce*
sám, sama, samo 2	*alone*
samozřejmě 4	*of course*
sedět impf 1	*to sit*
sednout si pf 13	*to sit down*
sedat si impf	
sejít (dolů), sejdu pf 12	*to go down,*
scházet impf	*I'll go down*
sejít se s +Instr pf 7	*to meet*
sejdu se	*I'll meet*
scházet se impf	
sekretářka F 7	*secretary*
sem 3	*here*
sestra F 2	*sister*
sestřička, zdravotní sestra F 13	*nurse*
sešit M 1	*exercise-book*
sever M 12	*north*
severní 12	*northern*
seznam M 11	*list*
telefonní seznam	*phone directory*
seznámit se s +Instr pf 15	*to make the acquaintance of*
seznamovat se impf	
scházet se s +Instr impf 7	*to meet*
sejít se, sejdeme se pf	*to meet, we'll m.*
schovat +Acc pf 10	*to give shelter;*
schovávat impf	*to hide*
schovat se pf 10	*to take shelter;*
schovávat se impf	*to hide*
sice – ale 10	*it's true – but*
silnice F 14	*road*
Silvestr M 7	*New Year's Eve*
situace F 12	*situation*
sklenička F 6	*(a) glass*
sklo N 14	*glass*
skončit pf 5	*to end, to finish*
končit impf	
skoro 10	*nearly*
Skotsko N 2	*Scotland*
skříň F 1	*cabinet*
sladký,-á,-é 9	*sweet*
slaný,-á,-é 9	*salty*
slečna F 2	*Miss*
Slovensko N 2	*Slovakia*
slovník M 1	*dictionary*
slovo N 1	*word*
slunce N 10	*sun*
slušet +Dat impf 8	*to suit*
služební 7	*business (adj)*
slyšet impf 6	*to hear*
uslyšet pf	
smažený,-á,-é 9	*fried*
směnárna F 8	*exchange office*
smět, smím impf 4	*to be allowed, I may*
smlouva F 15	*contract*
smůla F 13	*bad luck*
smutný,-á,-é 13	*sad*
sněžit impf 10	*to snow*
snídaně F 8	*breakfast*
snídat impf 3	*to have*
nasnídat se pf	*breakfast*

sníh M (Gen **sněhu**) 10	*snow*
sníst, sním pf 5	*to eat up, I'll eat*
oni snědí	*they'll eat up*
jíst, jím, oni jedí impf	*to eat, I eat, they e.*
sobota F 4	*Saturday*
souhlasit s +Instr impf 6	*to agree with*
soukromí N 10	*privacy*
v soukromí 10	*in private*
soused M 15	*neighbour*
sousední 15	*neighbouring*
spát, spím impf 3	*to sleep, I sleep*
splést se pf 11	*to make a mistake*
spletu se	*I'll make a m.*
plést se impf	
spočítat +Acc pf 8	*to count*
počítat impf	
spokojený,-á,-é 9	*satisfied*
společný,-á,-é 14	*common*
spolehnout se pf 11 **na** +Acc	*to rely on*
spoléhat se impf	
spolu 3	*together*
sportovat impf 13	*to do sports*
sportovec M 10	*sportsman*
sportovkyně F 10	*sportswoman*
sportovní 13	*sports (adj)*
správný,-á,-é 12	*correct*
srdečný,-á,-é 11	*cordial*
srpen M 10	*August*
stačit impf 4	*to be enough*
stále 3	*constantly, always*
stanice F 5	*station*
starost F (Gen **-i**) 9	*worry*
starý,-á,-é 1	*old*
stát M 15	*state, country*
stát, stojím impf 1	*to stand*
stát, stojí to impf 8	*to cost, it costs*
stát se (něco) pf 11	*to happen*
stane se	*it happens*
stát se +Instr pf 15	*to become*
stanu se	*I'll become*
stavit se pf 14	*to drop in*
stáž F 14	*research fellowship*
stejně 15	*just as, in the same way*
stejný,-á,-é 14	*same*
stěna F 5	*wall*
stěžovat si na +Acc impf 15	*to complain about*
stihnout +Acc pf 14	*to catch (on time)*
stín M 10	*shadow*
sto N 3	*one hundred*
stopař(ka) M (F) 14	*hitchhiker*
stopovat impf 14	*to hitchhike*
strana F 15	*side, page*
strávit (čas) pf 7	*to spend (time)*
trávit impf	
stroj M 15	*machine*
strom M 13	*tree*
strýc M 2	*uncle*
středa F 4	*Wednesday*
středisko N 13	*centre*
střední 12	*middle (adj)*
střední škola F 14	*secondary school*
student(ka) M (F) 1	*student*
studený,-á,-é 9	*cold*
studovat +Acc impf 2	*to study*
stůl M 1	*table, desk*
stupeň M 10	*degree*
sukně F 3	*skirt*
sůl F (Gen **soli**) 8	*salt*
sušenka F 10	*biscuit*
svatba F 14	*wedding*
svátek M 7	*name day; holiday*
světlý, -á, -é 8	*light (-coloured)*
svetr M 2	*sweater*
svítit impf 10	*to shine*
svlékat se impf 5	*to undress*
svléknout se pf 5	
svobodný,-á 14	*single*
syn M 2	*son*
sýr M (Gen **-a**) 8	*cheese*

Š

šampon M 8	*shampoo*
šaty M pl 8	*clothes*
šedivý, šedý,-á,-é 8	*grey*
šéf M 12	*boss*
škoda F 6	*pity*
škola F 2	*school*
špagety F pl 8	*spaghetti*
špatně 2	*badly*
špatný,-á,-é 2	*bad*
šťastný,-á,-é 2	*happy*
štěstí N 11	*happiness, luck*
štíhlý,-á,-é 13	*slim*
šunka F 8	*ham*

šunkový,-á,-é 8	*ham (adj)*

T

tableta F 13	*pill*
tady 1	*here*
tak 3	*so*
taky = **také** 1	*also, too*
takže 7	*so that*
talíř M 9	*plate*
tam 1	*there*
tamten, tamta, tamto 1	*that*
tancovat impf 14 **zatancovat si** pf	*to dance*
taška F 2	*bag*
tatínek M 2	*dad*
taxi N (*coll* **taxík** M) 5	*taxi / cab*
taxislužba F 11	*cab / taxi service*
tečka F 11	*point*
tedy 5	*therefore, thus*
teď 2	*now*
technický,-á,-é 14	*technical*
technik M 15	*technician*
technika F 14	*technology*
telefon M 5	*telephone*
telefonát M 11	*(phone) call*
telefonicky 7	*by phone*
telefonní 11	*phone (adj)*
telefonní číslo N 5	*telephone number*
telefonovat +Dat impf 3 **zatelefonovat** pf	*to phone*
televize F 1	*television*
tělo N 13	*body*
ten, ta, to 1	*the/that*
tenhle, tahle, tohle 1	*this*
tento, tato, toto 1	*this*
teplo 7	*warm, warmth*
teplota F 13	*temperature*
teplý,-á,-é 6	*warm*
teprve 4	*only, not until*
termín M 15	*deadline*
těší mě 6	*it pleases me; how do you do*
těšit se na +Acc impf 4	*to look forward to*
teta F 2	*aunt*
těžký,-á,-é 3	*difficult*
ticho N 12 (11)	*silence (quiet)*
tisíc M 5	*thousand*
tmavý,-á,-é 8	*dark*
tolik 8	*so much/many*
tradiční 9	*traditional*
trafika F 15	*kiosk*
tramvaj F 4	*tram*
trávit (čas) impf 7 **strávit** pf	*to spend (time)*
tričko N 8	*T-shirt*
trochu 4	*a little*
trvat impf 7 **potrvat** pf	*to take (some time)*
třída F 2	*classroom, class*
tu = **tady** = **zde** 12	*here*
tudy 5	*this way*
tuňák M 9	*tuna*
tuňákový,-á,-é 9	*tuna (adj)*
turista M 5	*tourist*
tvrdý,-á,-é 8	*hard*
tvůj, tvoje (tvá, tvé) 2	*your*
ty 1	*you*
týden M 6	*week*
týdně 13	*a week*
tykání N 6 **tykat** +Dat **(si)** impf	*(use of the familiar form when addressing each other)*

U

u +Gen 5	*at, near, by*
ubrus M 9	*tablecloth*
účet M 8	*bill*
učit se impf 4 **naučit se** pf	*to learn*
učitel M 1	*teacher*
udělat pf 5 **dělat** impf	*to do, to make*
ukazovat +Dat +Acc impf 5	*to show*
ukázat, ukážu pf	*to show, I'll s.*
uklízet +Acc impf 5 **uklidit** pf	*to clean up*
úkol M 2	*task, homework*
ulice F = **třída** F 5	*street, avenue*
umět impf 4	*to know (how to)*
umýt +Acc **(se)** pf 5 **umyju**	*to wash (oneself)* *I'll wash*
mýt se, myju impf	
unavený,-á,-é 3	*tired*

únor M 10	*February*
uprostřed 1	*in the middle*
určitě 5	*surely*
úřad M 11	*office*
úřední 11	*official (adj)*
úředník M 6	*official*
uslyšet +Acc **o** +Loc pf 6	*to hear*
slyšet impf	
usnout pf 13	*to fall asleep*
usínat impf	
úspěch M 11	*success*
úterý N 4	*Tuesday*
uvařit +Acc pf 5	*to cook*
vařit impf	
uvěřit +Dat pf 7	*to believe*
věřit impf	
uvidět +Acc pf 4	*to see*
vidět impf	
uzdravit se pf 13	*to get well*
už 2	*already, now, as early as*

V

v, ve + Loc, Acc 2	*in/at*
vadit +Dat impf 5	*mind, bother*
to nevadí	*it does not matter*
Vánoce F pl 7	*Christmas*
vařený,-á,-é 9	*boiled*
vařit +Acc impf 4	*to cook*
uvařit pf	
váš, vaše 2	*your*
vážený,-á,-é 11	*dear, esteemed*
vážit +Acc impf 11	*to weigh*
zvážit pf	
vdát se pf 14	*to get married*
vdávat se impf	*(about a woman)*
věc F (Gen **věci**) 8	*thing*
večer 2	*evening, in the e.*
večeře F 10	*dinner, supper*
večeřet impf 3	*to have dinner*
navečeřet se pf	
vědět, vím impf 5	*to know, I know,*
oni vědí	*they know*
vedle (+Gen) 1,5	*next to*
vejce = vajíčko N 8	*egg*
velikost F (Gen **-i**) 8	*size*
velký,-á,-é 1	*big, great, large*
velmi 2	*very*
ven 6	*out*
venku 10	*outside*
v(e)předu 1	*in front*
vepřový,-á,-é 9	*pork*
věřit +Dat impf 7	*to believe*
uvěřit pf	
veselý,-á,-é 8	*cheerful*
vesnice F 10	*village*
vesnický,-á,-é 10	*country (adj)*
věšet +Acc impf 5	*to hang*
pověsit pf	
větší 8	*bigger*
většinou 10	*mostly*
vézt, vezu +Acc impf 9	*to carry, I carry (by vehicle)*
věž F 5	*tower*
vchod M 12	*entrance*
víc(e) 8	*more*
Vídeň F 12	*Vienna*
vidět +Acc impf 3	*to see*
uvidět pf	
vidlička F 9	*fork*
viď? 5	*isn't it?*
víkend M 4	*weekend*
víno N 6	*wine*
viset impf 1	*to hang*
vítat +Acc impf 5	*to welcome*
přivítat pf	
vítr M (Gen **větru**) 10	*wind*
vizitka F 15	*(business) card*
vízum N (Gen **víza**) 15	*visa*
vlak M 4	*train*
vlasy M pl 13	*hair*
vlevo = nalevo 1	*on the left*
vloni, loni 10	*last year*
voda F 8	*water*
volat +Dat, **(na)** +Acc impf 9	*to call sb, call (to) sb*
zavolat pf	
volno 2	*free time*
volný,-á,-é 2	*free*
vozík M 8	*trolley*
vpravo = napravo 1	*on the right*
vrátit se pf 4	*to come back*
vracet se impf	
vrchní M 9	*head waiter*
vstávat impf 3	*to get up*
vstát, vstanu pf	*to get up, I'll g.*
však = ale 10	*however = but*
všechno 5	*all, everything*

všichni Ma, **všechny** Mi+F, **všechna** N 6	*everybody, all*
vůbec 7	*at all*
vy 1	*you*
výběr M 9	*choice, selection*
vybírat (si) +Acc impf 4	*to choose*
vybrat (si), -beru pf	*to choose, I'll ch.*
výborně 4	*well done*
výborný,-á,-é 9	*wonderful*
vybrat (si) +Acc pf 5	*to choose*
vybírat (si) impf	
východ M 12	*exit; east*
východní 12	*eastern*
vyjet si, vyjedu pf 12	*to go for a ride*
vyjíždět impf	
vykat +Dat **(si)** impf 6	*(use of the polite form when addressing each other)*
výlet M 4	*trip*
vyměnit +Acc **za** +Acc pf 8	*to exchange st for st*
měnit impf	
vypadat (jak?) impf 13	*to look (like)*
vypít +Acc, **vypiju** pf 5	*to drink, I'll drink*
pít, piju impf	
vyplnit +Acc pf 11	*to fill in*
vyplňovat impf	
vyprávět = vypravovat o +Loc impf 12	*to tell (story) about*
výroba F 15	*production*
výrobek M 15	*product*
vyřídit pf 11 +Dat +Acc **(vzkaz)**	*to give sb a message*
vyřizovat impf	
vysoká škola F 14	*university*
vysoký,-á,-é 13	*tall, high*
vyspat se pf 13	*to get sleep*
vystupovat impf 4	*to get off/out*
vystoupit pf 5	
vysvětlovat +Dat +Acc impf 2	*to explain*
vysvětlit pf 5	
výtah M 12	*lift*
vzadu 1	*at the back*
vzdělání N 14	*education*
vzduch M 13	*air*
vzít (si) +Acc pf 5	*to take*
vezmu	*I'll take*
brát, beru impf	*to take, I take*
vzpomínat na +Acc impf 2	*to remember, to think of*
vzpomenout si pf 5	
vždycky = vždy 10	*always*

Z

z, ze +Gen 4	*from*
za +Instr, Acc 6,10	*in, after, behind*
zabývat se +Instr impf 15	*to be engaged in*
začátek M 14	*beginning, start*
začínat impf 3	*to begin*
začít, začnu pf 5	*to begin, I'll b.*
záda N pl 13	*back*
zahrada F 13	*garden*
zahrát si +Acc pf 13	*to have a game of*
hrát, hraju impf	*to play, I play*
zahýbat impf 5	*to turn*
zahnout pf	
záchod M 6	*lavatory*
zájezd M 12	*package holiday*
zajímat +Acc impf 11	*to interest*
zajímavý,-á,-é 2	*interesting*
zajistit +Acc pf 15	*to guarantee,*
zajišťovat impf	*to ensure*
zakázat +Dat +Acc	*to forbid sb st*
zakážu pf 14	*I'll forbid*
zakazovat impf	
zákaznice F 8	*customer (F)*
zákazník M 8	*customer (M)*
základní škola F 14	*basic school*
zákusek M 6	*sweet*
zalepit +Acc pf 11	*to seal*
zalepovat impf	
záležet na +Loc impf 12	*to care about, to depend on*
západ M 12	*west*
západní 12	*western*
zaparkovat pf 10	*to park*
parkovat impf	
zaplatit +Acc, **za** +Acc pf 5	*to pay (for)*
platit impf	
zapomínat impf 5	*to forget*
zapomenout pf	
záruční doba F 15	*guarantee period*
září N 10	*September*
zase 5	*again*
zastavit +Acc **(se)** pf 14	*to stop*

zástupce M 15 — *representative*
zatím 5 — *in the meantime*
zatím ahoj! 5 — *see you later*
zatímco 10 — *while*
zavazadlo N 12 — *luggage*
zavolat +Dat, **(na)** +Acc pf 9 — *to call sb, call (to) sb*
  volat impf
zavřít +Acc, **zavřu** pf 6 — *to shut, I'll shut*
  zavírat impf
zazvonit pf 6 — *to ring*
  zvonit impf
zdát se (+Dat) impf 14 — *to seem*
zdraví N 6 — *health*
zdravit +Acc impf 3 — *to greet*
  pozdravit pf
zdravý,-á,-é 2 — *healthy*
zdržet se pf 7 — *to be delayed*
zelenina F 8 — *vegetables*
zeleninový,-á,-é 8 — *vegetables (adj)*
zelený,-á,-é 1 — *green*
země F 12 — *land, country*
zeptat se +Gen **na** +Acc pf 5 — *to ask (about)*
  ptát se impf 3
zima 7 — *cold, winter*
zimní 7 — *winter (adj)*
zítra 2 — *tomorrow*
zkontrolovat +Acc pf 14 — *to check*
  kontrolovat impf
zkoušet si +Acc impf 8 — *to try*
  zkusit si pf
zkouška F 15 — *exam*
zlobit se impf 7 (**na** +Acc) — *to be angry (with)*
  rozzlobit se pf
zlý,-á,-é 12 — *bad, nasty, evil*
změnit +Acc pf 11 — *to change*
  měnit impf
změřit +Acc pf 13 — *to measure*
  měřit impf
zmrzlina F 8 — *ice cream*
zmrzlinový,-á,-é 9 — *ice cream (adj)*
známka F 11 — *stamp*
známý M 6 — *acquaintance*
známý,-á,-é 6 — *well-known*
znát +Acc impf 3 — *to know*
  poznat pf — *to get to know*
znovu 11 — *again*
zpátky 8 — *back*
zpráva F 11 — *message; report*
zrcadlo N 8 — *mirror*
zub M 13 — *tooth*
zubař M 13 — *dentist*
zubní pasta F 8 — *tooth paste*
zúčastnit se +Gen pf 11 — *to take part in, to attend*
  účastnit se impf
zůstat, zůstanu pf 5 — *to stay, I'll stay*
  zůstávat impf
zvát, zvu +Acc impf 6 — *to invite, I invite*
  pozvat, -zvu pf
zvážit +Acc pf 11 — *to weigh*
  vážit impf
zvědavý,-á,-é 13 — *curious*
zvonit impf 6 — *to ring*
  zazvonit pf

Ž

žádný,-á,-é 5 — *none, no*
žampion M 9 — *(common) mushroom*
žampionový,-á,-é 9 — *(adj)*
že 3 — *that*
žena F 1 — *woman*
ženit se impf 14 — *to marry (about a man)*
  oženit se pf
židle F 1 — *chair*
žít, žiju impf 10 — *to live, I live*
životopis M 14 — *curriculum vitae*
žízeň F 9 — *thirst*
žlutý,-á,-é 1 — *yellow*

0 – 15	lesson number
-ý, -á, -é / **-í**	adjectival endings
M, F, N	gender of nouns

GRAMMATICAL INDEX

aby (conjunction) 307-308
accusative case 47, 61-62, 69, 106-107, 238-239, 240, 241, 242, 327, 328, 371, 372
accusative sg 17, 47-48
accusative pl 133, 135
adjectives hard, soft 32
adverbs 113, 197, 200-201, 246
adverbs of place 29, 41, 71, 109, 305
adverbs of time 241, 314
alphabet 9
až (conjunction) 142, 332
be 26, 138, 162, 260, 369
colloquial Czech 347
comparison of adjectives 196-197, 327
comparison of adverbs 196-198, 327
conditional 180, 213, 235, 237, 307, 344, 368
conjugation see present tense
conjunctions 93, 142, 307, 332, 344
consonant changes 43, 135, 158, 301
date 244
dative case 155-157, 160, 372
dative sg 158-159
dative pl 321
declension of nouns and adjectives see Acc sg+pl, Dat sg+pl, Gen sg+pl, Instr sg+pl, Loc sg+pl, 363–365
direction ≠ place 71, 106, 109, 303-304, 305
do (preposition) 84, 185, 241, 244, 305, 328, 372
-*ě* (ending) 10, 41, 281
foreign words 43, 65, 135, 158, 182, 229, 281, 342, 365
future tense 81-82, 115-117, 138-139, 142, 208, 235, 237, 368
genders 13, 16, 31
genitive case 108, 183, 185, 186, 208, 211, 239, 241, 244, 328, 372
genitive sg 84, 181-183
genitive pl 207-208
go 64, 65, 71, 82, 148, 235, 260, 286-288, 368, 370
have 45, 65, 260, 369
imperative 259-261, 368
imperfective verb 81-82, 115-117, 138-139, 261
indefinite pronouns and adverbs 113, 186
infinitive 65, 86, 139, 163, 164
instrumental case 229-231, 233, 241, 264, 328, 371, 372
instrumental sg 93, 229
instrumental pl 339
jaký? -á? -é? 22, 32
k (ke) (preposition) 155, 160, 305, 372
kdyby (conjunction) 344
když (conjunction) 142, 332
know 111
locative case 106, 241, 244, 282-283, 285, 328, 371, 372
locative sg 18-21, 41-43, 281
locative pl 301
masculine animate 47, 135
masculine inanimate 47, 133
modal verbs 86-89, 111, 139, 369
money 179
months 244
na (preposition) 19, 41, 69, 71, 84, 106-107, 238-239, 246, 282, 305, 328, 371
negative pronouns and adverbs 113, 186
nominative case (sg) 31, 244
nominative pl 133, 135, 136, 263, 309
nouns see genders, declension of nouns
numerals 17, 33, 61, 105, 131, 133, 179, 208, 314, 324, 365
od (ode) (preposition) 185, 241, 244, 328, 372
one 17, 33, 48, 159, 182, 229, 281, 365

GRAMMATICAL INDEX

ordinal numerals 238, 239, 244
past tense 162-164, 166, 208, 235, 237, 245, 368
perfective verb 81-82, 115-117, 139
personal pronouns 25, 69, 155, 157, 166, 211, 264, 285, 366
please 97
possessive pronouns 51, 132, 133, 135, 136, 159, 182, 207, 229, 281, 301, 321, 339, 367
prefixes of direction 82, 83, 148, 286-288, 370
prepositions 19, 41, 69, 84, 108, 147, 155, 160, 185, 229-231, 240-241, 282-283, 305, 327, 328, 371-372
present tense 45-46, 62-64, 81-82, 142, 208, 235, 237, 368
pronouns see personal pronouns, *ten, ta, to,* possessive pronouns, 366–367
pronunciation 9, 10
questions in Czech 27
rád 50, 135
s (se) (preposition) 93, 229, 233, 339, 372
sám 50, 135
se, si (reflexive pronouns) 45, 46, 66, 157, 163, 164, 213, 344, 366
sequence of tenses 168
svůj 132
ten, ta, to 30, 48, 133, 135, 136, 159, 182, 207, 229, 281, 301, 321, 339, 366
two 133, 208, 324, 365
u (preposition) 108, 185, 305, 372
v (ve) (preposition) 19, 41, 61, 62, 69, 240-241, 282, 305, 328, 372
verb aspect 81-82, 115-117
verb negation 26, 93, 113, 138, 163
verbs of motion 235, 237, 286-288, 303-304, 370
verbs with the accusative 107
verbs with the dative 156
verbs with the genitive 186
verbs with the instrumental 233, 339
verbs with the locative 282
vocative case (addressing) 58, 263
want 89, 139, 308, 369
what's the time? 61, 238-239
when? 61-62, 81, 240-242, 328
word order in Czech 13, 27
z (ze) (preposition) 84, 185, 372
za (preposition) 147, 229, 231, 239, 241, 242, 305, 314, 328, 372

ABBREVIATIONS (ZKRATKY)

Acc	accusative case
adj	adjective
adv	adverb
coll	colloquial
Cv	exercises
Dat	dative case
eg	for example
F	feminine
fut	future tense
Gen	genitive case
Gr	grammar
impf	imperfective verb
incl	including
inf	infinitive
Instr	instrumental case
K	conversation
Loc	locative case
M	masculine
Ma	masculine animate
Mi	masculine inanimate
N	neuter
Nom	nominative case
pl	plural
pf	perfective verb
sb	somebody
sg	singular
st	something
s. o.	someone

DESCRIBE THE PICTURES

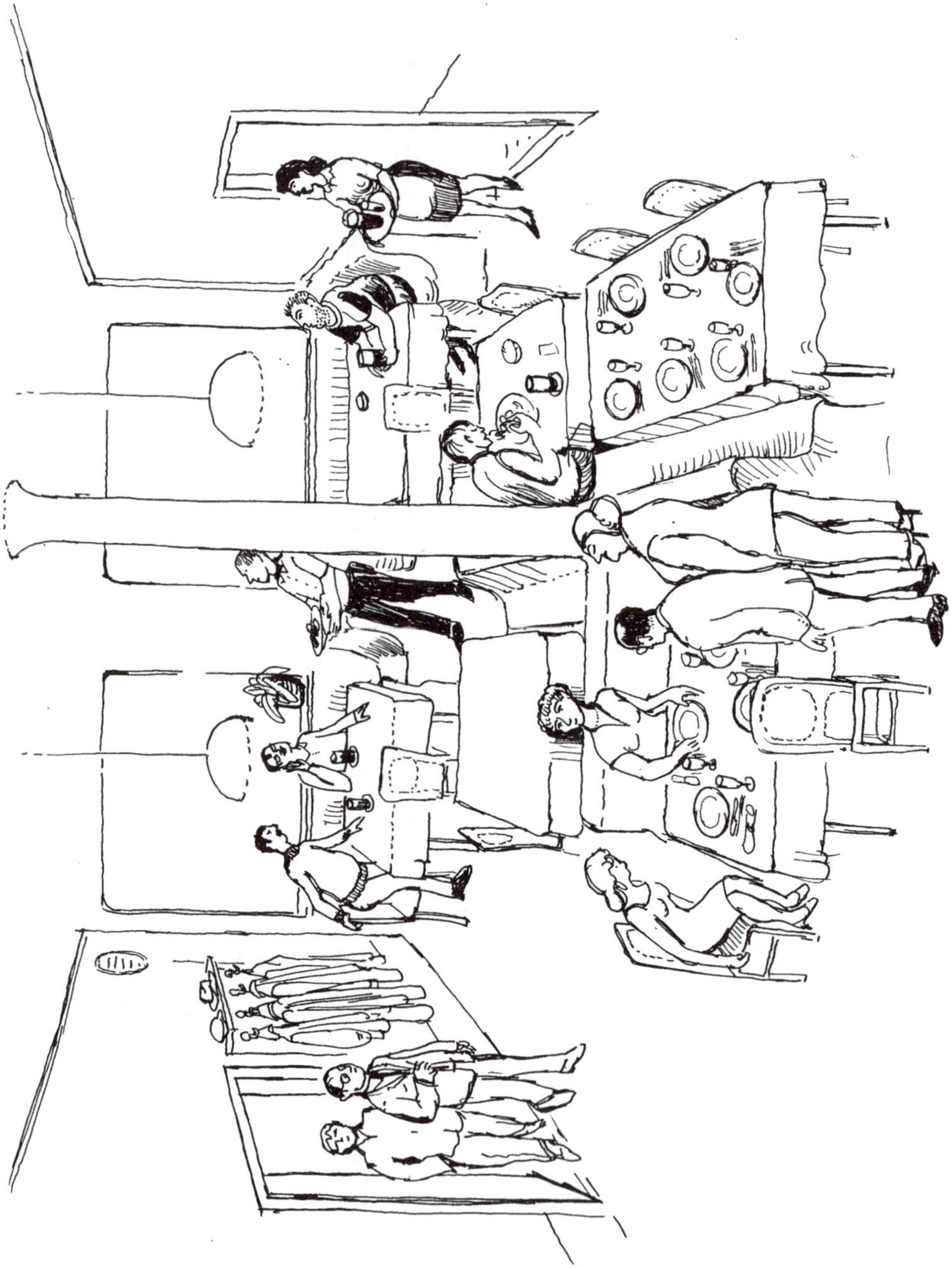